数学分析讲义

(第三册)

张福保　薛星美　潮小李　编

科学出版社

北京

内 容 简 介

本书是作者在东南大学连续 20 多年讲授"数学分析"课程的基础上写成的,并已连续试用近 10 年. 本书取名为"讲义",最大特点就是一切从读者的角度去讲解,既注重数学思想的阐述和严格的逻辑推导,又突出实际背景与几何直观的描述,并适当穿插了一些数学文化的介绍. 在编排上尽量体现先易后难和分步走的原则. 习题分类安排,即分为 A、B、C 三类. 其中,A 类是基本题,B 类是提高题,C 类是讨论题. 本书对讨论题给予更多关注,目的在于帮助学生厘清概念,增强研学与创新能力.

本书分为三册,第一册包括极限、连续、导数及其逆运算(不定积分),第二册包括实数理论续(含上极限、下极限、欧氏空间)、定积分及多元微积分,第三册包括级数与反常积分(含参变量积分)等.

本书可作为数学、统计学等专业的数学分析教材与参考书.

图书在版编目(CIP)数据

数学分析讲义. 第三册/张福保, 薛星美, 潮小李编. —北京: 科学出版社, 2019.6
ISBN 978-7-03-061609-8

Ⅰ. ①数⋯ Ⅱ. ①张⋯ ②薛⋯ ③潮⋯ Ⅲ. ①数学分析 Ⅳ. ①O17

中国版本图书馆 CIP 数据核字(2019) 第 114489 号

责任编辑: 胡 凯 许 蕾 曾佳佳/责任校对: 杨聪敏
责任印制: 赵 博/封面设计: 许 瑞

*科学出版社*出版
北京东黄城根北街 16 号
邮政编码: 100717
http://www.sciencep.com

北京天宇星印刷厂印刷
科学出版社发行 各地新华书店经销

*

2019 年 6 月第 一 版　开本: 787×1092　1/16
2025 年 7 月第五次印刷　印张: 16 1/2
字数: 390 000

定价: 69.00 元
(如有印装质量问题, 我社负责调换)

致 读 者

　　数学, 始终伴随着人类文明的发祥与发展. 从远古到公元前 6 世纪, 由于计数和土地丈量的需要, 人类开始认识自然数和简单的几何图形. 建于约公元前 2600 年的埃及法老胡夫金字塔, 不仅是建筑史上的奇迹, 其数学方面的成就也很让人称奇. 例如, 它的正方形塔基每边长约 230m, 其正方程度与水平程度的平均误差不超过万分之一. 这个阶段只是数学的萌芽时期. 公元前 6 世纪 Pythagoras (毕达哥拉斯) 学派与 "万物皆数论" 的出现, 标志着初等数学时期, 或称常量数学时期的到来. 其间出现了 Euclid (欧几里得) 的《几何原本》、Archimedes (阿基米德) 求面积与体积的方法、Apollonius (阿波罗尼奥斯) 的《圆锥曲线论》、Ptolemaeus (托勒密) 的三角学以及 Diophantus (丢番图) 的不定方程等, 逐渐形成了初等数学的主要分支和现在中学数学的主要内容. 17~18 世纪, Newton (牛顿) 与 Leibniz (莱布尼茨) 等的微积分 (数学分析的主要内容) 的发明与发展, 标志着数学发展进入了近代变量数学时期. 而 19 世纪以来, 则可称为现代数学时期.

1. 数学代表了人类文明的理性精神

　　任何一种值得一提的文明——精神财富的集中体现, 都是要探究真理的, 而其中最基本也是最伟大的真理是有关宇宙与人类自身的真理. 地球、太阳系的谜团, 如太阳的升与落、月亮的圆与缺、奇妙的日蚀与月蚀等, 以及人类的起源、人生的目的与人类的归宿等, 这是我们的先祖们曾经迫切想搞清楚的问题. 在人类文化刚开始萌芽的时期, 人类刚从蒙昧中觉醒, 迷信和原始宗教还控制着人类的精神世界, 直到希腊文化的出现. 古希腊人敢于正视自然、摈弃传统观念. 他们之所以能如此, 是因为他们发现了人类最伟大的发现之一——推理, 知道了人类是有智慧、有思维、能发现真理的, 而不是只能听从 "神" 的旨意的. 而他们的思维与推理的成功, 数学可谓功不可没. 可以说在这个时期, 数学帮助人类从宗教和迷信的束缚下解放出来, 同时也发展了数学自身. 这个时期数学成就的顶峰就是 Pythagoras 学派的 "万物皆数论" 与 Euclid 的《几何原本》.

　　进入中世纪后, 在人类探索宇宙奥秘的过程中形成了 "地心说" 和 "日心说" 这两种对立的观点. 为了捍卫 "日心说", Kopernik (哥白尼)、Kepler (开普勒)、Galileo(伽利略) 等人前赴后继, 逐步形成了 Kepler 三大定律和 Galileo 惯性定律、自由落体运动等物理定律以及重事实、重逻辑的近代科学. Kepler 指出了行星的运动规律, 可是为什么行星会绕太阳转呢? 支持其运动的动力来自何方? 天上的运动与地上的 Galileo 所描述的运动是内在统一的吗? 当时的人们无法回答这些问题, 只能期待时代伟人的出现. "自然界和自然规律隐藏在黑暗中. 上帝说, 让 Newton 出生吧! 于是一切都是光明. "(英国文豪 Pope (蒲伯)). 其实, 在 Newton 发明微积分之前, 还有 Descartes (笛卡儿) 发明的坐标系与解析几何、业余数学家之王 Fermat (费马) 的一系列工作以及 Newton 的 "死敌" Hooke (胡克) 等一大批伟人的贡献. Newton 自己在和 Hooke 的名利之争中也不得不承认, "如果说我能看得更远一些, 那是因为我站在巨人的肩膀上"(姑且不论他这里所指的巨人是谁). 而发现哈雷彗星的回归与太阳系的第八颗行星海王星, 更是数学, 特别是微积分作为人类文明理性精神的代表的最经典的诠释. [参见《数学与文化》(齐民友, 2008)]

Engels (恩格斯) 在其《自然辩证法》中就曾经说过:"在一切理论成果中, 未必再有什么像 17 世纪后半叶微积分的发明那样被看作人类精神的最高胜利了." 这也足以看出微积分在人类理性文明中的至高无上的历史地位.

2. 一种科学只有在成功地运用数学时, 才算达到真正完善的地步

按照法国的国际工人运动活动家、工人党创始人之一的 Lafargue (拉法格) 在《忆马克思》一书中的记载, Marx (马克思) 在距今一百多年以前就论断, 一种科学只有在成功地运用数学时, 才算达到真正完善的地步. 现在, 人们已经普遍接受这样的观点: "哲学从一门学科中退出, 意味着这门学科的建立; 而数学进入一门学科, 就意味着这门学科的成熟."

不仅如此, 更进一步, 从 20 世纪 80 年代开始, 人们已经认识到, 高技术本质上是一种数学技术. 这一观点是美国前总统尼克松的科学顾问 David 于 1984 年 1 月 25 日在美国数学会 (American Mathematical Society, AMS) 和美国数学协会 (Mathematical Association of America, MAA) 联合年会上正式提出的. 其实著名数学家华罗庚在更早的一次学术会议上也提出过这样的观点. 从两弹一星到核武器试验, 再到太空技术, 都离不开数学的现代化. 陈省身与杨振宁的数理合作更是现代科学相互渗透、相互依赖的典范.

现代物理学家 Hawking (霍金) 说过 "有人告诉我说我载入书中的每个等式都会让销量减半. 然而, 我还是把一个等式写进书中——爱因斯坦最有名的那个: $E = mc^2$. 但愿这不会吓跑我一半的潜在读者." 这表明现代自然科学已经离不开数学. 而在社会科学方面, 以往是没有数学的地位的, 现在情况发生了根本变化. 经济、金融甚至政治, 都极大地数学化. 据统计, 近 10 年来, 诺贝尔经济学奖获得者有一半以上有数学学位或履历.

3. 数学分析课程的重要性

数学分析 (mathematical analysis), 又称高等微积分 (advanced calculus), 是变量数学的核心, 同时它也是现代数学的三大分支——分析、代数和几何中的分析学的基础. 数学分析的研究对象是一般的函数, 研究手段主要是极限. 最成功之处在于解决初等数学中无法解决的诸如一般曲线的切线问题和不规则图形 (如曲边梯形) 的面积问题等, 因此在天文、力学、几何以及经济、金融等方面有着广泛的应用.

从学科分类来看, 数学、统计学等都是一级学科, 在数学一级学科下分为五个二级学科: 基础数学, 计算数学, 概率论与数理统计, 应用数学, 运筹与控制论. 目前, 数学学科的研究生专业即按此分类. 而本科数学与统计学科则包含三个专业, 分别是数学与应用数学专业、信息与计算科学专业以及统计学专业.

数学分析是这三个专业的大类学科课程与核心课程, 它对应于非数学专业的高等数学课程 (广义的高等数学则是指除初等数学以外的所有现代数学), 被公认为是这三个专业最重要的基础课程, 位于传统的 "三高" (高等微积分、高等代数、高等几何 (解析几何)) 之首, 学分数占大学本科四年总学分的十分之一. 它不仅是数学与统计学专业学生进校后首先面临的一门重要课程, 而且整个大学本科阶段的几乎所有的分析类课程在本质上都

可以看作是它的延伸和应用. 可以这样说, 其重要性无论怎么强调都不过分.

4. 如何学好数学分析

数学分析这门课程内容丰富、逻辑严密、思想方法灵活, 且应用领域又十分广泛, 所以要想学好它, 必须深刻理解其基本概念的思想内涵, 养成善于思考、认真钻研、灵活应用等学习习惯. 首先, 必须认真钻研教材, 并用心研读相当数量的参考书, 其目的是弄清楚主要概念和定理的背景、含义、本质及作用, 避免死记硬背. 常见的参考书有《数学分析》(华东师范大学数学系, 2001)、《数学分析》(陈纪修等, 2004)、《数学分析教程》(李忠和方丽萍, 2008), 起点更高的有《数学分析》(卓里奇, 2006)、*Principles of Mathematical Analysis* (Rudin, 1976) 等. 其次, 为了加深理解, 几何直观是很好的帮手. 但是不能以直观替代严密推导. 思考问题时应避免想当然, 避免以特殊代替一般. 每一步推理或判断都要合乎逻辑、有根有据. 再次, 要有相当强度的基础训练. 训练的目的不仅在于模仿和记忆, 更在于加深理解, 掌握方法. 当然光理解还不够, 要在理解的基础上做到熟练. 学习指导书或习题课教程也是值得大家认真读的, 例如,《数学分析学习指导书》(吴良森等, 2004)、《数学分析习题课讲义》(谢惠民等, 2003).

数学分析是数学学院学生最先学习的课程, 对尽快适应大学阶段的学习显得很重要. 只要大家按照上面的建议, 并根据自己的实际情况, 多思考、多讨论、多总结, 举一反三, 就一定能练就扎实的分析功底, 并为后继课程的学习打下坚实基础.

5. 关于本书

本书是根据我 20 多年连续讲授 "数学分析" 课程的实践, 结合泛函分析的教学与科研工作的体会写成的, 并且已经连续使用近 10 年. 本书取名为 "讲义", 其特点就是一切为读者所想, 特别适合初学者. 本书既注重数学思想和严格的逻辑推导, 又突出实际背景与几何直观; 写作语言既严谨又朴实, 并适当穿插数学文化, 提高学生学习兴趣; 尽量体现先易后难的原则, 例如, 实数连续性理论的安排、可积性的讨论等都分步走, 便于学生接受; 习题的安排分类分层次, 即分为 A、B、C 三类, 其中, A 类是基本题, B 类是提高题, C 类是讨论题. 本书对讨论题给予更多关注, 目的在于帮助学生厘清概念, 这往往是学生的软肋, 同时也能增强研学与创新能力.

按照现在通行的讲授三个学期的现状, 教材分为三册. 但本书的结构体系进行了较大的调整: 第一册的内容包括极限、连续、导数及其逆运算 (不定积分), 第二册的内容包括实数理论续 (含上极限与下极限、欧氏空间)、定积分及多元微积分, 第三册的内容包括级数与反常积分 (含参变量积分) 等.

为了尽快接触到微积分的主要内容, 体会到微积分的巨大成功, 同时又照顾到读者学习的便利, 第一册选择尽可能少的实数理论做基础即展开极限与连续以及微分学的讨论, 而把比较复杂的证明 (包括实数等价命题和上、下极限的讨论) 放到第二册开头, 并把欧氏空间理论也放到开头这一章, 作为实数连续性的自然推广. 这样的结构对于为学生打好坚实的数学基础也很有帮助, 也为接下去进行严格的可积性推导奠定基础. 注意到反常积分, 包括反常重积分, 和级数有较多的相似性, 例如都是有限情况取极限以及目标相同: 重点研究收敛性, 判别法也类似等, 因此将这两者组合在同一册里也是恰当的, 也将给读者的学习带来极大便利.

致谢: 本教材得到了东南大学数学学院与教务处的大力支持. 薛星美教授在多次使用本教材的基础上对微分学部分进行了完善与补充, 潮小李教授对级数与反常积分部分进行了完善与补充, 罗庆来教授、黄骏教授、徐君祥教授、孙志忠教授、江其保副教授、闫亮副教授等先后对教材提出过宝贵意见, 在此一并表示衷心的感谢!

尽管本书从编写到出版, 经历了 10 年, 其间一直在修改, 但囿于个人的学识与能力, 一定还有不少疏漏和不足, 恳请专家与读者提出宝贵意见, 以便今后修订.

张福保

2019 年 1 月于东南大学九龙湖校区

目 录

致读者

第 12 章 曲线积分、曲面积分与场论初步 ································· 1
  §12.1 第一型曲线积分与第一型曲面积分 ······························· 1
    §12.1.1 第一型曲线积分 ·· 1
    §12.1.2 第一型曲面积分 ·· 6
  §12.2 第二型曲线积分与第二型曲面积分 ······························ 10
    §12.2.1 第二型曲线积分 ··· 10
    §12.2.2 第二型曲面积分 ··· 15
  §12.3 Green 公式、Gauss 公式和 Stokes 公式 ······················· 24
    §12.3.1 Green 公式 ·· 24
    §12.3.2 曲线积分与路径无关的条件 ································ 29
    §12.3.3 Gauss 公式 ·· 33
    §12.3.4 Stokes 公式 ··· 36
  §12.4 场论初步 ··· 46
    §12.4.1 场的概念 ·· 46
    §12.4.2 数量场的等值面和梯度场 ···································· 47
    §12.4.3 向量场的通量与散度 ··· 48
    §12.4.4 向量场的环量与旋度 ··· 50
    §12.4.5 管量场与有势场 ··· 52
    §12.4.6 Hamilton 算子 ··· 53

第 13 章 反常积分 ·· 56
  §13.1 反常积分的概念和计算 ·· 56
    §13.1.1 反常积分的概念 ··· 56
    §13.1.2 反常积分的性质与计算 ······································ 61
    §13.1.3 反常积分的 Cauchy 主值 ···································· 64
  §13.2 反常积分的收敛判别法 ·· 67
    §13.2.1 无穷区间上的反常积分的收敛判别法 ···················· 67
    §13.2.2 瑕积分的收敛判别法 ··· 75
  §13.3 反常重积分 ··· 80
    §13.3.1 无穷反常重积分 ··· 80
    §13.3.2 无界函数的反常二重积分 ··································· 89

第 14 章 含参变量积分 ·· 93
  §14.1 含参变量的常义积分 ··· 93

§14.1.1 含参变量积分的概念 · 93

§14.1.2 含参变量的常义积分所定义的函数的分析性质 · · · · · · · · · · · · · · · · · · · 94

§14.2 含参变量的反常积分 · 101

§14.2.1 含参变量的反常积分的一致收敛性 · 102

§14.2.2 含参变量反常积分一致收敛性的判别 · 103

§14.2.3 一致收敛积分的分析性质 · 109

§14.3 Euler 积分 · 117

§14.3.1 Beta 函数 · 117

§14.3.2 Gamma 函数 · 119

§14.3.3 Beta 函数与 Gamma 函数的关系 · 122

§14.3.4 Euler 公式的拓展: Legendre 公式、余元公式和 Stirling 公式 · · · · · · · 124

第 15 章　数项级数 · 127

§15.1 数项级数的收敛性 · 128

§15.1.1 数项级数的概念 · 128

§15.1.2 级数 Cauchy 收敛原理 · 129

§15.2 正项级数 · 133

§15.2.1 Cauchy 判别法 (或根式判别法 (root test)) · 133

§15.2.2 D'Alembert 判别法 (或比式判别法 (ratio test)) · · · · · · · · · · · · · · · · · · 134

§15.2.3 积分判别法 (integral test) · 135

§15.2.4 Raabe 判别法 · 138

§15.2.5 其他一些判别法 · 139

§15.3 任意项级数 · 141

§15.3.1 交错级数与 Leibniz 判别法 · 141

§15.3.2 Abel 判别法与 Dirichlet 判别法 · 143

§15.3.3 级数的绝对收敛与条件收敛 · 146

§15.3.4 级数的重排 · 147

§15.3.5 级数的乘法 · 151

§15.4 无穷乘积 · 156

§15.4.1 无穷乘积定义 · 156

§15.4.2 无穷乘积的性质 · 159

§15.4.3 无穷乘积与无穷级数的转化 · 160

§15.4.4 绝对收敛 · 161

第 16 章　函数项级数 · 164

§16.1 点态收敛和一致收敛 · 164

§16.1.1 点态收敛与收敛域 · 164

§16.1.2 函数项级数与函数列的基本问题 · 165

§16.1.3 一致收敛的定义 · 167

§16.1.4 函数列一致收敛与非一致收敛的判别 · 168

§16.2 级数一致收敛性的判别与一致收敛级数的性质 ······················ 175
　　§16.2.1 函数项级数一致收敛性的判别 ······················ 175
　　§16.2.2 一致收敛的函数列与函数项级数的性质 ······················ 180
§16.3 幂级数 ······················ 188
　　§16.3.1 幂级数的收敛域 ······················ 189
　　§16.3.2 幂级数的性质 ······················ 192
　　§16.3.3 Taylor 级数与余项公式 ······················ 195
　　§16.3.4 初等函数的幂级数展开 ······················ 199

第 17 章　Fourier 级数 ······················ 208

§17.1 函数的 Fourier 级数展开 ······················ 209
　　§17.1.1 平方可积函数空间与正交函数系 ······················ 209
　　§17.1.2 周期为 2π 的函数的 Fourier 展开 ······················ 211
　　§17.1.3 正弦级数和余弦级数 ······················ 214
　　§17.1.4 任意周期的函数的 Fourier 展开 ······················ 217
§17.2 Fourier 级数的收敛判别法 ······················ 218
　　§17.2.1 Dirichlet 积分 ······················ 219
　　§17.2.2 Riemann 引理及其推论 ······················ 220
　　§17.2.3 Fourier 级数的收敛判别法 ······················ 223
§17.3 Fourier 级数的性质 ······················ 228
　　§17.3.1 Fourier 级数的分析性质 ······················ 228
　　§17.3.2 Fourier 级数的平方逼近性质 ······················ 230
§17.4 Fourier 变换 ······················ 234
　　§17.4.1 Fourier 积分 ······················ 234
　　§17.4.2 Fourier 变换及其逆变换 ······················ 237
　　§17.4.3 Fourier 变换的性质 ······················ 239

参考文献 ······················ 243
附录　数学分析 III 试卷 ······················ 244
索引 ······················ 251

第 12 章 曲线积分、曲面积分与场论初步

本书的第三册主要讨论积分 (包括曲线、曲面积分、反常 (重) 积分、含参变量积分) 和级数 (包括函数项级数). 上一章, 我们已经研究过了重积分, 包括二重积分、三重积分以及一般的 n 重积分, 它们都是定积分的推广, 即将积分范围从区间分别推广到了平面区域、三维区域以及一般的 n 维欧氏空间中的区域. 事实上, 积分范围还可以推广到更一般的所谓**流形**, 即包括曲线段与曲面片. 本章要研究的积分的范围正是这样的曲线与曲面, 这样的积分分别称之为线积分 (line integral) 与面积分 (surface integral). 线积分与面积分又都分为第一型与第二型, 第一型积分是关于曲线的弧长与面积的积分, 与曲线与曲面的定向无关, 第二型则是关于坐标的积分, 与曲线与曲面的定向有关, 它们也都有很强的物理背景. 进一步, 我们还将研究这些积分之间的相互关系, 并将得到类似于微积分基本定理那样的深刻结果, 分别称作 Green 公式、Gauss 公式和 Stokes 公式. 它们构成了曲线积分与曲面积分的核心内容. 本章最后一部分内容是场论, 它是多元函数积分学在物理上的完美应用.

§12.1 第一型曲线积分与第一型曲面积分

§12.1.1 第一型曲线积分

1. 背景: 求曲线形细长构件的质量

在定积分中, 我们会计算直线状物体的质量, 例如, (笔直的) 金属细棒的质量. 现在要计算曲线形细长构件的质量, 也就是不计粗细, 将构件看作数学上的曲线. 当构件的线密度 (单位长度的质量) 为常数, 则质量等于密度与弧长的乘积. 但是, 当线密度并非常数时, 则要应用积分的基本思想, 即采取分割、近似、求和、再取极限的办法来解决.

如图 12.1.1 所示. 设具有质量的空间曲线 $L = \overparen{AB}$ 上任一点 (x, y, z) 处的线密度为 $\rho(x, y, z)$.

将 L 分成 n 个小曲线段 $L_i = \overparen{P_{i-1}P_i}(i = 1, 2, \cdots, n)$, 并在 L_i 上任取一点 (ξ_i, η_i, ζ_i), 那么当每个 L_i 的长度 Δs_i 都很小时, L_i 的质量就近似地等于 $\rho(\xi_i, \eta_i, \zeta_i)\Delta s_i$, 于是整条构件的质量就近似地等于

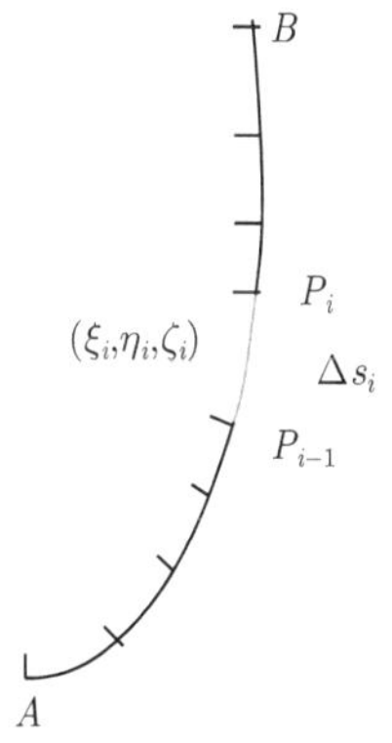

$$\sum_{i=1}^{n} \rho(\xi_i, \eta_i, \zeta_i)\Delta s_i.$$

图 12.1.1

当对 L 的分割越来越细时, 这个近似值就趋于 L 的质量, 于是我们取极限即得到曲线形细长构件的质量. 显然, 这又是一种和式的极限, 我们将称之为第一型曲线积分.

2. 第一型曲线积分的定义

定义 12.1.1 设 L 是空间 $\mathbb{R}^3$ 上一条可求长的连续曲线,其端点为 A 和 B (图 12.1.1),函数 $f(x,y,z)$ 在 L 上有界. 在 L 上从 A 到 B 顺序地插入分点 $P_1, P_2, \cdots, P_{n-1}$, 称为 L 的一个分割,记为 T, 即

$$T: A = P_0 \to P_1 \to P_2 \to \cdots \to P_{n-1} \to P_n = B,$$

分别在每个小弧段 $\widehat{P_{i-1}P_i}$ 上任取一点 (ξ_i, η_i, ζ_i),并记第 i 个小弧段 $\widehat{P_{i-1}P_i}$ 的长度为 $\Delta s_i (i=1,2,\cdots,n)$,作和式

$$\sum_{i=1}^n f(\xi_i, \eta_i, \zeta_i) \Delta s_i. \tag{12.1.1}$$

记 $\|T\| = \max\{\Delta s_i, i = 1, 2, \cdots, n\}$,称为分割 T 的模. 如果 $\|T\|$ 趋于零时,这个和式存在极限,记为 J, 即

$$J = \lim_{\|T\| \to 0} \sum_{i=1}^n f(\xi_i, \eta_i, \zeta_i) \Delta s_i, \tag{12.1.2}$$

且 J 与分点 $\{P_i\}$ 的取法及 $\widehat{P_iP_{i+1}}$ 弧段上的点 (ξ_i, η_i, ζ_i) 的取法无关,则称 J 为函数 f 在曲线 L 上的**第一型曲线积分**(the first type curve integral),或称为**关于弧长的积分** (integral with respect to arc length),记为

$$J = \int_L f(x,y,z) \mathrm{d}s, \text{ 或 } J = \int_L f(P) \mathrm{d}s,$$

亦即

$$\int_L f(x,y,z)\mathrm{d}s = \lim_{\|T\| \to 0} \sum_{i=1}^n f(\xi_i, \eta_i, \zeta_i)\Delta s_i, \tag{12.1.3}$$

其中, f 称为**被积函数**, L 称为**积分路径**. 而记号 $\oint_L f(x,y,z)\mathrm{d}s$ 则表示曲线 L 为封闭路径时的第一型曲线积分.

这样,本节一开始所要求的曲线形细长构件 L 的质量就可以看作第一型曲线积分的物理意义,表为

$$M = \int_L \rho(x,y,z) \mathrm{d}s.$$

对平面曲线情形可类似定义第一型曲线积分,函数 $f(x,y)$ 在平面曲线 L 上的第一型曲线积分记为 $\int_L f(x,y) \mathrm{d}s$.

3. 第一型曲线积分的性质

由于第一型曲线积分也是一类和式的极限,因此它具有类似于定积分与重积分的一些性质,我们不加证明地给出下面的两条性质,而把证明留给读者作为练习.

性质 12.1.1(线性性) 如果函数 f,g 在 L 上的第一型曲线积分都存在, 则对于任何常数 α,β, 函数 $\alpha f + \beta g$ 在 L 上的第一型曲线积分也存在, 且成立

$$\int_L (\alpha f + \beta g)\mathrm{d}s = \alpha \int_L f\mathrm{d}s + \beta \int_L g\mathrm{d}s.$$

性质 12.1.2(路径可加性) 设曲线 L 分成了首尾相连的两段 L_1,L_2, 则函数 f 在 L 上的第一型曲线积分存在当且仅当它在 L_1 和 L_2 上的第一型曲线积分都存在, 并且此时成立

$$\int_L f\mathrm{d}s = \int_{L_1} f\mathrm{d}s + \int_{L_2} f\mathrm{d}s.$$

4. 第一型曲线积分的计算

设 L 的方程为

$$x = x(t), y = y(t), z = z(t), \alpha \leqslant t \leqslant \beta,$$

其中, $x(t),y(t),z(t)$ 具有连续导数, 且 $x'(t),y'(t),z'(t)$ 不同时为零 (即 L 为光滑曲线), 那么根据 §8.4 定积分的应用可知, L 是可求长的, 且曲线的弧长为

$$s = \int_\alpha^\beta \sqrt{x'^2(t) + y'^2(t) + z'^2(t)}\mathrm{d}t,$$

而弧微分为

$$\mathrm{d}s = \sqrt{x'^2(t) + y'^2(t) + z'^2(t)}\mathrm{d}t.$$

借此我们可将第一型曲线积分转化为定积分, 得到以下的第一型曲线积分计算公式.

定理 12.1.1 设函数 $f(x,y,z)$ 在 L 上连续, 则它在 L 上的第一型曲线积分存在, 且

$$\int_L f(x,y,z)\mathrm{d}s = \int_\alpha^\beta f(x(t),y(t),z(t))\sqrt{x'^2(t) + y'^2(t) + z'^2(t)}\mathrm{d}t. \tag{12.1.4}$$

证明 按定义 12.1.1, 设分割 T 各分点 P_i 所对应的参数为 t_i, 即 $P_i = (x(t_i),y(t_i),z(t_i)), i = 0,1,\cdots,n$, 则 $\widehat{P_{i-1}P_i}$ 的长度

$$\Delta s_i = \int_{t_{i-1}}^{t_i} \sqrt{x'^2(t) + y'^2(t) + z'^2(t)}\mathrm{d}t, i = 1,2,\cdots,n.$$

根据积分中值定理, 存在 $t_i' \in [t_{i-1},t_i]$, 使

$$\Delta s_i = \sqrt{x'^2(t_i') + y'^2(t_i') + z'^2(t_i')}\Delta t_i.$$

又设 ξ_i,η_i,ζ_i 所对应的参数为 τ_i, 于是,

$$\sum_{i=1}^n f(\xi_i,\eta_i,\zeta_i)\Delta s_i = \sum_{i=1}^n f(x(\tau_i),y(\tau_i),z(\tau_i))\sqrt{x'^2(t_i') + y'^2(t_i') + z'^2(t_i')}\Delta t_i.$$

注意到, 如果 $t_i' = \tau_i$, 则上式右端当 $\|T\| \to 0$ 时的极限即为公式 (12.1.4) 的右端的积分. 但是, 正像弧长公式中那样, 尽管 $t_i' = \tau_i$ 未必成立, 但它们都在区间 $[t_{i-1},t_i]$ 内, 由函数

的一致连续性, 仍然可以证明上式右端当 $\|T\| \to 0$ 时的极限也是公式 (12.1.4) 的右端的积分.

事实上, 只需证明: 当 $\|T\| \to 0$ 时,

$$\sum_{i=1}^{n} f(x(\tau_i),y(\tau_i),z(\tau_i))\left(\sqrt{x'^2(t_i')+y'^2(t_i')+z'^2(t_i')}-\sqrt{x'^2(\tau_i)+y'^2(\tau_i)+z'^2(\tau_i)}\Delta t_i\right) \to 0.$$

由 $\sqrt{x'^2(t)+y'^2(t)+z'^2(t)}$ 在 $[\alpha,\beta]$ 上一致连续知, $\forall\, \varepsilon > 0, \exists\, \delta > 0$, 当 $\|T\| < \delta$ 时,

$$\left|\sqrt{x'^2(t_i')+y'^2(t_i')+z'^2(t_i')}-\sqrt{x'^2(\tau_i)+y'^2(\tau_i)+z'^2(\tau_i)}\right| < \varepsilon.$$

于是,

$$\left|\sum_{i=1}^{n} f(x(\tau_i),y(\tau_i),z(\tau_i))\left(\sqrt{x'^2(t_i')+y'^2(t_i')+z'^2(t_i')}-\sqrt{x'^2(\tau_i)+y'^2(\tau_i)+z'^2(\tau_i)}\Delta t_i\right)\right|$$

$$\leqslant \varepsilon \sum_{i=1}^{n} |f(x(\tau_i),y(\tau_i),z(\tau_i))|\Delta t_i,$$

其中, $\sum_{i=1}^{n}|f(x(\tau_i),y(\tau_i),z(\tau_i))|\Delta t_i$ 是积分 $\int_{\alpha}^{\beta}|f(x(t),y(t),z(t))|\mathrm{d}t$ 的 Riemann 和, 因此有界, 从而定理获证. $\square$

特别地, 如果平面光滑曲线 L 的方程为

$$y = y(x), \quad a \leqslant x \leqslant b,$$

则

$$\int_L f(x,y)\mathrm{d}s = \int_a^b f(x,y(x))\sqrt{1+y'^2(x)}\mathrm{d}x. \tag{12.1.5}$$

又如果曲线由极坐标方程 $r = r(t), t \in [\alpha,\beta]$ 表示, 则

$$\int_L f(x,y)\mathrm{d}s = \int_\alpha^\beta f(r(t)\cos t, r(t)\sin t)\sqrt{r^2(t)+r'^2(t)}\mathrm{d}t. \tag{12.1.6}$$

例 12.1.1 计算 $I = \int_L \sin\sqrt{x^2+y^2}\,\mathrm{d}s$, 其中, L 为圆周 $x^2+y^2=a^2$, 直线 $y=x$ 及 x 轴在第一象限所围图形的边界.

解 如图 12.1.2 所示. 由路径可加性得

$$I = \int_{\overline{OA}} \sin\sqrt{x^2+y^2}\,\mathrm{d}s + \int_{\widehat{AB}} \sin\sqrt{x^2+y^2}\,\mathrm{d}s + \int_{\overline{OB}} \sin\sqrt{x^2+y^2}\,\mathrm{d}s,$$

线段 $\overline{OA}$ 的方程为 $y=0, 0\leqslant x\leqslant a$, 所以

$$\int_{\overline{OA}} \sin\sqrt{x^2+y^2}\,\mathrm{d}s = \int_0^a \sin x\,\mathrm{d}x = 1-\cos a.$$

在圆弧 $\widehat{AB}$ 上, $x^2+y^2=a^2$, 所以
$$\int_{\widehat{AB}} \sin\sqrt{x^2+y^2}\mathrm{d}s = \int_{\widehat{AB}} \sin a\mathrm{d}s = \frac{\pi}{4}a\sin a.$$

线段 $\overline{OB}$ 的方程为 $y=x, 0\leqslant x\leqslant \dfrac{a}{\sqrt{2}}$, 所以
$$\int_{\overline{OB}} \sin\sqrt{x^2+y^2}\mathrm{d}s = \int_0^{\frac{a}{\sqrt{2}}} \sin\sqrt{2}x\sqrt{2}\mathrm{d}x = 1-\cos a.$$

因此
$$I = 2(1-\cos a) + \frac{\pi}{4}a\sin a.$$

例 12.1.2 计算 $I=\displaystyle\int_L |x|\mathrm{d}s$, 其中, L 为双纽线 $(x^2+y^2)^2=a^2(x^2-y^2)$.

解 如图 12.1.3 所示. 双纽线的参数方程为 $r^2=a^2\cos 2\theta$, 它在第一象限的方程是 $L_1: r=a\sqrt{\cos 2\theta}$. 利用对称性及公式 (12.1.6) 可得
$$I = 4\int_{L_1} x\mathrm{d}s = 4\int_0^{\frac{\pi}{4}} r\cos\theta\sqrt{r^2(\theta)+r'^2(\theta)}\mathrm{d}\theta = 4\int_0^{\frac{\pi}{4}} a^2\cos\theta\mathrm{d}\theta = 2\sqrt{2}a^2.$$

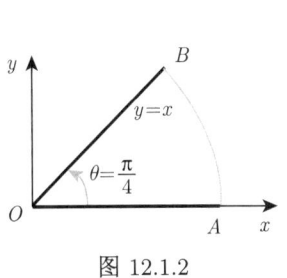

图 12.1.2

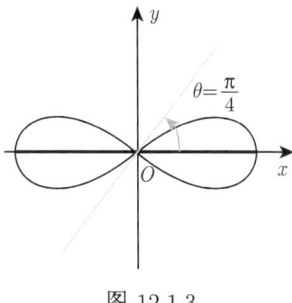

图 12.1.3

例 12.1.3 计算积分 $I=\displaystyle\int_L (x^2+2y+z)\mathrm{d}s$, 其中, $L: x^2+y^2+z^2=a^2, x+y+z=0$.

解 由于在曲线 L 的表达式中, x,y,z 的地位完全对等, 因此
$$\int_L x^2\mathrm{d}s = \int_L y^2\mathrm{d}s = \int_L z^2\mathrm{d}s = \frac{1}{3}\int_L (x^2+y^2+z^2)\mathrm{d}s.$$

由于在 L 上成立 $x^2+y^2+z^2=a^2$, 且 L 是一个半径为 a 的圆周, 因此
$$\int_L (x^2+y^2+z^2)\mathrm{d}s = \int_L a^2\mathrm{d}s = a^2\int_L \mathrm{d}s = 2\pi a^3.$$

于是
$$\int_L x^2\mathrm{d}s = \frac{1}{3}\int_L (x^2+y^2+z^2)\mathrm{d}s = \frac{2}{3}\pi a^3.$$

同样,
$$\int_L x\mathrm{d}s = \int_L y\mathrm{d}s = \int_L z\mathrm{d}s = \frac{1}{3}\int_L (x+y+z)\mathrm{d}s = 0,$$

因此, $I = \frac{2}{3}\pi a^3$.

§12.1.2 第一型曲面积分

1. 背景: 求曲面形构件的质量

设空间 $\mathbb{R}^3$ 中一曲面形构件 Σ 上分布着质量, 其面密度 (单位面积上的质量) 由分布函数 $\rho(x, y, z)$ 确定, 问如何求出 Σ 的总质量.

显然, 这一问题本质上与前面计算分布着质量的曲线形构件的总质量的情况是类似的, 因此可以采取相似的思路来解决问题, 即把曲面 Σ 分成若干小片, 在每一小片上视面密度为常数而求得质量的近似值, 并将这些近似值相加, 得到曲面 Σ 质量的近似值, 再取极限 (令每一小片直径的最大值趋于零) 以获得精确值. 这同样是一种积分的概念.

2. 第一型曲面积分的定义

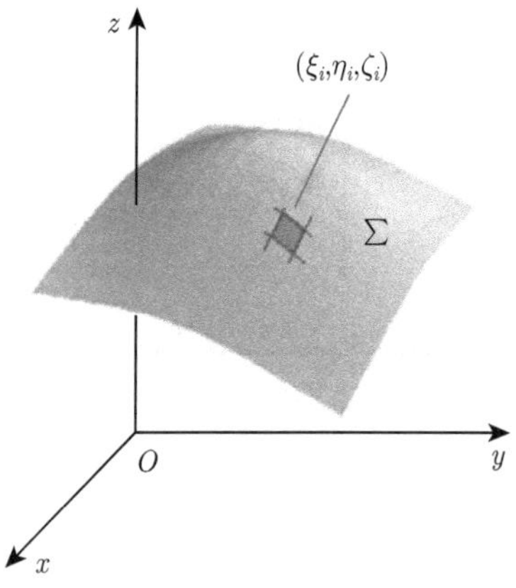

定义 12.1.2 设曲面 Σ 为有界光滑 (或分片光滑) 曲面, 函数 $u = f(x, y, z)$ 在 Σ 上有界. 分割 T 用一个光滑曲线网将曲面 Σ 分成 n 片小曲面 $\Sigma_1, \Sigma_2, \cdots, \Sigma_n$, 并记 Σ_i 的面积为 ΔS_i. 任取一点 $(\xi_i, \eta_i, \zeta_i) \in \Sigma_i$, 如图 12.1.4 所示. 作和式

$$\sum_{i=1}^n f(\xi_i, \eta_i, \zeta_i)\Delta S_i. \tag{12.1.7}$$

图 12.1.4

所有小曲面 $\Sigma_1, \Sigma_2, \cdots, \Sigma_n$ 的最大直径 $\|T\|$, 称为分割的模. 如果当 $\|T\|$ 趋于零时, 这个和式的极限存在, 且这个极限与小曲面的分法和点 (ξ_i, η_i, ζ_i) 的取法无关, 则称它为 $f(x, y, z)$ 在曲面 Σ 上的**第一型曲面积分**(the first type surface integral), 或称为关于面积的积分 (integral with respect to area), 记为

$$J = \iint\limits_{\Sigma} f(x,y,z)\mathrm{d}S = \lim_{\|T\|\to 0}\sum_{i=1}^n f(\xi_i,\eta_i,\zeta_i)\Delta S_i, \tag{12.1.8}$$

其中, $f(x, y, z)$ 称为**被积函数**, Σ 称为**积分曲面**.

这样, 本小节开头处所要求的曲面 Σ 的质量就可表示为

$$M = \iint\limits_{\Sigma} \rho(x,y,z)\mathrm{d}S.$$

3. 第一型曲面积分的计算

仿效第一型曲线积分的计算公式可得到下面的第一型曲面积分的计算公式, 它把第一型曲面积分的计算转化为二重积分. 证明留给读者.

定理 12.1.2 (1) 设曲面 Σ 由参数方程给出:
$$x = x(u,v), y = y(u,v), z = z(u,v), (u,v) \in D,$$

或记为 $\boldsymbol{r} = \boldsymbol{r}(u,v)$. 这里, D 为 uv 平面上具有分段光滑边界的区域. 进一步假设映射
$$\boldsymbol{r} : (u,v) \in D \to (x,y,z) \in \Sigma$$

是一一对应, 且满足上一章关于计算曲面的面积的定理的条件, 则 Σ 上的任一连续函数 $f(x,y,z)$ 在 Σ 上的第一型曲面积分存在, 且成立以下计算公式
$$\mathrm{d}S = \sqrt{EG - F^2}\mathrm{d}u\mathrm{d}v,$$
$$\iint\limits_{\Sigma} f(x,y,z)\mathrm{d}S = \iint\limits_{D} f(x(u,v), y(u,v), z(u,v))\sqrt{EG - F^2}\mathrm{d}u\mathrm{d}v,$$

其中, E, F, G 是定理 11.4.1 中的曲面的第一基本量:
$$\begin{aligned} E &= \boldsymbol{r}_u \cdot \boldsymbol{r}_u = x_u^2 + y_u^2 + z_u^2, \\ F &= \boldsymbol{r}_u \cdot \boldsymbol{r}_v = x_u x_v + y_u y_v + z_u z_v, \\ G &= \boldsymbol{r}_v \cdot \boldsymbol{r}_v = x_v^2 + y_v^2 + z_v^2, \end{aligned} \tag{12.1.9}$$

(2) 设曲面 Σ 由显式 $z = z(x,y)$ 给出, 这时第一型曲面积分的计算公式为
$$\iint\limits_{\Sigma} f(x,y,z)\mathrm{d}S = \iint\limits_{D} f(x,y,z(x,y))\sqrt{1 + z_x^2 + z_y^2}\mathrm{d}x\mathrm{d}y.$$

例 12.1.4 设 S 为锥面 $z = \sqrt{x^2 + y^2}$ 被平面 $z = 1$ 所截的下半部分, 求积分
$$I = \iint\limits_{S}(x^2 + y^2 - z^2 + 2x - 1)\mathrm{d}S.$$

解 首先, 由于锥面关于 yOz 平面对称, 所以 $\iint\limits_{S} 2x\mathrm{d}S = 0$.

其次, 在锥面上, $x^2 + y^2 - z^2 = 0$, 所以
$$I = \iint\limits_{S}(x^2 + y^2 - z^2 + 2x - 1)\mathrm{d}S = \iint\limits_{S}(-1)\mathrm{d}S.$$

又 S 的投影区域为 $D: x^2 + y^2 \leqslant 1$, $\mathrm{d}S = \sqrt{2}\mathrm{d}x\mathrm{d}y$, 所以
$$I = \iint\limits_{D}(-1)\sqrt{2}\mathrm{d}x\mathrm{d}y = -\sqrt{2}\pi.$$

下面再给出第一型曲面积分应用的例子.

例 12.1.5 求均匀球面 (密度为 1) 对球面外一单位质点 M 的引力.

解 设球面方程为 $x^2+y^2+z^2=R^2$, 质点位于 z 轴上 $(0,0,h)$ 处, $h>0$ (图 12.1.5). 由对称性, 只要求力 $\boldsymbol{F}$ 在 z 轴上的投影. 记 $\boldsymbol{r}_0$ 是连接球面上点 (x,y,z) 与 M 点的单位方向, 即 $\boldsymbol{r}_0=\dfrac{(x,y,z-h)}{r}$, 而 $r=\sqrt{x^2+y^2+(z-h)^2}$, 任取面积微元 $\mathrm{d}S$, 则它对质点 M 的引力为

$$\mathrm{d}\boldsymbol{F}=\frac{k\mathrm{d}S}{r^2}\boldsymbol{r}_0,$$

于是

$$\mathrm{d}F_z=\frac{k(z-h)}{r^3}\mathrm{d}S, \text{ 所以有 } F_z=\iint\limits_S\frac{k(z-h)}{r^3}\mathrm{d}S.$$

用球面的参数方程可得 $\mathrm{d}S=R^2\sin\varphi\mathrm{d}\varphi\mathrm{d}\theta$,

$$\mathrm{d}F_z=\int_0^{2\pi}\mathrm{d}\theta\int_0^{\pi}\frac{(R\cos\varphi-h)R^2\sin\varphi\mathrm{d}\varphi}{(R^2-2Rh\cos\varphi+h^2)^{3/2}}$$
$$=2\pi R^2\int_0^{\pi}\frac{(R\cos\varphi-h)\sin\varphi\mathrm{d}\varphi}{(R^2-2Rh\cos\varphi+h^2)^{3/2}}.$$

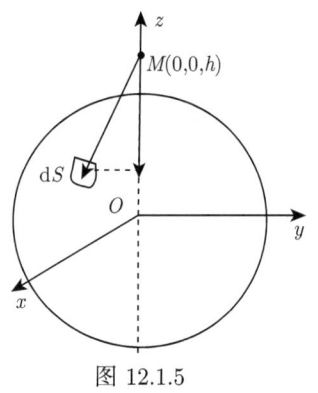

图 12.1.5

令 $t=\cos\varphi$, 得

$$\mathrm{d}F_z=2\pi R^2\int_{-1}^1\frac{(Rt-h)\mathrm{d}t}{(R^2+h^2-2Rht)^{3/2}}.$$

再令 $R^2+h^2-2Rht=u^2$, 可得

$$\mathrm{d}F_z=\frac{R\pi}{h^2}\int_{|R-h|}^{R+h}\left(\frac{R^2-h^2}{u^2}-1\right)\mathrm{d}u=\frac{2\pi R^2}{h^2}\left(\frac{R-h}{|R-h|}-1\right),$$

因此当 $h>R$ 时, 引力为 $-\dfrac{4\pi kR^2}{h^2}$, 而当 $h<R$ 时, 为 0.

此结果表明, 均匀球壳内的任一点所受的引力处于平衡状态, 而外面的点受的力等于把球壳的全部质量集中到球心时对该点的引力.

习 题 12.1

A1. 计算下列第一型曲线积分:

(1) $\displaystyle\int_L(\tan x+\sin y)\mathrm{d}s$, 其中 L 是以 $O(0,0),A(1,0),B(0,1)$ 为顶点的三角形;

(2) $\displaystyle\int_L xy\mathrm{d}s$, 其中 L 为正方形 $|x|+|y|=1$;

(3) $\displaystyle\int_L|y|\mathrm{d}s$, 其中 L 为

 (a) 圆心在原点的右半单位圆周;

 (b) 双纽线 $(x^2+y^2)^2=x^2-y^2$;

(4) $\int_L y \mathrm{d}s$, 其中 L 是

    (a) 由 $y^2 = x$ 和 $x + y = 2$ 所围的闭曲线;

    (b) $x^2 + y^2 + z^2 = a^2$ 与 $x^2 + y^2 = ax$ 相交而成的曲线;

(5) $\int_L xyz \mathrm{d}s$, 其中 L 是连接点 $A(1,0,0), B(0,0,2), C(1,0,2), D(1,3,2)$ 的折线段;

(6) $\int_L \mathrm{e}^{\sqrt{x^2+y^2}} \mathrm{d}s$, 其中 L 是曲线

    (a) $\rho = a \left(0 \leqslant \theta \leqslant \dfrac{\pi}{4}\right)$ 的一段;

    (b) $x = a(\cos t + t \sin t), y = a(\sin t - t \cos t), t \in [0, 2\pi]$;

(7) $\int_L z \mathrm{d}s$, 其中 L 为圆锥螺线 $x = t \cos t, y = t \sin t, z = t, t \in [0, t_0]$;

(8) $\int_L xy \mathrm{d}s$, 其中 L 为单位球面 $x^2 + y^2 + z^2 = 1$ 与平面 $x + y + z = 0$ 的交线.

A2. 求半圆周 $y = \sqrt{a^2 - x^2}$ 的质量, 其线密度为 $\rho(x, y) = y$.

A3. 求曲线 $x = \mathrm{e}^{-t} \cos t, y = \mathrm{e}^{-t} \sin t, z = \mathrm{e}^{-t} (t \in [0, 2\pi])$ 的质心, 其质量分布是均匀的.

A4. 证明第一型曲线积分的中值定理: 若函数 $f(x, y)$ 在光滑曲线 $L: x = x(t), y = y(t), t \in [\alpha, \beta]$ 上连续, 则存在点 $(x_0, y_0) \in L$ 使得

$$\int_L f(x, y) \mathrm{d}s = f(x_0, y_0) \Delta L,$$

其中, ΔL 为 L 的弧长.

A5. 计算下列第一型曲面积分:

(1) $\iint_S (x + y + 1) z \mathrm{d}S$, 其中 S 是上半球面 $x^2 + y^2 + z^2 = a^2, z \geqslant 0$;

(2) $\iint_S (x^2 + y^2) \mathrm{d}S$, 其中 S 为锥体 $\sqrt{x^2 + y^2} \leqslant z \leqslant 1$ 的边界曲面;

(3) $\iint_S x^2 y^2 \mathrm{d}S$, 其中 S 为上半球面 $z = \sqrt{R^2 - x^2 - y^2}$;

(4) $\iint_S \dfrac{\mathrm{d}S}{x^2 + y^2}$, 其中 S 为柱面 $x^2 + y^2 = R^2$ 被平面 $z = -H, z = H$ 所截取的部分;

(5) $\iint_S (ax^2 + by^2 + cz^2) \mathrm{d}S$, 其中 S 为球面 $x^2 + y^2 + z^2 = 1$;

(6) $\iint_S (xy + yz + zx) \mathrm{d}S$, 其中 S 为锥面 $z = \sqrt{x^2 + y^2}$ 被柱面 $x^2 + y^2 = 2ax$ 所截取的部分 $(a > 0)$;

(7) $F(t) = \iint_{x^2+y^2+z^2=t^2} f(x, y, z) \mathrm{d}S$, 其中, $f(x, y, z) = \begin{cases} x^2 + y^2, & z \geqslant \sqrt{x^2 + y^2}, \\ 0, & z < \sqrt{x^2 + y^2}; \end{cases}$

(8) $\iint\limits_{S} |xyz| \mathrm{d}S$, 其中 S 为抛物面 $z = x^2 + y^2$ 介于平面 $z = 0, z = 1$ 所截取的部分.

A6. 求均匀曲面 $z = x^2 + y^2, 0 \leqslant z \leqslant 1$ 的质量与质心.

§12.2 第二型曲线积分与第二型曲面积分

前面由求分布在曲线形或曲面形构件上的质量问题, 我们分别引入了第一型曲线积分和第一型曲面积分, 而为了求在变力作用下沿某曲线运动所做的功和求流量与磁通量等物理量, 我们将分别引入第二型曲线积分和第二型曲面积分的概念.

§12.2.1 第二型曲线积分

1. 背景: 在变力作用下沿曲线做功问题

设 L 为空间中一条可求长的连续曲线, 起点为 A, 终点为 B, 确定了起点与终点的曲线称为**定向曲线**. 假定一个质点在力

$$\boldsymbol{F}(x, y, z) = P(x, y, z)\boldsymbol{i} + Q(x, y, z)\boldsymbol{j} + R(x, y, z)\boldsymbol{k}$$

的作用下沿 L 从 A 移动到 B, 我们要计算 $\boldsymbol{F}$ 所做的功.

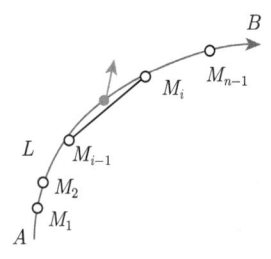

图 12.2.1

由于力的大小和方向都是改变的, 因此不能简单照搬常力做功的计算方法. 为了解决这个问题, 我们依然采用分割的思想. 在曲线 L 上插入一些分点

$$T: M_1(x_1, y_1, z_1), M_2(x_2, y_2, z_2), \cdots, M_{n-1}(x_{n-1}, y_{n-1}, z_{n-1}),$$

并令 $M_0(x_0, y_0, z_0) = A$, $M_n(x_n, y_n, z_n) = B$, 并且这些点是从 A 到 B 计数的, 见图 12.2.1. 这样, L 就被这些分点分成 n 个小弧段 $\widehat{M_{i-1}M_i}(i = 1, 2, \cdots, n)$. 在小弧段 $\widehat{M_{i-1}M_i}$ 上任取一点 $N_i(\xi_i, \eta_i, \zeta_i)$, 再取曲线在 N_i 处的单位切向量

$$\boldsymbol{\tau}_i = \cos\alpha_i \boldsymbol{i} + \cos\beta_j \boldsymbol{i} + \cos\gamma_i \boldsymbol{k},$$

使它的方向与 L 的定向一致, 那么质点从 M_{i-1} 移动到 M_i 时 $\boldsymbol{F}$ 所做的功近似地等于

$$\begin{aligned} W_i &= \boldsymbol{F}(\xi_i, \eta_i, \zeta_i) \cdot \boldsymbol{\tau}_i \Delta s_i \\ &= [P(\xi_i, \eta_i, \zeta_i)\cos\alpha_i + Q(\xi_i, \eta_i, \zeta_i)\cos\beta_i + R(\xi_i, \eta_i, \zeta_i)\cos\gamma_i]\Delta s_i, \end{aligned}$$

这里 Δs_i 是小弧段 $\widehat{M_{i-1}M_i}$ 的弧长.

因此, $\boldsymbol{F}$ 将质点沿 L 从 A 移动到 B 所做的功为

$$W = \lim_{\|T\|\to 0} \sum_{i=1}^{n} \boldsymbol{F}(\xi_i, \eta_i, \zeta_i) \cdot \boldsymbol{\tau}_i \Delta s_i$$

$$= \lim_{\|T\|\to 0} \sum_{i=1}^{n} [P(\xi_i, \eta_i, \zeta_i) \cos \alpha_i + Q(\xi_i, \eta_i, \zeta_i) \cos \beta_i + R(\xi_i, \eta_i, \zeta_i) \cos \gamma_i] \Delta s_i$$

$$= \int_L [P(x,y,z) \cos \alpha + Q(x,y,z) \cos \beta + R(x,y,z) \cos \gamma] \mathrm{d}s,$$

其中, $\|T\|$ 为所有的小弧段的最大长度, 而所得的积分是与曲线 L 的方向或切向量 $\boldsymbol{\tau} = (\cos \alpha, \cos \beta, \cos \gamma)$ 有关的第一型曲线积分, 我们称这样的积分为第二型曲线积分. 下面给出第二型曲线积分的定义.

2. 第二型曲线积分的定义

定义 12.2.1 设 L 为一条定向的可求长的连续曲线, 起点为 A, 终点为 B. 在 L 上每一点取单位切向量 $\boldsymbol{\tau} = (\cos \alpha, \cos \beta, \cos \gamma)$, 使它与 L 的定向相一致. 再设

$$\boldsymbol{F}(x,y,z) = P(x,y,z)\boldsymbol{i} + Q(x,y,z)\boldsymbol{j} + R(x,y,z)\boldsymbol{k}$$

是定义在 L 上的向量值函数, 则称

$$\int_L \boldsymbol{F} \cdot \boldsymbol{\tau} \mathrm{d}s = \int_L (P(x,y,z)\cos \alpha + Q(x,y,z)\cos \beta + R(x,y,z)\cos \gamma) \mathrm{d}s \tag{12.2.1}$$

为 (向量值) 函数 $\boldsymbol{F}$ 沿定向曲线 L 的**第二型曲线积分**(the second type curve integral), 或者称为关于坐标的积分 (line integral with respect to coordinates).

记曲线 L 上任一点处的弧微分为 $\mathrm{d}s$, 向量 $\mathrm{d}\boldsymbol{s} = \boldsymbol{\tau}\mathrm{d}s$, 那么 $\mathrm{d}\boldsymbol{s}$ 在 x 轴上的投影是 $\cos \alpha \mathrm{d}s$, 记为 $\mathrm{d}x$, 即 $\mathrm{d}x = \cos \alpha \mathrm{d}s$. 同理记 $\mathrm{d}y = \cos \beta \mathrm{d}s, \mathrm{d}z = \cos \gamma \mathrm{d}s$. 于是,

$$\mathrm{d}\boldsymbol{s} = \boldsymbol{\tau}\mathrm{d}s = (\mathrm{d}x, \mathrm{d}y, \mathrm{d}z),$$

所以, 经常地把第二型曲线积分 (12.2.1) 记为

$$\int_L \boldsymbol{F} \cdot \boldsymbol{\tau} \mathrm{d}s = \int_L \boldsymbol{F} \cdot \mathrm{d}\boldsymbol{s} = \int_L P(x,y,z)\mathrm{d}x + Q(x,y,z)\mathrm{d}y + R(x,y,z)\mathrm{d}z, \tag{12.2.2}$$

它也称为 1 阶微分 $\omega = P\mathrm{d}x + Q\mathrm{d}y + R\mathrm{d}z$ 在 L 上的第二型曲线积分, 简记为 $\int_L \omega$.

特别地, 如果 L 为 xOy 平面上的定向光滑曲线段, 则第二型曲线积分的形式为

$$\int_L P(x,y)\mathrm{d}x + Q(x,y)\mathrm{d}y = \int_L [P(x,y)\cos \alpha + Q(x,y)\sin \alpha]\mathrm{d}s. \tag{12.2.3}$$

其中, α 为定向曲线 L 的切向量与 x 轴正向的夹角.

3. 第二型曲线积分的性质

设 L 为定向的分段光滑曲线, 则容易证明第二型曲线积分的如下性质成立.

性质 12.2.1(方向性)　设向量值函数 $\boldsymbol{F}=(P,Q,R)$ 在 L 上的第二型曲线积分存在. 记 $-L$ 是曲线 L 的反向曲线, 则

$$\int_L P\mathrm{d}x+Q\mathrm{d}y+R\mathrm{d}z=-\int_{-L}P\mathrm{d}x+Q\mathrm{d}y+R\mathrm{d}z. \tag{12.2.4}$$

证明　记 $\boldsymbol{\tau}'$ 表示 $-L$ 的方向, 故 $\boldsymbol{\tau}'=-\boldsymbol{\tau}$, 因此

$$\int_L \boldsymbol{F}\cdot\boldsymbol{\tau}\mathrm{d}s=-\int_{-L}\boldsymbol{F}\cdot\boldsymbol{\tau}'\mathrm{d}s.$$

按定义即知式 (12.2.4) 成立. □

请特别注意, 第二型曲线积分与方向有关.

性质 12.2.2(路径可加性)　设 L 分成了首尾相连的两段 L_1,L_2, 则 L 上的第二型曲线积分 $\int_L P\mathrm{d}x+Q\mathrm{d}y+R\mathrm{d}z$ 存在当且仅当 L_1 和 L_2 上的第二型曲线积分 $\int_{L_i} P\mathrm{d}x+Q\mathrm{d}y+R\mathrm{d}z$ 都存在, 其中, $i=1,2$, 且此时成立

$$\int_L P\mathrm{d}x+Q\mathrm{d}y+R\mathrm{d}z=\int_{L_1} P\mathrm{d}x+Q\mathrm{d}y+R\mathrm{d}z+\int_{L_2} P\mathrm{d}x+Q\mathrm{d}y+R\mathrm{d}z.$$

性质 12.2.3(线性性)　设第二型曲线积分 $\int_L P_i\mathrm{d}x+Q_i\mathrm{d}y+R_i\mathrm{d}z, i=1,2$ 都存在, 则对任何常数 c_1,c_2, 第二型曲线积分

$$\int_L (c_1P_1+c_2P_2)\mathrm{d}x+(c_1Q_1+c_2Q_2)\mathrm{d}y+(c_1R_1+c_2R_2)\mathrm{d}z$$

也存在, 且成立

$$\int_L (c_1P_1+c_2P_2)\mathrm{d}x+(c_1Q_1+c_2Q_2)\mathrm{d}y+(c_1R_1+c_2R_2)\mathrm{d}z$$
$$=c_1\int_L P_1\mathrm{d}x+Q_1\mathrm{d}y+R_1\mathrm{d}z+c_2\int_L P_2\mathrm{d}x+Q_2\mathrm{d}y+R_2\mathrm{d}z.$$

4. 第二型曲线积分的计算

现在讨论如何计算第二型曲线积分. 设光滑的定向曲线 L 的方程为

$$x=x(t), y=y(t), z=z(t), t\in]a,b[,$$

这里, $]a,b[$ 表示 a 对应起点, b 对应终点, 但 a 未必小于 b. 这时曲线 L 是可求长的, 并且单位切向量为

$$\boldsymbol{\tau}=(\cos\alpha,\cos\beta,\cos\gamma)=\frac{1}{\sqrt{x'^2(t)+y'^2(t)+z'^2(t)}}(x'(t),y'(t),z'(t)).$$

若向量值函数 $\boldsymbol{F}(x,y,z) = P(x,y,z)\boldsymbol{i} + Q(x,y,z)\boldsymbol{j} + R(x,y,z)\boldsymbol{k}$ 在 L 上连续, 那么由定理 12.1.1 得到第二型曲线积分的计算公式

$$\int_L P(x,y,z)\mathrm{d}x + Q(x,y,z)\mathrm{d}y + R(x,y,z)\mathrm{d}z$$
$$= \int_L [P(x,y,z)\cos\alpha + Q(x,y,z)\cos\beta + R(x,y,z)\cos\gamma]\mathrm{d}s$$
$$= \int_a^b [P(x(t),y(t),z(t))x'(t) + Q(x(t),y(t),z(t))y'(t) + R(x(t),y(t),z(t))z'(t)]\mathrm{d}t. \tag{12.2.5}$$

如果 L 为平面 xOy 上光滑曲线, 其方程为

$$x = x(t), y = y(t), t \in]a,b[,$$

则

$$\int_L P(x,y)\mathrm{d}x + Q(x,y)\mathrm{d}y = \int_a^b [P(x(t),y(t))x'(t) + Q(x(t),y(t))y'(t)]\mathrm{d}t. \tag{12.2.6}$$

特别地, 对应平面曲线 $L: y = y(x), x \in]a,b[$,

$$\int_L P(x,y)\mathrm{d}x + Q(x,y)\mathrm{d}y = \int_a^b [P(x,y(x)) + Q(x,y(x))y'(x)]\mathrm{d}x. \tag{12.2.7}$$

例 12.2.1 计算曲线积分

$$\int_L 2xy\mathrm{d}x + x^2\mathrm{d}y,$$

其中, L 为以 $O(0,0)$ 为起点、$B(1,1)$ 为终点的曲线段, 具体路径分别为

(1) 抛物线 $y = x^2$;
(2) 抛物线 $x = y^2$;
(3) 折线段 $\overrightarrow{OA} + \overrightarrow{AB}$, 其中, $A(1,0)$.

解 如图 12.2.2 所示.

(1) $\displaystyle\int_L 2xy\mathrm{d}x + x^2\mathrm{d}y = \int_0^1 (2x\cdot x^2 + x^2 \cdot 2x)\mathrm{d}x = 4\int_0^1 x^3\mathrm{d}x = 1;$

(2) $\displaystyle\int_L 2xy\mathrm{d}x + x^2\mathrm{d}y = \int_0^1 (2y^2 y \cdot 2y + y^4)\mathrm{d}y = 5\int_0^1 y^4\mathrm{d}y = 1;$

(3) $\displaystyle\int_L 2xy\mathrm{d}x + x^2\mathrm{d}y = \int_{OA} + \int_{AB} 2xy\mathrm{d}x + x^2\mathrm{d}y = \int_0^1 (2y\cdot 0 + 1)\mathrm{d}y = 1.$

注 12.2.1 本题中积分沿三条不同的路径, 但结果相同. 这不是偶然的. 这种现象的本质我们将在下一节专门讨论.

例 12.2.2 计算曲线积分
$$I = \oint_C (z-y)\mathrm{d}x + (x-z)\mathrm{d}y + (x-y)\mathrm{d}z,$$
其中，C 是曲线 $\begin{cases} x^2 + y^2 = 1, \\ x - y + z = 2, \end{cases}$ 从 z 轴正向往 z 轴负向看，C 的方向是顺时针的，如图 12.2.3 所示.

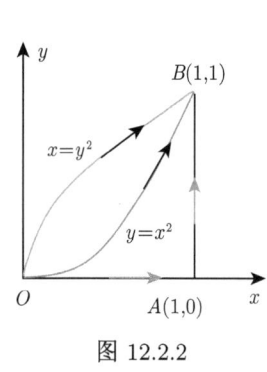

图 12.2.2

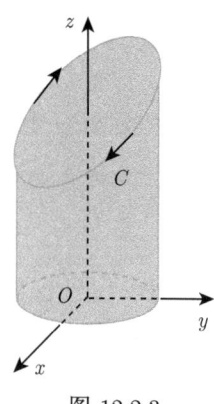

图 12.2.3

解 由于曲线 C 是圆柱面与平面的交线，所以可令 $x = \cos\theta, y = \sin\theta$，进而得
$$z = 2 - \cos\theta + \sin\theta, \theta \in [2\pi, 0],$$
因此，
$$\begin{aligned} I &= \oint_C (z-y)\mathrm{d}x + (x-z)\mathrm{d}y + (x-y)\mathrm{d}z, \\ &= \int_{2\pi}^0 [(2 - \cos\theta + \sin\theta - \sin\theta)(-\sin\theta) + \cos\theta[-(2 - \cos\theta + \sin\theta)]\cos\theta \\ &\quad + (\cos\theta - \sin\theta)(\sin\theta - \cos\theta)]\mathrm{d}\theta \\ &= -2\pi. \end{aligned}$$

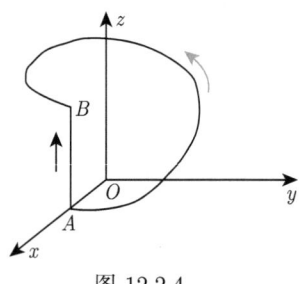

图 12.2.4

例 12.2.3 求在力 $\boldsymbol{F} = (y, -x, x+y+z)$ 的作用下，质点由 $A(a,0,0)$ 移动到 $B(a,0,2\pi b)$ 所做的功. 如图 12.2.4 所示.

(1) $\widehat{AB}$ 是螺旋线
$$L_1: x = a\cos t, y = a\sin t, z = bt, 0 \leqslant t \leqslant 2\pi;$$

(2) $\overline{AB}$ 是直线段.

解

(1) $W = \int_{L_1} y\mathrm{d}x - x\mathrm{d}y + (x+y+z)\mathrm{d}z$

$$= \int_0^{2\pi} -a^2\sin^2 t - a^2\cos^2 t + (a\cos t + a\sin t + bt)b\,dt$$
$$= 2\pi(\pi b^2 - a^2).$$

(2) AB 的方程为 $x = a, y = 0, z = z, 0 \leqslant z \leqslant 2\pi b$. 于是

$$W = \int_{\widehat{AB}} y\mathrm{d}x - x\mathrm{d}y + (x + y + z)\mathrm{d}z$$
$$= \int_0^{2\pi b} (a+z)\mathrm{d}z = 2\pi b(a + \pi b).$$

§12.2.2 第二型曲面积分

1. 流量问题

已知不可压缩流体 (即密度与压力无关. 不妨设其密度为 1) 的稳定流体 (即流速与时间无关) 以流速

$$\boldsymbol{v} = P(x,y,z)\boldsymbol{i} + Q(x,y,z)\boldsymbol{j} + R(x,y,z)\boldsymbol{k}$$

在空间区域 Ω 内流动, 我们来计算单位时间内由曲面 $\Sigma \subset \Omega$ 的一侧流向另一侧的 (质量) 流量.

如图 12.2.5 所示. 首先看出流量与曲面所谓 "侧" 的概念有关, 或者说曲面的法向有关, 当法向选择相反方向时, 流量随之变号, 所以我们先介绍曲面侧的概念.

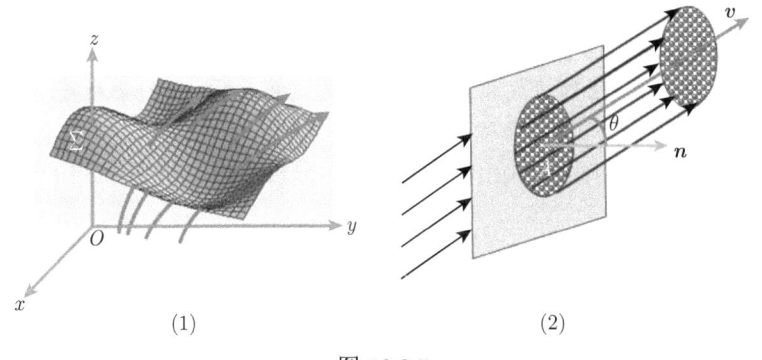

图 12.2.5

2. 曲面的侧

我们常见的曲面都有两侧, 这样的曲面称为双侧曲面. 例如, 曲面 $z = f(x,y)$ 通常有上侧与下侧 (图 12.2.6(1)), 上侧, 即指曲面上每一点的法向选择了与 z 轴夹角为锐角的那个方向. 而对封闭曲面, 我们自然有外侧与内侧之分 (图 12.2.6(2)).

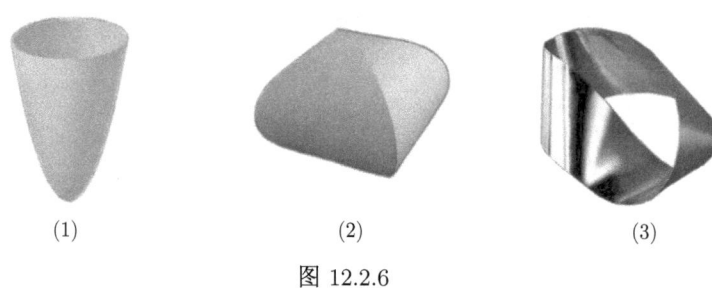

图 12.2.6

但是, 并非所有曲面都是双侧的. 最典型的就是 Möbius 带 (图 12.2.6(3)).

它可以这样来做成. 把长方形纸条扭转一次再首尾相粘, 就做成了所谓的 **Möbius 带**. 而若不扭转直接首尾相粘就得到一个柱面.

Möbius 带有这样的特点. 如果从曲面上某一点开始, 用刷子在 Möbius 带上连续地涂色, 不越过边界, 当第一次回到起始点时, 涂的已经是反面了. 继续下去, 最后就会涂满整条带子. 这样的曲面叫做**单侧曲面**. 而柱面则不可能发生这样的事情, 即刷子不离开柱面, 也不越过柱面的边界是不可能一次涂满整个柱面的正反面的. 我们称柱面这样的曲面为双侧曲面. 曲面积分只涉及双侧曲面.

那么, 数学上如何刻画双侧曲面? 我们知道, 在曲面上每一点都可以作出互为反向的两个法向量. 说指定曲面的侧, 就是规定了它该取哪个法向, 并且对双侧曲面来说, 只要指定了一点 P 的法向量, 其余点的法向量都可由 P 点的法向量经过连续变动而获得. 具体的定义如下.

定义 12.2.2 设 Σ 是一张光滑曲面, P 为 Σ 上任一点, 并在这点处引一法线, 这法线有两种可能的方向, 我们指定其中的一个方向. 又设 Γ_P 是过点 P 且不越过曲面边界的任意一条闭曲线. 让点 P 沿 Γ_P 连续移动, 并在其经过的各个位置上给予法线一个方向, 这些方向就是由起点 P 处所选定的那个法线方向连续地转变来的. 如果当它再回到点 P 时, 法向量的指向仍与原选的方向相同, 则称 Σ 为**双侧曲面**, 而如果相反, 则称 Σ 为**单侧曲面**. 指定了侧或法向的双侧曲面称为**定向曲面**.

关于曲面侧的比较详细的讨论, 可参见《数学分析新讲》(张筑生, 1991).

3. 单位法向量的表示

设双侧曲面 Σ 的参数方程为

$$x = x(u,v), y = y(u,v), z = z(u,v), (u,v) \in D,$$

这里 D 为 uv 平面上具有分段光滑边界的区域. 进一步假设 x, y, z 对 u 和 v 有连续偏导数, 且相应的 Jacobi 矩阵

$$\boldsymbol{J} = \begin{bmatrix} \dfrac{\partial x}{\partial u} & \dfrac{\partial x}{\partial v} \\ \dfrac{\partial y}{\partial u} & \dfrac{\partial y}{\partial v} \\ \dfrac{\partial z}{\partial u} & \dfrac{\partial z}{\partial v} \end{bmatrix}$$

§12.2 第二型曲线积分与第二型曲面积分

总是满秩的. 这时曲面 Σ 是光滑的.

根据多元函数微分学 (参见 §10.5.2 和曲面面积 §11.4.1) 的知识, 我们知道, 曲面的法向量可以表示为
$$\pm \boldsymbol{r}_u \times \boldsymbol{r}_v = \pm \left(\frac{\partial(y,z)}{\partial(u,v)}, \frac{\partial(z,x)}{\partial(u,v)}, \frac{\partial(x,y)}{\partial(u,v)} \right),$$
其中, "$\pm$" 表示曲面上每个点 $(x(u,v), y(u,v), z(u,v))$ 都有方向相反的两个法向量. 于是在这点的单位法向量为
$$\boldsymbol{n} = (\cos\alpha, \cos\beta, \cos\gamma) = \frac{1}{\pm\sqrt{EG-F^2}} \left(\frac{\partial(y,z)}{\partial(u,v)}, \frac{\partial(z,x)}{\partial(u,v)}, \frac{\partial(x,y)}{\partial(u,v)} \right). \tag{12.2.8}$$
这里
$$EG - F^2 = \|\boldsymbol{r}_u \times \boldsymbol{r}_v\|^2 = \left[\frac{\partial(y,z)}{\partial(u,v)}\right]^2 + \left[\frac{\partial(z,x)}{\partial(u,v)}\right]^2 + \left[\frac{\partial(x,y)}{\partial(u,v)}\right]^2.$$

在根号前取定一个符号后, 曲面对每一点 $(x(u,v), y(u,v), z(u,v))$ 就确定了一个单位法向量. 而又由假设, 单位法向量是连续变动的, 在根号前取定一个符号后, 也就确定了曲面的侧.

例如, 对显式方程表示的光滑曲面
$$z = z(x,y), (x,y) \in D,$$
$$\boldsymbol{n} = (\cos\alpha, \cos\beta, \cos\gamma) = \frac{1}{\pm\sqrt{1+z_x^2+z_y^2}}(-z_x, -z_y, 1), \tag{12.2.9}$$

取 $+$ 号, 表示 $\cos\gamma > 0$, 对应曲面的上侧.

4. 流量的计算

回到流量问题. 设分割 T 用光滑曲线网将 Σ 分成 n 片小曲面 $\Sigma_1, \Sigma_2, \cdots, \Sigma_n$, 在 Σ_i 上面任取一点 $M_i(\xi_i, \eta_i, \zeta_i)$, 那么在这点的流速为 (图 12.2.5(2))
$$\boldsymbol{v}_i = P(\xi_i, \eta_i, \zeta_i)\boldsymbol{i} + Q(\xi_i, \eta_i, \zeta_i)\boldsymbol{j} + R(\xi_i, \eta_i, \zeta_i)\boldsymbol{k},$$
记 ΔS_i 为 Σ_i 的面积, 点 M_i 的单位法向量为
$$\boldsymbol{n}_i = \cos\alpha_i \boldsymbol{i} + \cos\beta_i \boldsymbol{j} + \cos\gamma_i \boldsymbol{k},$$
那么单位时间内流过 Σ_i 的流量就近似地为
$$\boldsymbol{v}_i \cdot \boldsymbol{n}_i \Delta S_i = [P(\xi_i, \eta_i, \zeta_i)\cos\alpha_i + Q(\xi_i, \eta_i, \zeta_i)\cos\beta_i + R(\xi_i, \eta_i, \zeta_i)\cos\gamma_i]\Delta S_i,$$
因此单位时间内通过 Σ 的 (质量) 流量为
$$\Phi = \lim_{\|T\|\to 0} \sum_{i=1}^{n} \boldsymbol{v}_i \cdot \boldsymbol{n}_i \Delta S_i$$
$$= \lim_{\|T\|\to 0} \sum_{i=1}^{n} [P(\xi_i, \eta_i, \zeta_i)\cos\alpha_i + Q(\xi_i, \eta_i, \zeta_i)\cos\beta_i + R(\xi_i, \eta_i, \zeta_i)\cos\gamma_i]\Delta S_i$$

$$= \iint\limits_{\Sigma} [P(x,y,z)\cos\alpha + Q(x,y,z)\cos\beta + R(x,y,z)\cos\gamma]\mathrm{d}S,$$

其中, $\|T\|$ 是所有小曲面片的最大直径. 我们把这种与法向量的方向有关的第一型曲面积分称为第二型曲面积分.

5. 第二型曲面积分的定义及性质

定义 12.2.3 设 Σ 为定向的光滑曲面, $\boldsymbol{n} = (\cos\alpha, \cos\beta, \cos\gamma)$ 为其上每一点 (x,y,z) 处指定的单位法向量. 设

$$\boldsymbol{F}(x,y,z) = P(x,y,z)\boldsymbol{i} + Q(x,y,z)\boldsymbol{j} + R(x,y,z)\boldsymbol{k}$$

是定义在 Σ 上的向量值函数, 则称

$$\iint\limits_{\Sigma} \boldsymbol{F} \cdot \boldsymbol{n} \mathrm{d}S \doteq \iint\limits_{\Sigma} (P\cos\alpha + Q\cos\beta + R\cos\gamma)\mathrm{d}S \tag{12.2.10}$$

为在 Σ 上的**第二型曲面积分**(the second type surface integral), 或称为关于坐标的曲面积分(surface integral with respect to coordinates).

记 $\mathrm{d}S$ 为 Σ 上的任一面积微元, $\mathrm{d}\boldsymbol{S} = \boldsymbol{n}\mathrm{d}S$ 表示定向曲面微元, 再记 $\mathrm{d}S$ 在平面 xy 上的投影的面积为 $\mathrm{d}\sigma$, 而 $\mathrm{d}\boldsymbol{S}$ 在平面 xy 上的有向投影面积为 $\mathrm{d}x\mathrm{d}y$, 即

$$\mathrm{d}x\mathrm{d}y = \begin{cases} \mathrm{d}\sigma, & \text{当} \cos\gamma > 0 \text{时}; \\ -\mathrm{d}\sigma, & \text{当} \cos\gamma < 0 \text{时}; \\ 0, & \text{当} \cos\gamma = 0 \text{时}, \end{cases}$$

那么,

$$\mathrm{d}x\mathrm{d}y = \cos\gamma \mathrm{d}S.$$

类似地, 有

$$\mathrm{d}y\mathrm{d}z = \cos\alpha \mathrm{d}S, \quad \mathrm{d}z\mathrm{d}x = \cos\beta \mathrm{d}S.$$

于是, 第二型曲面积分通常表示为

$$\iint\limits_{\Sigma} \boldsymbol{F} \cdot \mathrm{d}\boldsymbol{S} = \iint\limits_{\Sigma} P(x,y,z)\mathrm{d}y\mathrm{d}z + Q(x,y,z)\mathrm{d}z\mathrm{d}x + R(x,y,z)\mathrm{d}x\mathrm{d}y. \tag{12.2.11}$$

第二型曲面积分有与第二型曲线积分类似的性质, 下面只列出结果, 证明留给读者.

性质 12.2.4(方向性) 设向量值函数 $\boldsymbol{F} = (P,Q,R)$ 在定向的分片光滑曲面 Σ 上的第二型曲面积分存在. 记 $-\Sigma$ 是曲面 Σ 的反向曲面, 则

$$\iint\limits_{\Sigma} P\mathrm{d}y\mathrm{d}z + Q\mathrm{d}z\mathrm{d}x + R\mathrm{d}x\mathrm{d}y = -\iint\limits_{-\Sigma} P\mathrm{d}y\mathrm{d}z + Q\mathrm{d}z\mathrm{d}x + R\mathrm{d}x\mathrm{d}y. \tag{12.2.12}$$

性质 12.2.5(可加性) 设 Σ 分成了两片 Σ_1 和 Σ_2, 它们与 Σ 的取向一致, 则向量值函数 $\boldsymbol{F}$ 在 Σ 上的第二型曲面积分存在, 当且仅当它在 Σ_1 和 Σ_2 上的第二型曲面积分都

存在, 并且此时成立

$$\iint\limits_{\Sigma} Pdydz + Qdzdx + Rdxdy$$
$$= \iint\limits_{\Sigma_1} Pdydz + Qdzdx + Rdxdy + \iint\limits_{\Sigma_2} Pdydz + Qdzdx + Rdxdy.$$

性质 12.2.6 (线性性) 设第二型曲面积分 $\iint\limits_{\Sigma} P_i dydz + Q_i dzdx + R_i dxdy, i = 1, 2$ 都存在, 则对任何常数 c_1, c_2, 第二型曲面积分

$$\iint\limits_{\Sigma} (c_1 P_1 + c_2 P_2)dydz + (c_1 Q_1 + c_2 Q_2)dzdx + (c_1 R_1 + c_2 R_2)dxdy$$

也存在, 且成立

$$\iint\limits_{\Sigma} (c_1 P_1 + c_2 P_2)dydz + (c_1 Q_1 + c_2 Q_2)dzdx + (c_1 R_1 + c_2 R_2)dxdy$$
$$= c_1 \iint\limits_{\Sigma} P_1 dydz + Q_1 dzdx + R_1 dxdy + c_2 \iint\limits_{\Sigma} P_2 dydz + Q_2 dzdx + R_2 dxdy.$$

根据可加性, 我们就可以把第二型曲面积分的定义推广到分片光滑的曲面上去.

6. 第二型曲面积分的计算

给定光滑曲面 Σ 的参数方程:

$$x = x(u,v), y = y(u,v), z = z(u,v), u, v \in D,$$

其中, D 为 uv 平面上有分段光滑边界的有界区域. $\boldsymbol{F} = (P, Q, R)$ 为 Σ 上的连续函数. 首先根据式 (12.2.8) 以及 $dS = \sqrt{EG - F^2}dudv$ (参见定理 12.1.2), 由第一型曲面积分的计算公式可得如下的第二型曲面积分计算公式:

$$\iint\limits_{\Sigma} P(x,y,z)dydz + Q(x,y,z)dzdx + R(x,y,z)dxdy$$
$$= \iint\limits_{\Sigma} [P(x,y,z)\cos\alpha + Q(x,y,z)\cos\beta + R(x,y,z)\cos\gamma]dS$$
$$= \pm \iint\limits_{D} \left[P(x(u,v),y(u,v),z(u,v))\frac{\partial(y,z)}{\partial(u,v)} + Q(x(u,v),y(u,v),z(u,v))\frac{\partial(z,x)}{\partial(u,v)} \right.$$
$$\left. + R(x(u,v),y(u,v),z(u,v))\frac{\partial(x,y)}{\partial(u,v)} \right] dudv. \tag{12.2.13}$$

式中符号由曲面的侧, 即方向余弦 (或单位法向量) 的计算公式中所取符号决定.

特别地, 如果定向的光滑曲面的方程为

$$z = z(x,y), (x,y) \in D_{xy},$$

其中, D_{xy} 为 xy 平面上具有分段光滑边界的有界闭区域, 则由式 (12.2.9) 得

$$\iint\limits_{\Sigma} R(x,y,z)\mathrm{d}x\mathrm{d}y = \pm \iint\limits_{D_{xy}} R(x,y,z(x,y))\mathrm{d}x\mathrm{d}y, \tag{12.2.14}$$

等式右端是二重积分, 当曲面的定向为上侧时, 积分号前取 "+"; 当曲面的定向为下侧时, 积分号前取 "−".

而若计算

$$\iint\limits_{\Sigma} P(x,y,z)\mathrm{d}y\mathrm{d}z,$$

通常有两种选择. 当 Σ 的方程易于表示为 $x = x(y,z)$, $(y,z) \in D_{yz}$ 时, 则有类似于 (12.2.14) 的公式, 即化为 yOz 平面上的二重积分:

$$\iint\limits_{\Sigma} P(x,y,z)\mathrm{d}y\mathrm{d}z = \pm \iint\limits_{D_{yz}} P(x(y,z),y,z)\mathrm{d}y\mathrm{d}z, \tag{12.2.15}$$

当曲面的定向为前侧时, 积分号前取 "+"; 当曲面的定向为后侧时, 积分号前取 "−".

而若 Σ 的方程为 $z = z(x,y)$, 则根据

$$\mathrm{d}y\mathrm{d}z = \cos\alpha \mathrm{d}S = \cos\gamma \mathrm{d}S \cdot \frac{\cos\alpha}{\cos\gamma}$$

以及 $\dfrac{\cos\alpha}{\cos\gamma} = -z_x$ 有

$$\iint\limits_{\Sigma} P\mathrm{d}y\mathrm{d}z = \iint\limits_{\Sigma} P(x,y,z)(-z_x)\mathrm{d}x\mathrm{d}y = \mp \iint\limits_{D_{xy}} P(x,y,z(x,y))z_x\mathrm{d}x\mathrm{d}y, \tag{12.2.16}$$

符号要根据曲面的侧来定, 上侧为负号, 下侧为正号.

例 12.2.4 计算曲面积分 $I = \iint\limits_{\Sigma} xyz\mathrm{d}x\mathrm{d}y$, 其中 Σ 为球面 $x^2 + y^2 + z^2 = 1$ 的外侧在第一、五卦限的部分.

解 如图 12.2.7 所示. 将曲面分为上下两个部分:

$$\Sigma_1 : z = \sqrt{1-x^2-y^2}, \quad \Sigma_2 : z = -\sqrt{1-x^2-y^2}, (x,y) \in D,$$

其中, D 为 xOy 平面上的单位圆盘在第一象限的部分, 即 $x^2 + y^2 \leqslant 1, x, y \geqslant 0$, 而 Σ_1 取上侧, Σ_2 取下侧. 于是,

$$I = \iint\limits_{\Sigma} xyz\mathrm{d}x\mathrm{d}y = \iint\limits_{D} xy\sqrt{1-x^2-y^2}\mathrm{d}x\mathrm{d}y$$
$$- \iint\limits_{D} xy(-\sqrt{1-x^2-y^2})\mathrm{d}x\mathrm{d}y,$$
$$= 2\iint\limits_{D} xy\sqrt{1-x^2-y^2}\mathrm{d}x\mathrm{d}y = \frac{2}{15}.$$

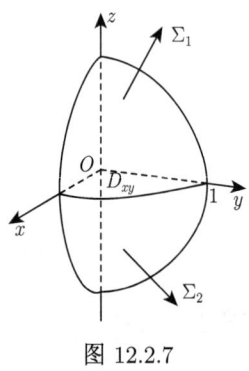

图 12.2.7

§12.2 第二型曲线积分与第二型曲面积分

注 12.2.2 应该注意的是, 尽管 Σ_2 与 Σ_1 关于 xOy 平面对称, 且被积函数关于 z 是奇函数, 但是 $I \neq 0$. 事实上, 在计算 Σ_2 上的积分时, 既要注意 z 的符号为"$-$", 又要注意, 正因为 Σ_2 是下侧, 所以化为二重积分时要加"$-$"号. 因此, 在计算第二型曲面积分时不能像第一型曲面积分或重积分那样应用对称性.

例 12.2.5 求 $I = \iint\limits_{S} x\mathrm{d}y\mathrm{d}z + y\mathrm{d}z\mathrm{d}x + z\mathrm{d}x\mathrm{d}y$, 其中 S 是椭球面 $\dfrac{x^2}{a^2} + \dfrac{y^2}{b^2} + \dfrac{z^2}{c^2} = 1$ 的外侧.

解 利用广义球面坐标, 就可得椭球面的参数方程为

$$x = a\sin\varphi\cos\theta, y = b\sin\varphi\sin\theta, z = c\cos\varphi, (\varphi, \theta) \in D,$$

其中, $D = \{(\varphi, \theta) : 0 \leqslant \theta \leqslant 2\pi, 0 \leqslant \varphi \leqslant \pi\}$. 由于

$$\frac{\partial(y,z)}{\partial(\varphi,\theta)} = bc\sin^2\varphi\cos\theta, \quad \frac{\partial(z,x)}{\partial(\varphi,\theta)} = ac\sin^2\varphi\sin\theta, \quad \frac{\partial(x,y)}{\partial(\varphi,\theta)} = ab\sin\varphi\cos\varphi,$$

因此

$$\iint\limits_{S} x\mathrm{d}y\mathrm{d}z + y\mathrm{d}z\mathrm{d}x + z\mathrm{d}x\mathrm{d}y$$

$$= \iint\limits_{D} (abc\sin^3\varphi\cos^2\theta + bac\sin^3\varphi\sin^2\theta + cab\sin\varphi\cos^2\varphi)\mathrm{d}\varphi\mathrm{d}\theta$$

$$= abc\int_0^\pi \mathrm{d}\varphi \int_0^{2\pi} \sin\varphi\mathrm{d}\theta = 4\pi abc.$$

这里积分号前取"$+$", 是因为曲面的定向为外侧, 所以在 Σ 上侧时, 方向余弦 $\cos\gamma > 0$ (除去在边界上), 而由方向余弦的计算公式,

$$\cos\gamma = \pm\frac{1}{\sqrt{EG-F^2}}\frac{\partial(x,y)}{\partial(\varphi,\theta)} = \pm\frac{ab\sin\varphi\cos\varphi}{\sqrt{EG-F^2}},$$

等式成立必须取"$+$"号.

注 12.2.3 由上例表明, I 是椭球体的体积的 3 倍, 即

$$\frac{1}{3}\iint\limits_{S} x\mathrm{d}y\mathrm{d}z + y\mathrm{d}z\mathrm{d}x + z\mathrm{d}x\mathrm{d}y = V.$$

在此先指出, 这一结果对一般封闭曲面也是对的, 这将是下一节 Gauss 公式的简单推论.

例 12.2.6 计算 $\iint\limits_{S} (z^2+x)\mathrm{d}y\mathrm{d}z + \sqrt{z}\mathrm{d}x\mathrm{d}y$, 其中 S 为抛物面 $z = \dfrac{1}{2}(x^2+y^2)$ 在 $z=0$ 和 $z=2$ 之间的部分, 定向取下侧 (图 12.2.8).

解 由于积分曲面 S 易于表示为 $z = z(x,y)$ 的形式, 所以我们希望把积分 $\iint\limits_{S}(z^2+x)\mathrm{d}y\mathrm{d}z$ 向 xOy 平面投影. 由式 (12.2.16) 得

$$\iint\limits_{S}(z^2+x)\mathrm{d}y\mathrm{d}z = \iint\limits_{S}(z^2+x)(-x)\mathrm{d}x\mathrm{d}y.$$

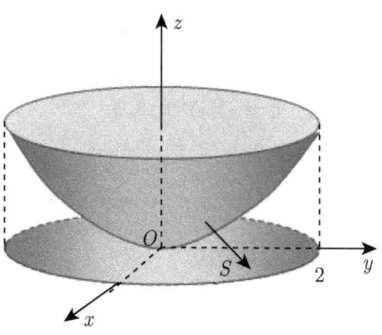

图 12.2.8

由于 S 定向为下侧,且 Σ 在平面的投影区域为 $D = \{(x,y)|x^2+y^2 \leqslant 4\}$,于是有

$$\iint\limits_{S} (z^2+x)\mathrm{d}y\mathrm{d}z + \sqrt{z}\mathrm{d}x\mathrm{d}y$$

$$= \iint\limits_{S} [(z^2+x)(-x) + \sqrt{z}]\mathrm{d}x\mathrm{d}y$$

$$= -\iint\limits_{D} \left[\left(\left(\frac{1}{2}(x^2+y^2)\right)^2 + x \right)(-x) + \sqrt{\frac{1}{2}(x^2+y^2)} \right] \mathrm{d}x\mathrm{d}y$$

$$= -\int_0^{2\pi} \mathrm{d}\theta \int_0^2 \left(-\frac{1}{4}r^5\cos\theta - r^2\cos^2\theta + \sqrt{\frac{1}{2}}\,r \right) r\mathrm{d}r$$

$$= \left(4 - \frac{8}{3}\sqrt{2}\right)\pi.$$

注意,对积分 $\iint\limits_{S}(z^2+x)\mathrm{d}y\mathrm{d}z$ 也可以向 yOz 平面投影. 由于 S 关于 yOz 平面对称, 所以 $\iint\limits_{S} z^2\mathrm{d}y\mathrm{d}z = 0$, 并且,

$$\iint\limits_{S} x\mathrm{d}y\mathrm{d}z = 2\iint\limits_{S_1} \sqrt{2z-y^2}\mathrm{d}y\mathrm{d}z = 2\iint\limits_{D_{yz}} \sqrt{2z-y^2}\mathrm{d}y\mathrm{d}z,$$

其中 S_1 为 S 的前侧,D_{yz} 为 S 在 yOz 平面上的投影: $\frac{1}{2}y^2 \leqslant z \leqslant 2, |y| \leqslant 2$. 因此,

$$\iint\limits_{D_{yz}} \sqrt{2z-y^2}\mathrm{d}y\mathrm{d}z = \int_{-2}^{2} \mathrm{d}y \int_{\frac{y^2}{2}}^{2} \sqrt{2z-y^2}\mathrm{d}z = \frac{2}{3}\int_0^2 (4-y^2)^{\frac{3}{2}}\mathrm{d}y = \frac{32}{3}\int_0^{\frac{\pi}{2}} \cos^4\theta\mathrm{d}\theta = 2\pi.$$

习 题 12.2

A1. 计算第二型曲线积分:

(1) $\int\limits_{L} y\mathrm{d}x - 2a\mathrm{d}y$,其中,$L$ 为摆线 $x = a(t-\sin t), y = a(1-\cos t)(0 \leqslant t \leqslant \pi)$ 沿 t 增加方向的

一段;

(2) $\oint_L \dfrac{\mathrm{d}x+\mathrm{d}y}{|x|+|y|}$, L 为从顶点 $A(1,0)$ 出发, 经过顶点 $B(0,1), C(-1,0), D(0,-1)$ 回到 A 的正方形路线;

(3) $\oint_L \dfrac{-y\mathrm{d}x+x\mathrm{d}y}{x^2+y^2}$, 其中, L 为圆周 $x^2+y^2=a^2$, 依逆时针方向;

(4) $\int_L x\mathrm{d}x+y\mathrm{d}y+z\mathrm{d}z$, 其中, L 为从 $(1,1,1)$ 到 $(3,4,5)$ 的直线段;

(5) $\int_L (y^2-z^2)\mathrm{d}x+2yz\mathrm{d}y-x^2\mathrm{d}z$, 其中, L 为曲线 $x=t, y=t^2, z=t^3$ $(0\leqslant t\leqslant 1)$, 沿 t 增加的方向;

(6) $\int_L (y^2-z^2)\mathrm{d}x+(z^2-x^2)\mathrm{d}y+(x^2-y^2)\mathrm{d}z$, 其中, L 为球面 $x^2+y^2+z^2=1$ 在第一卦限部分的边界曲线 $ABCA$, 其中, $A(1,0,0), B(0,1,0), C(0,0,1)$;

(7) $\int_L xyz\mathrm{d}z$, 其中, L 是 $x^2+2y^2+3z^2=1$ 与 $y=z$ 相交的圆, 其方向按曲线依次经过 1, 2, 7, 8 卦限;

(8) $\int_L y^2\mathrm{d}x+z^2\mathrm{d}y+x^2\mathrm{d}z$, 其中, L 为球面 $x^2+y^2+z^2=a^2$ 与柱面 $x^2+y^2=ax(z\geqslant 0, a>0)$ 的交线, 从 Ox 轴正向看去为逆时针方向.

A2. 设质点受力 $\boldsymbol{F}$ 作用, 沿圆周 $x^2+y^2=a^2$ 逆时针运动. 力 $\boldsymbol{F}$ 的大小为 $F=k\sqrt{x^2+y^2}$, 求质点运动一周所做的功:

(1) $\boldsymbol{F}$ 的方向为切方向; (2) $\boldsymbol{F}$ 的方向为法方向.

A3. 设一质点受力作用, 力的方向指向原点, 大小与质点到 xy 平面的距离成反比, 若质点沿直线 $x=at, y=bt, z=ct(c\neq 0)$ 从 $M(a,b,c)$ 到 $N(2a,2b,2c)$, 求所做的功.

A4. 证明曲线积分的估计式:
$$\left| \int_{AB} P\mathrm{d}x+Q\mathrm{d}y \right| \leqslant LM,$$
其中, L 为 AB 的弧长, $M=\max\limits_{(x,y)\in AB}\sqrt{P^2+Q^2}$. 利用上述不等式估计积分
$$I_R = \int_{x^2+y^2=R^2} \dfrac{y\mathrm{d}x-x\mathrm{d}y}{(x^2+xy+y^2)^2},$$
并证明 $\lim\limits_{R\to+\infty} I_R = 0$.

A5. 计算下列第二型曲面积分:

(1) $\iint_S xyz\mathrm{d}x\mathrm{d}y$, 其中, S 为球面 $x^2+y^2+z^2=1$ 的外侧在第一卦限的部分;

(2) $\iint_S (x+y)\mathrm{d}y\mathrm{d}z+(y+z)\mathrm{d}z\mathrm{d}x+(z+x)\mathrm{d}x\mathrm{d}y$, 其中, S 是以原点为中心、边长为 2 的立方体表面并取外侧为正向;

(3) $\iint_S (x+y+z)\mathrm{d}x\mathrm{d}y+(y-z)\mathrm{d}y\mathrm{d}z$, 其中, S 为三个坐标平面与三个平面 $x=1, y=1, z=1$ 所围成的正方体的表面的外侧;

(4) $\iint\limits_{S} x^2 \mathrm{d}y\mathrm{d}z + y^2 \mathrm{d}z\mathrm{d}x + z^2 \mathrm{d}x\mathrm{d}y$, 其中, S 是球面 $(x-a)^2 + (y-b)^2 + (z-c)^2 = R^2$, 并取外侧为正向;

(5) $\iint\limits_{S} (y^2 + x)\mathrm{d}y\mathrm{d}z - z\mathrm{d}x\mathrm{d}y$, 其中, S 为抛物面 $z = \dfrac{1}{2}(x^2 + y^2)$ 介于 $z = 2$ 下方的部分, 且取下侧.

A6. 设某流体的流速为 $\boldsymbol{v} = (0, 0, x + y + z^2)$, 求单位时间内从球面 $x^2 + y^2 + z^2 = 4$ 的内部流过球面的流量.

A7. 位于原点、电量为 q 的点电荷产生的电场为 $\boldsymbol{E} = \dfrac{q}{r^3}\boldsymbol{r}$, $\boldsymbol{r} = (x, y, z), r = \|\boldsymbol{r}\| = \sqrt{x^2 + y^2 + z^2}$. 求 $\boldsymbol{E}$ 通过单位球面外侧的电通量.

A8. 计算第二型曲面积分:

$$I = \iint\limits_{S} f(x)\mathrm{d}y\mathrm{d}z + g(y)\mathrm{d}z\mathrm{d}x + h(z)\mathrm{d}x\mathrm{d}y,$$

其中, S 是平面六面体 $(0 \leqslant x \leqslant a, 0 \leqslant y \leqslant b, 0 \leqslant z \leqslant c)$ 的表面并取外侧, $f(x), g(y), h(z)$ 为 S 上的连续函数.

§12.3 Green 公式、Gauss 公式和 Stokes 公式

Newton–Leibniz 公式是微积分基本公式, 它把计算区间上的积分转化为原函数在区间边界, 即端点的函数值之差, 其本质是定积分只与原函数在积分区间的边界的值有关.

本节将把这一结果推广到高维空间, 即将几何体上的积分转化为沿几何体边界的积分. 根据几何体的不同, 这些结果分别称为 Green 公式、Gauss 公式和 Stokes 公式, 统称为多元函数积分学的三大公式, 它们是曲线、曲面积分的核心内容.

§12.3.1 Green 公式

Green 公式将平面区域 D 上的二重积分与其边界 ∂D 的曲线积分联系起来. 下面我们需要关于曲线与区域的一些预备知识.

1. Jordan 曲线

设 $L: x = x(t), y = y(t), \alpha \leqslant t \leqslant \beta$ 为平面上的一条曲线, 如果 $(x(\alpha), y(\alpha)) = (x(\beta), y(\beta))$, 即曲线是封闭的, 而且不自交, 或称无重点, 即当 $t_1, t_2 \in (\alpha, \beta), t_1 \neq t_2$ 时, $(x(t_1), y(t_1)) \neq (x(t_2), y(t_2))$, 则称 L 为**简单闭曲线** 或 **Jordan 曲线**.

2. 单连通区域, 复连通区域

设 D 为平面上的一个区域. 如果 D 内的任意一条封闭曲线都可以不经过 D 外的点而连续地收缩成 D 中一点, 那么称为**单连通区域** (simply connected region). 否则它称为**复连通区域** (complex connected region).

图 12.3.1 (1) 是单连通区域, 而图 12.3.1 (2) 阴影部分 D 是复连通区域.

又例如, 圆盘 $\{(x, y) | x^2 + y^2 < 1\}$ 是单连通区域, 而圆环 $\left\{(x, y) \left| \dfrac{1}{2} < x^2 + y^2 < 1\right.\right\}$ 是复连通区域.

§12.3 Green 公式、Gauss 公式和 Stokes 公式

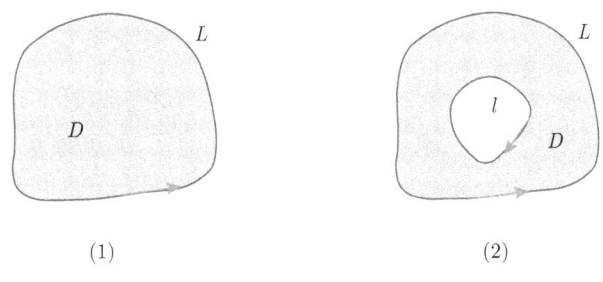

图 12.3.1

单连通区域 D 也可以这样叙述：D 内的任何一条封闭曲线所围成的区域集仍含于 D. 因此, 通俗地说, 单连通区域之中不含有 "洞", 而复连通区域之中含有 "洞".

3. 边界的正向

对于平面区域 D, 其边界是平面曲线, 自然有两个方向. 现给它的边界 ∂D 规定一个方向: 如果一个人沿 ∂D 的这个方向行走时, D 总是在他左边, 这个方向就称为边界的正向. 这个定向也称为 D 的诱导定向, 带有这样定向的边界 ∂D 称为 D 的正向边界. 例如, 如图 12.3.1(2) 所示的复连通区域 D 由 L 与 l 所围成, 那么在我们规定的正向下, L 的正向为逆时针方向, 而 l 的正向为顺时针方向.

下面讨论 Green 公式.

4. Green 公式

定理 12.3.1(Green 公式) 设 D 为平面区域上由有限条光滑或分段光滑的简单闭曲线所围成的区域. 如果函数 $P(x,y), Q(x,y)$ 在 D 上具有连续偏导数, 那么

$$\int_{\partial D} P\mathrm{d}x + Q\mathrm{d}y = \iint_D \left(\frac{\partial Q}{\partial x} - \frac{\partial P}{\partial y}\right)\mathrm{d}x\mathrm{d}y, \tag{12.3.1}$$

其中, ∂D 取正向.

证明 (1) 设 D 为标准区域, 即既是 x 型区域, 又是 y 型区域, 如图 12.3.2(1) 所示.

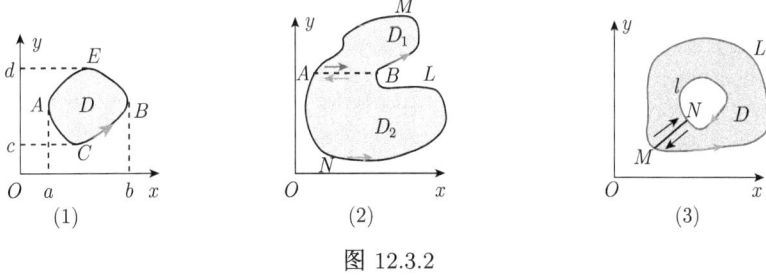

图 12.3.2

因为 D 是 x 型区域, 即

$$D = \{(x,y)\mid y_1(x) \leqslant y \leqslant y_2(x), a \leqslant x \leqslant b\},$$

所以

$$\iint\limits_{D} \frac{\partial P}{\partial y} \mathrm{d}x\mathrm{d}y = \int_a^b \mathrm{d}x \int_{y_1(x)}^{y_2(x)} \frac{\partial P}{\partial y} \mathrm{d}y = \int_a^b [P(x,y_2(x)) - P(x,y_1(x))] \, \mathrm{d}x$$
$$= -\int_a^b P(x,y_1(x))\mathrm{d}x - \int_b^a P(x,y_2(x))\mathrm{d}x = -\int_{\partial D} P(x,y)\mathrm{d}x.$$

又因为 D 是 y 型区域，即

$$D = \{(x,y) | \ x_1(y) \leqslant x \leqslant x_2(y), \ \ c \leqslant y \leqslant d\},$$

所以

$$\iint\limits_{D} \frac{\partial Q}{\partial x} \mathrm{d}x\mathrm{d}y = \int_c^d \mathrm{d}y \int_{x_1(y)}^{x_2(y)} \frac{\partial Q}{\partial x} \mathrm{d}x = \int_c^d [Q(x_2(y),y) - Q(x_1(y),y)] \, \mathrm{d}y$$
$$= -\int_c^d Q(x_2(y),y)\mathrm{d}y + \int_d^c Q(x_1(y),y)\mathrm{d}x = \int_{\partial D} Q(x,y)\mathrm{d}y.$$

即当 D 为标准区域时，Green 公式成立.

(2) 设区域 D 可分成有限块标准区域. 在这种区域上，平行于坐标轴的直线与 D 的边界的交点可能会多于两个. 如图 12.3.2(2) 所示. 用光滑曲线 AB 将 D 分割成两个标准区域 D_1 与 D_2（D_1 的边界为曲线 $ABMA$，D_2 的边界为曲线 $ANBA$）. 因此可以应用 Green 公式得到

$$\int_{\partial D_1} P\mathrm{d}x + Q\mathrm{d}y = \iint\limits_{D_1} \left(\frac{\partial Q}{\partial x} - \frac{\partial P}{\partial y} \right) \mathrm{d}x\mathrm{d}y,$$
$$\int_{\partial D_2} P\mathrm{d}x + Q\mathrm{d}y = \iint\limits_{D_2} \left(\frac{\partial Q}{\partial x} - \frac{\partial P}{\partial y} \right) \mathrm{d}x\mathrm{d}y.$$

注意 D_1 与 D_2 的公共边界 AB，其方向相对于 ∂D_1 而言是从 A 到 B，相对于 ∂D_2 而言是从 B 到 A，两者方向正好相反，所以将上面的两式相加便得

$$\int_{\partial D} P\mathrm{d}x + Q\mathrm{d}y = \iint\limits_{D} \left(\frac{\partial Q}{\partial x} - \frac{\partial P}{\partial y} \right) \mathrm{d}x\mathrm{d}y.$$

(3) 有有限个"洞"的复连通区域.

以只有一个洞为例，如图 12.3.2(3) 所示，此时平面区域是两条简单闭曲线围成. 用光滑曲线连接其外边界 L 上一点 M 与内边界 l 上一点 N，将 D 割为单连通区域. 由(1)得到

$$\iint\limits_{D} \left(\frac{\partial Q}{\partial x} - \frac{\partial P}{\partial y} \right) \mathrm{d}x\mathrm{d}y = \left(\int_L + \int_{MN} + \int_l + \int_{NM} \right) P\mathrm{d}x + Q\mathrm{d}y$$

§12.3 Green 公式、Gauss 公式和 Stokes 公式

$$= \left(\int_L + \int_l\right) P\mathrm{d}x + Q\mathrm{d}y = \int_{\partial D} P\mathrm{d}x + Q\mathrm{d}y.$$

其中，L 为逆时针方向，l 为顺时针方向，这与 ∂D 的诱导定向相同．

Green 公式更加一般情形的证明比较复杂，这里从略． □

注 12.3.1 Green 公式是 Newton-Leibniz 公式从一维到二维的推广，它把区域 D 上的二重积分与沿其边界的第二型曲线积分联起来了，因此堪称是与 Newton-Leibniz 公式媲美的重要公式．进一步，由 Green 公式还可推出 Newton-Leibniz 公式．参见《数学分析》（陈纪修等，2004）．

注 12.3.2 Green 公式还有其他形式．记 ∂D 正向的切向量为 $\boldsymbol{\tau}$，外法向量为 $\boldsymbol{n}$，则

$$\cos(\boldsymbol{n}, y) = -\cos(\boldsymbol{\tau}, x), \cos(\boldsymbol{n}, x) = \sin(\boldsymbol{\tau}, x),$$

如图 12.3.3 所示．于是，

$$\int_{\partial D}[F\cos(\boldsymbol{n},x) + G\cos(\boldsymbol{n},y)]\mathrm{d}s = \int_{\partial D}[F\sin(\boldsymbol{\tau},x) - G\cos(\boldsymbol{\tau},x)]\mathrm{d}s = \iint_D (F_x + G_y)\mathrm{d}x\mathrm{d}y.$$

注 12.3.3 第二型曲线积分可以用来计算封闭曲线所围成的平面图形的面积．设 D 为平面有界区域，其边界为分段光滑的简单闭曲线，则由 Green 公式可得

$$\triangle D = \int_{\partial D} x\mathrm{d}y = -\int_{\partial D} y\mathrm{d}x = \frac{1}{2}\int_{\partial D} x\mathrm{d}y - y\mathrm{d}x. \qquad (12.3.2)$$

例 12.3.1 求星形线 $x = a\cos^3 t, y = b\sin^3 t (0 \leqslant t \leqslant 2\pi)$ 所围区域的面积（图 12.3.4）.

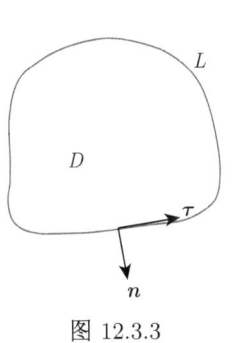

图 12.3.3

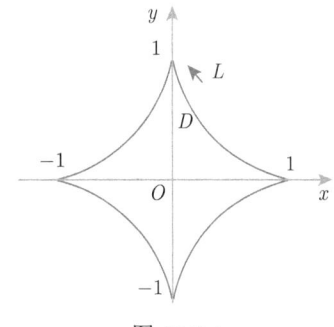

图 12.3.4

解
$$\begin{aligned}\triangle D &= \frac{1}{2}\int_{\partial D} x\mathrm{d}y - y\mathrm{d}x \\ &= \frac{1}{2}\int_0^{2\pi}[a\cos^3 t \cdot 3b\sin^2 t \cos t + b\sin^3 t \cdot 3a\cos^2 t \sin t]\mathrm{d}t \\ &= \frac{3}{2}ab\int_0^{2\pi}\sin^2 t\cos^2 t\mathrm{d}t = \frac{3}{8}\pi ab.\end{aligned}$$

例 12.3.2 求 $I = \int_L (e^x \sin y - b(x+y))dx + (e^x \cos y - ax)dy$, 其中, a, b 为正常数, L 为从点 $A(2a, 0)$ 沿曲线 $y = \sqrt{2ax - x^2}$ 到点 $O(0, 0)$ 的弧.

解 如图 12.3.5 所示.

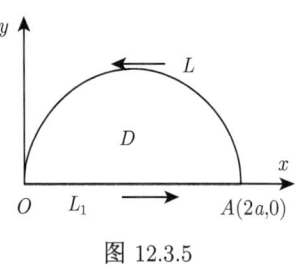

图 12.3.5

如果直接应用公式 (12.2.7) 把第二型曲线积分化为定积分, 则会很麻烦. 现在考虑用 Green 公式. 注意到曲线不封闭, 为此添加从点 $O(0,0)$ 沿 x 轴到点 $A(2a, 0)$ 的有向直线段 L_1, 且设 L, L_1 所围成的区域为 D, $P = e^x \sin y - b(x+y)$, $Q = e^x \cos y - ax$, 则

$$\frac{\partial Q}{\partial x} = e^x \cos y - a, \quad \frac{\partial P}{\partial y} = e^x \cos y - b,$$

由 Green 公式可得

$$I = \int_{L+L_1} (e^x \sin y - b(x+y))dx + (e^x \cos y - ax)dy$$
$$- \int_{L_1} (e^x \sin y - b(x+y))dx + (e^x \cos y - ax)dy$$
$$= \iint_D ((e^x \cos y - a) - (e^x \cos y - b))dxdy - \int_0^{2a} -bx dx$$
$$= \left(\frac{\pi}{2} + 2\right) a^2 b - \frac{\pi}{2} a^3.$$

注 12.3.4 上例表明, 用 Green 公式可以简化某些第二型曲线积分的计算.

例 12.3.3 计算曲线积分

$$I = \oint_L \frac{(yx^3 + e^y)dx + (xy^3 + xe^y - 2y)dy}{9x^2 + 4y^2},$$

其中, L 是椭圆 $\frac{x^2}{4} + \frac{y^2}{9} = 1$, 且沿顺时针方向.

解 本题中, 尽管积分路径是封闭的, 但不能直接用 Green 公式, 因为在积分路径所围的区域内 P, Q 无定义, 甚至无界. 但注意到在 L 上 $\frac{x^2}{4} + \frac{y^2}{9} = 1$, 因此积分可先化简,

$$I = \oint_L \frac{(yx^3 + e^y)dx + (xy^3 + xe^y - 2y)dy}{9x^2 + 4y^2} = \frac{1}{36} \oint_L (yx^3 + e^y)dx + (xy^3 + xe^y - 2y)dy.$$

现在的积分可以用 Green 公式了. 设椭圆 L 构成的区域为 D, 这时再令

$$P = yx^3 + e^y, Q = xy^3 + xe^y - 2y,$$

则

$$\frac{\partial P}{\partial y} = x^3 + e^y, \frac{\partial Q}{\partial x} = y^3 + e^y.$$

于是由 Green 公式得

$$I = \frac{1}{36}\oint_L (yx^3 + e^y)dx + (xy^3 + xe^y - 2y)dy = -\frac{1}{36}\iint_D (y^3 - x^3)dxdy = 0.$$

§12.3.2 曲线积分与路径无关的条件

容易想象, 若一个函数沿着连接 A,B 两个端点的一条路径 L 积分, 一般来说, 积分值不仅会随端点变化而变化, 还会随路径的不同而不同.

但上一节中曾指出, 也有一些曲线积分的值, 如重力所做的功, 可以仅与路径的端点有关而与路径无关. 这种现象称为曲线积分与路径的无关性.

定理 12.3.2(Green 定理) 设 D 是平面上单连通区域, 函数 $P(x,y), Q(x,y)$ 在 D 上有连续的一阶偏导数, 则以下四条等价:

(1) 沿 D 内任一按段光滑封闭曲线 L, 有

$$\oint_L Pdx + Qdy = 0;$$

(2) 对 D 内任一按段光滑曲线 L, 曲线积分

$$\int_L Pdx + Qdy$$

与路径无关, 只与 L 的起点及终点有关;

(3) $Pdx + Qdy$ 是 D 内某一函数 $u(x,y)$ 的全微分, 即在 D 内有 $du = Pdx + Qdy$, 这时称 $u(x,y)$ 为微分形式 $Pdx + Qdy$ 的原函数;

(4) 在 D 内处处成立

$$\frac{\partial Q}{\partial x} = \frac{\partial P}{\partial y}. \tag{12.3.3}$$

证明 (1) $\Longrightarrow$ (2) 如图 12.3.6(1) 所示. 设 A, B 为 D 内任意两点, L_1 和 L_2 是 D 中从 A 到 B 的任意两条路径, 则 $C = L_1 - L_2$ 就是 D 中的一条闭曲线. 因此由

$$0 = \int_C Pdx + Qdy = \left(\int_{L_1} + \int_{-L_2}\right) Pdx + Qdy = \int_{L_1} Pdx + Qdy - \int_{L_2} Pdx + Qdy.$$

得

$$\int_{L_1} Pdx + Qdy = \int_{L_2} Pdx + Qdy,$$

即曲线积分与路径无关.

(2) $\Longrightarrow$ (3) 任取一点 $(x_0, y_0) \in D$, 由于当起点固定后曲线积分只与终点有关, 所以积分 $\int_{(x_0,y_0)}^{(x,y)} Pdx + Qdy$ 由 (x,y) 唯一确定, 因此是 (x,y) 的函数, 记为

$$U(x,y) = \int_{(x_0,y_0)}^{(x,y)} Pdx + Qdy. \tag{12.3.4}$$

特别地, 取如图 12.3.6(2) 所示的积分路径时, 就成立

$$\Delta U = U(x+\Delta x,y) - U(x,y) = \int_{(x_0,y_0)}^{(x+\Delta x,y)} P\mathrm{d}x + Q\mathrm{d}y - \int_{(x_0,y_0)}^{(x,y)} P\mathrm{d}x + Q\mathrm{d}y$$
$$= \int_{(x,y)}^{(x+\Delta x,y)} P\mathrm{d}x + Q\mathrm{d}y = \int_x^{x+\Delta x} P(t,y)\mathrm{d}t = P(\xi,y)\Delta x,$$

其中, ξ 在 x 与 $x+\Delta x$ 之间 (这里利用了积分中值定理). 因此

$$\frac{\partial U}{\partial x} = \lim_{\Delta x \to 0}\frac{\Delta U}{\Delta x} = \lim_{\Delta x \to 0} P(\xi,y) = P(x,y).$$

同理可证 $\dfrac{\partial U}{\partial y} = Q(x,y)$. 所以在 D 内成立 $\mathrm{d}U = P\mathrm{d}x + Q\mathrm{d}y$.

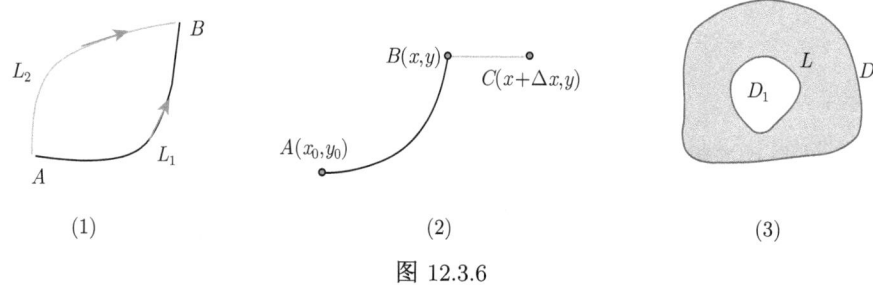

图 12.3.6

(3) $\Longrightarrow$ (4) 由于存在可微函数 U, 使得 $\mathrm{d}U = P\mathrm{d}x + Q\mathrm{d}y, \forall (x,y) \in D$, 因此根据全微分的定义有

$$\frac{\partial U}{\partial x} = P(x,y), \quad \frac{\partial U}{\partial y} = Q(x,y).$$

又由于函数 $P(x,y)$ 和 $Q(x,y)$ 在 D 内具有连续偏导数, 于是根据混合偏导数与顺序无关性得

$$\frac{\partial P}{\partial y} = \frac{\partial^2 U}{\partial y \partial x} = \frac{\partial^2 U}{\partial x \partial y} = \frac{\partial Q}{\partial x}.$$

(4) $\Longrightarrow$ (1) 设 L 是 D 内任一光滑 (或分段光滑) 的闭曲线, 记它包围的图形是 D_1, 则 $D_1 \subset D$. 如图 12.3.6(3) 所示. 那么由 Green 公式就得到

$$\int_L P\mathrm{d}x + Q\mathrm{d}y = \iint_{D_1} \left(\frac{\partial Q}{\partial x} - \frac{\partial P}{\partial y}\right) \mathrm{d}x\mathrm{d}y = 0. \qquad \Box$$

注 12.3.5 "单连通"的条件只在 "(4) $\Longrightarrow$ (1)" 时用到. 因此, 即使是复连通的, (1)、(2) 和 (3) 也等价, 而如果没有单连通, (4) 只是 (1)~(3) 成立的必要而非充分条件.

注 12.3.6 检查上面的证明过程可知, 只要 P,Q 在 D 上连续, 即可得到曲线积分无关性与存在原函数的等价性. 事实上, 假设 D 内曲线积分 $\displaystyle\int_L P\mathrm{d}x + Q\mathrm{d}y$ 与路径无关, 则 $P\mathrm{d}x + Q\mathrm{d}y$ 在 D 上必存在原函数, 且原函数可按式 (12.3.4) 构造, 并且通常可取如下的折线路径: ANB 或 AMB. 如图 12.3.7 所示.

例如, 若积分路径取 ANB, 则

$$U(x,y) = \int_{AN} P\mathrm{d}x + Q\mathrm{d}y + \int_{NB} P\mathrm{d}x + Q\mathrm{d}y$$
$$= \int_{x_0}^x P(x, y_0)\mathrm{d}x + \int_{y_0}^y Q(x, y)\mathrm{d}y. \quad (12.3.5)$$

当然, 原函数可以相差一个任意常数. 如果积分路径取 AMB, 同样可以得到

$$U(x, y) = \int_{y_0}^y Q(x_0, y)\mathrm{d}y + \int_{x_0}^x P(x, y)\mathrm{d}x + c, \quad (12.3.6)$$

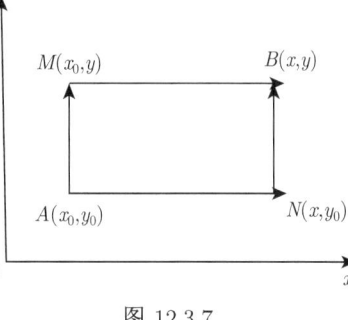

图 12.3.7

其中, c 为一常数.

反之, 如果 $P\mathrm{d}x + Q\mathrm{d}y$ 在 D 上存在原函数 $u(x, y)$, 则 D 内曲线积分 $\int_L P\mathrm{d}x + Q\mathrm{d}y$ 与路径无关. 事实上, 任取一条从 A 到 B 的路径 (不妨假设它是光滑的)

$$L: x = x(t), y = y(t), a \leqslant t \leqslant b,$$

使得

$$x(a) = x_A, y(a) = y_A, x(b) = x_B, y(b) = y_B.$$

那么

$$\int_L P\mathrm{d}x + Q\mathrm{d}y = \int_a^b [P(x(t), y(t))x'(t) + Q(x(t), y(t))y'(t)]\mathrm{d}t$$
$$= u(x(t), y(t))\Big|_a^b = u(x_B, y_B) - u(x_A, y_A). \quad (12.3.7)$$

公式 (12.3.7) 不仅证明了曲线积分与路径的无关性, 而且还在已知原函数的情况下给出了曲线积分的简单计算公式.

例 12.3.4 求积分 $I = \int_{(1,0)}^{(6,8)} \dfrac{x\mathrm{d}x + y\mathrm{d}y}{\sqrt{x^2 + y^2}}$.

解 由于

$$\frac{\partial P}{\partial y} = \frac{xy}{\sqrt{x^2 + y^2}} = \frac{\partial Q}{\partial x},$$

所以它是某个函数的全微分.

由观察直接得原函数 $u(x, y) = \sqrt{x^2 + y^2}$, 所以由公式 (12.3.7) 可得 $I = u(6, 8) - u(1, 0) = 9$.

例 12.3.5 证明在整个 xOy 平面上, $\omega = (\mathrm{e}^x \sin y - my)\mathrm{d}x + (\mathrm{e}^x \cos y - mx)\mathrm{d}y$ 是某个函数的全微分, 求这样一个函数, 并由此计算积分 $I = \int_L \omega$, 其中, L 是从 $(0,0)$ 到 $(1,1)$ 的任意一条道路.

解 令 $P(x, y) = \mathrm{e}^x \sin y - my, Q(x, y) = \mathrm{e}^x \cos y - mx$, 于是恒成立

$$\frac{\partial P}{\partial y} = \mathrm{e}^x \cos y - m = \frac{\partial Q}{\partial x}.$$

由定理 12.3.2 知, ω 是某个函数的全微分. 根据公式 (12.3.5) 可得

$$U(x,y) = \int_{(0,0)}^{(x,y)} (e^x \sin y - my)dx + (e^x \cos y - mx)dy$$
$$= \int_0^x 0dx + \int_0^y (e^x \cos y - mx)dy = e^x \sin y - mxy.$$

于是由公式 (12.3.7) 得到

$$I = \int_L (e^x \sin y - my)dx + (e^x \cos y - mx)dy$$
$$= U(1,1) - U(0,0) = e\sin 1 - m.$$

例 12.3.6 计算曲线积分 $I = \oint_L \dfrac{xdy - ydx}{4x^2 + y^2}$, 其中, L 是以点 $(1,0)$ 为中心, R 为半径的圆周 $(R \neq 1)$, 且取逆时针方向.

解 当 $R < 1$ 时, L 所围的区域内不含原点, 可以直接应用 Green 公式. 如图 12.3.8(1) 所示. 设 L 围成的区域为 D, 则

$$I = \iint_D \frac{(4x^2 + y^2 - 8x^2) + (4x^2 + y^2 - 2y^2)}{(4x^2 + y^2)^2} dxdy = 0.$$

而当 $R > 1$ 时, L 内包含原点, P, Q 在原点无意义.

为此, 我们选用合适的围线 C 将原点隔开. 例如, 取 C 为椭圆: $4x^2 + y^2 = \delta^2$, 方向取顺时针, 在两条曲线所围的区域内用 Green 公式. 如图 12.3.8(2) 所示.

$$I = \oint_{L+C} \frac{xdy - ydx}{4x^2 + y^2} - \oint_C \frac{xdy - ydx}{4x^2 + y^2}$$

$$= 0 + \int_0^{2\pi} \frac{\delta^2 \frac{1}{2}\cos\theta\cos\theta + \delta^2 \sin\theta \frac{1}{2}\sin\theta}{\delta^2} d\theta = \pi.$$

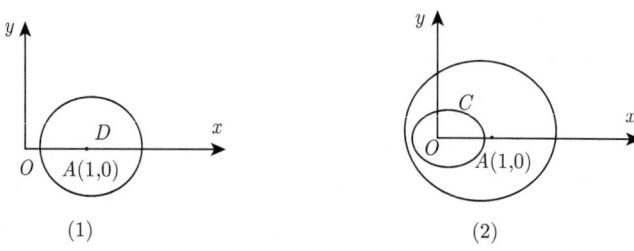

图 12.3.8

注 12.3.7 根据曲线积分与路径无关性可简化曲线积分的计算.

例 12.3.7 求

§12.3 Green 公式、Gauss 公式和 Stokes 公式

$$I = \int_L \frac{(3y-x)\mathrm{d}x + (y-3x)\mathrm{d}y}{(x+y)^3},$$

其中, L 为由点 $A\left(\frac{\pi}{2}, 0\right)$ 沿曲线 $y = \frac{\pi}{2}\cos x$ 到点 $B\left(0, \frac{\pi}{2}\right)$ 的弧段.

解 不宜直接化为定积分. 注意到在除去直线 $x+y=0$ 的区域内

$$\frac{\partial Q}{\partial x} = \frac{\partial P}{\partial y} = \frac{6(x-y)}{(x+y)^4},$$

得到曲线积分与路径无关.

取积分路径为 $L_1: x+y = \frac{\pi}{2}$, 由 A 到 B, 如图 12.3.9 所示. 于是

$$I = \int_0^{\frac{\pi}{2}} \frac{\left(4y - \frac{\pi}{2}\right)\mathrm{d}\left(\frac{\pi}{2} - y\right) + \left(4y - 3\frac{\pi}{2}\right)\mathrm{d}y}{\left(\frac{\pi}{2}\right)^3} = -\frac{4}{\pi}.$$

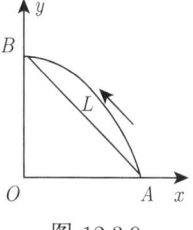

图 12.3.9

例 12.3.8 求空间中一质量为 m 的物体沿某一平面光滑曲线 L 从 A 点移动到 B 点时重力所做的功.

解 设 $A(x_A, y_A), B(x_B, y_B), \boldsymbol{F} = (0, -mg)$, 所以功

$$W = \int_L -mg\mathrm{d}y.$$

易见, 曲线积分与路径无关, 所以, 可选连接 A, B 的直线, 从而易得 $W = -mg(y_B - y_A)$.

§12.3.3 Gauss 公式

Gauss 公式是 Green 公式从二维到三维的直接推广, 它把三维区域 Ω 上的三重积分与其边界 $\partial\Omega$ 上的第二型曲面积分联系起来. 该定理在证明过程中涉及所谓二维单连通区域的概念.

1. 二维单连通区域

设 Ω 为空间上的一个区域. 如果 Ω 内的任何一张封闭曲面所围成的立体仍含于 Ω 内, 那么称 Ω 为**二维单连通区域**(two-dimensional simply connected region), 否则称 Ω 为**二维复连通区域**. 通俗地说, 二维单连通区域之中不含有"洞", 而二维复连通区域之中含有"洞". 如图 12.3.10 所示, 图 (1) 是球体, 是二维单连通区域, 图 (2) 是环面, 也是二维单连通区域, 而图 (3) 是长方体内挖掉一个小球, 这是二维复连通区域.

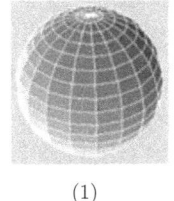
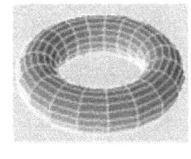
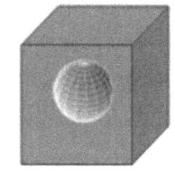

(1)   (2)   (3)

图 12.3.10

2. Gauss 公式

定理 12.3.3(Gauss 公式) 设空间区域 V 是由分片光滑的双侧封闭曲面 S 所围成的二维单连通区域, 或有有限个 "洞" 的二维复连通区域. 若函数 $P(x,y,z), Q(x,y,z), R(x,y,z)$ 在 V 上有连续的一阶偏导数, 则

$$\iint\limits_{S} Pdydz + Qdzdx + Rdxdy = \iiint\limits_{V} \left(\frac{\partial P}{\partial x} + \frac{\partial Q}{\partial y} + \frac{\partial R}{\partial z}\right) dxdydz, \tag{12.3.8}$$

其中, $S = \partial V$, 取外侧.

证明 类似于 Green 公式的证明, 先考虑标准区域, 即 S 可同时用以下三种形式

$$\begin{aligned} S &= \{(x,y,z)|\ z_1(x,y) \leqslant z \leqslant z_2(x,y), (x,y) \leqslant S_{xy}\} \\ &= \{(x,y,z)|\ y_1(z,x) \leqslant y \leqslant y_2(z,x), (z,x) \leqslant S_{zx}\} \\ &= \{(x,y,z)|\ x_1(y,z) \leqslant x \leqslant x_2(y,z), (y,z) \leqslant S_{yz}\} \end{aligned}$$

来表示, 其中 S_{xy}, S_{yz}, S_{zx} 分别为 S 在平面 xOy, yOz 和 zOx 的投影.

如图 12.3.11(1) 所示. 设 Σ_1 为曲面 $z = z_1(x,y), (x,y) \in S_{xy}$, Σ_2 为曲面 $z = z_2(x,y), (x,y) \in S_{xy}$, 按照所规定的定向, Σ_1 的定向为下侧; Σ_2 的定向为上侧. 那么利用 S 的第一种表示就有

$$\begin{aligned} \iiint\limits_{S} \frac{\partial R}{\partial z} dxdydz &= \iint\limits_{S_{xy}} dxdy \int_{z_1(x,y)}^{z_2(x,y)} \frac{\partial R}{\partial z} dz \\ &= \iint\limits_{S_{xy}} [R(x,y,z_2(x,y)) - R(x,y,z_1(x,y))] dxdy \\ &= \iint\limits_{\Sigma_1} R(x,y,z)dxdy + \iint\limits_{\Sigma_2} R(x,y,z)dxdy \\ &= \iint\limits_{\partial S} R(x,y,z)dxdy. \end{aligned}$$

同理, 利用 S 的第二、第三种表示可证

$$\iiint\limits_{S} \frac{\partial Q}{\partial y} dxdydz = \iint\limits_{\partial S} Q(x,y,z)dzdx, \quad \iiint\limits_{S} \frac{\partial P}{\partial x} dxdydz = \iint\limits_{\partial S} P(x,y,z)dydz.$$

三式相加就是 Gauss 公式.

当 S 可分成有限块标准区域时, 可添加辅助曲面, 见图 12.3.11(2). 将其分成若干块标准区域. 如同讨论 Green 公式的情形一样, 对每块标准区域应用 Gauss 公式, 再把它们加起来. 注意到如果一片曲面为两块不同标准区域的共同边界时, 会出现沿它不同侧面的两个曲面积分, 在相加时它们就会互相抵消, 最后只留下的是沿 ∂S 的曲面积分.

Gauss 公式对具有有限个 "洞" 的二维复连通区域也成立. 如对图 12.3.11(3) 所示的是有一个 "洞" 的区域, 用适当的曲面将它分割成两个二维单连通区域后分别应用 Gauss

§12.3 Green 公式、Gauss 公式和 Stokes 公式

公式, 再相加, 即可推出此情况下 Gauss 公式依然成立. 注意, 这时区域外面的边界还是取外侧, 但内部的边界却取内侧. 但相对于区域, 它们事实上都是外侧. □

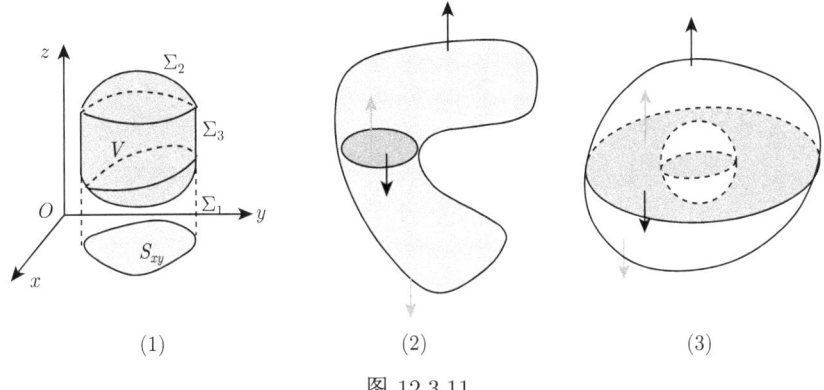

(1)   (2)   (3)

图 12.3.11

Gauss 公式说明了在一个三维区域 V 上的三重积分与沿其边界 ∂V 的曲面积分间的内在关系, 可视为 Green 公式的一个推广.

与 Green 公式一样, Gauss 公式的一个直接应用就是可用沿区域 V 的边界的曲面积分来计算 V 的体积, 具体的说就是

$$V = \iiint_V \mathrm{d}x\mathrm{d}y\mathrm{d}z = \iint_{\partial V} x\mathrm{d}y\mathrm{d}z = \iint_{\partial V} y\mathrm{d}z\mathrm{d}x = \iint_{\partial V} z\mathrm{d}x\mathrm{d}y$$
$$= \frac{1}{3}\iint_{\partial V} x\mathrm{d}y\mathrm{d}z + y\mathrm{d}z\mathrm{d}x + z\mathrm{d}x\mathrm{d}y, \tag{12.3.9}$$

其中, ∂V 取外侧.

例 12.3.9　计算 $I = \iint_{\Sigma}(x+1)\mathrm{d}y\mathrm{d}z + (y+1)\mathrm{d}z\mathrm{d}x + (z+1)\mathrm{d}x\mathrm{d}y$, 其中, Σ 为平面 $x+y+z=1, x=0, y=0$ 和 $z=0$ 为立体的表面的外侧.

解法一　直接化为二重积分. 将曲面分为四片, 如图 12.3.12 所示. 容易算得

$$\iint_{\Sigma_1}(x+1)\mathrm{d}y\mathrm{d}z + (y+1)\mathrm{d}z\mathrm{d}x + (z+1)\mathrm{d}x\mathrm{d}y$$
$$= \iint_{\Sigma_2}(x+1)\mathrm{d}y\mathrm{d}z + (y+1)\mathrm{d}z\mathrm{d}x + (z+1)\mathrm{d}x\mathrm{d}y$$
$$= \iint_{\Sigma_3}(x+1)\mathrm{d}y\mathrm{d}z + (y+1)\mathrm{d}z\mathrm{d}x + (z+1)\mathrm{d}x\mathrm{d}y$$
$$= -\frac{1}{2}.$$

而 Σ_4 的方程为 $z = 1-x-y, 0 \leqslant y \leqslant 1-x, 0 \leqslant x \leqslant 1$, 它在 xOy 平面上的投影为 $D: 0 \leqslant y \leqslant 1-x, 0 \leqslant x \leqslant 1$, 因此

$$\iint_{\Sigma_4}(z+1)\mathrm{d}x\mathrm{d}y = \iint_D (2-x-y)\mathrm{d}x\mathrm{d}y = \frac{2}{3}.$$

同理:
$$\iint_{\Sigma_4}(x+1)\mathrm{d}y\mathrm{d}z = \iint_{\Sigma_4}(y+1)\mathrm{d}z\mathrm{d}x = \frac{2}{3}.$$

合知即得 $I = \frac{1}{2}$.

解法二 直接用 Gauss 公式得
$$I = \iiint_\Omega 3\mathrm{d}x\mathrm{d}y\mathrm{d}z = \frac{1}{2}(\text{锥体体积的三倍}).$$

例 12.3.10 求曲面积分 $I = \iint_S yz\mathrm{d}z\mathrm{d}x + 2\mathrm{d}x\mathrm{d}y$, 其中 S 是球面 $x^2 + y^2 + z^2 = 4$ 外侧在 $z \geqslant 0$ 的部分, 即上半球面, 取上侧.

解 补平面 $S_1 : x^2 + y^2 \leqslant 4, z = 0$, 取下侧, 并记 S_1 在 xOy 平面的投影区域为 D, 如图 12.3.13 所示. 由 Gauss 公式:
$$I = \iint_{S+S_1} yz\mathrm{d}z\mathrm{d}x + 2\mathrm{d}x\mathrm{d}y - \iint_{S_1} yz\mathrm{d}z\mathrm{d}x + 2\mathrm{d}x\mathrm{d}y = \iiint_\Omega z\mathrm{d}x\mathrm{d}y\mathrm{d}z + \iint_D 2\mathrm{d}x\mathrm{d}y$$
$$= \int_0^{2\pi}\mathrm{d}\theta\int_0^{\frac{\pi}{2}}\mathrm{d}\varphi\int_0^2 r\cos\varphi \, r^2\sin\varphi\mathrm{d}r + 8\pi = 12\pi.$$

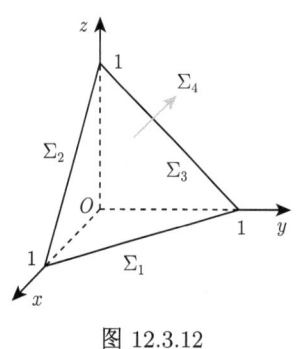

图 12.3.12

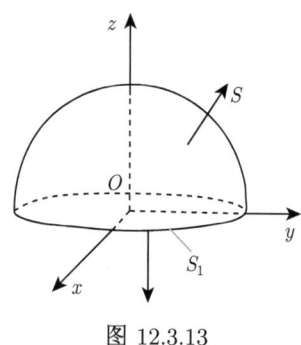

图 12.3.13

§12.3.4 Stokes 公式

首先给出 Stokes 公式, 然后讨论空间曲线积分与路径无关的条件.

1. Stokes 公式

Stokes 公式考虑的是展布在定向曲面上的第二型曲面积分与沿曲面边界曲线上的第二型曲线积分之间的联系. 我们首先需要对曲面的侧与边界曲线的方向作个协调.

设 Σ 为具有分段光滑边界的非封闭光滑双侧曲面. 选定曲面的一侧, 并如下规定 Σ 的边界 $\partial\Sigma$ 的一个正向: 设一个人站在曲面选定的一侧, 当他沿 $\partial\Sigma$ 的这个方向行走时, 如果曲面 Σ 总是在他左边, 则 $\partial\Sigma$ 的这个定向称为 Σ 的**诱导定向**, 或简称为曲面边界的正向, 这种定向方法称为**右手定则**. 参见图 12.3.14.

§12.3 Green 公式、Gauss 公式和 Stokes 公式

定理 12.3.4(Stokes 公式) 设 Σ 为光滑曲面, 其边界 $\partial\Sigma$ 为分段光滑闭曲线, 且取诱导定向, 若函数 $P(x,y,z), Q(x,y,z), R(x,y,z)$ 在 Σ 及其边界上具有连续偏导数, 则成立

$$\int_{\partial\Sigma} P\mathrm{d}x + Q\mathrm{d}y + R\mathrm{d}z$$
$$=\iint_{\Sigma} \left(\frac{\partial R}{\partial y}-\frac{\partial Q}{\partial z}\right)\mathrm{d}y\mathrm{d}z+\left(\frac{\partial P}{\partial z}-\frac{\partial R}{\partial x}\right)\mathrm{d}z\mathrm{d}x+\left(\frac{\partial Q}{\partial x}-\frac{\partial P}{\partial y}\right)\mathrm{d}x\mathrm{d}y \quad (12.3.10)$$
$$=\iint_{\Sigma} \left[\left(\frac{\partial R}{\partial y}-\frac{\partial Q}{\partial z}\right)\cos\alpha+\left(\frac{\partial P}{\partial z}-\frac{\partial R}{\partial x}\right)\cos\beta+\left(\frac{\partial Q}{\partial x}-\frac{\partial P}{\partial y}\right)\cos\gamma\right]\mathrm{d}S.$$

Stokes 公式可以简记为

$$\int_{\partial\Sigma} P\mathrm{d}x + Q\mathrm{d}y + R\mathrm{d}z = \iint_{\Sigma}\begin{vmatrix}\mathrm{d}y\mathrm{d}z & \mathrm{d}z\mathrm{d}x & \mathrm{d}x\mathrm{d}y \\ \frac{\partial}{\partial x} & \frac{\partial}{\partial y} & \frac{\partial}{\partial z} \\ P & Q & R\end{vmatrix} = \iint_{\Sigma}\begin{vmatrix}\cos\alpha & \cos\beta & \cos\gamma \\ \frac{\partial}{\partial x} & \frac{\partial}{\partial y} & \frac{\partial}{\partial z} \\ P & Q & R\end{vmatrix}\mathrm{d}S.$$
(12.3.11)

证明 像 Green 公式的证明那样, 先假定 Σ 是 "标准" 曲面, 即可同时表为以下三种形式:

$$\Sigma = \{(x,y,z)|z=z(x,y), (x,y)\in\Sigma_{xy}\}$$
$$= \{(x,y,z)|y=y(z,x), (z,x)\in\Sigma_{zx}\}$$
$$= \{(x,y,z)|x=x(y,z), (y,z)\in\Sigma_{yz}\}.$$

其中, $\Sigma_{xy}, \Sigma_{zx}, \Sigma_{yz}$ 分别为 Σ 在坐标平面 xOy, zOx, yOz 的投影, 见图 12.3.15.

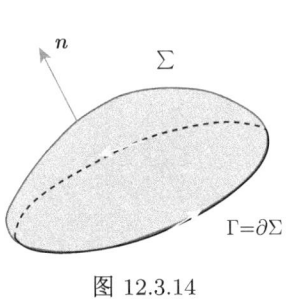

图 12.3.14

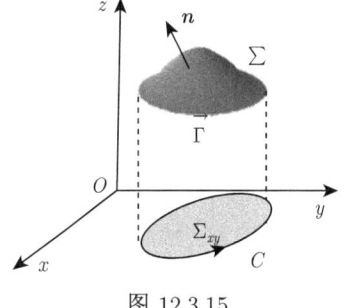

图 12.3.15

不妨设 Σ 的定向为上侧. 根据曲线积分的定义或计算公式, 由 Σ 的第一种表示 $z=z(x,y)$ 易得

$$\int_{\partial\Sigma} P(x,y,z)\mathrm{d}x = \int_{\partial\Sigma_{xy}} P(x,y,z(x,y))\mathrm{d}x,$$

其中, $\partial\Sigma_{xy}$ 为 Σ_{xy} 的正向边界. 再对上式右端的第二型曲线积分应用 Green 公式可得

$$\int_{\partial\Sigma_{xy}} P(x,y,z(x,y))\mathrm{d}x = -\iint_{\Sigma_{xy}}\frac{\partial}{\partial y}P(x,y,z(x,y))\mathrm{d}x\mathrm{d}y$$
$$= -\iint_{\Sigma_{xy}}\left[\frac{\partial}{\partial y}P(x,y,z(x,y))+\frac{\partial}{\partial z}P(x,y,z(x,y))\cdot\frac{\partial z}{\partial y}\right]\mathrm{d}x\mathrm{d}y.$$

注意到此时曲面取上侧, 因此 Σ 的单位法向量为

$$(\cos\alpha, \cos\beta, \cos\gamma) = \frac{1}{\sqrt{1 + \left(\frac{\partial z}{\partial x}\right)^2 + \left(\frac{\partial z}{\partial y}\right)^2}} \left(-\frac{\partial z}{\partial x}, -\frac{\partial z}{\partial y}, 1\right),$$

由此得 $\dfrac{\partial z}{\partial y} = -\dfrac{\cos\beta}{\cos\gamma}$ 及

$$\iint_{\Sigma_{xy}} \left[\frac{\partial}{\partial y}P(x,y,z(x,y)) + \frac{\partial}{\partial z}P(x,y,z(x,y)) \cdot \frac{\partial z}{\partial y}\right] \mathrm{d}x\mathrm{d}y$$

$$= \iint_{\Sigma} \frac{\partial P}{\partial y} \mathrm{d}x\mathrm{d}y + \iint_{\Sigma} \frac{\partial P}{\partial z} \cdot \frac{\partial z}{\partial y} \mathrm{d}x\mathrm{d}y$$

$$= \iint_{\Sigma} \frac{\partial P}{\partial y} \mathrm{d}x\mathrm{d}y - \iint_{\Sigma} \frac{\partial P}{\partial z} \mathrm{d}z\mathrm{d}x.$$

结合上面这几个式子就得

$$\int_{\partial\Sigma} P(x,y,z)\mathrm{d}x = \iint_{\Sigma} \frac{\partial P}{\partial z} \mathrm{d}z\mathrm{d}x - \frac{\partial P}{\partial y} \mathrm{d}x\mathrm{d}y.$$

同理可得

$$\int_{\partial\Sigma} Q(x,y,z)\mathrm{d}y = \iint_{\Sigma} \frac{\partial Q}{\partial x} \mathrm{d}x\mathrm{d}y - \frac{\partial Q}{\partial z} \mathrm{d}y\mathrm{d}z,$$

$$\int_{\partial\Sigma} R(x,y,z)\mathrm{d}z = \iint_{\Sigma} \frac{\partial R}{\partial y} \mathrm{d}y\mathrm{d}z - \frac{\partial R}{\partial x} \mathrm{d}z\mathrm{d}x,$$

再将最后这三式相加即得到 Stokes 公式. □

例 12.3.11 计算
$$I = \int_L z\mathrm{d}x + x\mathrm{d}y + y\mathrm{d}z,$$

其中, L 为平面 $x+y+z=1$ 被三个坐标面所截三角形 Σ 的边界, 若从 x 轴的正向看去, 定向为逆时针方向. 如图 12.3.16 所示.

解 由 Stokes 公式得到

$$I = \int_L z\mathrm{d}x + x\mathrm{d}y + y\mathrm{d}z = \iint_{\Sigma} \begin{vmatrix} \mathrm{d}y\mathrm{d}z & \mathrm{d}z\mathrm{d}x & \mathrm{d}x\mathrm{d}y \\ \dfrac{\partial}{\partial x} & \dfrac{\partial}{\partial y} & \dfrac{\partial}{\partial z} \\ z & x & y \end{vmatrix}$$

$$= \iint_{\Sigma} \mathrm{d}y\mathrm{d}z + \mathrm{d}z\mathrm{d}x + \mathrm{d}x\mathrm{d}y = 3\iint_{D} \mathrm{d}x\mathrm{d}y = \frac{3}{2}.$$

例 12.3.12 计算曲线积分
$$I = \oint_C (z-y)\mathrm{d}x + (x-z)\mathrm{d}y + (x-y)\mathrm{d}z,$$
其中，C 是曲线 $\begin{cases} x^2 + y^2 = 1, \\ x - y + z = 2, \end{cases}$ 从 z 轴正向往 z 轴负向看，C 的方向是顺时针的，参见图 12.2.3.

解 本题易于写出该直线的参数式，因此便于直接化为定积分. 见例 12.2.2. 下面用 Stokes 公式来计算. 设 Σ 是平面 $x-y+z=2$ 上的以 C 为边界的有限部分，取上侧.

记 D 为 Σ 在 xOy 平面上的投影，则
$$I = -\iint_\Sigma 2\mathrm{d}x\mathrm{d}y = -2\iint_D \mathrm{d}x\mathrm{d}y = -2\pi.$$

例 12.3.13 计算
$$I = \int_L y^2\mathrm{d}x + z^2\mathrm{d}y + x^2\mathrm{d}z,$$
其中，L 是上半球面 $x^2 + y^2 + z^2 = a^2 (z \geqslant 0, a > 0)$ 与圆柱面 $x^2 + y^2 + ax = 0$ 的交线，从 z 轴正向看去，是逆时针方向. 参见图 12.3.17.

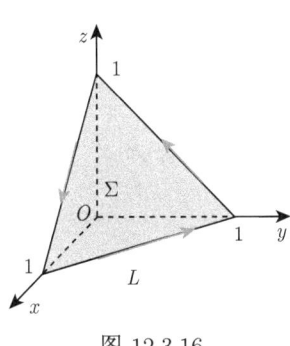

图 12.3.16

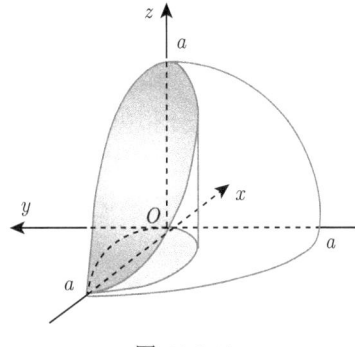

图 12.3.17

解 记在球面 $x^2 + y^2 + z^2 = a^2$ 上由 L 所围的曲面为 Σ，且取上侧，所以其法向量的方向余弦为
$$\cos\alpha = \frac{x}{a}, \cos\beta = \frac{y}{a}, \cos\gamma = \frac{z}{a}.$$
由 Stokes 定理得到
$$I = \iint_\Sigma \begin{vmatrix} \cos\alpha & \cos\beta & \cos\gamma \\ \dfrac{\partial}{\partial x} & \dfrac{\partial}{\partial y} & \dfrac{\partial}{\partial z} \\ y^2 & z^2 & x^2 \end{vmatrix} \mathrm{d}S$$
$$= -2\iint_\Sigma (z\cos\alpha + x\cos\beta + y\cos\gamma)\mathrm{d}S$$

$$= -\frac{2}{a}\iint\limits_{\Sigma}(xz+xy+yz)\mathrm{d}S.$$

由于曲面 Σ 关于 xOz 平面对称, 因此

$$\iint\limits_{\Sigma} xy\mathrm{d}S = \iint\limits_{\Sigma} zy\mathrm{d}S = 0,$$

于是得到

$$I = -\frac{2}{a}\iint\limits_{\Sigma} xz\mathrm{d}S = -2\iint\limits_{D_{xy}} x\mathrm{d}x\mathrm{d}y = -\frac{\pi}{4}a^3,$$

其中, $D_{xy} = \{(x,y)\big| : x^2 + ax + y^2 \leqslant 0\}$.

2. 空间曲线积分与路径无关性

在讨论 Gauss 公式时我们引入了二维单连通区域的概念. 而为了研究空间曲线积分与路径的无关性, 我们需要引入单连通区域的概念, 这类似于研究平面曲线积分与路径无关性时需要平面区域的连通性是类似的.

称区域 $\Omega \subset \mathbb{R}^3$ 是单连通区域, 如果 Ω 内任一封闭曲线皆可以不经过 Ω 以外的点而连续收缩到 Ω 中某一点.

单连通区域与二维单连通区域是两个不同的概念. 例如, 空心球壳, 或图 12.3.10(1) 所示区域是单连通区域, 但不是二维单连通区域, 而环面 (图 12.3.10(2)) 是二维单连通区域, 但不是单连通区域.

与平面曲线积分相仿, 我们有

定理 12.3.5 设 $\Omega \subset \mathbb{R}^3$ 为空间单连通区域, 若函数 P, Q, R 在 Ω 上连续, 且有一阶连续偏导数, 则以下四条等价:

(1) 沿 Ω 内任一按段光滑封闭曲线 L, 有

$$\oint_L P\mathrm{d}x + Q\mathrm{d}y + R\mathrm{d}z = 0;$$

(2) 对 Ω 内任一按段光滑曲线 L, 曲线积分

$$\int_L P\mathrm{d}x + Q\mathrm{d}y + R\mathrm{d}z$$

与路线无关, 只与 L 的起点及终点有关；

(3) $P\mathrm{d}x + Q\mathrm{d}y + R\mathrm{d}z$ 是 Ω 内某一函数 $u(x,y,z)$ 的全微分, 即在 Ω 内有 $\mathrm{d}u = P\mathrm{d}x + Q\mathrm{d}y + R\mathrm{d}z$, 这时称 $u(x,y,z)$ 为 1- 形式 $P\mathrm{d}x + Q\mathrm{d}y + R\mathrm{d}z$ 的原函数；

(4) 在 D 内处处成立

$$\frac{\partial R}{\partial y} = \frac{\partial Q}{\partial z}, \frac{\partial P}{\partial z} = \frac{\partial R}{\partial x}, \frac{\partial Q}{\partial x} = \frac{\partial P}{\partial y}. \tag{12.3.12}$$

§12.3 Green 公式、Gauss 公式和 Stokes 公式

例 12.3.14 验证曲线积分

$$\int_{(1,1,1)}^{(2,3,-4)} x\mathrm{d}x + y^2\mathrm{d}y - z^3\mathrm{d}z$$

与路径无关, 并计算其值.

解 $P = x, Q = y^2, R = -z^3$, 则

$$\frac{\partial R}{\partial y} = \frac{\partial Q}{\partial z} = \frac{\partial P}{\partial z} = \frac{\partial R}{\partial x} = \frac{\partial Q}{\partial x} = \frac{\partial P}{\partial y} = 0,$$

因此曲线积分

$$\int_{(1,1,1)}^{(2,3,-4)} x\mathrm{d}x + y^2\mathrm{d}y - z^3\mathrm{d}z$$

与路径无关, 并且容易求得原函数

$$u(x, y, z) = \frac{1}{2}x^2 + \frac{1}{3}y^3 - \frac{1}{4}z^4,$$

因此积分的值为

$$u(2, 3, -4) - u(1, 1, 1) = -53\frac{7}{12}.$$

习 题 12.3

A1. 应用格林公式计算下列曲线积分:

(1) $\oint_L xy^2\mathrm{d}y - x^2 y\mathrm{d}x$, 其中, L 是圆周 $x^2 + y^2 = a^2$, 方向取逆时针方向;

(2) $\oint_L (x+y)^2\mathrm{d}x + (x^2 - y^2)\mathrm{d}y$, 其中, L 是以 $A(1,1), B(3,2), C(3,5)$ 为顶点的三角形, 方向取逆时针方向;

(3) $\int_{AB} (\mathrm{e}^x \sin y - my)\mathrm{d}x + (\mathrm{e}^x \cos y - m)\mathrm{d}y$, 其中, m 为常数, AB 为由 $(a,0)$ 到 $(0,0)$ 经过圆 $x^2 + y^2 = ax$ 上半部的路线;

(4) $\int_{\widehat{AB}} (x^2 + y)\mathrm{d}x + (x - y^2)\mathrm{d}y$, 其中, $\widehat{AB}$ 为由点 $A(0,0)$ 至点 $B(1,1)$ 的曲线 $y^3 = x^2$.

A2. 应用格林公式计算下列曲线所围的平面图形的面积:

(1) $x = 2a\cos t - a\cos 2t, y = 2a\sin t - a\sin 2t$;

(2) 双纽线: $(x^2 + y^2)^2 = a^2(x^2 - y^2)$.

A3. 证明: 若 L 为平面上封闭曲线, $\boldsymbol{l}$ 为任意方向向量, 则

$$\oint_L \cos(\boldsymbol{l}, \boldsymbol{n})\mathrm{d}s = 0,$$

其中, $\boldsymbol{n}$ 为曲线 L 的外法线方向.

A4. 求积分值 $I = \oint_L [x\cos(\boldsymbol{n}, x) + y\cos(\boldsymbol{n}, y)]\mathrm{d}s$, 其中, L 为包围有界区域的封闭曲线, $\boldsymbol{n}$ 为 L

的外法线方向.

A5. 验证下列一阶微分形式为全微分，并求其原函数：

(1) $(x^2 + 2xy - y^2)dx + (x^2 - 2xy - y^2)dy$；

(2) $(2x\cos y - y^2 \sin x)dx + (2y\cos x - x^2 \sin y)dy$；

(3) $\left(1 - \dfrac{y^2}{x^2}\cos\dfrac{y}{x}\right)dx + \left(\sin\dfrac{y}{x} + \dfrac{y}{x}\cos\dfrac{y}{x}\right)dy$；

(4) $(e^{xy} + xye^{xy})dx + x^2 e^{xy}dy$；

(5) $f(\sqrt{x^2+y^2})xdx + f(\sqrt{x^2+y^2})ydy$, 其中, f 为连续函数.

A6. 验证下列积分与路线无关，观察出其原函数，并求积分的值：

(1) $\displaystyle\int_{(0,0)}^{(1,2)} (x-y)(dx - dy)$；

(2) $\displaystyle\int_{(2,1)}^{(3,5)} \dfrac{ydx - xdy}{x^2}$, 沿在右半平面的路线；

(3) $\displaystyle\int_{(1,0)}^{(3,4)} \dfrac{xdx + ydy}{\sqrt{x^2+y^2}}$, 沿不通过原点的路线；

(4) $\displaystyle\int_{(2,1)}^{(3,2)} \varphi(x)dx + \psi(y)dy$, 其中, $\varphi(x), \psi(y)$ 为连续函数.

A7. 求下列第二型曲线积分：

(1) $\displaystyle\oint_L \dfrac{-\left(y-\dfrac{1}{2}\right)dx + xdy}{x^2 + \left(y-\dfrac{1}{2}\right)^2}$, 其中, L 为从 $A(1,0)$ 经上半单位圆周到 $B(-1,0)$, 再经直线段 BA 回到 A；

(2) $\displaystyle\int_L (4 + xe^{2y})dx + (x^2 e^{2y} - y^2)dy$, 其中, L 是圆周 $(x-2)^2 + y^2 = 4$ 的上半部分, 按顺时针方向；

(3) $I = \displaystyle\int_L \dfrac{ydx - xdy}{x^2 + y^2}$, 其中, L 为曲线 $x = \cos^3 t, y = \sin^3 t \left(0 \leqslant t \leqslant \dfrac{\pi}{2}\right)$ 的一段；

(4) $\displaystyle\int_L (xe^x + 3x^2 y)dx + (x^3 + \sin y)dy$, 其中, L 是沿曲线 $y = x^2 - 1$ 从点 $A(-1,0)$ 到点 $B(2,3)$ 的一段弧；

(5) $\displaystyle\int_L (y+3x)^2 dx + (3x^2 - y^2 \sin\sqrt{y})dy$, 其中, L 为曲线 $y = x^2$ 上由 $A(-1,1)$ 到 $B(1,1)$ 的一段弧；

(6) $\displaystyle\int_{AMB} [\varphi(y)e^x - my]dx + [\varphi'(y)e^x - m]dy$, 其中, $\varphi(y), \varphi'(y)$ 为连续函数, AMB 为连接点 $A(x_1, y_1)$ 和点 $B(x_2, y_2)$ 的任何路线, 但与直线段 AB 围成已知大小为 S 的面积.

A8. 设函数 $f(u)$ 具有一阶连续导数, 证明对任何光滑封闭曲线 L, 有

$$\oint_L f(xy)(ydx + xdy) = 0.$$

§12.3 Green 公式、Gauss 公式和 Stokes 公式

A9. 确定 λ 的值, 使积分
$$I = \int_{AB} (x^4 + 4xy^\lambda)\mathrm{d}x + (6x^{\lambda-1}y^2 - 5y^4)\mathrm{d}y$$
与路径无关, 并求 $A = (0,0)$, $B = (1,2)$ 时的值.

A10. 确定 λ 的值, 使在与 x 轴不相交的区域内积分
$$I = \int_{AB} \frac{x(x^2+y^2)^\lambda}{y}\mathrm{d}x - \frac{x^2(x^2+y^2)^\lambda}{y^2}\mathrm{d}y$$
与路径无关, 并求当 A, B 分别取 $(1,1)$ 和 $(0,2)$ 时积分 I 的值.

A11. 设函数 $u(x,y)$ 在由封闭的光滑曲线 L 所围的平面区域 D 上具有二阶连续偏导数, 证明
$$\iint_D \left(\frac{\partial^2 u}{\partial x^2} + \frac{\partial^2 u}{\partial y^2}\right)\mathrm{d}\sigma = \oint_L \frac{\partial u}{\partial n}\mathrm{d}s,$$
其中, $\dfrac{\partial u}{\partial n}$ 是沿 L 外法线方向 $\boldsymbol{n}$ 的方向导数.

A12. 计算下列曲面积分:

(1) $\iint_S x^2\mathrm{d}y\mathrm{d}z + y^2\mathrm{d}z\mathrm{d}x + z^2\mathrm{d}x\mathrm{d}y$, 其中, S 是立方体 $0 \leqslant x,y,z \leqslant a$ 表面的外侧;

(2) $\iint_S xz^2\mathrm{d}y\mathrm{d}z + (x^2y-z)\mathrm{d}z\mathrm{d}x + (2xy+y^2z)\mathrm{d}x\mathrm{d}y$, 其中, S 是上半球面 $z = \sqrt{a^2-x^2-y^2}$ 与平面 $z=0$ 所围空间区域的表面, 方向取外侧;

(3) $\iint_S x^3\mathrm{d}y\mathrm{d}z + x^2y\mathrm{d}z\mathrm{d}x + x^2z\mathrm{d}x\mathrm{d}y$, 其中, S 是柱面 $x^2+y^2=a^2$ 在 $0 \leqslant z \leqslant H$ 一段的外侧;

(4) $\iint_S x^3\mathrm{d}y\mathrm{d}z + y^3\mathrm{d}z\mathrm{d}x + z^3\mathrm{d}x\mathrm{d}y$, 其中, S 是单位球面 $x^2+y^2+z^2=1$ 的外侧;

(5) $\iint_S x\mathrm{d}y\mathrm{d}z + y\mathrm{d}z\mathrm{d}x + z\mathrm{d}x\mathrm{d}y$, 其中, S 是上半球面 $z=\sqrt{a^2-x^2-y^2}$ 的上侧;

(6) $\iint_S yz\mathrm{d}y\mathrm{d}z + zx\mathrm{d}z\mathrm{d}x + xy\mathrm{d}x\mathrm{d}y$, 其中, S 是任意一封闭曲面的外侧;

(7) $\iint_S (x^2\cos\alpha + y^2\cos\beta + z^2\cos\gamma)\mathrm{d}S$, 其中, S 是由曲线段 $\begin{cases} x = 0 \\ z = y^2 \end{cases}$, $(1 \leqslant z \leqslant 4)$ 绕 z 轴旋转所成的旋转面, $\cos\alpha, \cos\beta, \cos\gamma$ 为 S 的内法线的方向余弦;

(8) $I = \iint_S \dfrac{\mathrm{e}^{x^2+y^2}\mathrm{d}y\mathrm{d}z + yz\mathrm{d}z\mathrm{d}x + 2z\mathrm{d}x\mathrm{d}y}{\sqrt{x^2+y^2+z^2}}$, 其中, S 为曲面 $z = \sqrt{R^2-x^2-y^2}$, 取上侧;

(9) $I = \iint_S [yf(x,y,z)+x]\mathrm{d}y\mathrm{d}z + [xf(x,y,z)+y]\mathrm{d}z\mathrm{d}x + [2xyf(x,y,z)+z]\mathrm{d}x\mathrm{d}y$. 其中, f 连续, S 为曲面 $z = \dfrac{1}{2}(x^2+y^2)$ 介于 $z=2$ 与 $z=8$ 之间的部分, 取上侧;

(10) $I = \iint_\Sigma \left[\dfrac{1}{y+2}f\left(\dfrac{x+1}{y+2}\right) + 3xy^2 + \mathrm{e}^z\right]\mathrm{d}y\mathrm{d}z + \left[\dfrac{1}{x+1}f\left(\dfrac{x+1}{y+2}\right) + 3x^2y - y\right]\mathrm{d}z\mathrm{d}x + (z-x^2-y^2)\mathrm{d}x\mathrm{d}y$, 其中, f 具有连续导数, Σ 是曲面 $z = 1+\sqrt{x^2+y^2}$ $(1 \leqslant z \leqslant 2)$, 取外侧.

A13. 应用高斯公式计算三重积分

$$\iiint_V (xy + yz + zx) \mathrm{d}x \mathrm{d}y \mathrm{d}z,$$

其中, V 是由 $x \geqslant 0, y \geqslant 0, 0 \leqslant z \leqslant 1$ 与 $x^2 + y^2 \leqslant 1$ 所围成的空间区域.

A14. 应用斯托克斯公式计算下列曲线积分:

(1) $\oint_L (z-y)\mathrm{d}x + (x-z)\mathrm{d}y + (y-z)\mathrm{d}z$, 其中 L 分别为

(a) 以 $A(a,0,0), B(0,a,0), C(0,0,a)$ 为顶点的三角形, 沿 $ABCA$ 的方向;

(b) 椭圆 $x^2 + y^2 = a^2, \dfrac{x}{a} + \dfrac{z}{b} = 1 (a, b > 0)$, 若从原点向 x 轴正向看去, 此椭圆是顺时针方向;

(2) $\oint_L (y^2 + z^2)\mathrm{d}x + (x^2 + z^2)\mathrm{d}y + (x^2 + y^2)\mathrm{d}z$, 其中, L 为 $x + y + z = 1$ 与三坐标面的交线, 它的走向使所围平面区域上侧在曲线的左侧;

(3) $\int_L 3z\mathrm{d}x + 5x\mathrm{d}y - 2y\mathrm{d}z$, 其中, L 是圆柱面 $x^2 + y^2 = 1$ 与平面 $z = y + 3$ 的交线 (椭圆), 从 z 轴正向看去是逆时针方向;

(4) $\oint_L y\mathrm{d}x + z\mathrm{d}y + x\mathrm{d}z$, 其中, L 为球面 $x^2 + y^2 + z^2 = R^2$ 与平面 $x + z = R$ 所交的曲线, 方向由点 $(R, 0, 0)$ 出发, 先经过 $x > 0, y > 0$ 部分, 再经过 $x > 0, y < 0$ 部分回到出发点;

(5) $\oint_L (y^2 - z^2)\mathrm{d}x + (2z^2 - x^2)\mathrm{d}y + (3x^2 - y^2)\mathrm{d}z$, 其中, L 是平面 $x + y + z = 2$ 与柱面 $|x| + |y| = 1$ 的交线, 从 z 轴正向看去, L 为逆时针方向;

(6) $\int_L (x^2 - yz)\mathrm{d}x + (y^2 - xz)\mathrm{d}y + (z^2 - xy)\mathrm{d}z$, 其中, L 是沿螺旋线 $x = a\cos t, y = a\sin t, z = \dfrac{h}{2\pi}t$, 从 $A(a, 0, 0)$ 到 $B(a, 0, h)$;

(7) $\int_L y^2 \mathrm{d}x + z^2 \mathrm{d}y + x^2 \mathrm{d}z$, 其中, L 是曲线 $x^2 + y^2 + z^2 = a^2, x^2 + y^2 = ax(z \geqslant 0, a > 0)$, 若从 x 轴正向看去, 曲线是逆时针方向;

(8) $\int_L (y^2 + z^2)\mathrm{d}x + (z^2 + x^2)\mathrm{d}y + (x^2 + y^2)\mathrm{d}z$, 其中, L 是曲线 $x^2 + y^2 + z^2 = 2Rx, x^2 + y^2 = 2rx(0 < r < R, z > 0)$, 方向确定如下: 由它所包围的在球 $x^2 + y^2 + z^2 \leqslant 2Rx$ 外表面上的较小区域总在左方.

A15. 求下列全微分的原函数:

(1) $yz\mathrm{d}x + xz\mathrm{d}y + xy\mathrm{d}z$;

(2) $(x^2 - 2yz)\mathrm{d}x + (y^2 - 2xz)\mathrm{d}y + (z^2 - 2xy)\mathrm{d}z$.

A16. 验证下列线积分与路径无关, 并计算其值:

(1) $\int_{(1,1,1)}^{(2,3,-4)} x\mathrm{d}x + y^2\mathrm{d}y - z^3\mathrm{d}z$;

(2) $\int_{(x_1, y_1, z_1)}^{(x_2, y_2, z_2)} \dfrac{x\mathrm{d}x + y\mathrm{d}y + z\mathrm{d}z}{\sqrt{x^2 + y^2 + z^2}}$, 其中, $(x_1, y_1, z_1), (x_2, y_2, z_2)$ 在球面 $x^2 + y^2 + z^2 = a^2$ 上.

§12.3 Green 公式、Gauss 公式和 Stokes 公式

A17. 证明：由曲面 S 所包围的立体 V 的体积 ΔV 为
$$\Delta V = \frac{1}{3}\iint_S (x\cos\alpha + y\cos\beta + z\cos\gamma)\mathrm{d}S,$$
其中，$\cos\alpha, \cos\beta, \cos\gamma$ 为曲面 S 的外法线方向余弦.

A18. 证明：若 S 为封闭曲面，l 为任何固定方向，则
$$\iint_S \cos(\boldsymbol{n}, \boldsymbol{l})\mathrm{d}S = 0,$$
其中，$\boldsymbol{n}$ 为 S 的单位外法向量.

A19. 证明公式
$$\iiint_V \frac{\mathrm{d}x\mathrm{d}y\mathrm{d}z}{r} = \frac{1}{2}\iint_S \cos(\boldsymbol{n}, \boldsymbol{r})\mathrm{d}S,$$
其中，V 不包含原点，S 是包围 V 的曲面，$\boldsymbol{n}$ 是 S 的单位外法向量，
$$r = \sqrt{x^2+y^2+z^2}, \boldsymbol{r}=(x,y,z).$$

A20. 若 L 是平面 $x\cos\alpha + y\cos\beta + z\cos\gamma - p = 0$ 上的闭曲线，其中，$(\cos\alpha, \cos\beta, \cos\gamma)$ 为平面取定方向上的单位向量，它所包围区域的面积为 S，L 取正向，求
$$\oint_L \begin{vmatrix} \mathrm{d}x & \mathrm{d}y & \mathrm{d}z \\ \cos\alpha & \cos\beta & \cos\gamma \\ x & y & z \end{vmatrix}.$$

B21. 设 $f(x,y)$ 在区域 $D = \{x^2+y^2 \leqslant 1\}$ 上有一阶连续偏导数，且在单位圆周 $C: x^2+y^2=1$ 上 $f(x,y)=0$. 试证明

(1) $\iint_D [f(x,y) + yf_y(x,y)]\mathrm{d}x\mathrm{d}y = 0$, $\iint_D [f(x,y) + xf_x(x,y)]\mathrm{d}x\mathrm{d}y = 0$;

(2) $\left|\iint_D f(x,y)\mathrm{d}x\mathrm{d}y\right| \leqslant \dfrac{\pi}{3}\max\limits_{(x,y)\in D}\sqrt{f_x^2(x,y)+f_y^2(x,y)}.$

B22. 设 L 是一条围绕原点的不自交的闭曲线，证明曲线积分
$$I = \int_L \frac{\mathrm{e}^x}{x^2+y^2}[(x\sin y - y\cos y)\mathrm{d}x + (x\cos y + y\sin y)\mathrm{d}y]$$
为常值 (与路径无关)，并求出此值.

B23. 已知曲线积分 $\displaystyle\int_L \frac{x\mathrm{d}y - y\mathrm{d}x}{f(x)+y^2} = A$ 为非零常数，其中，$f(x)$ 可微，且 $f(1)=16$，L 为任意包含原点的正向光滑曲线.

(1) 求函数 $f(x)$;   (2) 求该积分值.

B24. 设 $A, C > 0, AC - B^2 > 0$, 证明：
$$\int_L \frac{x\mathrm{d}y - y\mathrm{d}x}{Ax^2 + 2Bxy + Cy^2} = \frac{2\pi}{\sqrt{AC-B^2}}, \quad L: x^2+y^2 = R^2.$$

B25. 设 $u = u(x,y,z)$ 在光滑曲面 S 所包围的区域 Ω 内二次连续可微，证明：

(1) $\iint\limits_{S} \dfrac{\partial u}{\partial \boldsymbol{n}} \mathrm{d}S = \iiint\limits_{\Omega} \Delta u \mathrm{d}x\mathrm{d}y\mathrm{d}z;$

(2) $\iint\limits_{S} u\dfrac{\partial u}{\partial \boldsymbol{n}} \mathrm{d}S = \iiint\limits_{\Omega} |\nabla u|^2 + u\Delta u \mathrm{d}x\mathrm{d}y\mathrm{d}z,$

其中, $\Delta u = u_{x^2} + u_{y^2} + u_{z^2}$ 表示 Laplace 算子, $\nabla u = (u_x, u_y, u_z)$ 为梯度算子, $\dfrac{\partial u}{\partial \boldsymbol{n}}$ 是沿曲面的外法线方向 $\boldsymbol{n}$ 的方向导数.

C26. 为了使曲线积分 $\int\limits_{L} F(x,y)(y\mathrm{d}x + x\mathrm{d}y)$ 与积分路线无关, 可微函数 $F(x,y)$ 应满足怎样的条件? 方程 $F(x,y) = 0$ 能否在 $(1,2)$ 附近确定函数 $y = f(x)$? 如果能, 请求出该函数.

§12.4 场论初步

物理上场的概念, 对应数学上多元函数或向量值函数. 本节研究几类特殊的场, 包括梯度场、散度场和旋度场等, 并用这些概念解读 §12.3 所得的多元函数积分学的三大公式的物理含义.

§12.4.1 场的概念

物理学中, 我们已经熟知某些场, 如温度场、密度场、电场等. 其实这些**场**(field) 就是在空间区域上的分布和变化规律. 这些规律的表达通常就是空间上的函数.

所谓**数量场** (scalar field), 或标量场, 就是对某空间区域 $\Omega \subset \mathbb{R}^3$ 而言, 在时刻 t, Ω 中的每一点 (x,y,z) 都对应一个确定的数值 $f(x,y,z,t)$.

而**向量场** (vector field), 或称**矢量场**, 则是对每一点 (x,y,z) 都有一个确定的向量值 $\boldsymbol{f}(x,y,z,t)$ 与之对应.

如果一个场不随时间的变化而变化, 就称该场为**稳定场**, 否则称为**不稳定场**.

于是, 温度场、密度场、电位场等都是数量场, 而速度场、力场、电场等都是向量场. 例如, 位于坐标原点的点电荷 q, 在其周围空间的任一点 $M(x,y,z)$ 处所产生的电位为

$$v = \frac{q}{r} = \frac{q}{\sqrt{x^2+y^2+z^2}},$$

而电场强度为

$$E = \frac{q}{r^3}\boldsymbol{r} = q\frac{(x,y,z)}{(x^2+y^2+z^2)^{\frac{3}{2}}} = P(x,y,z)\boldsymbol{i} + Q(x,y,z)\boldsymbol{j} + R(x,y,z)\boldsymbol{k},$$

其中, $P = \dfrac{qx}{(x^2+y^2+z^2)^{\frac{3}{2}}}$, $Q = \dfrac{qy}{(x^2+y^2+z^2)^{\frac{3}{2}}}$, $R = \dfrac{qz}{(x^2+y^2+z^2)^{\frac{3}{2}}}$ 都是三元函数.

一般来说, 稳定向量场都可以表示为

$$\boldsymbol{F}(x,y,z) = (P(x,y,z), Q(x,y,z), R(x,y,z)) = P\boldsymbol{i} + Q\boldsymbol{j} + R\boldsymbol{k}, (x,y,z) \in \Omega \subset \mathbb{R}^3. \quad (12.4.1)$$

稳定流动的流体中质点的运动轨迹的切线方向与速度方向一致, 这种运动轨迹称为向量线, 或流线.

§12.4 场论初步

定义 12.4.1 设 Γ 为 Ω 中的一条曲线. 若 Γ 上的每一点处的切线方向都与向量场 $\boldsymbol{F}(x,y,z)$ 一致, 则称 Γ 为向量场 $\boldsymbol{F}$ 的**向量线** (vector line), 或**流线**.

静电场中的向量线称为电力线, 而磁场中的向量线称为磁力线.

下面求流线方程.

设 $M(x,y,z)$ 为流线上任意一点, 该点的切方向为 $(\mathrm{d}x, \mathrm{d}y, \mathrm{d}z)$, 于是流线 Γ 满足的条件是一个微分方程

$$\frac{\mathrm{d}x}{P(x,y,z)} = \frac{\mathrm{d}y}{Q(x,y,z)} = \frac{\mathrm{d}z}{R(x,y,z)}. \tag{12.4.2}$$

方程 (12.4.2) 称为向量线方程.

例如, 电力线应满足的方程为

$$\frac{\mathrm{d}x}{x} = \frac{\mathrm{d}y}{y} = \frac{\mathrm{d}z}{z}.$$

解得 $y = C_1 x, z = C_2 x$, 是一族从原点出发的半射线.

§12.4.2 数量场的等值面和梯度场

显然, Ω 上任何一个三元函数 $f(x,y,z)$ 都可以看成是 Ω 上的一个数量场, 而曲面

$$f(x,y,z) = c$$

(c 为常数) 称为 f 的等值面. 因此我们有温度场中的等温面、电位场中的等位面等. 一个常见的例子就是绘制地图时人们用等高线来标明地图上点的海拔高度, 见图 12.4.1.

若 f 在 Ω 上具有连续偏导数, 我们得其梯度为

$$\mathbf{grad}f = f_x \boldsymbol{i} + f_y \boldsymbol{j} + f_z \boldsymbol{k},$$

这是一个向量场, 称为**梯度场**(gradient field).

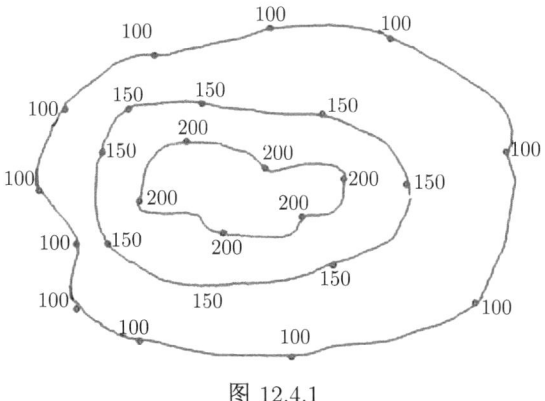

图 12.4.1

下面来看这个向量场与原来的数量场 f 的关系. 我们知道, 沿任一给定的方向

$$\boldsymbol{l} = \cos(\boldsymbol{l}, x)\boldsymbol{i} + \cos(\boldsymbol{l}, y)\boldsymbol{j} + \cos(\boldsymbol{l}, z)\boldsymbol{k}$$

的方向导数可以表示为
$$\frac{\partial f}{\partial l} = \mathbf{grad} f \cdot \boldsymbol{l} = \|\mathbf{grad} f\| \cos \theta,$$
这里, θ 表示 $\boldsymbol{l}$ 与梯度方向的夹角. 又如果 f_x, f_y, f_z 不同时为零, 那么等值面上的单位

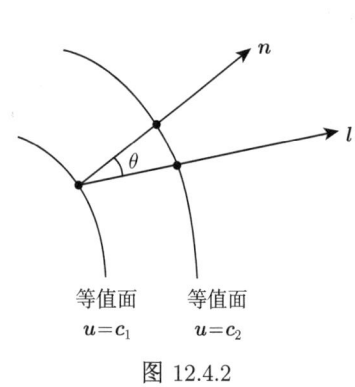

图 12.4.2

法向量为 $\boldsymbol{n} = \dfrac{f_x \boldsymbol{i} + f_y \boldsymbol{j} + f_z \boldsymbol{k}}{\sqrt{f_x^2 + f_y^2 + f_z^2}}$, 并且 $\dfrac{\partial f}{\partial \boldsymbol{n}}$ 恰好等于 $\|\mathbf{grad} f\|$, 它大于零, 并且
$$\mathbf{grad} f = \frac{\partial f}{\partial \boldsymbol{n}} \boldsymbol{n}.$$

这说明, f 在一点的梯度方向与它的等值面在这点的一个法线方向相同, 这个法线方向就是方向导数取得最大值 $\|\mathbf{grad} f\|$ 的方向, 且从数值较低的等值面指向数值较高的等值面. 于是, 沿着与梯度方向相同的方向, 函数值增加得最快. 而在这点沿相反方向 (即梯度的相反方向), 函数值减少得最快. 见图 12.4.2.

§12.4.3 向量场的通量与散度

在第二型曲面积分概念中我们曾经讨论过流量问题. 设 Ω 上稳定流动的不可压缩流体 (假定其密度为 1) 的速度场为
$$\boldsymbol{v} = P(x,y,z)\boldsymbol{i} + Q(x,y,z)\boldsymbol{j} + R(x,y,z)\boldsymbol{k},$$
其中, P, Q, R 具有连续偏导数, Σ 是 Ω 中的一片定向曲面, 则单位时间内通过 Σ 流向指定侧的流量为
$$\Phi = \iint\limits_{\Sigma} P \mathrm{d}y\mathrm{d}z + Q\mathrm{d}z\mathrm{d}x + R\mathrm{d}x\mathrm{d}y = \iint\limits_{\Sigma} \boldsymbol{v} \cdot \boldsymbol{n} \mathrm{d}S = \iint\limits_{\Sigma} \boldsymbol{v} \cdot \mathrm{d}\boldsymbol{S}.$$

这里 $\boldsymbol{n} = \cos\alpha \boldsymbol{i} + \cos\beta \boldsymbol{j} + \cos\gamma \boldsymbol{k}$ 为 Σ 在 (x,y,z) 处的, 在指定侧的单位法向量.

当流体流出曲面时, 流速 $\boldsymbol{v}$ 与选定的法向量 $\boldsymbol{n}$ 成锐角, 参见图 12.2.5, 此时在流出的那一部分曲面上的积分为正; 而在流体流入曲面的那部分的曲面积分为负. 因此, $\Phi > 0$ 说明了向指定侧穿过曲面的流量多于向相反方向穿过曲面的流量; $\Phi < 0$ 或 $\Phi = 0$ 分别说明了向指定侧穿过曲面的流量少于或等于向相反方向穿过曲面的流量. 如果 Σ 为一张封闭曲面, 定向为外侧. 那么当 $\Phi > 0$ 时, 就说明了从曲面内的流出量大于流入量, 此时在 Σ 内必有产生流体的源头 (源); 当 $\Phi < 0$ 时, 就说明了从曲面内的流出量小于流入量, 此时在 Σ 内必有排泄流体的漏洞 (汇).

刚才的讨论是就整个曲面而言, 而要判断场中的一点 $M(x,y,z)$ 是否为源或者汇, 以及源的 "强弱" 或汇的 "大小", 可以作一张包含 M 的封闭曲面 Σ (定向为外侧), 考察 Σ 所围区域 V 收缩到 M 点时 (记为 $V \to M$), $\Phi = \iint\limits_{\Sigma} \boldsymbol{v} \cdot \mathrm{d}\boldsymbol{S}$ 的值. 但因为 $V \to M$ 时总有

§12.4 场论初步

$\Phi \to 0$, 用 Φ 将导致无效, 所以我们改为考虑

$$\lim_{V \to M} \frac{\Phi}{mV} = \lim_{V \to M} \frac{\iint_{\Sigma} \boldsymbol{v} \cdot \mathrm{d}\boldsymbol{S}}{mV},$$

其中, mV 为 V 的体积. 显然, 这不改变其物理意义. 由 Gauss 公式和积分中值定理得

$$\begin{aligned}\Phi &= \iint_{\Sigma} \boldsymbol{v} \cdot \mathrm{d}\boldsymbol{S} \\ &= \iint_{\Sigma} P\mathrm{d}y\mathrm{d}z + Q\mathrm{d}z\mathrm{d}x + R\mathrm{d}x\mathrm{d}y \\ &= \iiint_{V} \left(\frac{\partial P}{\partial x} + \frac{\partial Q}{\partial y} + \frac{\partial R}{\partial z}\right) \mathrm{d}x\mathrm{d}y\mathrm{d}z = \left(\frac{\partial P}{\partial x} + \frac{\partial Q}{\partial y} + \frac{\partial R}{\partial z}\right)_{\tilde{M}} \cdot mV,\end{aligned}$$

其中, $\tilde{M}$ 为 V 上某一点. 因此当 $V \to M$ 时有

$$\begin{aligned}\lim_{V \to M} \frac{\Phi}{mV} &= \lim_{\tilde{M} \to M} \left(\frac{\partial P}{\partial x} + \frac{\partial Q}{\partial y} + \frac{\partial R}{\partial z}\right)_{\tilde{M}} \\ &= \frac{\partial P(x,y,z)}{\partial x} + \frac{\partial Q(x,y,z)}{\partial y} + \frac{\partial R(x,y,z)}{\partial z}.\end{aligned}$$

于是我们可以用

$$\frac{\partial P(x,y,z)}{\partial x} + \frac{\partial Q(x,y,z)}{\partial y} + \frac{\partial R(x,y,z)}{\partial z}$$

来判别场中的点是源还是汇, 以及源的 "强弱" 和汇的 "大小".

一般地, 我们引入如下概念:

定义 12.4.2 设式 (12.4.1) 定义的 $\boldsymbol{F}(x,y,z)$ 是一连续的向量场, Σ 为定向曲面, 则曲面积分

$$\Phi = \iint_{\Sigma} \boldsymbol{F} \cdot \boldsymbol{n} \mathrm{d}S$$

称为向量场 $\boldsymbol{F}$ 沿指定侧通过曲面 Σ 的**通量**(flux).

而当 $P(x,y,z), Q(x,y,z), R(x,y,z)$ 在 Ω 上具有连续偏导数时, 称

$$\frac{\partial P(x,y,z)}{\partial x} + \frac{\partial Q(x,y,z)}{\partial y} + \frac{\partial R(x,y,z)}{\partial z} \tag{12.4.3}$$

为 $\boldsymbol{F}$ 在点 M 处的**散度** (divergence), 记为 $\mathrm{div}\boldsymbol{F}$. 而散度恒为 0 的场称为**无源场**.

由刚才处理流体速度场的方法得出,

$$\lim_{V \to M} \frac{\iint_{S} \boldsymbol{v} \cdot \boldsymbol{n}\mathrm{d}S}{mV} = P_x(M) + Q_y(M) + R_z(M) = \mathrm{div}(\boldsymbol{v})(M).$$

因此, 散度就是穿出单位体积边界的通量. 利用散度的记号, Gauss 公式可以写成

$$\iint\limits_{\partial\Omega} \boldsymbol{F} \cdot \mathrm{d}\boldsymbol{S} = \iiint\limits_{\Omega} \mathrm{div}(\boldsymbol{F}) \mathrm{d}V. \tag{12.4.4}$$

容易证明, 散度有以下简单性质

性质 12.4.1　(1) $\mathrm{div}(\boldsymbol{A} + \boldsymbol{B}) = \mathrm{div}\boldsymbol{A} + \mathrm{div}\boldsymbol{B}$;
(2) $\mathrm{div}(C\boldsymbol{A}) = C\,\mathrm{div}\boldsymbol{A}, C$ 为常数;
(3) $\mathrm{div}(f\boldsymbol{A}) = f\,\mathrm{div}\boldsymbol{A} + \mathrm{grad}f \cdot \boldsymbol{A}$.

§12.4.4　向量场的环量与旋度

设一刚体绕过原点 O 的某个轴转动, 其角速度为 $\boldsymbol{\omega}$, 刚体上每一点 M 处的线速度构成一个线速场

$$\boldsymbol{v}(x, y, z) = (P(x, y, z), Q(x, y, z), R(x, y, z)), (x, y, z) \in \Omega.$$

记向量 $\boldsymbol{r} = \overrightarrow{OM}$, 则由力学知识知点 M 处的线速度为 (图 12.4.3(1))

$$\boldsymbol{v} = \boldsymbol{\omega} \times \boldsymbol{r}.$$

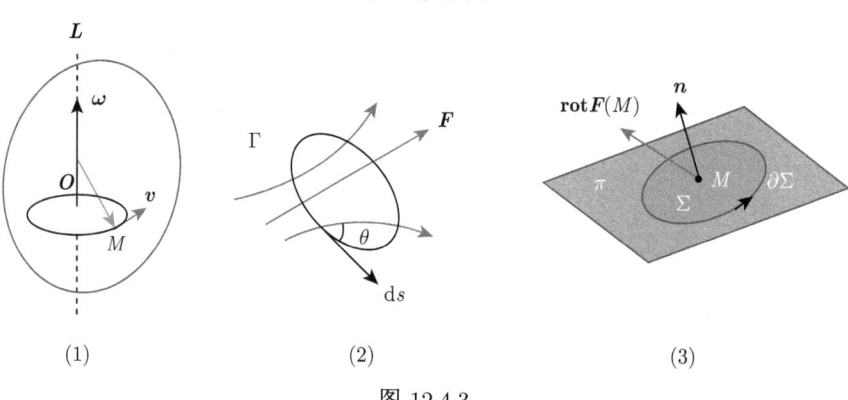

图 12.4.3

容易算出

$$2\boldsymbol{\omega} = \boldsymbol{B} \equiv \left(\frac{\partial R}{\partial y} - \frac{\partial Q}{\partial z}, \frac{\partial P}{\partial z} - \frac{\partial R}{\partial x}, \frac{\partial Q}{\partial x} - \frac{\partial P}{\partial y} \right),$$

因此, 用向量 $\boldsymbol{B}$ 同样可以描述刚体旋转的强度和方向, 但向量 $\boldsymbol{B}$ 是由速度场本身决定的, 我们将用它来刻画刚体旋转. 我们称 $\boldsymbol{B}$ 为速度场 $\boldsymbol{v}$ 的旋度, 记为 $\mathrm{rot}\boldsymbol{v}$.

同样也可以用它来刻画流体的旋涡.

假定 Γ 为 Ω 中的一条定向闭曲线, 由 Stokes 公式知道,

$$\int_{\Gamma} \boldsymbol{v} \cdot \mathrm{d}\boldsymbol{s} = \iint\limits_{\Sigma} \boldsymbol{B} \cdot \mathrm{d}\boldsymbol{S},$$

这里 Σ 是任意以 Γ 为边界的曲面, 定向与 Γ 符合右手定则. 见图 12.4.3(2). 由此可见, 曲线积分 $\int_{\Gamma} \boldsymbol{v} \cdot \mathrm{d}\boldsymbol{s}$ 也与流体的旋转状态有密切关系, 由此引入环量与旋度的概念.

定义 12.4.3 设 F 是由式 (12.4.1) 确定的一个向量场, 对场中的任一定向曲线 Γ, 曲线积分

$$\int_\Gamma F \cdot \mathrm{d}s \tag{12.4.5}$$

称为向量场 F 沿曲线 Γ 的**环量** (circulation).

若 P, Q, R 在 Ω 上具有连续偏导数, 对这个场中任一点 M, 称向量

$$\left|\begin{array}{ccc} i & j & k \\ \dfrac{\partial}{\partial x} & \dfrac{\partial}{\partial y} & \dfrac{\partial}{\partial z} \\ P & Q & R \end{array}\right|_M = \left(\dfrac{\partial R}{\partial y} - \dfrac{\partial Q}{\partial z}\right)\bigg|_M i + \left(\dfrac{\partial P}{\partial z} - \dfrac{\partial R}{\partial x}\right)\bigg|_M j + \left(\dfrac{\partial Q}{\partial x} - \dfrac{\partial P}{\partial y}\right)\bigg|_M k \tag{12.4.6}$$

为向量场 F 在点 M 的**旋度** (rotation, curl), 记为 $\mathrm{rot}\,F(M)$, 或 $\mathrm{curl}\,F(M)$.

由向量场 F 产生的向量场 $\mathrm{rot}\,F(M)$ 称为**旋度场**. 如果在场中每一点都成立 $\mathrm{rot}\,F = 0$, 则称 F 为**无旋场**.

由此定义可知, Stokes 公式可写为

$$\iint_\Sigma \mathrm{rot}\,F \cdot \mathrm{d}S = \int_{\partial\Sigma} F \cdot \mathrm{d}s. \tag{12.4.7}$$

对旋度可以作类似于散度的解释. 在场中一点 M 处任取一个向量 n, 以它为法向量, 过 M 点作小平面片 Σ, 并按右手定则取定 Σ 的方向, 见图 12.4.3(3). 再记 Σ 的面积为 $m\Sigma$. 如果当 Σ 收缩到点 M 时 (记为 $\Sigma \to M$), 极限

$$\lim_{\Sigma \to M} \dfrac{\int_{\partial\Sigma} F \cdot \mathrm{d}s}{m\Sigma}$$

存在, 则称此极限值为向量场 F 在 M 点沿方向 n 的**环量面密度**. 它是环量关于面积的变化率, 即沿平面上单位面积边缘的环量. 根据 Stokes 公式, 我们容易得到环量面密度与旋度的一个直接关系. 事实上,

$$\dfrac{\int_{\partial\Sigma} F \cdot \mathrm{d}s}{m\Sigma} = \dfrac{1}{m\Sigma} \iint_\Sigma \mathrm{rot}\,F \cdot \mathrm{d}S = \dfrac{1}{m\Sigma} \iint_\Sigma \mathrm{rot}\,F \cdot n\,\mathrm{d}S = (\mathrm{rot}\,F \cdot n)_{\tilde M},$$

其中, $\tilde M$ 为 M 附近的一点, 因此,

$$(\mathrm{rot}\,F \cdot n)_M = \lim_{\Sigma \to M} \dfrac{\int_{\partial\Sigma} F \cdot \mathrm{d}s}{m\Sigma}. \tag{12.4.8}$$

式 (12.4.8) 左端表示 $\mathrm{rot}\,F$ 在法线 n 上的投影, 因此它也就确定了 $\mathrm{rot}\,F$.

最后, 我们给出旋度的简单性质, 请读者自己加以验证.

性质 12.4.2 (1) $\text{rot}(\boldsymbol{A}+\boldsymbol{B}) = \text{rot}\boldsymbol{A} + \text{rot}\boldsymbol{B}$;

(2) $\text{rot}(C\boldsymbol{A}) = C\text{rot}\boldsymbol{A}, C$ 为常数;

(3) $\text{rot}(f\boldsymbol{A}) = f\text{rot}\boldsymbol{A} + \text{grad}f \times \boldsymbol{A}, f$ 为数量场;

(4) $\text{rot}(\text{grad}f) = \boldsymbol{0}$.

§12.4.5 管量场与有势场

1. 管量场

若一个向量场 $\boldsymbol{F}$ 的散度恒为 0, 即 $\boldsymbol{F}$ 为无源场, 则根据 Gauss 公式, $\boldsymbol{F}$ 沿封闭曲面的积分为 0. 特别地, 对任一向量管, 即用截面 S_1, S_2 截向量线围成的管状曲面 $S_1+S_2+S_3$, 取外侧如图 12.4.4 所示.

则由

$$\iint\limits_{S_1+S_2+S_3} \boldsymbol{F} \cdot \mathrm{d}\boldsymbol{S} = 0$$

和

$$\iint\limits_{S_3} \boldsymbol{F} \cdot \mathrm{d}\boldsymbol{S} = 0,$$

知

$$\iint\limits_{S_1} \boldsymbol{F} \cdot \mathrm{d}\boldsymbol{S} + \iint\limits_{S_2} \boldsymbol{F} \cdot \mathrm{d}\boldsymbol{S} = 0,$$

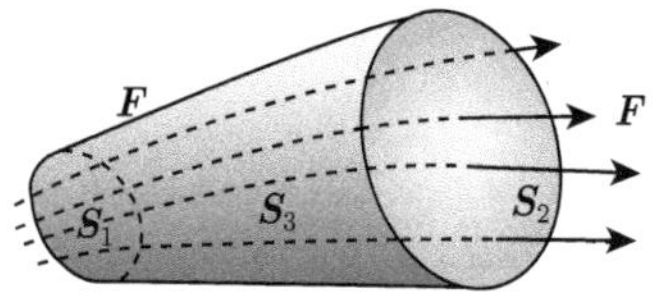

图 12.4.4

这里 S_1, S_2 都取外侧. 这说明流体通过向量管的任意截面的流量是相同的, 所以无源场也称为管量场.

2. 有势场与保守场

如果向量场 $\boldsymbol{F}$ 的旋度为 0, 即 $\boldsymbol{F}$ 为无旋场, 则由定理12.3.5可知, 在单连通区域内曲线积分 $\int_{\Sigma} \boldsymbol{F} \cdot \mathrm{d}\boldsymbol{s}$ 与路径无关, 且 $P\mathrm{d}x + Q\mathrm{d}y + R\mathrm{d}z$ 存在原函数. 由此引出如下定义.

定义 12.4.4 设 $\boldsymbol{F}(x,y,z)$ 是连续的向量场.

(1) 若存在函数 $U(x,y,z)$ 满足 $\boldsymbol{F} = \text{grad}U$, 则称向量场 $\boldsymbol{F}$ 为**有势场** (potential field), 并称函数 $V = -U$ 为**势函数** (potential function).

(2) 若在向量场 $\boldsymbol{F}$ 中曲线积分与路径无关, 则称 $\boldsymbol{F}$ 为**保守场** (conservative fields). 从定义可知, 有势场是梯度场.

根据定理 12.3.5, 我们有关于保守场与有势场的关系的如下定理.

定理 12.4.1 设 $\boldsymbol{F}(x,y,z)$ 是单连通区域 $\Omega \subset \mathbb{R}^3$ 上 C^1 的向量场 (即函数 P, Q, R 在区域 Ω 上有连续偏导数), 则以下三个命题等价:

(1) 向量场 $\boldsymbol{F}$ 是保守的;

(2) 向量场 $\boldsymbol{F}$ 是有势场;

(3) 向量场 $\boldsymbol{F}$ 是无旋场.

例 12.4.1 证明引力场是有势场.

证明 设在坐标原点处有一质量为 m 的质点. 根据万有引力定律, 质点的引力场可表为
$$\boldsymbol{F} = -\frac{Gmx}{r^3}\boldsymbol{i} - \frac{Gmy}{r^3}\boldsymbol{j} - \frac{Gmz}{r^3}\boldsymbol{k},$$
其中, $r = \sqrt{x^2 + y^2 + z^2}$, G 为引力常量.

容易验证 $U(x,y,z) = \dfrac{Gm}{r}$ 满足 $\mathbf{grad}U = \boldsymbol{F}$, 因此 $\boldsymbol{F}$ 为有势场, 它的一个势函数为 $V(x,y,z) = -\dfrac{Gm}{r}$.

考虑将单位质量的物体从 $A(x_A, y_A, z_A)$ 处沿路径 L 移动到 $B(x_B, y_B, z_B)$ 处, 此时引力所做的功为
$$W = \int_L \boldsymbol{F} \cdot \mathrm{d}\boldsymbol{r} = -Gm \int_L \frac{x}{r^3}\mathrm{d}x + \frac{y}{r^3}\mathrm{d}y + \frac{z}{r^3}\mathrm{d}z,$$
这里 $\mathrm{d}\boldsymbol{r} = \mathrm{d}x\,\boldsymbol{i} + \mathrm{d}y\,\boldsymbol{j} + \mathrm{d}z\,\boldsymbol{k}$. 于是
$$W = U(x_B, y_B, z_B) - U(x_A, y_A, z_A) = Gm\left\{\frac{1}{\sqrt{x_B^2 + y_B^2 + z_B^2}} - \frac{1}{\sqrt{x_A^2 + y_A^2 + z_A^2}}\right\}.$$

最后说一下势函数 $V(x,y,z)$ 的物理意义. 在这个力场中, 设质点在无穷远点的势能为 0, 那么一个单位质量的质点在点 $M(x,y,z)$ 的势能, 就是将它从无穷远点 ∞ 移到点 M 时, 克服引力所做的功, 即 $W_\infty = -\dfrac{Gm}{r}$, 这正是势函数 $V(x,y,z)$. □

§12.4.6 Hamilton 算子

为了便于运用场论中的各种公式, 下面介绍 Hamilton 引进的一个 "微分算子"
$$\nabla = \boldsymbol{i}\frac{\partial}{\partial x} + \boldsymbol{j}\frac{\partial}{\partial y} + \boldsymbol{k}\frac{\partial}{\partial z},$$
它的定义域是场. 具体含义如下: 对数量场 f,
$$\nabla f = \boldsymbol{i}\frac{\partial f}{\partial x} + \boldsymbol{j}\frac{\partial f}{\partial y} + \boldsymbol{k}\frac{\partial f}{\partial z} = \mathbf{grad}f,$$
而对向量场 $\boldsymbol{F}$, 分别定义
$$\nabla \cdot \boldsymbol{F} = \left(\boldsymbol{i}\frac{\partial}{\partial x} + \boldsymbol{j}\frac{\partial}{\partial y} + \boldsymbol{k}\frac{\partial}{\partial z}\right) \cdot (P\boldsymbol{i} + Q\boldsymbol{j} + R\boldsymbol{k}) = \frac{\partial P}{\partial x} + \frac{\partial Q}{\partial y} + \frac{\partial R}{\partial z} = \mathrm{div}(\boldsymbol{F}),$$
$$\nabla \times \boldsymbol{F} = \left(\boldsymbol{i}\frac{\partial}{\partial x} + \boldsymbol{j}\frac{\partial}{\partial y} + \boldsymbol{k}\frac{\partial}{\partial z}\right) \times (P\boldsymbol{i} + Q\boldsymbol{j} + R\boldsymbol{k}) = \begin{vmatrix} \boldsymbol{i} & \boldsymbol{j} & \boldsymbol{k} \\ \dfrac{\partial}{\partial x} & \dfrac{\partial}{\partial y} & \dfrac{\partial}{\partial z} \\ P & Q & R \end{vmatrix} = \mathbf{rot}\,\boldsymbol{F},$$

则
$$\nabla \cdot \nabla f = \nabla \cdot (\mathbf{grad} f) = \operatorname{div}(\mathbf{grad} f) = \Delta f,$$

这里记号

$$\Delta = \nabla \cdot \nabla = \frac{\partial^2}{\partial x^2} + \frac{\partial^2}{\partial y^2} + \frac{\partial^2}{\partial z^2} \tag{12.4.9}$$

称为 **Laplace 算子**, 满足 **Laplace 方程**

$$\Delta u = \frac{\partial^2 u}{\partial x^2} + \frac{\partial^2 u}{\partial y^2} + \frac{\partial^2 u}{\partial z^2} = 0$$

的函数 u 称为**调和函数**.

这样, Gauss 公式就可表示为

$$\iint_{\partial \Omega} \boldsymbol{F} \cdot \mathrm{d}\boldsymbol{S} = \iiint_{\Omega} \nabla \cdot \boldsymbol{F} \, \mathrm{d}V; \tag{12.4.10}$$

Stokes 公式就可表示为

$$\int_{\partial \Sigma} \boldsymbol{F} \cdot \mathrm{d}\boldsymbol{s} = \iint_{\Sigma} (\nabla \times \boldsymbol{F}) \cdot \mathrm{d}\boldsymbol{S}. \tag{12.4.11}$$

设函数 u, v 具有二阶连续偏导数, 则容易验证

$$\nabla \cdot (v \nabla u) = \nabla v \cdot \nabla u + v \Delta u.$$

如果设 $\boldsymbol{F} = v \, \nabla u$, 从 Gauss 公式就得到

$$\iiint_{\Omega} (\nabla v \cdot \nabla u + v \Delta u) \, \mathrm{d}V = \iiint_{\Omega} \nabla \cdot (v \nabla u) \, \mathrm{d}V = \iint_{\partial \Omega} v \nabla u \cdot \boldsymbol{n} \, \mathrm{d}S$$

$$= \iint_{\partial \Omega} v(\mathbf{grad} u \cdot \boldsymbol{n}) \, \mathrm{d}S = \iint_{\partial \Omega} v \frac{\partial u}{\partial \boldsymbol{n}} \, \mathrm{d}S.$$

同样设 $\boldsymbol{F} = u \, \nabla v$, 就得到

$$\iiint_{\Omega} (\nabla u \cdot \nabla v + u \Delta v) \, \mathrm{d}V = \iint_{\partial \Omega} u \frac{\partial v}{\partial \boldsymbol{n}} \, \mathrm{d}S. \tag{12.4.12}$$

这两式相减就得到

$$\iiint_{\Omega} (u \Delta v - v \Delta u) \, \mathrm{d}V = \iint_{\partial \Omega} \left(u \frac{\partial v}{\partial \boldsymbol{n}} - v \frac{\partial u}{\partial \boldsymbol{n}} \right) \mathrm{d}S. \tag{12.4.13}$$

最后两个公式, 即公式 (12.4.12) 和公式 (12.4.13), 分别称为 **Green 第一公式**和 **Green 第二公式**, 在数学和物理中有着很多应用.

习 题 12.4

A1. 求数量场 $u = x^2 + 2y^2 + 3z^2 + xy - 4x + 2y - 4z$ 在点 $A(1,1,1), B(0,0,0)$ 和 $C\left(5,-3,\dfrac{2}{3}\right)$ 处的梯度及沿方向 $l = (1,2,1)$ 的方向导数. 并求梯度为零之点.

A2. 若 $r = \sqrt{x^2+y^2+z^2}, f$ 可微. 试计算:

(1) $\nabla r, \nabla r^2, \nabla \dfrac{1}{r}, \nabla f(r), \nabla r^n (n \geqslant 3)$;

(2) $\text{div}(\mathbf{grad})f(r)$. 又问: 在什么情况下 $\text{div}(\mathbf{grad})f(r) = 0$?

A3. 计算下列向量场 $\mathbf{A}$ 的散度与旋度:

(1) $\mathbf{A} = (y^2+z^2, z^2+x^2, x^2+y^2)$;

(2) $\mathbf{A} = (x^2, xyz, yz^2)$;

(3) $\mathbf{A} = (x^2yz, xy^2z, xyz^2)$;

(4) $\mathbf{A} = (x^2, \sin(xy), \mathrm{e}^x yz)$;

(5) $\mathbf{A} = \left(\dfrac{x}{yz}, \dfrac{y}{zx}, \dfrac{z}{xy}\right)$.

A4. 求向量场 $\mathbf{A} = xyz(\mathbf{i}+\mathbf{j}+\mathbf{k})$ 在点 $M(1,3,2)$ 沿方向 $\mathbf{n}=\{1,2,3\}$ 的环量面密度.

A5. 求向量场 $\mathbf{A} = (y^2+z^2)\mathbf{i} + (z^2+x^2)\mathbf{j} + (x^2+y^2)\mathbf{k}$ 在点 $M(2,3,1)$ 处沿方向 $\mathbf{n} = \{x,y,z\}$ 的环量面密度以及 M 处最大环量面密度和取得最大环量面密度的方向.

A6. 证明性质 12.4.1 和性质 12.4.2.

A7. 证明: 场 $\mathbf{A} = (yz(2x+y+z), xz(x+2y+z), xy(x+y+2z))$ 是有势场并求其势函数.

A8. 证明: 如果 U_1, U_2 都是向量场 $\mathbf{F}$ 的位势函数, 则它们只差一个常数.

A9. 设 $P = x^2 + 5\lambda y + 3yz, Q = 5x + 3\lambda xz - 2, R = (\lambda + 2)xy - 4z$.

(1) 计算 $\displaystyle\int_L P\mathrm{d}x + Q\mathrm{d}y + R\mathrm{d}z$, 其中, L 为螺旋线 $x = a\cos t, y = a\sin t, z = ct (0 \leqslant t \leqslant 2\pi)$;

(2) 设 $\mathbf{A} = (P, Q, R)$, 求 $\mathbf{rot A}$;

(3) 问: 在什么条件下, $\mathbf{A}$ 为有势场? 并求势函数.

A10. 设向量场 $\mathbf{A} = (x^3 + 3y^2z, 6xyz, f(x,y,z))$ 为有势场, 函数 f 满足 $f_z(x,y,z) = 0, f(0,0,z) = 0$. 求 f 和场 $\mathbf{A}$ 的势函数, 并证明对这样的函数 $f, \mathbf{A}$ 不是无源场.

第13章 反常积分

本书第三册从本章开始主要讨论反常积分 (包括反常重积分、含参变量积分) 和级数 (包括函数项级数) 两个部分. 我们将会发现这两个部分无论是基本思想还是处理方法, 有不少是很相似的, 学习时请注意比较.

反常积分突破定积分与重积分的积分范围和被积函数的有界性要求, 是定积分与重积分概念的推广. 本章主要讨论反常积分的概念、计算以及收敛性的判别, 其中, 收敛性判别既是重点也是难点.

§13.1 反常积分的概念和计算

在讨论定积分与重积分时, 都要求积分区间或积分区域是有界的, 而且被积函数也必须有界, 但在解决很多实际问题时, 需要突破这两条重要的限制. 1823 年, Cauchy 在他的《无穷小分析教程概论》中论述了这种 "反常" 的积分, 他还结合物理意义提出了积分主值的概念. 本章我们就分别讨论无穷区间上的积分和无界函数的积分, 统称为**反常积分**(improper integral) 或**广义积分**, 以及一般的无界区域或无界多元函数的反常重积分.

§13.1.1 反常积分的概念

先看一个无穷区间上积分的例子.

例 13.1.1 (第二宇宙速度) 若在地球表面垂直发射火箭并使之脱离地球引力范围, 试根据万有引力定律求出发射的最低速度, 即第二宇宙速度.

解 设地球半径为 R, 地球质量为 M, 引力常数为 G, 地球表面的重力加速度为 g, 火箭质量为 m. 按照万有引力定律, 在距离地心 $x(\geqslant R)$ 处火箭所受到的地球引力为

$$F(x) = \frac{GMm}{x^2} = \frac{mgR^2}{x^2},$$

于是火箭升到距地心 r 处所做的功为

$$\int_R^r F(x)\mathrm{d}x = mgR^2\left(\frac{1}{R} - \frac{1}{r}\right),$$

若使火箭脱离地球引力, 则需要 $r \to +\infty$, 即此时火箭所做的功为

$$W = \lim_{r\to+\infty} \int_R^r F(x)\mathrm{d}x = mgR. \tag{13.1.1}$$

而由功能原理, 第二宇宙速度 v 必须满足

$$\frac{1}{2}mv^2 = W = mgR, \text{ 即有 } v = \sqrt{2Rg}.$$

取 $g = 9.81\mathrm{m/s}^2$, $R = 6.371 \times 10^6\mathrm{m}$, 得 $v = 11.2 \times 10^3\mathrm{m/s}$.

§13.1 反常积分的概念和计算

注意, 式 (13.1.1) 中功 W 要求积分上限 r 要趋于 $+\infty$, 我们自然地把功 W 记为

$$W = \lim_{r \to +\infty} \int_R^r F(x) \mathrm{d}x = \int_R^{+\infty} F(x) \mathrm{d}x. \tag{13.1.2}$$

此即本章要讨论的一类无穷积分即无穷区间上的积分. 下面分别给出无穷区间上积分和无界函数积分的定义.

1. 无穷区间上的积分 (improper integral with infinite integration limits)

定义 13.1.1 设函数 $f(x)$ 在 $[a, +\infty)$ 有定义, 且在任意有限闭区间 $[a, A] \subset [a, +\infty)$ 上可积. 若极限

$$\lim_{A \to +\infty} \int_a^A f(x) \mathrm{d}x$$

存在且有限, 则称此极限为 $f(x)$ 在 $[a, +\infty)$ 上的反常积分, 记为

$$\int_a^{+\infty} f(x) \mathrm{d}x = \lim_{A \to +\infty} \int_a^A f(x) \mathrm{d}x, \tag{13.1.3}$$

并称无穷区间上的反常积分, 或广义积分 $\int_a^{+\infty} f(x) \mathrm{d}x$ 收敛, 简称无穷积分**收敛**, 或称 $f(x)$ 在 $[a, +\infty)$ 上**可积**, 否则称无穷积分 $\int_a^{+\infty} f(x) \mathrm{d}x$ **发散**.

类似地, 可定义无穷积分 $\int_{-\infty}^a f(x) \mathrm{d}x$ 的收敛性:

$$\int_{-\infty}^a f(x) \mathrm{d}x = \lim_{A \to -\infty} \int_A^a f(x) \mathrm{d}x. \tag{13.1.4}$$

又若对任意常数 c, 两无穷积分 $\int_{-\infty}^c f(x) \mathrm{d}x$ 和 $\int_c^{+\infty} f(x) \mathrm{d}x$ 都是收敛的, 则称无穷积分 $\int_{-\infty}^{+\infty} f(x) \mathrm{d}x$ 收敛, 且定义

$$\int_{-\infty}^{+\infty} f(x) \mathrm{d}x \doteq \int_{-\infty}^c f(x) \mathrm{d}x + \int_c^{+\infty} f(x) \mathrm{d}x. \tag{13.1.5}$$

根据定义可知下列性质成立.

性质 13.1.1 (1) 若 $f(x)$ 在任何有限区间 $[a, A]$ 上都可积, $a < b$, 则反常积分 $\int_a^{+\infty} f(x) \mathrm{d}x$ 和 $\int_b^{+\infty} f(x) \mathrm{d}x$ 的敛散性相同, 且

$$\int_a^{+\infty} f(x) \mathrm{d}x = \int_a^b f(x) \mathrm{d}x + \int_b^{+\infty} f(x) \mathrm{d}x.$$

(2) 若 $f(x)$ 在任何有限区间 $[-A, A]$ 上都可积, 则只要对某个 c, 无穷积分 $\int_{-\infty}^c f(x) \mathrm{d}x$ 和 $\int_c^{+\infty} f(x) \mathrm{d}x$ 都收敛, 则 $\int_{-\infty}^{+\infty} f(x) \mathrm{d}x$ 就收敛, 且式 (13.1.5) 中的积分值与 c 的选取无关.

证明 仅证 (2). 根据 (1) 的结论与证法可知, $\forall c' \neq c$, 无穷积分 $\int_{c'}^{+\infty} f(x)\mathrm{d}x$ 收敛, 同理, 无穷积分 $\int_{-\infty}^{c'} f(x)\mathrm{d}x$ 也收敛, 因此 $\int_{-\infty}^{+\infty} f(x)\mathrm{d}x$ 收敛, 且有

$$\int_{-\infty}^{+\infty} f(x)\mathrm{d}x = \int_{-\infty}^{c} f(x)\mathrm{d}x + \int_{c}^{+\infty} f(x)\mathrm{d}x$$
$$= \int_{-\infty}^{c'} f(x)\mathrm{d}x + \int_{c'}^{c} f(x)\mathrm{d}x + \int_{c}^{+\infty} f(x)\mathrm{d}x$$
$$= \int_{-\infty}^{c'} f(x)\mathrm{d}x + \int_{c'}^{+\infty} f(x)\mathrm{d}x.$$

□

例 13.1.2 讨论积分 $\int_{1}^{+\infty} \dfrac{1}{x^p}\mathrm{d}x$ 的敛散性 ($p \in \mathbb{R}$, 该积分称为 p 积分).

解 当 $p \neq 1$ 时,

$$\int_{1}^{+\infty} \frac{1}{x^p}\mathrm{d}x = \lim_{A \to +\infty} \left.\frac{x^{-p+1}}{1-p}\right|_{1}^{A} = \lim_{A \to +\infty} \frac{A^{1-p}-1}{1-p} = \begin{cases} \dfrac{1}{p-1}, & p > 1, \\ +\infty, & p < 1. \end{cases}$$

当 $p = 1$ 时,

$$\int_{1}^{+\infty} \frac{1}{x}\mathrm{d}x = \lim_{A \to +\infty} \ln x|_{1}^{A} = \lim_{A \to +\infty} \ln A = +\infty.$$

因此 $p > 1$ 时无穷积分 $\int_{1}^{+\infty} \dfrac{1}{x^p}\mathrm{d}x$ 收敛, 其值为 $\dfrac{1}{p-1}$; $p \leqslant 1$ 时无穷积分 $\int_{1}^{+\infty} \dfrac{1}{x^p}\mathrm{d}x$ 发散.

注 13.1.1 无穷积分的几何意义: 当 $f(x) \geqslant 0$ 时, $\int_{a}^{+\infty} f(x)\mathrm{d}x$ 收敛表示由直线 $x = a, y = 0$ 与曲线 $y = f(x)$ 围成的无限区域可求面积, 其面积就是由 $x = a, x = A, y = f(x)$ 和 x 轴围成的有限的曲边梯形面积 $\int_{a}^{A} f(x)\mathrm{d}x$ 当 $A \to +\infty$ 时的极限. 如图 13.1.1 所示.

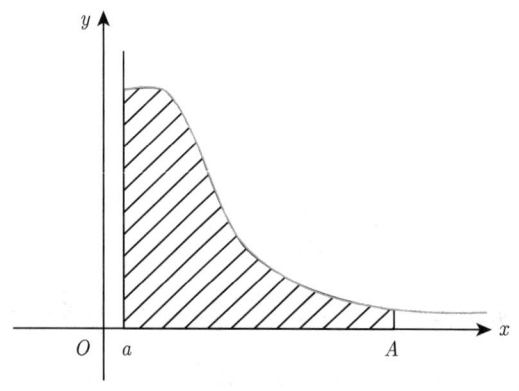

图 13.1.1

例 13.1.3 讨论下列无穷积分的敛散性:

(1) $\int_2^{+\infty} \dfrac{\mathrm{d}x}{x(\ln x)^p}$; (2) $\int_0^{+\infty} \mathrm{e}^{-ax}\mathrm{d}x$.

解 (1) 当 $p = 1$ 时,
$$\int_2^{+\infty} \frac{\mathrm{d}x}{x(\ln x)^p} = \lim_{A \to +\infty} \ln(\ln x)|_2^A = +\infty.$$

当 $p \neq 1$ 时,
$$\int_2^{+\infty} \frac{\mathrm{d}x}{x(\ln x)^p} = \lim_{A \to +\infty} \frac{(\ln x)^{1-p}}{1-p}\bigg|_2^A = \begin{cases} +\infty, & p < 1, \\ \dfrac{(\ln 2)^{1-p}}{p-1}, & p > 1. \end{cases}$$

因此,

当 $p \leqslant 1$ 时, 反常积分 $\int_2^{+\infty} \dfrac{\mathrm{d}x}{x(\ln x)^p}$ 发散;

当 $p > 1$ 时, 反常积分 $\int_2^{+\infty} \dfrac{\mathrm{d}x}{x(\ln x)^p}$ 收敛, 且收敛到 $\dfrac{(\ln 2)^{1-p}}{p-1}$.

(2) 当 $a \neq 0$ 时,
$$\int_0^{+\infty} \mathrm{e}^{-ax}\mathrm{d}x = \lim_{A \to +\infty} -\frac{\mathrm{e}^{-ax}}{a}\bigg|_0^A = \begin{cases} \dfrac{1}{a}, & a > 0, \\ +\infty, & a < 0. \end{cases}$$

而当 $a = 0$ 时积分显然发散至 $+\infty$.

因此, $a > 0$ 时该积分收敛于 $\dfrac{1}{a}$; $a \leqslant 0$ 时该积分发散.

2. 无界函数的积分 (瑕积分)(improper integral with infinite discontinuities)

本节中我们把函数的无穷间断点称为**瑕点**或**奇点**. 有界区间 $[a,b]$ 上的无界函数至少有一个瑕点. 我们只考虑仅有有限个瑕点的情况.

定义 13.1.2 设函数 $f(x)$ 在 $[a,b)$ 上有定义, $x = b$ 为 $f(x)$ 的瑕点, 且对任何 $0 < \eta < b - a$, 函数在 $[a, b-\eta]$ 上可积. 如果极限
$$\lim_{\eta \to 0+} \int_a^{b-\eta} f(x)\mathrm{d}x$$
存在且有限, 则称无界函数的积分或瑕积分 $\int_a^b f(x)\mathrm{d}x$ 收敛, 其积分值为
$$\int_a^b f(x)\mathrm{d}x = \lim_{\eta \to 0+} \int_a^{b-\eta} f(x)\mathrm{d}x. \tag{13.1.6}$$

对 $x = a$ 为 $f(x)$ 的瑕点, 此时, 设函数 f 在 $(a,b]$ 上有定义, 且对任何 $0 < \eta < b - a$, 函数在 $[a+\eta, b]$ 上可积. 如果极限
$$\lim_{\eta \to 0+} \int_{a+\eta}^b f(x)\mathrm{d}x$$

存在, 则称瑕积分 $\int_a^b f(x)\mathrm{d}x$ 收敛, 其积分值为

$$\int_a^b f(x)\mathrm{d}x = \lim_{\eta\to 0+}\int_{a+\eta}^b f(x)\mathrm{d}x. \tag{13.1.7}$$

若只有 $c\in (a,b)$ 是一个瑕点, 则当瑕积分 $\int_a^c f(x)\mathrm{d}x$ 和 $\int_c^b f(x)\mathrm{d}x$ 都收敛时, 则称瑕积分 $\int_a^b f(x)\mathrm{d}x$ 收敛, 并定义瑕积分

$$\int_a^b f(x)\mathrm{d}x = \int_a^c f(x)\mathrm{d}x + \int_c^b f(x)\mathrm{d}x.$$

若 $c_1,c_2\in (a,b)$ 是瑕点, 则需要分别考虑瑕积分 $\int_a^{c_1} f(x)\mathrm{d}x, \int_{c_1}^c f(x)\mathrm{d}x, \int_c^{c_2} f(x)\mathrm{d}x$ 以及 $\int_{c_2}^b f(x)\mathrm{d}x$. 如果这些积分都收敛, 则称瑕积分 $\int_a^b f(x)\mathrm{d}x$ 收敛, 其中 c 是 (c_1,c_2) 中任意一点.

显然, 收敛性与 c 的选取无关.

例 13.1.4 讨论瑕积分 $\int_0^1 \dfrac{\mathrm{d}x}{x^p}$ 的敛散性.

解 当 $p\neq 1$ 时,

$$\int_0^1 \frac{1}{x^p}\mathrm{d}x = \left.\frac{x^{-p+1}}{1-p}\right|_0^1 \doteq \lim_{\eta\to 0+}\frac{1-\eta^{1-p}}{1-p} = \begin{cases} +\infty, & p>1; \\ \dfrac{1}{1-p}, & p<1. \end{cases}$$

当 $p=1$ 时,

$$\int_0^1 \frac{1}{x^p}\mathrm{d}x = \ln x\Big|_0^1 = -\lim_{\eta\to 0+}\ln\eta = +\infty.$$

因此,

当 $p<1$ 时, 反常积分 $\int_0^1 \dfrac{\mathrm{d}x}{x^p}$ 收敛, 其值为 $\dfrac{1}{1-p}$;

当 $p\geqslant 1$ 时, 反常积分 $\int_0^1 \dfrac{\mathrm{d}x}{x^p}$ 发散.

例 13.1.5 讨论瑕积分 $\int_{-1}^1 \dfrac{\mathrm{e}^{\frac{1}{x}}}{x^2}\mathrm{d}x$ 的敛散性.

解 $x=0$ 是唯一瑕点, 但这一点在积分区间的内部, 因而我们分别考虑瑕积分

$$\int_{-1}^0 \frac{\mathrm{e}^{\frac{1}{x}}}{x^2}\mathrm{d}x, \quad \int_0^1 \frac{\mathrm{e}^{\frac{1}{x}}}{x^2}\mathrm{d}x.$$

经计算

$$\int_{-1}^0 \frac{\mathrm{e}^{\frac{1}{x}}}{x^2}\mathrm{d}x = \lim_{\varepsilon\to 0+}\left(-\mathrm{e}^{\frac{1}{x}}\right)\Big|_{-1}^{-\varepsilon} = \frac{1}{\mathrm{e}}, \quad \int_0^1 \frac{\mathrm{e}^{\frac{1}{x}}}{x^2}\mathrm{d}x = \lim_{\varepsilon\to 0+}\left(-\mathrm{e}^{\frac{1}{x}}\right)\Big|_{\varepsilon}^1 = +\infty,$$

所以 $\int_{-1}^{1} \dfrac{e^{\frac{1}{x}}}{x^2} dx$ 发散.

3. 一般的反常积分

如果 f 在 $[a,+\infty)$ 上有瑕点, 例如, 设 a 是唯一的瑕点, 则无穷积分 $\int_{a}^{+\infty} f(x)dx$ 也是瑕积分, 此时该积分收敛是指对任何常数 $b > a$, 瑕积分 $\int_{a}^{b} f(x)dx$ 和无穷积分 $\int_{b}^{+\infty} f(x)dx$ 都收敛, 且 $\int_{a}^{+\infty} f(x)dx$ 的值定义为上述两个积分的和, 即

$$\int_{a}^{+\infty} f(x)dx = \int_{a}^{b} f(x)dx + \int_{b}^{+\infty} f(x)dx.$$

若 f 在 $[a,\infty)$ 中有唯一瑕点 c, 则可类似定义反常积分 $\int_{a}^{+\infty} f(x)dx$:

$$\int_{a}^{+\infty} f(x)dx = \int_{a}^{b} f(x)dx + \int_{b}^{+\infty} f(x)dx,$$

其中, $b > c$.

对其他情况的反常积分的收敛性可类似定义.

4. 两类反常积分的关系

若 $x = b$ 是 $f(x)$ 唯一的瑕点, 令 $x = b - \dfrac{1}{y}$, 或 $y = \dfrac{1}{b-x}$, 则瑕积分化为无穷积分:

$$\int_{a}^{b} f(x)dx = \lim_{\eta \to 0+} \int_{a}^{b-\eta} f(x)dx = \lim_{\eta \to 0+} \int_{\frac{1}{b-a}}^{\frac{1}{\eta}} \dfrac{1}{y^2} f\left(b - \dfrac{1}{y}\right) dy = \int_{\frac{1}{b-a}}^{+\infty} \dfrac{1}{y^2} \left(b - \dfrac{1}{y}\right) dy.$$

因此两类反常积分的性质是类似的. 下面多以无穷积分为例来讨论.

§13.1.2 反常积分的性质与计算

本小节主要将定积分的 Newton-Leibniz 公式、换元公式和分部积分公式推广到反常积分的情况, 并利用它们讨论一些常见反常积分的收敛与计算问题.

性质 13.1.2(线性性质) 若反常积分 $\int_{a}^{+\infty} f(x)dx$ 和 $\int_{a}^{+\infty} g(x)dx$ 都是收敛的, 则对任何常数 α, β, $\int_{a}^{+\infty} [\alpha f(x) + \beta g(x)]dx$ 也是收敛的, 且

$$\int_{a}^{+\infty} (\alpha f(x) + \beta g(x))dx = \alpha \int_{a}^{+\infty} f(x)dx + \beta \int_{a}^{+\infty} g(x)dx. \tag{13.1.8}$$

证明略.

性质 13.1.3(Newton-Leibniz 公式) 设 $f(x)$ 是 $[a,+\infty)$ 上的连续函数, $F(x)$ 是 $f(x)$ 在 $[a,+\infty)$ 上的一个原函数, 如果存在 (有穷或无穷的) 极限

$$F(+\infty) \equiv \lim_{x \to +\infty} F(x),$$

那么就有公式

$$\int_a^{+\infty} f(x)\mathrm{d}x = F(x)\Big|_a^{+\infty} \doteq F(+\infty) - F(a). \tag{13.1.9}$$

证明 由定义即知

$$\int_a^{+\infty} f(x)\mathrm{d}x = \lim_{A \to +\infty} \int_a^A f(x)\mathrm{d}x = \lim_{A \to +\infty} F(x)\Big|_a^A$$
$$= \lim_{A \to +\infty} (F(x) - F(a)) = F(+\infty) - F(a). \qquad \square$$

对其他形式的反常积分也有类似的 Newton-Leibniz 公式, 例如, 设 $f(x)$ 在 $[a,b)$ 上连续, b 是 $f(x)$ 唯一的瑕点, 则有

$$\int_a^b f(x)\mathrm{d}x = F(x)\Big|_a^b, \tag{13.1.10}$$

其中, $F(x)$ 是 $f(x)$ 的原函数, $F(b) = F(b-) = \lim_{\eta \to 0+} F(b - \eta)$.

例 13.1.6 计算下列反常积分:

(1) $\displaystyle\int_{-\infty}^{+\infty} \frac{\mathrm{d}x}{1+x^2}$;   (2) $\displaystyle\int_0^1 \frac{\mathrm{d}x}{\sqrt{1-x^2}}$.

解 (1)

$$\int_{-\infty}^{+\infty} \frac{\mathrm{d}x}{1+x^2} = \int_0^{+\infty} \frac{\mathrm{d}x}{1+x^2} + \int_{-\infty}^0 \frac{\mathrm{d}x}{1+x^2}$$
$$= \arctan x\Big|_0^{+\infty} + \arctan x\Big|_{-\infty}^0 = \pi.$$

(2) $x = 1$ 是瑕点,

$$\int_0^1 \frac{\mathrm{d}x}{\sqrt{1-x^2}} = \lim_{\eta \to 0+} \arcsin x\Big|_0^{1-\eta} = \arcsin x\Big|_0^1 = \frac{\pi}{2}.$$

同样, 定积分的换元法和分部积分法也可推广到反常积分的情况, 即

性质 13.1.4(分部积分法) 设 $u, v \in C^1[a, +\infty)$, 则

$$\int_a^{+\infty} u(x)\mathrm{d}v(x) = u(x)v(x)\Big|_a^{+\infty} - \int_a^{+\infty} v(x)\mathrm{d}u(x). \tag{13.1.11}$$

上式的意义是如果右端有意义, 则定义左端积分收敛, 且等于右端的值.

性质 13.1.5(换元法) 设函数 $f(x)$ 在 $[a,b)$ 上连续, 函数 $x = \varphi(t)$ 在 $[\alpha, \beta)$ 上有连续导数, 如果

$$\varphi((\alpha, \beta)) \subset (a, b), \varphi(\alpha) = a, \varphi(\beta-) = b,$$

那么

$$\int_a^b f(x)\mathrm{d}x = \int_\alpha^\beta f(\varphi(t))\varphi'(t)\mathrm{d}t. \tag{13.1.12}$$

§13.1 反常积分的概念和计算

例 13.1.7 计算下列反常积分:

(1) $\int_0^1 \ln x \mathrm{d}x$; (2) $\int_0^{+\infty} \mathrm{e}^{-x} \sin x \mathrm{d}x$; (3) $I_n = \int_0^{+\infty} \mathrm{e}^{-x} x^n \mathrm{d}x \, (n \in \mathbb{N}^+)$.

解 (1) 应用分部积分法, 并注意到 $\lim\limits_{x \to 0+} x \ln x = 0$, 我们可得

$$\int_0^1 \ln x \mathrm{d}x = (x \ln x) \Big|_0^1 - \int_0^1 \mathrm{d}x = -\int_0^1 \mathrm{d}x = -1.$$

(2) 应用分部积分法可得

$$\int_0^{+\infty} \mathrm{e}^{-x} \sin x \mathrm{d}x = -\mathrm{e}^{-x} \sin x \Big|_0^{+\infty} + \int_0^{+\infty} \mathrm{e}^{-x} \cos x \mathrm{d}x$$

$$= 0 - \mathrm{e}^{-x} \cos x \Big|_0^{+\infty} - \int_0^{+\infty} \mathrm{e}^{-x} \sin x \mathrm{d}x$$

$$= 1 - \int_0^{+\infty} \mathrm{e}^{-x} \sin x \mathrm{d}x,$$

因此,

$$\int_0^{+\infty} \mathrm{e}^{-x} \sin x \mathrm{d}x = \frac{1}{2}.$$

(3) 当 $n = 0$ 时,

$$I_0 = \int_0^{+\infty} \mathrm{e}^{-x} \mathrm{d}x = -\mathrm{e}^{-x} \Big|_0^{+\infty} = 0 + 1 = 1.$$

当 $n \geqslant 1$ 时, 应用分部积分法, 并注意 $\lim\limits_{x \to +\infty} \mathrm{e}^{-x} x^n = 0$ 可得

$$I_n = -\mathrm{e}^{-x} x^n \Big|_0^{+\infty} + n \int_0^{+\infty} \mathrm{e}^{-x} x^{n-1} \mathrm{d}x = 0 + n I_{n-1} = n I_{n-1},$$

由递推公式可得

$$I_n = n I_{n-1} = n(n-1) I_{n-2} = \cdots = n! I_0 = n!.$$

例 13.1.8 计算 Euler 积分 $I = \int_0^{\frac{\pi}{2}} \ln(\sin x) \mathrm{d}x$ 和 $J = \int_0^{\frac{\pi}{2}} \ln(\cos x) \mathrm{d}x$.

解 作变量代换 $x = 2t$, 则

$$I = \int_0^{\frac{\pi}{2}} \ln(\sin x) \mathrm{d}x = 2 \int_0^{\frac{\pi}{4}} \ln(\sin 2t) \mathrm{d}t = 2 \int_0^{\frac{\pi}{4}} \ln(2 \sin t \cos t) \mathrm{d}t$$

$$= \frac{\pi}{2} \ln 2 + 2 \int_0^{\frac{\pi}{4}} \ln(\sin t) \, \mathrm{d}t + 2 \int_0^{\frac{\pi}{4}} \ln(\cos t) \, \mathrm{d}t.$$

对后一积分作代换 $t = \frac{\pi}{2} - u$, 则

$$I = \frac{\pi}{2} \ln 2 + 2 \int_0^{\frac{\pi}{4}} \ln(\sin t) \mathrm{d}t - 2 \int_{\frac{\pi}{2}}^{\frac{\pi}{4}} \ln(\sin t) \mathrm{d}t = \frac{\pi}{2} \ln 2 + 2I,$$

于是 $I = -\dfrac{\pi}{2}\ln 2$.

令 $u = \dfrac{\pi}{2} - x$, 则

$$J = -\int_{\frac{\pi}{2}}^{0} \ln(\sin u)\mathrm{d}u = \int_{0}^{\frac{\pi}{2}} \ln(\sin u)\mathrm{d}u = -\dfrac{\pi}{2}\ln 2.$$

例 13.1.9 计算下列 (瑕) 积分:

(1) $\displaystyle\int_{0}^{\pi} x\ln(\sin x)\mathrm{d}x$; \qquad (2) $\displaystyle\int_{0}^{1} \dfrac{\arcsin x}{x}\mathrm{d}x$.

解 (1) 令 $x = \dfrac{\pi}{2} + u$, 则

$$\begin{aligned}
\int_{0}^{\pi} x\ln(\sin x)\mathrm{d}x &= \int_{-\frac{\pi}{2}}^{\frac{\pi}{2}} \left(\dfrac{\pi}{2} + u\right) \ln(\cos u)\mathrm{d}u \\
&= \dfrac{\pi}{2} \int_{-\frac{\pi}{2}}^{\frac{\pi}{2}} \ln(\cos u)\mathrm{d}u \quad \text{(利用了被积函数的奇偶性)} \\
&= \pi \int_{0}^{\frac{\pi}{2}} \ln(\cos u)\mathrm{d}u = -\dfrac{\pi^2}{2}\ln 2. \quad \text{(利用了 Euler 积分)}
\end{aligned}$$

(2) 利用分部积分公式得

$$\begin{aligned}
\int_{0}^{1} \dfrac{\arcsin x}{x}\mathrm{d}x &= \int_{0}^{1} \arcsin x \mathrm{d}(\ln x) \\
&= \arcsin x \cdot \ln x \Big|_{0}^{1} - \int_{0}^{1} \ln x \mathrm{d}(\arcsin x) \\
&= -\int_{0}^{1} \ln x \mathrm{d}(\arcsin x).
\end{aligned}$$

再令 $\arcsin x = u$, 得

$$\int_{0}^{1} \dfrac{\arcsin x}{x}\mathrm{d}x = -\int_{0}^{\frac{\pi}{2}} \ln(\sin u)\mathrm{d}u = \dfrac{\pi}{2}\ln 2.$$

§13.1.3 反常积分的 Cauchy 主值

根据定义, 无穷积分 $\displaystyle\int_{-\infty}^{+\infty} f(x)\mathrm{d}x$ 收敛等价于极限

$$\lim_{\substack{A \to +\infty \\ A' \to -\infty}} \int_{A'}^{A} f(x)\mathrm{d}x$$

存在. 要注意的是这里 $A \to +\infty$ 和 $A' \to -\infty$ 是彼此独立的. 如果只要求下面的极限

$$\lim_{A \to +\infty} \int_{-A}^{A} f(x)\mathrm{d}x$$

存在, 则定义了一种在较弱意义下的收敛性. 这种收敛性, 称之为在**Cauchy 主值**意义下收敛, 并把此极限称为无穷积分 $\int_{-\infty}^{+\infty} f(x)\mathrm{d}x$ 的Cauchy 主值(Cauchy principal value), 记为

$$(\mathrm{cpv})\int_{-\infty}^{+\infty} f(x)\mathrm{d}x = \lim_{A\to+\infty}\int_{-A}^{A} f(x)\mathrm{d}x. \tag{13.1.13}$$

必须注意的是, 若无穷积分 $\int_{-\infty}^{+\infty} f(x)\mathrm{d}x$ 收敛, 则其Cauchy 主值存在, 且Cauchy 主值等于这个无穷积分的值, 但反之未必成立, 即Cauchy 主值存在并不表示这个积分收敛.

例 13.1.10 证明积分 $\int_{-\infty}^{+\infty} \sin x\mathrm{d}x$ 发散, 但其Cauchy 积分主值为 0.

证明 由定义

$$\int_{-\infty}^{+\infty} \sin x\mathrm{d}x = -\lim_{A\to+\infty}\cos A + \lim_{A'\to-\infty}\cos A'$$

由于这两个极限均不存在, 所以 $\int_{-\infty}^{+\infty} \sin x\mathrm{d}x$ 发散.

然而, 根据 Cauchy 主值定义, 此时 $A' = -A$, 则有

$$(\mathrm{cpv})\int_{-\infty}^{+\infty} \sin x\mathrm{d}x = -\lim_{A\to+\infty}[\cos A - \cos(-A)] = 0. \qquad \square$$

类似地, 若 $c \in (a,b)$ 为瑕积分 $\int_a^b f(x)\mathrm{d}x$ 的唯一瑕点, 则这个瑕积分的收敛性等价于极限

$$\lim_{\eta\to 0+}\int_a^{c-\eta} f(x)\mathrm{d}x \quad 和 \quad \lim_{\eta'\to 0+}\int_{c+\eta'}^b f(x)\mathrm{d}x$$

独立地收敛. 如果只要求极限

$$\lim_{\eta\to 0+}\Big(\int_a^{c-\eta} f(x)\mathrm{d}x + \int_{c+\eta}^b f(x)\mathrm{d}x\Big)$$

存在, 则称瑕积分 $\int_a^b f(x)\mathrm{d}x$ 在 **Cauchy 主值**意义下收敛, 并称此极限为瑕积分 $\int_a^b f(x)\mathrm{d}x$ 的 Cauchy 主值, 记为

$$(\mathrm{cpv})\int_a^b f(x)\mathrm{d}x = \lim_{\eta\to 0+}\Big(\int_a^{c-\eta} f(x)\mathrm{d}x + \int_{c+\eta}^b f(x)\mathrm{d}x\Big). \tag{13.1.14}$$

例 13.1.11 证明瑕积分 $\int_{\frac{1}{2}}^3 \frac{1}{x\ln x}\mathrm{d}x$ 发散, 但其Cauchy 积分主值存在.

证明 由于 $x = 1$ 是瑕积分 $\int_{\frac{1}{2}}^3 \frac{1}{x\ln x}\mathrm{d}x$ 的唯一瑕点, 而瑕积分 $\int_1^3 \frac{1}{x\ln x}\mathrm{d}x$ 发散,

故瑕积分 $\int_{\frac{1}{2}}^{3} \frac{1}{x\ln x}dx$ 发散. 又因为

$$\int_{\frac{1}{2}}^{1-\eta} \frac{1}{x\ln x}dx = \ln(-\ln(1-\eta)) - \ln\ln 2,$$

$$\int_{1+\eta}^{3} \frac{1}{x\ln x}dx = \ln\ln 3 - \ln(\ln(1+\eta)),$$

而

$$\lim_{\eta\to 0+}(\ln(-\ln(1-\eta)) - \ln(\ln(1+\eta))) = 0,$$

所以 (cpv) $\int_{\frac{1}{2}}^{2} \frac{1}{x\ln x}dx$ 存在, 且等于 $\ln\ln 3 - \ln\ln 2$. □

习 题 13.1

A1. 判断下列无穷区间的反常积分是否收敛? 若收敛, 则求其值:

(1) $\int_{0}^{+\infty} xe^{-x^2}dx \quad (a\in\mathbb{R})$; (2) $\int_{0}^{+\infty} \frac{dx}{\sqrt{e^x}}$;

(3) $\int_{0}^{+\infty} e^{-\sqrt{x}}dx$; (4) $\int_{0}^{+\infty} \frac{dx}{\sqrt{1+x^2}}$;

(5) $\int_{0}^{+\infty} e^{-x}\cos x dx$; (6) $\int_{1}^{+\infty} \frac{dx}{x\sqrt{x^4-1}}$;

(7) $\int_{1}^{+\infty} \frac{dx}{x^2(1+x)}$; (8) $\int_{-\infty}^{+\infty} \frac{dx}{x^2+x+1}$.

A2. 判断下列瑕积分是否收敛? 若收敛, 则求其值:

(1) $\int_{0}^{1} \frac{dx}{1-x^2}$; (2) $\int_{0}^{1} \sqrt{\frac{x}{1-x}}dx$;

(3) $\int_{0}^{2} \ln x dx$; (4) $\int_{1}^{e} \frac{1}{x\sqrt{1-\ln^2 x}}dx$;

(5) $\int_{0}^{2} \frac{dx}{\sqrt{|x-1|}}$; (6) $\int_{-1}^{1} \ln\left(x^2\sqrt{\frac{2-\sin x}{2+\sin x}}\right)dx$.

A3. 求下列反常积分的 Cauchy 积分主值:

(1) (cpv) $\int_{1}^{4} \frac{dx}{x-3}$; (2) (cpv) $\int_{-\infty}^{+\infty} \frac{dx}{x^2-3x+2}$.

A4. 设函数 f 在 $[0,+\infty)$ 上非负连续, 且无穷积分 $\int_{a}^{+\infty} f(x)dx = 0$, 证明 $f\equiv 0$.

A5. 设 $f(x)$ 在任意有限区间 $[a,A]$ 上都可积, 且 $f(-\infty)=C_-$, $f(+\infty)=C_+$ 都是有限数. 证明: 对任何常数 c, 反常积分 $\int_{-\infty}^{+\infty}[f(x+c)-f(x)]dx$ 收敛, 并求其值.

B6. 讨论下列函数的反常积分是否收敛? 若收敛, 则求其值:

(1) $\int_{0}^{1} \frac{dx}{x(-\ln x)^p}$; (2) $\int_{-1}^{1} \frac{1}{x^3}\sin\frac{1}{x^2}dx$;

(3) $\int_{0}^{+\infty} \frac{1}{1+x^4}dx$; (4) $\int_{0}^{+\infty} \frac{\ln x}{1+x^2}dx$;

(5) $\int_{-1}^{1} \frac{\arccos x}{\sqrt{1-x^2}} dx$;   (6) $\int_{0}^{+\infty} x^{s-1} e^{-x} dx$.

B7. 若 $\int_{a}^{+\infty} f(x)dx$ 收敛, 且存在极限 $\lim_{x \to +\infty} f(x) = A$, 则 $A = 0$.

B8. 若 f 在 $[a, +\infty)$ 上可导, 且 $\int_{a}^{+\infty} f(x)dx$ 与 $\int_{a}^{+\infty} f'(x)dx$ 都收敛, 则 $\lim_{x \to +\infty} f(x) = 0$.

C9. 证明: 当 $a > 0$ 时, 只要下式两边的反常积分有意义, 则

$$\int_{0}^{+\infty} f\left(\frac{x}{a} + \frac{a}{x}\right) \frac{\ln x}{x} dx = \ln a \int_{0}^{+\infty} f\left(\frac{x}{a} + \frac{a}{x}\right) \frac{1}{x} dx.$$

C10. 举例说明:
(1) 一个无界函数的反常积分可以化为无穷区间的反常积分;
(2) 对于反常积分不再成立乘积可积性;
(3) $\int_{a}^{b} f(x)dx$ 收敛, 但 $\int_{a}^{b} f^2(x)dx$ 不一定收敛;
(4) $\int_{a}^{+\infty} f(x)dx$ 收敛且 f 在 $[a, +\infty)$ 上连续时, 不一定有 $\lim_{x \to +\infty} f(x) = 0$;
(5) 非负函数 $f(x)$ 在 $[a, +\infty)$ 上连续甚至任意次可微, 且 $\int_{a}^{+\infty} f(x)dx$ 收敛, 但 $f(x)$ 在 $[a, +\infty)$ 上可能无界.

§13.2 反常积分的收敛判别法

纵观上一节的讨论容易发现, 我们所讨论的反常积分都是可以算出具体值的, 因此根据定义可判别其收敛性. 但如果积分值算不出来该如何判别其收敛性? 这就是本节的任务. 判别反常积分的收敛性具有重要的意义. 事实上, 如果我们事先已经判断出反常积分的收敛性, 即使无法算出反常积分的准确值, 也可以设法算出近似值. 本节仍然以判别无穷积分的收敛性为主. 无界函数积分的收敛性的判别是类似的.

§13.2.1 无穷区间上的反常积分的收敛判别法

下面我们仅讨论形如 $\int_{a}^{+\infty} f(x)dx$ 的反常积分的收敛判别法, 而对反常积分

$$\int_{-\infty}^{a} f(x)dx \quad \text{与} \quad \int_{-\infty}^{+\infty} f(x)dx,$$

可类似讨论.

以下总假设所涉及的函数都在任何有限区间 $[a, A]$ 上可积.

首先, 对于非负函数的无穷积分, 其收敛性判别要简单些.

1. 非负函数无穷积分的收敛判别法

定理 13.2.1(有界判别法 (bounded test)) 若 $f(x)$ 在 $[a, +\infty)$ 上非负, 则 $\int_{a}^{+\infty} f(x)dx$ 收敛的充要条件是 $I(A) = \int_{a}^{A} f(x)dx$ 是 $[a, +\infty)$ 上的有界函数.

证明 因为 $I(A)$ 单增, 所以
$$\int_a^{+\infty} f(x)\mathrm{d}x \text{ 收敛} \iff \lim_{A\to+\infty} I(A) \text{ 存在且有限} \iff I(A) \text{ 有界}. \qquad \square$$
由此立得

定理 13.2.2(比较判别法 (comparison test)) 设在 $[a,+\infty)$ 上恒有 $0 \leqslant f(x) \leqslant K\varphi(x)$, 其中 K 是正常数. 则

(1) 当 $\int_a^{+\infty} \varphi(x)\mathrm{d}x$ 收敛时, $\int_a^{+\infty} f(x)\mathrm{d}x$ 也收敛;

(2) 当 $\int_a^{+\infty} f(x)\mathrm{d}x$ 发散时, $\int_a^{+\infty} \varphi(x)\mathrm{d}x$ 也发散.

推论 13.2.1(比较判别法的极限形式 (limit comparison test)) 设 $f(x)$ 和 $\varphi(x)$ 都是 $[a,+\infty)$ 上的非负函数, 且存在极限 (有限或无穷)
$$\lim_{x\to+\infty} \frac{f(x)}{\varphi(x)} = l, \tag{13.2.1}$$
则

(1) 当 $0 < l < +\infty$ 时, 两无穷积分 $\int_a^{+\infty} f(x)\mathrm{d}x$ 与 $\int_a^{+\infty} \varphi(x)\mathrm{d}x$ 同时收敛或同时发散;

(2) 当 $l = 0$ 时, 若 $\int_a^{+\infty} \varphi(x)\mathrm{d}x$ 收敛, 则 $\int_a^{+\infty} f(x)\mathrm{d}x$ 收敛;

(3) 当 $l = +\infty$ 时, 若 $\int_a^{+\infty} \varphi(x)\mathrm{d}x$ 发散, 则 $\int_a^{+\infty} f(x)\mathrm{d}x$ 发散.

例 13.2.1 讨论积分 $\int_1^{+\infty} \dfrac{\mathrm{d}x}{\sqrt[3]{x^4+2x^3+3x^2+4x+5}}$ 的敛散性.

解 因为
$$\lim_{x\to+\infty} \frac{\sqrt[3]{x^4}}{\sqrt[3]{x^4+2x^3+3x^2+4x+5}} = 1,$$
而 $\int_1^{+\infty} \dfrac{\mathrm{d}x}{\sqrt[3]{x^4}}$ 收敛, 所以 $\int_1^{+\infty} \dfrac{\mathrm{d}x}{\sqrt[3]{x^4+2x^3+3x^2+4x+5}}$ 收敛.

在上面的定理中, 特别地, 取 $\varphi(x) = \dfrac{1}{x^p}$, 就得到下面的 Cauchy 判别法及其极限形式.

定理 13.2.3(Cauchy 判别法 (Cauchy test)) 设在 $[a,+\infty) \subset (0,+\infty)$ 上 $f(x)$ 非负, 且在任何有限子区间上可积, K 是一个正常数.

(1) 若 $f(x) \leqslant \dfrac{K}{x^p}$, 且 $p > 1$, 则 $\int_a^{+\infty} f(x)\mathrm{d}x$ 收敛;

(2) 若 $f(x) \geqslant \dfrac{K}{x^p}$, 且 $p \leqslant 1$, 则 $\int_a^{+\infty} f(x)\mathrm{d}x$ 发散.

推论 13.2.2(Cauchy 判别法的极限形式 (limit Cauchy test)) 设 $f(x)$ 在 $[a,+\infty) \subset (0,+\infty)$ 上非负, 且
$$\lim_{x\to+\infty} x^p f(x) = l, \tag{13.2.2}$$

(1) 若 $0 \leqslant l < +\infty$, 且 $p > 1$, 则 $\int_a^{+\infty} f(x)\mathrm{d}x$ 收敛;

(2) 若 $0 < l \leqslant +\infty$, 且 $p \leqslant 1$, 则 $\int_a^{+\infty} f(x)\mathrm{d}x$ 发散.

例 13.2.2 讨论下列积分的敛散性:

(1) $\int_0^{+\infty} \dfrac{x^2 \mathrm{d}x}{\sqrt{x^5+1}}$; (2) $\int_1^{+\infty} x^p \mathrm{e}^{-x} \mathrm{d}x \quad (p \geqslant 0)$; (3) $\int_1^{+\infty} \dfrac{\arctan x}{x^p} \mathrm{d}x$.

解 (1) 取 $p = \dfrac{1}{2}$, 有

$$\lim_{x \to \infty} x^{\frac{1}{2}} \cdot \frac{x^2}{\sqrt{x^5+1}} = 1,$$

由于 $p < 1$, 根据 Cauchy 判别法极限形式可知 $\int_0^{+\infty} \dfrac{x^2 \mathrm{d}x}{\sqrt{x^5+1}}$ 发散.

(2) 对任意常数 $p \geqslant 0$, 有

$$\lim_{x \to +\infty} x^2 (x^p \mathrm{e}^{-x}) = 0,$$

由 Cauchy 判别法的极限形式可知 $\int_1^{+\infty} x^p \mathrm{e}^{-x} \mathrm{d}x$ 收敛.

(3) 因为

$$\lim_{x \to +\infty} x^p \cdot \frac{\arctan x}{x^p} = \frac{\pi}{2},$$

由 Cauchy 判别法的极限形式知, $p > 1$ 时 $\int_1^{+\infty} \dfrac{\arctan x}{x^p} \mathrm{d}x$ 收敛, $p \leqslant 1$ 时 $\int_1^{+\infty} \dfrac{\arctan x}{x^p} \mathrm{d}x$ 发散.

其次, 讨论一般函数无穷积分的收敛判别法.

2. 一般函数无穷积分的收敛判别法

根据定义, 积分 $\int_a^{+\infty} f(x)\mathrm{d}x$ 收敛即为函数极限 $\lim\limits_{A \to +\infty} \int_a^A f(x)\mathrm{d}x$ 存在, 其中函数 $F(A) = \int_a^A f(x)\mathrm{d}x$. 因此将判别函数极限存在性的 Cauchy 收敛原理应用到反常积分即可得

定理 13.2.4 (Cauchy 收敛原理) 反常积分 $\int_a^{+\infty} f(x)\mathrm{d}x$ 收敛的充分必要条件是 $\forall \varepsilon > 0, \exists A_0 \geqslant a$, 使得对任意的 $A, A' \geqslant A_0$, 有

$$\left| \int_A^{A'} f(x)\mathrm{d}x \right| < \varepsilon. \tag{13.2.3}$$

Cauchy 收敛原理是判别反常积分 $\int_a^{+\infty} f(x)\mathrm{d}x$ 收敛的充分必要条件, 因此在理论上有重要意义.

推论 13.2.3 $\int_a^{+\infty} |f(x)|\mathrm{d}x$ 收敛蕴含 $\int_a^{+\infty} f(x)\mathrm{d}x$ 收敛.

证明 因为对任何 $A' > A > a$, 总成立

$$\left|\int_A^{A'} f(x)\mathrm{d}x\right| \leqslant \int_A^{A'} |f(x)|\mathrm{d}x,$$

所以由Cauchy 收敛原理即知推论得证. □

由此引入绝对收敛与条件收敛的概念, 这对我们研究反常积分的收敛性很有帮助.

定义 13.2.1 设 $f(x)$ 在任意有限区间 $[a, A] \subset [a, +\infty)$ 上可积.

(1) 若无穷积分 $\int_a^{+\infty} |f(x)|\mathrm{d}x$ 收敛, 则称无穷积分 $\int_a^{+\infty} f(x)\mathrm{d}x$ **绝对收敛**, 或称 $f(x)$ 在 $[a, +\infty)$ 上**绝对可积**.

(2) 若无穷积分 $\int_a^{+\infty} f(x)\mathrm{d}x$ 收敛, 但不是绝对收敛, 则称无穷积分 $\int_a^{+\infty} f(x)\mathrm{d}x$ **条件收敛**, 或称 $f(x)$ 在 $[a, +\infty)$ 上**条件可积**.

由推论 13.2.3 知, 绝对收敛的无穷积分一定是收敛的, 但反之不真, 如例 13.2.4(1).

例 13.2.3 讨论下列无穷积分的敛散性:

(1) $\int_0^{+\infty} \dfrac{\sin x}{1+x^2}\mathrm{d}x$;   (2) $\int_1^{+\infty} \dfrac{a\sin x\mathrm{d}x}{\sqrt{x^3+b^2}}$ $(a, b \in \mathbb{R})$.

解 (1) 由于当 $x \geqslant 0$ 时

$$\left|\frac{\sin x}{1+x^2}\right| \leqslant \frac{1}{1+x^2},$$

而反常积分 $\int_0^{+\infty} \dfrac{1}{1+x^2}\mathrm{d}x$ 收敛, 故由比较判别法知 $\int_0^{+\infty} \dfrac{\sin x}{1+x^2}\mathrm{d}x$ 绝对收敛, 因此收敛.

(2) 由于当 $x \geqslant 1$ 时,

$$\left|\frac{a\sin x}{\sqrt{x^3+b^2}}\right| \leqslant \frac{|a|}{x\sqrt{x}},$$

而 $\int_1^{+\infty} \dfrac{|a|}{x\sqrt{x}}\mathrm{d}x$ 收敛, 故 $\int_1^{+\infty} \dfrac{a\sin x\mathrm{d}x}{\sqrt{x^3+b^2}}$ 绝对收敛, 因此收敛.

下面的判别法主要针对条件收敛性.

定理 13.2.5 (A-D 判别法) 若下列两个条件之一成立, 则 $\int_a^{+\infty} f(x)g(x)\mathrm{d}x$ 收敛:

(1) (**Abel 判别法**) $\int_a^{+\infty} f(x)\mathrm{d}x$ 收敛, $g(x)$ 在 $[a, +\infty)$ 上单调有界;

(2) (**Dirichlet 判别法**) $F(A) = \int_a^A f(x)\mathrm{d}x$ 在 $[a, +\infty)$ 上有界, $g(x)$ 在 $[a, +\infty)$ 上单调, 且 $\lim\limits_{x \to +\infty} g(x) = 0$.

先看该判别法应用的例子.

例 13.2.4 讨论下列积分的敛散性:

(1) $\int_0^{+\infty} \dfrac{\sin x}{x}\mathrm{d}x$;   (2) $\int_1^{+\infty} \dfrac{\sin x}{x^p}\mathrm{d}x$ $(p > 0)$.

解 (1) 由于 $\lim\limits_{x\to 0}\dfrac{\sin x}{x}=1$, 所以 0 不是瑕点. 我们只需考虑积分 $\int_1^{+\infty}\dfrac{\sin x}{x}\mathrm{d}x$ 的收敛性.

因为 $\int_1^A \sin x\mathrm{d}x$ 显然有界, $\dfrac{1}{x}$ 在 $[1,+\infty)$ 上单调, 且 $\lim\limits_{x\to+\infty}\dfrac{1}{x}=0$, 由 Dirichlet 判别法立知, $\int_1^{+\infty}\dfrac{\sin x}{x}\mathrm{d}x$ 收敛.

但在 $[1,+\infty)$, 有 $\left|\dfrac{\sin x}{x}\right|\geqslant \dfrac{\sin^2 x}{x}=\dfrac{1}{2x}-\dfrac{\cos 2x}{2x}$, 而同理可知 $\int_1^{+\infty}\dfrac{\cos 2x}{2x}\mathrm{d}x$ 收敛, 但 $\int_1^{+\infty}\dfrac{1}{2x}\mathrm{d}x$ 发散, 所以 $\int_1^{+\infty}\dfrac{\sin^2 x}{x}\mathrm{d}x$ 发散.

于是由比较判别法可知 $\int_1^{+\infty}\left|\dfrac{\sin x}{x}\right|\mathrm{d}x$ 发散. 因此, 无穷积分 $\int_1^{+\infty}\dfrac{\sin x\mathrm{d}x}{x}$ 条件收敛, 进而原积分 $\int_0^{+\infty}\dfrac{\sin x}{x}\mathrm{d}x$ 也条件收敛.

(2) 当 $p>1$ 时, $\dfrac{|\sin x|}{x^p}\leqslant \dfrac{1}{x^p}$, 而 $\int_1^{+\infty}\dfrac{\mathrm{d}x}{x^p}$ 收敛, 所以当 $p>1$ 时, 积分 $\int_1^{+\infty}\dfrac{\sin x\mathrm{d}x}{x^p}$ 绝对收敛.

当 $0<p\leqslant 1$ 时, 方法同 (1), 可知 $\int_1^{+\infty}\dfrac{\sin x\mathrm{d}x}{x^p}$ 收敛, 但 $\int_1^{+\infty}\dfrac{|\sin x|\mathrm{d}x}{x^p}$ 发散, 故积分 $\int_1^{+\infty}\dfrac{\sin x\mathrm{d}x}{x^p}$ 条件收敛.

而当 $p<0$ 时积分发散, 事实上, 由积分中值定理得

$$\int_{2n\pi}^{(2n+1)\pi}\dfrac{\sin x}{x^p}\mathrm{d}x=\dfrac{2}{\xi_n^p}\geqslant 2,$$

于是由 Cauchy 收敛准则即得结论.

同理可知, $\int_1^{+\infty}\dfrac{\cos x\mathrm{d}x}{x^p}$ 当 $p>1$ 时绝对收敛, 当 $0<p\leqslant 1$ 时条件收敛, 而当 $p\leqslant 0$ 时发散.

注 13.2.1 由例 13.2.4 知, 无穷积分 $\int_0^{+\infty}\dfrac{\sin x}{x}\mathrm{d}x$ 收敛, 这个积分称为Dirichlet 积分, 其值为 $\dfrac{\pi}{2}$, 但它的求法要参见第 14 章第 2 节的例题, 也可详见《数学分析教程》(常庚哲和史济怀, 2008) 第 20 章第 3 节例 4.

为了证明 A-D 判别法, 需要先证明

定理 13.2.6(积分第二中值定理) 设 $f(x)$ 在 $[a,b]$ 上可积, $g(x)$ 在 $[a,b]$ 上单调, 则存在 $\xi\in[a,b]$, 使

$$\int_a^b f(x)g(x)\mathrm{d}x=g(a)\int_a^\xi f(x)\mathrm{d}x+g(b)\int_\xi^b f(x)\mathrm{d}x. \tag{13.2.4}$$

证明 仅就特殊情形证明, 即设 $f(x)$ 在 $[a,b]$ 上连续, $g(x)$ 在 $[a,b]$ 上可导. 一般情况需要从积分定义出发来证明, 比较复杂, 有兴趣的读者可参见《数学分析教程》(常庚哲和史济怀, 2008).

记 $F(x) = \int_a^x f(t)\mathrm{d}t$, 则 $F(x)$ 在 $[a, b]$ 上可导, 且 $F(a) = 0$. 利用分部积分法得

$$\int_a^b f(x)g(x)\mathrm{d}x = \int_a^b g(x)\mathrm{d}F(x) = F(x)g(x)\Big|_a^b - \int_a^b F(x)g'(x)\mathrm{d}x,$$

其中, 上式右端第一项

$$F(x)g(x)\Big|_a^b = F(b)g(b) = g(b)\int_a^b f(x)\mathrm{d}x,$$

而在第二项中, 由 $g(x)$ 的单调性可知, $g'(x)$ 不变号, 再由积分第一中值定理知, 存在 $\xi \in [a, b]$, 使得

$$\int_a^b F(x)g'(x)\mathrm{d}x = F(\xi)\int_a^b g'(x)\mathrm{d}x = [g(b) - g(a)]\int_a^\xi f(x)\mathrm{d}x,$$

于是

$$\begin{aligned}\int_a^b f(x)g(x)\mathrm{d}x &= g(b)\int_a^b f(x)\mathrm{d}x - [g(b) - g(a)]\int_a^\xi f(x)\mathrm{d}x \\ &= g(a)\int_a^\xi f(x)\mathrm{d}x + g(b)\int_\xi^b f(x)\mathrm{d}x. \quad \square\end{aligned}$$

特别地, 当 $g(x)$ 非负时, 积分第二中值定理的如下形式更简洁些.

(1) 如果函数 $g(x)$ 单减并且非负, 则积分第二中值定理可表述为 $\exists \xi \in [a, b]$, 使得

$$\int_a^b f(x)g(x)\mathrm{d}x = g(a)\int_a^\xi f(x)\mathrm{d}x. \tag{13.2.5}$$

(2) 如果函数 $g(x)$ 单增并且非负, 则积分第二中值定理可表述为 $\exists \xi \in [a, b]$, 使得

$$\int_a^b f(x)g(x)\mathrm{d}x = g(b)\int_\xi^b f(x)\mathrm{d}x. \tag{13.2.6}$$

我们仅证明 (1). 同样我们假定 $f(x)$ 在 $[a, b]$ 上连续且 $g(x)$ 在 $[a, b]$ 上可导, $g'(x) \leqslant 0$. 由于 $f(x)$ 在 $[a, b]$ 上可积, 令 $F(x) = \int_a^x f(t)\mathrm{d}t$, M, m 分别是 $F(x)$ 在 $[a, b]$ 上的最大值和最小值. 则若 $g(a) = 0$, 有 $g(x) \equiv 0$, 结论显然成立. 故设 $g(a) > 0$. 于是上面的结论等价于证明

$$m \leqslant \frac{1}{g(a)}\int_a^b f(x)g(x)\mathrm{d}x \leqslant M,$$

或

$$mg(a) \leqslant \int_a^b f(x)g(x)\mathrm{d}x \leqslant Mg(a).$$

因为

$$\int_a^b f(x)g(x)\mathrm{d}x = \int_a^b g(x)\mathrm{d}F(x) = F(x)g(x)\Big|_a^b - \int_a^b F(x)g'(x)\mathrm{d}x$$

§13.2 反常积分的收敛判别法

$$= F(b)g(b) - F(\eta)(g(b) - g(a)) = F(b)g(b) + F(\eta)(g(a) - g(b)),$$

则易见上式介于 $mg(a)$ 和 $Mg(a)$ 之间.

A-D 判别法的证明. 设 ε 是任意给定的正数.

(1) 若 Abel 判别法条件满足, 记 G 是 $|g(x)|$ 在 $[a, +\infty)$ 的一个上界, 因为 $\int_a^{+\infty} f(x)\mathrm{d}x$ 收敛, 由 Cauchy 收敛原理, 存在 $A_0 \geqslant a$, 使得对任意 $A, A' \geqslant A_0$, 有

$$\left| \int_A^{A'} f(x)\mathrm{d}x \right| < \frac{\varepsilon}{2G}.$$

由积分第二中值定理, 存在 $\xi \in [a, b]$, 使得

$$\left| \int_A^{A'} f(x)g(x)\mathrm{d}x \right| \leqslant |g(A)| \cdot \left| \int_A^{\xi} f(x)\mathrm{d}x \right| + |g(A')| \cdot \left| \int_{\xi}^{A'} f(x)\mathrm{d}x \right|$$

$$\leqslant G \left| \int_A^{\xi} f(x)\mathrm{d}x \right| + G \left| \int_{\xi}^{A'} f(x)\mathrm{d}x \right| < \frac{\varepsilon}{2} + \frac{\varepsilon}{2} = \varepsilon.$$

(2) 若 Dirichlet 判别法条件满足, 记正数 M 是 $F(A)$ 在 $[a, +\infty)$ 的一个上界. 此时对任意 $A, A' \geqslant a$, 显然有

$$\left| \int_A^{A'} f(x)\mathrm{d}x \right| < 2M,$$

因为 $\lim\limits_{x \to +\infty} g(x) = 0$, 所以存在 $A_0 \geqslant a$, 当 $x > A_0$ 时, 有

$$|g(x)| < \frac{\varepsilon}{4M}.$$

于是, 对任意 $A, A' \geqslant A_0$

$$\left| \int_A^{A'} f(x)g(x)\mathrm{d}x \right| \leqslant |g(A)| \cdot \left| \int_A^{\xi} f(x)\mathrm{d}x \right| + |g(A')| \cdot \left| \int_{\xi}^{A'} f(x)\mathrm{d}x \right|$$

$$\leqslant 2M|g(A)| + 2M|g(A')| < \frac{\varepsilon}{2} + \frac{\varepsilon}{2} = \varepsilon.$$

所以无论哪个判别法条件满足, 由 Cauchy 收敛原理, 都可得知 $\int_a^{+\infty} f(x)g(x)\mathrm{d}x$ 收敛.

下面继续看 A-D 判别法的应用.

例 13.2.5 讨论下列积分的敛散性:

(1) $\int_0^{+\infty} \sin x^2 \mathrm{d}x$; (2) $\int_0^{+\infty} x \sin x^4 \mathrm{d}x.$

解 (1) 令 $t = x^2$ 得

$$\int_1^{+\infty} \sin x^2 \mathrm{d}x = \int_1^{+\infty} \frac{\sin t}{2\sqrt{t}} \mathrm{d}t,$$

再由例 13.2.4 可知, 反常积分 $\int_1^{+\infty} \sin x^2 \mathrm{d}x$ 条件收敛, 故反常积分 $\int_0^{+\infty} \sin x^2 \mathrm{d}x$ 条件收敛.

同样可知, 积分 $\int_0^{+\infty} \cos x^2 \mathrm{d}x$ 条件收敛.

(2) 令 $t = x^4$ 得
$$\int_1^{+\infty} x \sin x^4 \mathrm{d}x = \int_1^{+\infty} \frac{\sin t}{4\sqrt{t}} \mathrm{d}t,$$

由 $\int_1^{+\infty} \frac{\sin t}{4\sqrt{t}} \mathrm{d}t$ 条件收敛可知, 积分 $\int_0^{+\infty} x \sin x^4 \mathrm{d}x$ 条件收敛.

注 13.2.2 反常积分 $\int_0^{+\infty} \sin x^2 \mathrm{d}x$ 和 $\int_0^{+\infty} \cos x^2 \mathrm{d}x$ 统称为 Fresnel 积分, 上面已证明了它们的收敛性, 今后可以证明它们的值是相等的, 且为 $\frac{1}{2}\sqrt{\frac{\pi}{2}}$. 参见 §14.2 的习题 B5(3), 详见《数学分析教程》(常庚哲和史济怀, 2008) §20.3 的例 4.

例 13.2.6 讨论积分 $\int_1^{+\infty} \frac{\sin x \arctan x}{x} \mathrm{d}x$ 的敛散性.

解 由例 13.2.4(1) 知, $\int_1^{+\infty} \frac{\sin x}{x} \mathrm{d}x$ 收敛, 而 $\arctan x$ 在 $[1, +\infty)$ 上单调有界, 由 Abel 判别法知, $\int_1^{+\infty} \frac{\sin x \arctan x}{x} \mathrm{d}x$ 收敛.

当 $x \in [\sqrt{3}, +\infty)$ 时, 有
$$\left|\frac{\sin x \arctan x}{x}\right| \geqslant \left|\frac{\sin x}{x}\right|,$$

而 $\int_1^{+\infty} \left|\frac{\sin x}{x}\right| \mathrm{d}x$ 发散, 由比较判别法可知 $\int_1^{+\infty} \frac{\sin x \arctan x}{x} \mathrm{d}x$ 非绝对收敛.

因此, $\int_1^{+\infty} \frac{\sin x \arctan x}{x} \mathrm{d}x$ 条件收敛.

例 13.2.7 讨论积分 $\int_1^{+\infty} \frac{x^q \sin x}{1 + x^p} \mathrm{d}x$ (p, q 为常数) 的敛散性.

解 对 p, q 分四种情况分别讨论如下.

(1) 设 $p - q > 1$, 或 $q < -1$.

当 $p - q > 1$ 时, $\frac{x^q |\sin x|}{1 + x^p} \leqslant \frac{1}{x^{p-q}}$, 而当 $q < -1$ 时, $\frac{x^q |\sin x|}{1 + x^p} \leqslant x^q$. 这两种情况下, 积分 $\int_1^{+\infty} \frac{x^q \sin x}{1 + x^p} \mathrm{d}x$ 绝对收敛.

(2) 设 $0 < p - q \leqslant 1$, 且 $q \geqslant -1$.

首先, $F(A) = \int_1^A \sin x \mathrm{d}x$ 有界; 其次, $0 \leqslant \frac{x^q}{1 + x^p} \leqslant \frac{1}{x^{p-q}} \to 0, x \to +\infty$; 再次,
$$\left(\frac{x^q}{1 + x^p}\right)' = \frac{x^{q-1}(q - (p-q)x^p)}{(1 + x^p)^2},$$

若 $p \leqslant 0$, 由 $q < p$ 知 $q < 0$, 从而 $q - (p-q)x^p < 0$; 若 $p > 0$, 则 x 充分大时 $q - (p-q)x^p < 0$. 总之, x 充分大时 $\frac{x^q}{1 + x^p}$ 单调减少.

因此由 Dirichlet 判别法可知, 积分 $\int_1^{+\infty}\dfrac{x^q\sin x}{1+x^p}\mathrm{d}x$ 收敛.

进一步, 积分 $\int_1^{+\infty}\dfrac{x^q|\sin x|}{1+x^p}\mathrm{d}x$ 发散. 事实上,

$$\frac{x^q|\sin x|}{1+x^p}\geqslant\frac{x^q\sin^2 x}{1+x^p}=\frac{x^q(1-\cos 2x)}{2(1+x^p)},$$

同上可证, $\int_1^{+\infty}\dfrac{x^q\cos 2x}{1+x^p}\mathrm{d}x$ 收敛, 下证反常积分 $\int_1^{+\infty}\dfrac{x^q}{1+x^p}\mathrm{d}x$ 发散. 这只要注意到:

当 $p>0$ 时, $\dfrac{x^q}{1+x^p}\sim\dfrac{1}{x^{p-q}}\ (x\to+\infty)$; 当 $p\leqslant 0$ 时, $\dfrac{x^q}{1+x^p}\geqslant\dfrac{x^q}{2}$, 所以当 $p-q\leqslant 1$ 且 $q\geqslant -1$ 时, 积分 $\int_1^{+\infty}\dfrac{x^q}{1+x^p}\mathrm{d}x$ 发散.

所以当 $0<p-q\leqslant 1$ 且 $q\geqslant -1$ 时, 积分 $\int_1^{+\infty}\dfrac{x^q\sin x}{1+x^p}\mathrm{d}x$ 条件收敛.

(3) $p-q=0$, 即 $p=q\geqslant-1$.

若 $p=q\geqslant 0$, 则 $\int_{2n\pi}^{2n\pi+\pi}\dfrac{x^p\sin x}{1+x^p}\mathrm{d}x=\dfrac{2\xi_n^p}{1+\xi_n^p}\geqslant 1$ (当 n 充分大), 其中, $\xi\in[2n\pi,(2n+1)\pi]$. 所以此时积分发散.

若 $p=q<0$, 则 $\dfrac{x^p}{1+x^p}=\dfrac{1}{1+x^{-p}}$ 单调递减趋于 0, 所以积分 $\int_1^{+\infty}\dfrac{x^p\sin x}{1+x^p}\mathrm{d}x$ 收敛, 且由 $-p\leqslant 1$ 知该积分是条件收敛.

(4) $p-q<0$, 即 $p<q, -1\leqslant q$.

若 $q\geqslant 0$, 则当 $p\leqslant 0$ 时 $\dfrac{x^q}{1+x^p}\geqslant\dfrac{x^q}{2}\ (x$ 充分大); 若 $p>0$, 则 $\dfrac{x^q}{1+x^p}\geqslant\dfrac{x^{q-p}}{2}$. 此时均有积分 $\int_1^{+\infty}\dfrac{x^p\sin x}{1+x^p}\mathrm{d}x$ 发散.

若 $q<0$, 则 $p<q<0, q\geqslant -1$. 此时同样可证积分 $\int_1^{+\infty}\dfrac{x^q\sin x}{1+x^p}\mathrm{d}x$ 条件收敛.

§13.2.2 瑕积分的收敛判别法

由于两类积分可相互转化, 所以上一小节关于无穷积分的判别法可以平移到瑕积分情形. 下面只给出 $f(x)$ 在 $[a,b]$ 上只有一个瑕点 $x=b$ 情况的结果, 并把证明留给读者.

定理 13.2.7(Cauchy 收敛原理) 瑕积分 $\int_a^b f(x)\mathrm{d}x$ 收敛的充分必要条件是对任意给定的 $\varepsilon>0$, 都存在 $\delta>0$, 使得对任意 $\eta,\eta'\in(0,\delta)$, 有

$$\left|\int_{b-\eta}^{b-\eta'}f(x)\mathrm{d}x\right|<\varepsilon. \tag{13.2.7}$$

定理 13.2.8(比较判别法) 设在 $[a,b]$ 上恒有 $0\leqslant f(x)\leqslant K\varphi(x)$, 其中 K 是正常数, 则

(1) 当 $\int_a^b \varphi(x)\mathrm{d}x$ 收敛时, $\int_a^b f(x)\mathrm{d}x$ 也收敛;

(2) 当 $\int_a^b f(x)\mathrm{d}x$ 发散时, $\int_a^b \varphi(x)\mathrm{d}x$ 也发散.

推论 13.2.4(比较判别法的极限形式) 设 $f(x)$ 和 $\varphi(x)$ 都在 $[a,b]$ 上非负, 且存在广义极限
$$\lim_{x\to b^-}\frac{f(x)}{\varphi(x)}=l, \tag{13.2.8}$$
则

(1) 当 $0<l<+\infty$ 时, 反常积分 $\int_a^b f(x)\mathrm{d}x$ 与 $\int_a^b \varphi(x)\mathrm{d}x$ 同时收敛或同时发散;

(2) 当 $l=0$ 时, 若 $\int_a^b \varphi(x)\mathrm{d}x$ 收敛, 则 $\int_a^b f(x)\mathrm{d}x$ 收敛;

(3) 当 $l=+\infty$ 时, 若 $\int_a^b \varphi(x)\mathrm{d}x$ 发散, 则 $\int_a^b f(x)\mathrm{d}x$ 发散.

定理 13.2.9 (Cauchy 判别法) 设在 $[a,b)$ 上 $f(x)\geqslant 0$, 若存在正常数 K, 使得当 $x\in[a,b)$ 时,

(1) $f(x)\leqslant \dfrac{K}{(b-x)^p}$, 且 $p<1$, 则 $\int_a^b f(x)\mathrm{d}x$ 收敛;

(2) $f(x)\geqslant \dfrac{K}{(b-x)^p}$, 且 $p\geqslant 1$, 则 $\int_a^b f(x)\mathrm{d}x$ 发散.

推论 13.2.5(Cauchy 判别法的极限形式) 设在 $[a,b)$ 上恒有 $f(x)\geqslant 0$, 且
$$\lim_{x\to b^-}(b-x)^p f(x)=l, \tag{13.2.9}$$
则 (1) 若 $0\leqslant l<+\infty$, 且 $p<1$, 则 $\int_a^b f(x)\mathrm{d}x$ 收敛;

(2) 若 $0<l\leqslant +\infty$, 且 $p\geqslant 1$, 则 $\int_a^b f(x)\mathrm{d}x$ 发散.

定理 13.2.10(A-D 判别法) 若下列两个条件之一满足, 则 $\int_a^b f(x)g(x)\mathrm{d}x$ 收敛:

(1) (**Abel** 判别法) $\int_a^b f(x)\mathrm{d}x$ 收敛, $g(x)$ 在 $[a,b)$ 上单调有界;

(2) (**Dirichlet** 判别法) $F(\eta)=\int_a^{b-\eta} f(x)\mathrm{d}x$ 在 $(0,b-a]$ 上有界, $g(x)$ 在 $[a,b)$ 上单调, 且 $\lim_{x\to b^-} g(x)=0$.

例 13.2.8 证明 Euler 积分 $I=\int_0^{\frac{\pi}{2}} \ln\sin x\,\mathrm{d}x$ 收敛.

证明 $x=0$ 为奇点. 因为 $\ln\sin x\leqslant 0$, $\lim_{x\to 0^+}\sqrt{x}\ln\sin x=0$, 且 $\int_0^{\frac{\pi}{2}}\dfrac{\mathrm{d}x}{\sqrt{x}}$ 收敛, 所以由推论 13.2.5 即得 Euler 积分 I 收敛. □

例 13.2.9 讨论积分 $\int_0^1 \dfrac{1}{x^p}\sin\dfrac{1}{x}\mathrm{d}x\,(p<2)$ 的敛散性 (包括绝对收敛与条件收敛).

解 令 $f(x)=\dfrac{1}{x^2}\sin\dfrac{1}{x}, g(x)=x^{2-p}$. 对于 $\forall \eta\in(0,1)$, 有

$$\int_\eta^1 f(x)\mathrm{d}x = \int_\eta^1 \frac{1}{x^2}\sin\frac{1}{x}\mathrm{d}x = -\int_\eta^1 \sin\frac{1}{x}\mathrm{d}\left(\frac{1}{x}\right) = \left.\cos\frac{1}{x}\right|_\eta^1,$$

所以 $\int_\eta^1 f(x)\mathrm{d}x$ 有界；而 $g(x)$ 显然在 $(0,1]$ 上单调，且当 $p<2$ 时，

$$\lim_{x\to 0+} g(x) = \lim_{x\to 0+} x^{2-p} = 0.$$

由瑕积分的 Dirichlet 判别法，$\int_0^1 \frac{1}{x^p}\sin\frac{1}{x}\mathrm{d}x$ 收敛.

因为当 $p<1$ 时，有

$$\left|\frac{1}{x^p}\sin\frac{1}{x}\right| \leqslant \frac{1}{x^p},$$

由比较判别法知，此时 $\int_0^1 \frac{1}{x^p}\sin\frac{1}{x}\mathrm{d}x$ 绝对收敛. 而利用与例 13.2.4 类似的方法可以得到，当 $1\leqslant p<2$ 时，$\int_0^1 \frac{1}{x^p}\sin\frac{1}{x}\mathrm{d}x$ 条件收敛.

注意，对积分 $\int_0^1 \frac{1}{x^p}\sin\frac{1}{x}\mathrm{d}x$ 作变量代换 $x=\frac{1}{t}$，就可将它化为积分 $\int_1^{+\infty} \frac{\sin t}{t^{2-p}}\mathrm{d}t$，再利用无穷积分的 Dirichlet 判别法也可以得到同样的结果.

例 13.2.10 讨论下列非负函数的反常积分的敛散性（两种类型反常积分并存的情况）：

(1) $\int_0^{+\infty} \frac{\ln(1+x)}{x^p}\mathrm{d}x$；   (2) $\int_0^{+\infty} \frac{x^{1-p}}{|x-1|^{p+q}}\mathrm{d}x\,(p,q\in\mathbb{R})$.

解 (1) 由于该积分既有瑕点，又是无穷积分，所以按照定义，先将积分分成两部分

$$\int_0^{+\infty} \frac{\ln(1+x)}{x^p}\mathrm{d}x = \int_0^1 \frac{\ln(1+x)}{x^p}\mathrm{d}x + \int_1^{+\infty} \frac{\ln(1+x)}{x^p}\mathrm{d}x.$$

由

$$\frac{\ln(1+x)}{x^p} \sim \frac{1}{x^{p-1}} \quad (x\to 0^+),$$

可知当 $p<2$ 时，$\int_0^1 \frac{\ln(1+x)}{x^p}\mathrm{d}x$ 收敛，当 $p\geqslant 2$ 时，$\int_0^1 \frac{\ln(1+x)}{x^p}\mathrm{d}x$ 发散.

当 $p>1$ 时，有 $\frac{p+1}{2}>1$，且

$$\lim_{x\to+\infty} x^{\frac{p+1}{2}}\cdot\frac{\ln(1+x)}{x^p} = 0,$$

由此可知当 $p>1$ 时，积分 $\int_1^{+\infty} \frac{\ln(1+x)}{x^p}\mathrm{d}x$ 收敛.

当 $p\leqslant 1$ 时，

$$\lim_{x\to+\infty} x^p\cdot\frac{\ln(1+x)}{x^p} = +\infty,$$

所以积分 $\int_1^{+\infty} \frac{\ln(1+x)}{x^p}\mathrm{d}x$ 发散.

综上所述, 当 $1 < p < 2$ 时, 积分 $\int_0^{+\infty} \dfrac{\ln(1+x)}{x^p}\mathrm{d}x$ 收敛, 在其余情况下发散.

(2) 因为 $x=0$ 和 $x=1$ 可能是奇点, 积分区间也无界, 所以将其拆成

$$\int_0^{+\infty} \frac{x^{1-p}\mathrm{d}x}{|x-1|^{p+q}} = \int_0^1 \frac{\mathrm{d}x}{x^{p-1}\cdot(1-x)^{p+q}} + \int_1^{+\infty} \frac{\mathrm{d}x}{x^{p-1}\cdot(x-1)^{p+q}}.$$

要使积分收敛, 考虑奇点 $x=0$, 应要求 $p-1<1$; 考虑奇点 $x=1$, 应要求 $p+q<1$; 而

$$\frac{1}{x^{p-1}\cdot(x-1)^{p+q}} \sim \frac{1}{x^{2p+q-1}} \quad (x\to +\infty),$$

由 Cauchy 判别法的极限形式知, 当 $2p+q-1>1$ 时积分收敛.

故当且仅当 $p<2$, $2(1-p)<q<1-p$ 时积分 $\int_0^{+\infty} \dfrac{x^{1-p}}{|x-1|^{p+q}}\mathrm{d}x$ 才收敛.

例 13.2.11 讨论反常积分 $\int_0^{+\infty} \dfrac{\sin x \arctan x}{x^p}\mathrm{d}x$ 的敛散性.

解 将积分分为两个部分

$$\int_0^{+\infty} \frac{\sin x \arctan x}{x^p}\mathrm{d}x = \int_0^1 \frac{\sin x \arctan x}{x^p}\mathrm{d}x + \int_1^{+\infty} \frac{\sin x \arctan x}{x^p}\mathrm{d}x.$$

由

$$\frac{\sin x \arctan x}{x^p} \sim \frac{1}{x^{p-2}} \quad (x\to 0^+),$$

可知, 当 $p<3$ 时 $\int_0^1 \dfrac{\sin x \arctan x}{x^p}\mathrm{d}x$ 绝对收敛, 当 $p\geqslant 3$ 时 $\int_0^1 \dfrac{\sin x \arctan x}{x^p}\mathrm{d}x$ 发散.

由

$$\left|\frac{\sin x \arctan x}{x^p}\right| \leqslant \frac{\pi}{2}\cdot\frac{1}{x^p}$$

可知, 当 $p>1$ 时 $\int_1^{+\infty} \dfrac{\sin x \arctan x}{x^p}\mathrm{d}x$ 绝对收敛, 当 $0<p\leqslant 1$ 时, $\int_0^{+\infty} \dfrac{\sin x}{x^p}\mathrm{d}x$ 收敛, $\arctan x$ 在 $[1,+\infty)$ 上单调趋向于 $\dfrac{\pi}{2}$, 由 Abel 判别法知, $\int_1^{+\infty} \dfrac{\sin x \arctan x}{x^p}\mathrm{d}x$ 收敛. 但当 x 充分大时, 有

$$\left|\frac{\sin x \arctan x}{x^p}\right| \geqslant \frac{|\sin x|}{x^p} \quad (0<p\leqslant 1).$$

因此积分 $\int_1^{+\infty} \dfrac{\sin x \arctan x}{x^p}\mathrm{d}x$ 当 $0<p\leqslant 1$ 时条件收敛, 当 $p\leqslant 0$ 时, 由 Cauchy 收敛原理可知其发散.

综上所述, 原积分当 $1<p<3$ 时绝对收敛, 当 $0<p\leqslant 1$ 时条件收敛, 其余情况发散.

习 题 13.2

A1. 设对任何 $A>a$, $f(x)$ 与 $g(x)$ 在 $[a,A]$ 上都可积. 证明: 若 $\int_a^{+\infty} f^2(x)\mathrm{d}x$ 与 $\int_a^{+\infty} g^2(x)\mathrm{d}x$ 收敛, 则 $\int_a^{+\infty} f(x)g(x)\mathrm{d}x$ 与 $\int_a^{+\infty} [f(x)+g(x)]^2 \mathrm{d}x$ 也都收敛.

A2. 设 $f(x)$ 在任意有限区间 $[a,A]$ 上都可积, 且无穷积分 $\int_{-\infty}^{+\infty} f^2(x)\mathrm{d}x$ 收敛, 证明对任何常数 c, 无穷积分 $\int_{-\infty}^{+\infty} |f(x)f(x+c)|\mathrm{d}x$ 也收敛.

A3. 设 f,g,h 是 $[a,+\infty)$ 上的三个连续函数, 且 $\forall x \in [a,+\infty)$, $h(x) \leqslant f(x) \leqslant g(x)$, 证明:

(1) 若 $\int_a^{+\infty} h(x)\mathrm{d}x$ 与 $\int_a^{+\infty} g(x)\mathrm{d}x$ 都收敛, 则 $\int_a^{+\infty} f(x)\mathrm{d}x$ 也收敛.

(2) 又若 $\int_a^{+\infty} h(x)\mathrm{d}x = \int_a^{+\infty} g(x)\mathrm{d}x = A$, 则 $\int_a^{+\infty} f(x)\mathrm{d}x = A$.

A4. 证明: 对非负函数 $f(x)$, (cpv) $\int_{-\infty}^{+\infty} f(x)\mathrm{d}x$ 收敛与 $\int_{-\infty}^{+\infty} f(x)\mathrm{d}x$ 收敛是等价的.

A5. 判断下列非负函数的无穷积分的敛散性:

(1) $\int_0^{+\infty} \frac{\sqrt{x}}{1+x^2}\mathrm{d}x$;

(2) $\int_1^{+\infty} \frac{\mathrm{d}x}{\sqrt{x+\sqrt{x+\sqrt{x}}}}$;

(3) $\int_1^{+\infty} \ln\left(\cos\frac{1}{x}+\sin\frac{1}{x}\right)\mathrm{d}x$;

(4) $\int_0^{+\infty} x\sin^4 x\,\mathrm{d}x$;

(5) $\int_1^{+\infty} \frac{x\arctan x}{1+x^3}\mathrm{d}x$;

(6) $\int_1^{+\infty} \frac{\mathrm{d}x}{1+x|\cos x|}$.

A6. 讨论下列无穷积分的敛散性 (包括绝对收敛、条件收敛和发散):

(1) $\int_0^{+\infty} \frac{\mathrm{sgn}(\sin x)}{1+x^2}\mathrm{d}x$;

(2) $\int_2^{+\infty} \frac{\ln\ln x}{\ln x}\sin x\,\mathrm{d}x$;

(3) $\int_0^{+\infty} \frac{\sqrt{x}\cos x}{100+x}\mathrm{d}x$;

(4) $\int_1^{+\infty} \frac{\cos x\arctan x}{x^p}\mathrm{d}x \quad (p \in \mathbb{R}^+)$;

(5) $\int_0^{+\infty} \frac{\sin x}{\sqrt{x+\cos x}}\mathrm{d}x$;

(6) $\int_1^{+\infty} \left(\frac{x}{x^2+p} - \frac{p}{x+1}\right)\mathrm{d}x \quad (p \in \mathbb{R})$;

(7) $\int_1^{+\infty} \frac{\sin\sqrt{x}}{x}\mathrm{d}x$;

(8) $\int_1^{+\infty} \frac{\mathrm{e}^{\sin x}\cos x}{x^p}\mathrm{d}x \quad (p \in \mathbb{R})$.

A7. 讨论下列瑕积分的收敛性:

(1) $\int_0^1 \frac{\ln x}{x^2-1}\mathrm{d}x$;

(2) $\int_0^1 |\ln x|^p \mathrm{d}x$;

(3) $\int_0^{\frac{\pi}{2}} \frac{1}{\cos^2 x \sin^2 x}\mathrm{d}x$;

(4) $\int_0^{\frac{\pi}{2}} \frac{1-\cos x}{x^p}\mathrm{d}x$;

(5) $\int_0^1 \frac{x^{p-1}-x^{q-1}}{\ln x}\mathrm{d}x$;

(6) $\int_0^1 \frac{1}{\sqrt[3]{x^2(x-1)}}\mathrm{d}x$;

(7) $\int_0^1 \frac{\ln x}{\sqrt{1-x^2}}\mathrm{d}x$;

(8) $\int_0^1 x^{p-1}(1-x)^{q-1}\ln x\,\mathrm{d}x$.

B8. 讨论下列反常积分的收敛性:

(1) $\int_0^{+\infty} x^{p-1}\mathrm{e}^{-x}\mathrm{d}x$;

(2) $\int_0^{+\infty} \frac{1}{\sqrt[3]{x(x-1)^2(x-2)}}\mathrm{d}x$;

(3) $\int_0^{+\infty} \dfrac{x^{p-1}}{x^2+1} \mathrm{d}x$;

(4) $\int_0^{+\infty} \dfrac{\mathrm{e}^{\sin x} \sin 2x}{x^p} \mathrm{d}x \quad (p \in \mathbb{R})$;

(5) $\int_0^{+\infty} \dfrac{1}{x^p |\ln x|^q} \mathrm{d}x$;

(6) $\int_1^{+\infty} \dfrac{\sin x}{x^p + \sin x} \mathrm{d}x$.

B9. 设 $a, b > 0$, 证明: (1) 若 $f(x)$ 在 $[0, +\infty)$ 上连续, 且 $\lim\limits_{x \to +\infty} f(x) = k$, 则

$$\int_0^{+\infty} \dfrac{f(ax) - f(bx)}{x} \mathrm{d}x = (f(0) - k) \ln \dfrac{b}{a};$$

(2) 若 $f(x)$ 在 $[0, +\infty)$ 上连续, $\lim\limits_{x \to +\infty} f(x)$ 不存在, 但 $\int_a^{+\infty} \dfrac{f(x)}{x} \mathrm{d}x \quad (a > 0)$ 收敛, 则

$$\int_0^{+\infty} \dfrac{f(ax) - f(bx)}{x} \mathrm{d}x = f(0) \ln \dfrac{b}{a}.$$

C10. (1) 举例说明: $\int_a^{+\infty} f(x) \mathrm{d}x$ 收敛时, $\int_a^{+\infty} f^2(x) \mathrm{d}x$ 不一定收敛;

(2) 举例说明: $\int_a^{+\infty} f(x) \mathrm{d}x$ 绝对收敛时, $\int_a^{+\infty} f^2(x) \mathrm{d}x$ 也不一定收敛;

(3) 设对任何 $A > a$, $f(x)$ 与 $g(x)$ 在 $[a, A]$ 上都可积. 证明: 若 $\int_a^{+\infty} f(x) \mathrm{d}x$ 绝对收敛, 且 $\lim\limits_{x \to +\infty} f(x) = 0$, 则 $\int_a^{+\infty} f^2(x) \mathrm{d}x$ 必定收敛.

C11. 证明:

(1) 若 $f(x)$ 是 $[a, +\infty)$ 上的单调函数, 且 $\int_a^{+\infty} f(x) \mathrm{d}x$ 收敛, 则 $\lim\limits_{x \to +\infty} f(x) = 0$, 且

$$f(x) = o\left(\dfrac{1}{x}\right) \quad (x \to +\infty);$$

(2) 若 $f(x)$ 在 $[a, +\infty)$ 上一致连续, 且 $\int_a^{+\infty} f(x) \mathrm{d}x$ 收敛, 则 $\lim\limits_{x \to +\infty} f(x) = 0$;

(3) 若 $f(x)$ 单调且 $\lim\limits_{x \to 0+} f(x) = +\infty$, 则 $\int_0^1 f(x) \mathrm{d}x$ 收敛的必要条件是 $\lim\limits_{x \to 0+} x f(x) = 0$;

(4) 若 $f(x)$ 单减且 $\lim\limits_{x \to +\infty} f(x) = 0$, $f'(x)$ 在 $[0, +\infty)$ 上连续, 则 $\int_0^{+\infty} f'(x) \sin^2 x \mathrm{d}x$ 收敛.

§13.3 反常重积分

第 11 章学过的重积分, 其积分区域都是有界的, 且被积函数也有界, 类似于前面的反常积分, 若去掉这两个 "有界" 的限制, 就是我们本节要学习的反常重积分 (improper multiple integral), 包括无界区域上的反常重积分, 简称无穷重积分, 和无界函数的重积分, 简称瑕重积分.

§13.3.1 无穷反常重积分

1. 无穷重积分的概念

先看个例子.

§13.3 反常重积分

例 13.3.1 计算积分 $I = \iint\limits_{\mathbb{R}^2} \mathrm{e}^{-(x^2+y^2)} \mathrm{d}x\mathrm{d}y$.

显然,这不是普通的二重积分,其积分区域为全平面 $\mathbb{R}^2$. 类似于反常(定)积分的想法,我们可以这样来处理:

$$\iint\limits_{\mathbb{R}^2} \mathrm{e}^{-(x^2+y^2)} \mathrm{d}x\mathrm{d}y = \lim_{R \to +\infty} \iint\limits_{D_R} \mathrm{e}^{-(x^2+y^2)} \mathrm{d}x\mathrm{d}y,$$

其中,$D_R = \{(x,y) \in \mathbb{R}^2 | x^2 + y^2 \leqslant R^2\}$ 为圆盘. 利用极坐标变换得到

$$\iint\limits_{D_R} \mathrm{e}^{-(x^2+y^2)} \mathrm{d}x\mathrm{d}y = \int_0^{2\pi} \mathrm{d}\theta \int_0^R \mathrm{e}^{-r^2} r \mathrm{d}r = \pi(1 - \mathrm{e}^{-R^2}),$$

因此, $I = \pi$.

对一般的无界区域该如何处理?

设 D 为平面 $\mathbb{R}^2$ 上的无界区域,$f(x,y)$ 在 D 上有定义. 任取一条包围原点的封闭光滑曲线 Γ,它所围成的有界(连通)区域记为 E_Γ,并记将 D 割出一个有界子区域,记为 $D_\Gamma = E_\Gamma \cap D$. 如图 13.3.1 所示. 假设 $f(x,y)$ 在 D_Γ 上都是 (Riemann) 可积的, 并记

$$d(\Gamma) = \inf\left\{\sqrt{x^2+y^2} \Big| (x,y) \in \Gamma \right\} \quad (13.3.1)$$

为 Γ 到坐标原点的距离.

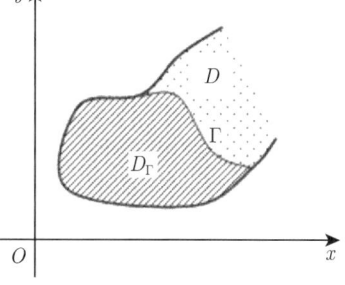

图 13.3.1

定义 13.3.1 若当 $d(\Gamma)$ 趋于无穷大,即 D_Γ 趋于 D 时,$\iint\limits_{D_\Gamma} f(x,y) \mathrm{d}x\mathrm{d}y$ 的极限

$$I = \lim_{d(\Gamma) \to +\infty} \iint\limits_{D_\Gamma} f(x,y) \mathrm{d}x\mathrm{d}y$$

存在,而且该极限值与 Γ 的选取无关,就称**反常二重积分**或**二重无穷积分** $\iint\limits_{D} f(x,y) \mathrm{d}x\mathrm{d}y$ **收敛**, 即

$$\iint\limits_{D} f(x,y) \mathrm{d}x\mathrm{d}y = \lim_{d(\Gamma) \to +\infty} \iint\limits_{D_\Gamma} f(x,y) \mathrm{d}x\mathrm{d}y. \tag{13.3.2}$$

此时也称 f 在 D 上**可积**. 若上面的极限不存在,就称反常二重积分 $\iint\limits_{D} f(x,y) \mathrm{d}x\mathrm{d}y$ **发散**.

2. 非负函数的反常重积分

与反常积分的情况类似,我们先考虑非负函数的情况. 后面将看到,非负函数的二重无穷积分的收敛问题具有特殊的意义.

定理 13.3.1 设 $D \subseteq \mathbb{R}^2$ 为一个无界区域, 非负函数 $f(x,y)$ 在 D 上可积的充要条件是存在常数 $M > 0$, 使得对任何由零面积的曲线 Γ 割出 D 的有界子区域 D_Γ, 有

$$\iint_{D_\Gamma} f(x,y)\mathrm{d}x\mathrm{d}y \leqslant M.$$

证明 先证必要性. 设 $\iint_D f(x,y)\mathrm{d}x\mathrm{d}y = I$. 令 $B(0;r)$ 是以坐标原点为中心, r 为半径的圆盘, 记 $B_r = D \cap B(0;r)$, 则

$$\lim_{r \to +\infty} \iint_{B_r} f(x,y)\mathrm{d}x\mathrm{d}y = I.$$

由 $f(x,y) \geqslant 0$ 知 $\iint_{B_r} f(x,y)\mathrm{d}x\mathrm{d}y$ 关于 r 单增, 因此, $\forall r \geqslant 0$, 有 $\iint_{B_r} f(x,y)\mathrm{d}x\mathrm{d}y \leqslant I$. 由 D_Γ 的有界性知, 当 r 充分大时, $D_\Gamma \subset B_r$. 于是

$$\iint_{D_\Gamma} f(x,y)\mathrm{d}x\mathrm{d}y \leqslant \iint_{B_r} f(x,y)\mathrm{d}x\mathrm{d}y \leqslant I.$$

取 $M = I$ 即可.

再证充分性. 由假设条件可设 $I = \sup_\Gamma \left\{ \iint_{D_\Gamma} f(x,y)\mathrm{d}x\mathrm{d}y \right\} < +\infty$. 于是, $\forall \varepsilon > 0$, $\exists \Gamma_0$, 使得

$$\iint_{D_{\Gamma_0}} f(x,y)\mathrm{d}x\mathrm{d}y > I - \varepsilon.$$

又 $\forall \Gamma$, 当 $d(\Gamma)$ 充分大时有 $D_{\Gamma_0} \subset D_\Gamma$, 于是由 $f(x,y) \geqslant 0$ 得

$$I \geqslant \iint_{D_\Gamma} f(x,y)\mathrm{d}x\mathrm{d}y \geqslant \iint_{D_{\Gamma_0}} f(x,y)\mathrm{d}x\mathrm{d}y > I - \varepsilon.$$

即 $f(x,y)$ 在 D 上可积. □

引理 13.3.1(序列逼近) 设 $f(x,y)$ 为无界区域 D 上的非负函数. 如果 $\{\Gamma_n\}$ 是一列曲线, 它们割出的 D 的有界子区域 $\{D_n\}$ 满足

$$D_1 \subset D_2 \subset \cdots \subset D_n \subset \cdots, \; 及 \lim_{n \to \infty} d(\Gamma_n) = +\infty,$$

则反常积分 $\iint_D f(x,y)\mathrm{d}x\mathrm{d}y$ 在 D 上收敛的充分必要条件是数列 $\left\{ \iint_{D_n} f(x,y)\mathrm{d}x\mathrm{d}y \right\}$ 收敛, 且在收敛时成立

$$\iint_D f(x,y)\mathrm{d}x\mathrm{d}y = \lim_{n \to \infty} \iint_{D_n} f(x,y)\mathrm{d}x\mathrm{d}y.$$

§13.3 反常重积分

证明 由定义知, 必要性是显然的. 下面证明充分性.

如果 $\left\{\iint\limits_{D_n} f(x,y)\mathrm{d}x\mathrm{d}y\right\}$ 收敛, 记 $\lim\limits_{n\to\infty}\iint\limits_{D_n} f(x,y)\mathrm{d}x\mathrm{d}y = I$. 现在证明

$$\lim_{d(\Gamma)\to\infty}\iint\limits_{D_\Gamma} f(x,y)\mathrm{d}x\mathrm{d}y = I.$$

对于曲线 Γ, 令 $\rho(\Gamma) = \sup\left\{\sqrt{x^2+y^2}\,\big|\,(x,y)\in\Gamma\right\}$. 由假设 $\lim\limits_{n\to\infty} d(\Gamma_n) = +\infty$ 得知, 当 n 充分大时, 成立 $d(\Gamma_n) > \rho(\Gamma)$, 因此由数列 $\left\{\iint\limits_{D_n} f(x,y)\mathrm{d}x\mathrm{d}y\right\}$ 的单调增加性得到

$$\iint\limits_{D_\Gamma} f(x,y)\mathrm{d}x\mathrm{d}y \leqslant \iint\limits_{D_n} f(x,y)\mathrm{d}x\mathrm{d}y \leqslant I.$$

另一方面, 由于数列 $\left\{\iint\limits_{D_n} f(x,y)\mathrm{d}x\mathrm{d}y\right\}$ 收敛于 I, 对于任意正数 ε, 存在正整数 N, 使得

$$\iint\limits_{D_N} f(x,y)\mathrm{d}x\mathrm{d}y > I - \varepsilon.$$

因此当 $d(\Gamma) > \rho(\Gamma_N)$ 时, 有

$$I \geqslant \iint\limits_{D_\Gamma} f(x,y)\mathrm{d}x\mathrm{d}y \geqslant \iint\limits_{D_N} f(x,y)\mathrm{d}x\mathrm{d}y > I - \varepsilon.$$

此即

$$\lim_{d(\Gamma)\to+\infty}\iint\limits_{D_\Gamma} f(x,y)\mathrm{d}x\mathrm{d}y = I. \qquad \square$$

例 13.3.2 设 $D = \{(x,y)\,|\,a^2 \leqslant x^2+y^2 < +\infty\}$ $(a>0)$, $r = \sqrt{x^2+y^2}$,

$$f(x,y) = \frac{1}{r^p} \quad (p>0)$$

为定义在 D 上的函数, 证明积分 $\iint\limits_{D} f(x,y)\mathrm{d}x\mathrm{d}y$ 当 $p > 2$ 时收敛, 当 $p \leqslant 2$ 时发散.

证明 取 $\Gamma_\rho = \{(x,y)\,|\,x^2+y^2 = \rho^2\}$ $(\rho > a)$, 它割出 D 的有界子集为环域

$$D_\rho = \{(x,y)\,|\,a^2 \leqslant x^2+y^2 \leqslant \rho^2\}.$$

利用极坐标变换得到

$$\iint\limits_{D_\rho} f(x,y)\mathrm{d}x\mathrm{d}y = \int_0^{2\pi}\mathrm{d}\theta\int_a^\rho r^{1-p}\mathrm{d}r = 2\pi\int_a^\rho r^{1-p}\mathrm{d}r$$

$$= \begin{cases} \dfrac{2\pi r^{2-p}}{2-p}\Big|_a^\rho, & p \neq 2; \\ 2\pi \ln r\Big|_a^\rho, & p = 2. \end{cases}$$

令 $\rho \to +\infty$, 上式的积分当 $p > 2$ 时收敛, 当 $p \leqslant 2$ 时发散. 由引理 13.3.1 即得所需结论. □

注 13.3.1 从以上推导可以看出, 当 D 为扇形区域

$$\{a \leqslant r < +\infty, \alpha \leqslant \theta \leqslant \beta(\alpha,\beta \in [0, 2\pi])\}$$

时, 上述结论也成立.

由定理 13.3.1 可得

定理 13.3.2(比较判别法) 设 D 为 $\mathbb{R}^2$ 上具有分段光滑边界的无界区域, 且在 D 上成立

$$0 \leqslant f(x,y) \leqslant g(x,y), \forall (x,y) \in D.$$

那么

(1) 当 $\iint\limits_D g(x,y)\mathrm{d}x\mathrm{d}y$ 收敛时, $\iint\limits_D f(x,y)\mathrm{d}x\mathrm{d}y$ 也收敛;

(2) 当 $\iint\limits_D f(x,y)\mathrm{d}x\mathrm{d}y$ 发散时, $\iint\limits_D g(x,y)\mathrm{d}x\mathrm{d}y$ 也发散.

3. 一般函数的无穷重积分

先看个例子.

例 13.3.3 讨论 $I = \iint\limits_{\mathbb{R}_+^2} \sin(x^2+y^2)\mathrm{d}x\mathrm{d}y$ 的敛散性, 其中, $\mathbb{R}_+^2$ 表示平第一象限.

解 设 $D_n = \{(x,y) \in \mathbb{R}_+^2 | x^2+y^2 \leqslant 2n\pi\}$, 则

$$\lim_{n\to\infty} \iint\limits_{D_n} \sin(x^2+y^2)\mathrm{d}x\mathrm{d}y = \lim_{n\to\infty} \int_0^{\frac{\pi}{2}} \mathrm{d}\theta \int_0^{\sqrt{2n\pi}} r\sin r^2 \mathrm{d}r$$
$$= \frac{\pi}{4} \lim_{n\to\infty} \int_0^{\sqrt{2n\pi}} \sin r^2 \mathrm{d}(r^2) = \frac{\pi}{4} \lim_{n\to\infty} (1-\cos 2n\pi) = 0.$$

若设 $E_n = [0,n] \times [0,n]$, 则有

$$\lim_{n\to\infty} \iint\limits_{E_n} \sin(x^2+y^2)\mathrm{d}x\mathrm{d}y$$
$$= \lim_{n\to\infty} \int_0^n \mathrm{d}x \int_0^n \sin(x^2+y^2)\mathrm{d}y$$
$$= \lim_{n\to\infty} \left(\int_0^n \sin x^2 \mathrm{d}x \int_0^n \cos y^2 \mathrm{d}y + \int_0^n \cos x^2 \mathrm{d}x \int_0^n \sin y^2 \mathrm{d}y\right)$$
$$= 2\lim_{n\to\infty} \int_0^n \sin x^2 \mathrm{d}x \int_0^n \cos y^2 \mathrm{d}y$$

$$= 2\int_0^{+\infty} \sin x^2 \mathrm{d}x \int_0^{+\infty} \cos y^2 \mathrm{d}y$$
$$= 2\cdot\left(\frac{1}{2}\sqrt{\frac{\pi}{2}}\right)\cdot\left(\frac{1}{2}\sqrt{\frac{\pi}{2}}\right) = \frac{\pi}{4}.$$

这里用到了 Fresnel 积分, 参见注 13.2.2. 综上所述, 原积分发散.

本例表明, 对无界区域 D 上反常重积分而言, 应用不同类型的有界区域 D_n 和 E_n 去逼近 D, 极限 $\lim\limits_{n\to\infty}\iint\limits_{D_n} f(x,y)\mathrm{d}x\mathrm{d}y$ 和 $\lim\limits_{n\to\infty}\iint\limits_{E_n} f(x,y)\mathrm{d}x\mathrm{d}y$ 可以不同, 这显示出反常重积分的收敛性比一元函数的反常积分的收敛性要复杂得多, 因此在反常重积分收敛的定义中要求: 对一切 D_Γ 趋于 D, 积分 $\iint\limits_{D_\Gamma} f(x,y)\mathrm{d}x\mathrm{d}y$ 的极限 $\lim\limits_{d(\Gamma)\to+\infty}\iint\limits_{D_\Gamma} f(x,y)\mathrm{d}x\mathrm{d}y$ 存在, 见式 (13.3.2), 而且该极限值与 Γ 的选取无关. 这样的高要求带来的好处是无界区域上的反常二重积分有一个重要特点: 可积与绝对可积是等价的.

定理 13.3.3(绝对可积性) 设 D 为 $\mathbb{R}^2$ 上具有分段光滑边界的无界区域, 则 $f(x,y)$ 在 D 上可积的充分必要条件是 $|f(x,y)|$ 在 D 上可积.

证明 先证充分性. 由于 $0 \leqslant |f(x,y)| - f(x,y) \leqslant 2|f(x,y)|$, 由比较判别法, 若 $|f(x,y)|$ 在 D 上可积, 则 $|f(x,y)| - f(x,y)$ 在 D 上也可积, 又因为

$$f(x,y) = |f(x,y)| - (|f(x,y)| - f(x,y)),$$

所以 $f(x,y)$ 在 D 上可积.

下面证明必要性. 用反证法. 记

$$f^+(x,y) = \max\{f(x,y), 0\},\ \ f^-(x,y) = \max\{0, -f(x,y)\},$$

设 $f(x,y)$ 在 D 上可积, 但 $|f(x,y)|$ 在 D 上不可积. 由于

$$|f(x,y)| = f^+(x,y) + f^-(x,y),$$

那么非负函数 $f^+(x,y)$ 和 $f^-(x,y)$ 中至少有一个在 D 上不可积. 不妨设 $f^+(x,y)$ 在 D 上不可积. 由引理 13.3.1 知, 存在一族曲线 $\{\Gamma_n\}$, 它们割出的 D 的有界子区域 $\{D_n\}$ 满足

$$D_1 \subset D_2 \subset \cdots \subset D_n \subset \cdots, \text{ 及 } \lim_{n\to\infty} d(\Gamma_n) = +\infty,$$

且成立

$$\iint\limits_{D_{n+1}} |f(x,y)|\mathrm{d}x\mathrm{d}y > 3\iint\limits_{D_n} |f(x,y)|\mathrm{d}x\mathrm{d}y + 2n \quad (n=1,2,\cdots).$$

而由重积分的绝对可积性, $|f|$, 及 f^+, f^- 在 $D_{n+1}\backslash D_n$ 上也可积, 因此

$$\iint\limits_{D_{n+1}\backslash D_n} |f(x,y)|\mathrm{d}x\mathrm{d}y > 2\iint\limits_{D_n} |f(x,y)|\mathrm{d}x\mathrm{d}y + 2n \quad (n=1,2,\cdots).$$

即
$$\iint\limits_{D_{n+1}\backslash D_n} f^+(x,y)\mathrm{d}x\mathrm{d}y + \iint\limits_{D_{n+1}\backslash D_n} f^-(x,y)\mathrm{d}x\mathrm{d}y > 2\iint\limits_{D_n} |f(x,y)|\mathrm{d}x\mathrm{d}y + 2n \quad (n=1,2,\cdots).$$

不妨设上式左端积分中第一个较大, 则有
$$\iint\limits_{D_{n+1}\backslash D_n} f^+(x,y)\mathrm{d}x\mathrm{d}y > \iint\limits_{D_n} |f(x,y)|\mathrm{d}x\mathrm{d}y + n \quad (n=1,2,\cdots).$$

将 $D_{n+1}\backslash D_n$ 分割很细后, f^+ 的 Darboux 下和满足
$$\sum_{i=1}^{s_n} m_n^i \Delta\sigma_n^i > \iint\limits_{D_n} |f(x,y)|\mathrm{d}x\mathrm{d}y + n \quad (n=1,2,\cdots),$$

其中, $\Delta\sigma_n^i$ 为细分 $D_{n+1}\backslash D_n$ 后所得小区域 σ_n^i 的面积 $(i=1,2,\cdots,s_n)$, m_n^i 为 f^+ 在小区域 σ_n^i 上的下确界. 由上式知, 必存在 $D_{n+1}\backslash D_n$ 上的一些小区域 σ_n^i, 在它们上面成立 $m_n^i > 0$, 记 P_n 为所有这样的小区域的并集, 那么
$$\iint\limits_{P_n} f^+(x,y)\mathrm{d}x\mathrm{d}y \geqslant \sum_{i=1}^{s_n} m_n^i \Delta\sigma_n^i > \iint\limits_{D_n} |f(x,y)|\mathrm{d}x\mathrm{d}y + n \quad (n=1,2,\cdots).$$

再记 $E_n = D_n \cup P_n$, 就有
$$\begin{aligned}\iint\limits_{E_n} f(x,y)\mathrm{d}x\mathrm{d}y &= \iint\limits_{D_n} f(x,y)\mathrm{d}x\mathrm{d}y + \iint\limits_{P_n} f(x,y)\mathrm{d}x\mathrm{d}y \\ &= \iint\limits_{D_n} f(x,y)\mathrm{d}x\mathrm{d}y + \iint\limits_{P_n} f^+(x,y)\mathrm{d}x\mathrm{d}y \\ &\geqslant -\iint\limits_{D_n} |f(x,y)|\mathrm{d}x\mathrm{d}y + \iint\limits_{P_n} f^+(x,y)\mathrm{d}x\mathrm{d}y \\ &> n \quad (n=1,2,\cdots).\end{aligned}$$

但 $E_n = D_n \cup P_n$ 不一定是区域, 这时可以用一些很细的 "走廊" 将其连通后得到区域 Σ_n, 而且这些 "走廊" 的总面积能充分的小, 使得
$$\iint\limits_{\Sigma_n} f(x,y)\mathrm{d}x\mathrm{d}y > n \quad (n=1,2,\cdots).$$

此与 $f(x,y)$ 在 D 上可积矛盾. □

由定理 13.3.3 可知, 判断二重无穷积分的收敛性可归结为判断它是否绝对收敛. 于是结合例 13.3.2、定理 13.3.2 和定理 13.3.3 可得下面的判别法.

推论 13.3.1(Cauchy 判别法) 设 $\alpha,\beta \in [0,2\pi], a > 0$, D 为用极坐标表示的区域
$$D = \{(r,\theta)|a \leqslant r < +\infty, \alpha \leqslant \theta \leqslant \beta\},$$

§13.3 反常重积分

其中, $r = \sqrt{x^2 + y^2}$, $f(x,y)$ 为定义在 D 上的函数. 则

(1) 若存在正常数 M, 使在 D 上成立 $|f(x,y)| \leqslant \dfrac{M}{r^p}$, 则当 $p > 2$ 时 $\iint\limits_{D} f(x,y)\mathrm{d}x\mathrm{d}y$ 收敛;

(2) 若存在正常数 m, 使在 D 上成立 $|f(x,y)| \geqslant \dfrac{m}{r^p}$, 则当 $p \leqslant 2$ 时 $\iint\limits_{D} f(x,y)\mathrm{d}x\mathrm{d}y$ 发散.

例 13.3.4 讨论二重无穷积分 $I = \iint\limits_{x^2+y^2 \geqslant 1} \dfrac{\mathrm{d}x\mathrm{d}y}{(|x|+|y|)^p}$ 的收敛性.

解 当 $p \leqslant 0$ 时, 积分显然发散. 当 $p > 0$ 时, 因为
$$(x^2+y^2)^{\frac{p}{2}} \leqslant (|x|+|y|)^p \leqslant (2x^2+2y^2)^{\frac{p}{2}},$$
所以
$$\dfrac{1}{2^{\frac{p}{2}} r^p} \leqslant \dfrac{1}{(|x|+|y|)^p} \leqslant \dfrac{1}{r^p}.$$

由 Cauchy 判别法可知, 当 $p > 2$ 时 I 收敛; 当 $p \leqslant 2$ 时 I 发散.

4. 二重无穷积分的计算

与二重积分的计算一样, 欲计算二重无穷积分, 可以直接化为累次积分, 或先进行变量代换, 再化为累次积分. 我们不加证明地给出下面两个结果, 有兴趣的读者可以自己给出证明.

定理 13.3.4 设 $f(x,y)$ 在 $D = [a,+\infty) \times [c,+\infty)$ 上连续, 且 $\int_a^{+\infty} \mathrm{d}x \int_c^{+\infty} f(x,y)\mathrm{d}y$ 和 $\int_a^{+\infty} \mathrm{d}x \int_c^{+\infty} |f(x,y)|\mathrm{d}y$ 都收敛, 则 $f(x,y)$ 在 D 上可积, 而且
$$\iint\limits_{[a,+\infty) \times [c,+\infty)} f(x,y)\mathrm{d}x\mathrm{d}y = \int_a^{+\infty} \mathrm{d}x \int_c^{+\infty} f(x,y)\mathrm{d}y.$$

定理 13.3.5 设映射 $T: D \to T(D)$
$$\begin{cases} x = x(u,v), \\ y = y(u,v) \end{cases}$$
是一一对应, 具有连续导数, 且Jacobi 行列式 $\dfrac{\partial(x,y)}{\partial(u,v)}$ 在 D 上不等于零. 则变量代换公式
$$\iint\limits_{T(D)} f(x,y)\mathrm{d}x\mathrm{d}y = \iint\limits_{D} f(x(u,v),y(u,v)) \left| \dfrac{\partial(x,y)}{\partial(u,v)} \right| \mathrm{d}u\mathrm{d}v$$
依然成立, 其含义是等式某一边的积分收敛可推出另一个积分收敛, 且上面的等式成立.

例 13.3.5 设 $f(x,y) = \begin{cases} \mathrm{e}^{-(x+y)}, & 0 \leqslant x \leqslant y; \\ 0, & 其他 \end{cases}$, 计算 $I = \iint\limits_{\mathbb{R}^2} f(x,y)\mathrm{d}x\mathrm{d}y$.

解 显然, $I = \iint\limits_{D} e^{-(x+y)} dxdy$, 其中, $D = \{(x,y) \in \mathbb{R}^2 | 0 \leqslant x \leqslant y\}$.

任给 $R > 0$, 令 $D_R = \{(x,y) \in D | y \leqslant R\}$, 如图 13.3.2 所示. 由于被积函数非负, 按定义有

$$\iint\limits_{D} e^{-(x+y)} dxdy = \lim_{R \to +\infty} \iint\limits_{D_R} e^{-(x+y)} dxdy = \lim_{R \to +\infty} \int_0^R dx \int_x^R e^{-(x+y)} dy$$

$$= \lim_{R \to +\infty} -\int_0^R e^{-x} \left[e^{-y}\right]\big|_x^R dx = \lim_{R \to +\infty} \int_0^R \left(e^{-2x} - e^{-x-R}\right) dx$$

$$= \lim_{R \to +\infty} \left(\frac{1}{2}(1 - e^{-2R}) + e^{-2R} - e^{-R}\right) = \frac{1}{2}.$$

也可直接化为累次积分：

$$\iint\limits_{0 \leqslant x \leqslant y} e^{-(x+y)} dxdy = \int_0^{+\infty} dx \int_x^{+\infty} e^{-(x+y)} dy$$

$$= -\int_0^{+\infty} e^{-x} \left[e^{-y}\right]\big|_x^{+\infty} dx = \int_0^{+\infty} e^{-2x} dx = \frac{1}{2}.$$

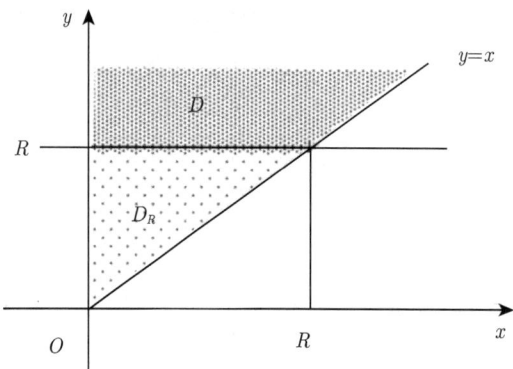

图 13.3.2

例 13.3.6 计算二重无穷积分 $I = \iint\limits_{\mathbb{R}^2} e^{-\left(\frac{x^2}{a^2} + \frac{y^2}{b^2}\right)} dxdy$, 并求 $J = \int_0^{+\infty} e^{-x^2} dx$.

解 利用广义极坐标变换 $x = ar\cos\theta, y = br\sin\theta$ 可得

$$I = \int_0^{2\pi} d\theta \int_0^{+\infty} e^{-r^2} abrdr = 2\pi ab \int_0^{+\infty} e^{-r^2} rdr = \pi ab.$$

又由于 $\mathbb{R}^2 = (-\infty, +\infty) \times (-\infty, +\infty)$, 所以利用化累次积分法得

$$\pi = \iint\limits_{\mathbb{R}^2} e^{-(x^2+y^2)} dxdy = \int_{-\infty}^{+\infty} dx \int_{-\infty}^{+\infty} e^{-(x^2+y^2)} dy$$

$$= \int_{-\infty}^{+\infty} e^{-x^2} dx \int_{-\infty}^{+\infty} e^{-y^2} dy = \left(\int_{-\infty}^{+\infty} e^{-x^2} dx\right)^2.$$

§13.3 反常重积分

因此
$$\int_{-\infty}^{+\infty} e^{-x^2} dx = \sqrt{\pi}.$$

所以
$$J = \int_0^{+\infty} e^{-x^2} dx = \frac{\sqrt{\pi}}{2}. \tag{13.3.3}$$

积分 J 称为 **Poisson 积分**, 在概率统计等学科中有着重要应用.

例 13.3.7 计算 $I = \iint\limits_{D} \dfrac{dxdy}{x^p y^q}$, 其中, $D = \{(x,y)|xy \geqslant 1, x \geqslant 1\}$, 且 $p > q > 1$.

解
$$I = \int_1^{+\infty} \frac{dx}{x^p} \int_{\frac{1}{x}}^{+\infty} \frac{dy}{y^q} = \frac{1}{q-1} \int_1^{+\infty} \frac{dx}{x^{1+p-q}} = \frac{1}{(p-q)(q-1)}.$$

§13.3.2 无界函数的反常二重积分

设 $D \subset \mathbb{R}^2$ 为有界区域, $P_0 \in D$, f 在 $D \setminus \{P_0\}$ 上有定义, 但在点 P_0 的任何去心邻域内无界. 这时称 P_0 为 f 的一个**奇点**, 或瑕点.

设 σ 是 D 内任一包含 P_0 的区域, 其边界 $\partial \sigma = \gamma$ 是面积为零的闭曲线, 如图 13.3.3 所示. 本节总是假定二重积分 $\iint\limits_{D \setminus \sigma} f(x,y) dxdy$ 存在. 记 $d(\sigma)$ 表示 σ 的直径.

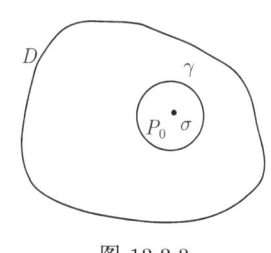

图 13.3.3

定义 13.3.2 若 $d(\sigma)$ 趋于零时, $\iint\limits_{D \setminus \sigma} f(x,y) dxdy$ 的极限存在, 且与 σ 的形状无关, 则称无界函数的二重积分, 或**二重瑕积分** $\iint\limits_{D} f(x,y) dxdy$ **收敛**, 或称 $f(x,y)$ 在 D 上可积, 即
$$\iint\limits_{D} f(x,y) dxdy = \lim_{d(\sigma) \to 0} \iint\limits_{D \setminus \sigma} f(x,y) dxdy.$$

如果上式右端的极限不存在, 则称这二重瑕积分**发散**.

例 13.3.8 设 $D = \{(x,y)|x^2 + y^2 \leqslant a^2\}$ $(a > 0)$. 记 $r = \sqrt{x^2+y^2}$, $f(x,y) = \dfrac{1}{r^p}$ $(r \neq 0, p > 0)$ 为定义在 $D \setminus \{(0,0)\}$ 上的函数. 证明 $\iint\limits_{D} f(x,y) dxdy$ 当 $p < 2$ 时收敛; 当 $p \geqslant 2$ 时发散.

证明 取 $\gamma_\rho = \{(x,y)|x^2+y^2 = \rho^2\}$ $(0 < \rho \leqslant a)$, 它所围的区域为 $D_\rho = \{(x,y)|x^2+y^2 \leqslant \rho^2\}$ $(0 < \rho \leqslant a)$. 利用极坐标变换得到
$$\iint\limits_{D \setminus D_\rho} f(x,y) dxdy = \int_0^{2\pi} d\theta \int_\rho^a r^{1-p} dr = 2\pi \int_\rho^a r^{1-p} dr.$$

令 $\rho \to 0$, 可知积分 $\iint\limits_{D} f(x,y)\mathrm{d}x\mathrm{d}y$ 当 $p < 2$ 时收敛; 当 $p \geqslant 2$ 时发散. □

例 13.3.9 判断反常二重积分

$$\iint\limits_{D} \frac{\mathrm{d}x\mathrm{d}y}{x^2+y^2}$$

的敛散性, 其中 D 是第一象限内由 $y = x^2, x^2+y^2 = 1$ 及 x 轴围成的平面区域. 如图 13.3.4 所示.

解 显然, 原点是唯一的瑕点. 设 $y = x^2$ 与 $x^2+y^2 = 1$ 的交点的横坐标为 x_0. 用 $x = x_0$ 划分区域 D 为 D_1 与 D_2, 其中

$$D_1 = \{(x,y) \mid 0 \leqslant y \leqslant x^2,\ 0 \leqslant x \leqslant x_0\},$$
$$D_2 = \{(x,y) \mid 0 \leqslant y \leqslant \sqrt{1-x^2},\ x_0 \leqslant x \leqslant 1\}.$$

则 $\iint\limits_{D} \frac{\mathrm{d}x\mathrm{d}y}{x^2+y^2}$ 的收敛性由 $\iint\limits_{D_1} \frac{\mathrm{d}x\mathrm{d}y}{x^2+y^2}$ 的收敛性确定.

用 $x = \varepsilon\,(0 < \varepsilon < x_0)$ 去切割 D_1, 记 $D_\varepsilon = \{(x,y) \mid 0 \leqslant y \leqslant x^2,\ \varepsilon \leqslant x \leqslant x_0\}$, 则

$$\iint\limits_{D_1} \frac{\mathrm{d}x\mathrm{d}y}{x^2+y^2} = \lim_{\varepsilon \to 0^+} \iint\limits_{D_\varepsilon} \frac{\mathrm{d}x\mathrm{d}y}{x^2+y^2} = \lim_{\varepsilon \to 0^+} \int_\varepsilon^{x_0} \mathrm{d}x \int_0^{x^2} \frac{\mathrm{d}y}{x^2+y^2}$$
$$= \lim_{\varepsilon \to 0^+} \int_\varepsilon^{x_0} \frac{\arctan x}{x}\mathrm{d}x = \int_0^{x_0} \frac{\arctan x}{x}\mathrm{d}x.$$

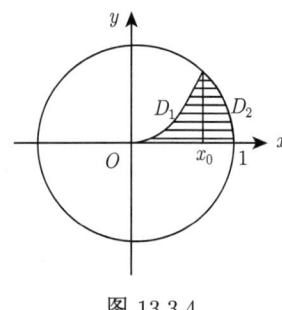

图 13.3.4

由于 $\int_0^{x_0} \frac{\arctan x}{x}\mathrm{d}x$ 为 (常义) 定积分, 所以 $\iint\limits_{D_1} \frac{\mathrm{d}x\mathrm{d}y}{x^2+y^2}$ 收敛, 即原积分收敛.

设函数 $f(x,y)$ 在区域 D 上有**奇线**Γ_0, 即 $f(x,y)$ 在 $D\backslash\Gamma_0$ 上有定义, 但在任何包含曲线 Γ_0 的区域上无界. 同定义 13.3.2 一样可定义 $f(x,y)$ 在 D 上的反常二重积分. 看下面的例子.

例 13.3.10 判断下列二重瑕积分的敛散性:

$$\iint\limits_{x^2+y^2 \leqslant 1} \frac{\mathrm{d}x\mathrm{d}y}{(1-x^2-y^2)^p}$$

解 显然 $x^2+y^2 = 1$ 为奇线, 对 $a \in (0,1)$, 有

$$\iint\limits_{x^2+y^2 \leqslant a^2} \frac{\mathrm{d}x\mathrm{d}y}{(1-x^2-y^2)^p}\mathrm{d}x\mathrm{d}y = \int_0^{2\pi} \mathrm{d}\theta \int_0^a \frac{r\mathrm{d}r}{(1-r^2)^p} = -\pi \int_0^a \frac{\mathrm{d}(1-r^2)}{(1-r^2)^p}.$$

令 $a \to 1^-$, 可知, 积分 $\iint\limits_{x^2+y^2 \leqslant 1} \frac{\mathrm{d}x\mathrm{d}y}{(1-x^2-y^2)^p}$ 当 $p < 1$ 时收敛; 当 $p \geqslant 1$ 时发散.

§13.3 反常重积分

同无界区域的情形一样, 对无界函数的反常重积分, 可积与绝对可积也是等价的, 同样也有相应的判别法, 且也可以通过化为累次积分和变量代换等方法进行计算.

例 13.3.11 计算 $\iint\limits_D \dfrac{\mathrm{d}x\mathrm{d}y}{\sqrt{x^2+y^2}}$, 其中 $D = \{x,y)|x^2+y^2 \leqslant x\}$.

解 利用极坐标变换, D 就对应于 $D_1 = \left\{(r,\theta)| -\dfrac{\pi}{2} \leqslant \theta \leqslant \dfrac{\pi}{2},\, 0 \leqslant r \leqslant \cos\theta\right\}$. 因此

$$\iint\limits_D \frac{\mathrm{d}x\mathrm{d}y}{\sqrt{x^2+y^2}} = \iint\limits_{D_1} \mathrm{d}r\mathrm{d}\theta = \int_{-\frac{\pi}{2}}^{\frac{\pi}{2}} \mathrm{d}\theta \int_0^{\cos\theta} \mathrm{d}r = \int_{-\frac{\pi}{2}}^{\frac{\pi}{2}} \cos\theta\mathrm{d}\theta = 2.$$

例 13.3.12 计算 $I = \displaystyle\int_0^1 \dfrac{\arctan x\mathrm{d}x}{x\sqrt{1-x^2}}$.

解 由于 $\dfrac{\arctan x}{x} = \displaystyle\int_0^1 \dfrac{\mathrm{d}y}{1+x^2y^2},\, x > 0$, 所以

$$I = \int_0^1 \mathrm{d}x \int_0^1 \frac{\mathrm{d}y}{(1+x^2y^2)\sqrt{1-x^2}} = \iint\limits_{[0,1]\times[0,1]} \frac{\mathrm{d}x\mathrm{d}y}{(1+x^2y^2)\sqrt{1-x^2}}$$

$$= \int_0^1 \mathrm{d}y \int_0^1 \frac{\mathrm{d}x}{(1+x^2y^2)\sqrt{1-x^2}}.$$

上面最后一个等式交换了积分次序. 对积分 $\displaystyle\int_0^1 \dfrac{\mathrm{d}x}{(1+x^2y^2)\sqrt{1-x^2}}$ 作变量代换 $x = \cos\theta$ 得

$$\int_0^1 \frac{\mathrm{d}x}{(1+x^2y^2)\sqrt{1-x^2}} = \int_0^{\frac{\pi}{2}} \frac{\mathrm{d}\theta}{1+y^2\cos^2\theta}$$

$$= \left[\frac{1}{\sqrt{1+y^2}} \arctan \frac{\tan\theta}{\sqrt{1+y^2}}\right]_0^{\frac{\pi}{2}} = \frac{\pi}{2} \frac{1}{\sqrt{1+y^2}}.$$

所以

$$I = \frac{\pi}{2} \int_0^1 \frac{\mathrm{d}y}{\sqrt{1+y^2}} = \frac{\pi}{2} \ln(1+\sqrt{2}).$$

注 13.3.2 可类似定义 n 重反常积分, 其中, $n \geqslant 3$, 并得到与定理 13.3.2 ~ 定理 13.3.5 相同的结论, 这里不再展开讨论了. 但要注意, 例 13.3.2 和推论 13.3.1 中的 "$p > 2$" 和 "$p \leqslant 2$" 要分别换为 "$p > n$" 和 "$p \leqslant n$". 下面只举一个三重反常积分的例子.

例 13.3.13 计算 $I = \iiint\limits_\Omega \dfrac{\mathrm{d}x\mathrm{d}y\mathrm{d}z}{\sqrt{1-x^2-y^2-z^2}}$, 其中, $\Omega = \{(x,y,z)|x^2+y^2+z^2 \leqslant 1\}$.

解 该反常积分有"奇面": $x^2 + y^2 + z^2 = 1$. 但还是可以利用球面坐标变换

$$x = r\sin\varphi\cos\theta,\ y = r\sin\varphi\sin\theta,\ z = r\cos\varphi,$$

Ω 对应于 $\Omega_1 = \{(r,\varphi,\theta)|0 \leqslant r \leqslant 1,\, 0 \leqslant \varphi \leqslant \pi,\, 0 \leqslant \theta \leqslant 2\pi\}$. 因此

$$I = \iiint\limits_{\Omega_1} \frac{r^2\sin\varphi}{\sqrt{1-r^2}}\mathrm{d}r\mathrm{d}\varphi\mathrm{d}\theta = \int_0^{2\pi} \mathrm{d}\theta \int_0^\pi \sin\varphi\mathrm{d}\varphi \int_0^1 \frac{r^2}{\sqrt{1-r^2}}\mathrm{d}r = \pi^2.$$

习 题 13.3

A1. 讨论下列二重无穷积分的敛散性：

(1) $\iint\limits_{\mathbb{R}_+^2} e^{-(x+y)} dxdy$;

(2) $\iint\limits_{x^2+y^2 \geqslant 1} \dfrac{dxdy}{(x^2+y^2)^m}$;

(3) $\iint\limits_{\mathbb{R}^2} \dfrac{\cos(xy)dxdy}{(1+x^2+y^2)^2}$;

(4) $\iint\limits_{\mathbb{R}^2} \dfrac{dxdy}{(1+|x|)^p(1+|y|)^q}$;

(5) $\iint\limits_{0 \leqslant y \leqslant 1} \dfrac{\varphi(x,y)dxdy}{(1+x^2+y^2)^p} (0 < m \leqslant |\varphi(x,y)| \leqslant M)$.

A2. 讨论下列二重瑕积分的敛散性：

(1) $\iint\limits_{x^2+y^2 \leqslant 1} \dfrac{dxdy}{(x^2+y^2)^m}$;

(2) $\iint\limits_{[0,a]\times[0,a]} \dfrac{dxdy}{|x-y|^p}$;

(3) $\iint\limits_{[0,1]\times[0,1]} \dfrac{x-y}{(x+y)^3} dxdy$;

(4) $\iiint\limits_{x^2+y^2+z^2 \leqslant 1} \dfrac{dxdydz}{(x^2+y^2+z^2)^p}$.

A3. 计算下列反常积分：

(1) $\iint\limits_{D} \dfrac{xy}{(x^2+y^2)^{3/2}} dxdy$, 其中, $D = \{(x,y) | 0 \leqslant x \leqslant 1,\ 0 \leqslant y \leqslant 1\}$;

(2) $\iint\limits_{\mathbb{R}^2} \dfrac{dxdy}{(1+x^2)(1+y^2)}$;

(3) $\iiint\limits_{\mathbb{R}^3} e^{-(x^2+y^2+z^2)} dxdydz$.

B4. 计算下列积分：

(1) $\displaystyle\int_{-\infty}^{+\infty} dy \int_{-\infty}^{+\infty} e^{-(x^2+y^2)} \cos(x^2+y^2) dx$;

(2) $\displaystyle\int_{\mathbb{R}^n} e^{-(x_1^2+x_2^2+\cdots+x_n^2)} dx_1 dx_2 \cdots dx_n$.

第 14 章　含参变量积分

含参变量积分, 包括含参变量的常义积分与反常积分. 本章主要研究含参变量积分定义的函数的分析性质. 我们将看到, 含参变量积分是构造新函数的又一重要工具, 一些重要的函数恰恰是由含参变量积分定义的. 对于含参变量反常积分所定义的函数, 其分析性质关键取决于一个比收敛性更强的概念: 一致收敛. 这是本章的难点.

§14.1　含参变量的常义积分

§14.1.1　含参变量积分的概念

给定函数 $f(x,y), x \in X, y \in Y$, 其中, $X \subset \mathbb{R}^n, Y \subset \mathbb{R}^m$, 都是 (有界或无界) 区域, 若对任意给定的 $y \in Y$, 作为 x 的函数, $f(x,y)$ 在 X 上 (广义) 可积, 则得积分

$$\int_X f(x,y)\mathrm{d}x, \quad y \in Y, \tag{14.1.1}$$

称为**含参变量积分**(integral depending on a parameter), 其中 y 为参数, 或称参变量.

如果 $X = [a,b]$, 且对任意参数 $y \in Y \subset \mathbb{R}$, 积分 (14.1.1) 都是常义积分 $\int_a^b f(x,y)\mathrm{d}x$, 则我们称积分 (14.1.1) 为**含参变量的常义积分**(proper integral depending on a parameter); 如果 $n > 1$, 则积分 (14.1.1) 形如 $\int_D f(x,y)\mathrm{d}x$, 称为**含参变量的重积分**(multiple integral depending on a parameter), 其中 $D \subset \mathbb{R}^n$ 为有界区域; 如果对部分或者所有的参数 $y \in Y$, 积分 (14.1.1) 为反常积分, 或反常重积分, 我们则称积分 (14.1.1) 为**含参变量的反常积分**(improper integral depending on a parameter), 或**含参变量的反常重积分**(improper multiple integral depending on a parameter).

实际上我们以前已经遇到过含参变量积分. 例如, 二重积分的基本计算方法就是化为累次积分. 当 $f(x,y)$ 在矩形 $[a,b] \times [c,d]$ 上连续时, 我们有

$$\iint_{[a,b]\times[c,d]} f(x,y)\mathrm{d}x\mathrm{d}y = \int_a^b \mathrm{d}x \int_c^d f(x,y)\mathrm{d}y,$$

或

$$\iint_{[a,b]\times[c,d]} f(x,y)\mathrm{d}x\mathrm{d}y = \int_c^d \mathrm{d}y \int_a^b f(x,y)\mathrm{d}x.$$

在上面的累次积分公式中

$$I(y) = \int_a^b f(x,y)\mathrm{d}x, y \in [c,d]$$

是含参变量 y 的积分;

$$J(x) = \int_c^d f(x,y)\mathrm{d}y, x \in [a,b]$$

是含参变量 x 的积分.

又如在计算椭圆

$$\frac{x^2}{a^2} + \frac{y^2}{b^2} = 1(b > a > 0)$$

的周长时, 利用椭圆的参数方程知所求周长为

$$4\int_0^{\frac{\pi}{2}} \sqrt{a^2\sin^2 t + b^2\cos^2 t}\,\mathrm{d}t = 4b\int_0^{\frac{\pi}{2}} \sqrt{1 - k^2\sin^2 t}\,\mathrm{d}t,$$

其中 $k = \dfrac{\sqrt{b^2 - a^2}}{b}$. 这里 $\int_0^{\frac{\pi}{2}} \sqrt{1 - k^2\sin^2 t}\,\mathrm{d}t$ 就是含参变量 k 的积分, 称为**第二类完全椭圆积分**.

为简单起见, 本书只讨论 $n = m = 1$ 的情况. 此时, X, Y 是有限或无穷区间, 且对每个 $y \in Y$, 对应唯一的积分值 $\displaystyle\int_X f(x,y)\mathrm{d}x$, 于是我们得到一个以 y 为自变量的函数, 记为

$$I(y) = \int_X f(x,y)\mathrm{d}x,\ y \in Y. \tag{14.1.2}$$

本章的主要任务是研究由此得到的函数的分析性质, 即连续性、可导性与可积性等. 本节先讨论含参变量的常义积分, 此时 $X = [a,b]$, 式 (14.1.2) 可记为

$$I(y) = \int_a^b f(x,y)\mathrm{d}x,\ y \in Y. \tag{14.1.3}$$

第二节讨论含参变量的反常积分的一致收敛性及含参变量的反常积分所定义的函数的分析性质, 而第三节则研究两个特殊的反常积分, 统称为 Euler 积分.

§14.1.2 含参变量的常义积分所定义的函数的分析性质

1. 连续性定理

定理 14.1.1(连续性定理) 设 $f(x,y)$ 在闭矩形 $D = [a,b] \times [c,d]$ 上连续, 则函数 $I(y)$ 在区间 $[c,d]$ 上连续.

证明 由 $f(x,y)$ 在闭矩形 D 上连续知它在 D 上一致连续. 因此对任意给定的 $\varepsilon > 0$, 存在 $\delta > 0$, 使得对任意两点 $(x_1, y_1), (x_2, y_2) \in D$, 当 $\sqrt{(x_1 - x_2)^2 + (y_1 - y_2)^2} < \delta$ 时, 成立

$$|f(x_1, y_1) - f(x_2, y_2)| < \varepsilon.$$

于是对任意定点 $y_0 \in [c,d]$, 只要 $|y - y_0| < \delta$, 就有

$$|I(y) - I(y_0)| = \left|\int_a^b [f(x,y) - f(x,y_0)]\mathrm{d}x\right|$$

§14.1 含参变量的常义积分

$$\leqslant \int_a^b |f(x,y) - f(x,y_0)| \mathrm{d}x < (b-a)\varepsilon.$$

这说明 $I(y)$ 在 $[c,d]$ 上连续. □

注 14.1.1 定理说明, 极限运算与积分运算可以交换次序:

$$\lim_{y \to y_0} \int_a^b f(x,y)\mathrm{d}x = \lim_{y \to y_0} I(y) = I(y_0) = \int_a^b f(x,y_0)\mathrm{d}x = \int_a^b \lim_{y \to y_0} f(x,y)\mathrm{d}x. \tag{14.1.4}$$

注 14.1.2 定理中的闭区间 $[c,d]$ 可以改成任何形式的区间 Y, 如 $(c,d], (c,+\infty)$ 等. 因为对任意的 $y_0 \in Y$, 取 $[\alpha,\beta] \subset Y$, 使得 $y_0 \in [\alpha,\beta]$, 然后对于 $D = [a,b] \times [\alpha,\beta]$ 使用定理即可知 $I(y)$ 在 y_0 连续, 从而在 Y 上连续.

例 14.1.1 求极限 $\lim\limits_{t \to 0} \int_0^2 x^2 \cos tx \mathrm{d}x$.

解 由于函数 $f(x,t) = x^2 \cos tx$ 在 $[0,2] \times [-1,1]$ 上连续, 由定理 14.1.1 得

$$\lim_{t \to 0} \int_0^2 x^2 \cos tx \mathrm{d}x = \int_0^2 \lim_{t \to 0} x^2 \cos tx \mathrm{d}x = \int_0^2 x^2 \mathrm{d}x = \frac{8}{3}.$$

例 14.1.2 求 $\lim\limits_{\alpha \to 0} \int_0^1 \dfrac{\mathrm{d}x}{1+x^2 \cos \alpha x}$.

解 由于函数 $f(x,\alpha) = \dfrac{1}{1+x^2 \cos \alpha x}$ 在 $[0,1] \times \left[-\dfrac{1}{2}, \dfrac{1}{2}\right]$ 上连续, 由定理 14.1.1 得

$$\lim_{\alpha \to 0} \int_0^1 \frac{\mathrm{d}x}{1+x^2 \cos \alpha x} = \int_0^1 \lim_{\alpha \to 0} \frac{\mathrm{d}x}{1+x^2 \cos \alpha x} = \int_0^1 \frac{\mathrm{d}x}{1+x^2} = \frac{\pi}{4}.$$

2. 积分次序交换定理

定理 14.1.2(积分次序交换定理) 设 $f(x,y)$ 在 $[a,b] \times [c,d]$ 上连续, 则

$$\int_c^d \mathrm{d}y \int_a^b f(x,y)\mathrm{d}x = \int_a^b \mathrm{d}x \int_c^d f(x,y)\mathrm{d}y. \tag{14.1.5}$$

证明 由于 $f(x,y)$ 在 $[a,b] \times [c,d]$ 上连续, 因此由二重积分的计算公式可知

$$\int_c^d \mathrm{d}y \int_a^b f(x,y)\mathrm{d}x = \iint\limits_{[a,b] \times [c,d]} f(x,y)\mathrm{d}x\mathrm{d}y = \int_a^b \mathrm{d}x \int_c^d f(x,y)\mathrm{d}y.$$

□

例 14.1.3 计算 $I = \int_0^1 \dfrac{x^b - x^a}{\ln x} \mathrm{d}x$, 其中 $b > a > 0$.

解 由于

$$\int_a^b x^y \mathrm{d}y = \frac{x^b - x^a}{\ln x},$$

因此

$$I = \int_0^1 \mathrm{d}x \int_a^b x^y \mathrm{d}y.$$

而函数 $f(x,y) = x^y$ 在 $[0,1] \times [a,b]$ 上连续, 所以由定理 14.1.2, 交换积分次序得

$$I = \int_0^1 dx \int_a^b x^y dy = \int_a^b dy \int_0^1 x^y dx = \int_a^b \frac{1}{1+y} dy = \ln \frac{1+b}{1+a}.$$

例 14.1.4 计算 $I = \int_0^{\frac{\pi}{2}} \frac{1}{\sin x} \ln \frac{1+a\sin x}{1-a\sin x} dx$, 其中 $0 < a < 1$.

解 由于

$$\int_0^a \frac{dy}{1-y^2 \sin^2 x} = \frac{1}{2\sin x} \ln \frac{1+a\sin x}{1-a\sin x},$$

因此

$$I = 2\int_0^{\frac{\pi}{2}} dx \int_0^a \frac{dy}{1-y^2 \sin^2 x}.$$

而函数 $f(x,y) = \dfrac{1}{1-y^2 \sin^2 x}$ 在 $\left[0, \dfrac{\pi}{2}\right] \times [0,a]$ 上连续, 所以由定理 14.1.2, 积分次序可以交换:

$$I = 2\int_0^{\frac{\pi}{2}} dx \int_0^a \frac{dy}{1-y^2\sin^2 x} = 2\int_0^a dy \int_0^{\frac{\pi}{2}} \frac{dx}{1-y^2\sin^2 x}.$$

又因为

$$\int_0^{\frac{\pi}{2}} \frac{dx}{1-y^2\sin^2 x} = -\int_0^{\frac{\pi}{2}} \frac{d\cot x}{\cot^2 x + 1 - y^2}$$

$$= -\frac{1}{\sqrt{1-y^2}} \arctan \frac{\cot x}{\sqrt{1-y^2}} \Big|_0^{\frac{\pi}{2}} = \frac{\pi}{2\sqrt{1-y^2}},$$

所以

$$I = \int_0^{\frac{\pi}{2}} \frac{1}{\sin x} \ln \frac{1+a\sin x}{1-a\sin x} dx = \pi \int_0^a \frac{dy}{\sqrt{1-y^2}} = \pi \arcsin a.$$

3. 积分号下求导定理

定理 14.1.3(积分号下求导定理) 设 $f(x,y), f_y(x,y)$ 都在 $[a,b] \times [c,d]$ 上连续, 则 $I(y) = \int_a^b f(x,y)dx$ 在 $[c,d]$ 上可导, 并且在 $[c,d]$ 上成立

$$\frac{dI(y)}{dy} = \frac{d}{dy} \int_a^b f(x,y)dx = \int_a^b f_y(x,y)dx = \int_a^b \frac{\partial}{\partial y} f(x,y)dx. \tag{14.1.6}$$

即求导运算与积分运算可以交换次序.

证明 对任意 $y \in [c,d]$, 当 $y + \Delta y \in [c,d]$ 时, 利用微分中值定理得

$$\frac{I(y+\Delta y) - I(y)}{\Delta y} = \int_a^b \frac{f(x,y+\Delta y) - f(x,y)}{\Delta y} dx = \int_a^b f_y(x, y+\theta \Delta y)dx.$$

其中 $\theta \in (0,1)$. 在上式中, 令 $\Delta y \to 0$, 并利用定理 14.1.1 得

$$\frac{dI(y)}{dy} = \lim_{\Delta y \to 0} \frac{I(y+\Delta y) - I(y)}{\Delta y} = \lim_{\Delta y \to 0} \int_a^b f_y(x, y+\theta\Delta y)dx$$

$$= \int_a^b \lim_{\Delta y \to 0} f_y(x, y+\theta\Delta y)dx = \int_a^b f_y(x,y)dx. \quad \square$$

§14.1 含参变量的常义积分

注 14.1.3 上式中的 θ 虽然不知道是否是 y 的连续函数, 但它是一个有界量, 所以上式最后一个等式还是成立的. 其实也可以不引用定理 14.1.1, 而直接证明: 由

$$\left| \frac{I(y+\Delta y)-I(y)}{\Delta y} - \int_a^b f_y(x,y)\mathrm{d}x \right| \leqslant \int_a^b \left| f_y(x, y+\theta\Delta y) - f_y(x,y) \right|\mathrm{d}x$$

及 $f_y(x,y)$ 的一致连续性立得所需结果.

例 14.1.5 利用积分号下求导定理可给出例 14.1.3 中积分 I 的另一种求法. 事实上, 把 a 看作常数, b 看作参变量, 由定理 14.1.3 得

$$\frac{\mathrm{d}I}{\mathrm{d}b} = \int_0^1 x^b \mathrm{d}x = \frac{1}{b+1},$$

从而有 $I = \ln(b+1) + c$. 又因为 $b=a$ 时, $I=0$, 由此可得 $c = -\ln(a+1)$, 于是

$$I = \ln\frac{b+1}{a+1}.$$

在实际问题中, 我们还会遇到积分上限与下限也含参变量的情形, 其一般式为

$$F(y) = \int_{a(y)}^{b(y)} f(x,y)\mathrm{d}x.$$

定理 14.1.4 设 $f(x,y)$ 在 $[a,b] \times [c,d]$ 上连续, $a(y), b(y)$ 是 $[c,d]$ 上的连续函数, 且满足 $a \leqslant a(y) \leqslant b, a \leqslant b(y) \leqslant b$, 则函数

$$F(y) = \int_{a(y)}^{b(y)} f(x,y)\mathrm{d}x$$

在 $[c,d]$ 上连续.

证明 令

$$\varphi(a,b,y) = \int_a^b f(x,y)\mathrm{d}x,$$

则 $F(y)$ 由 $\varphi(a,b,y)$ 与 $a = a(y)$ 和 $b = b(y)$ 复合而成, 由复合函数的连续性即知 $F(y)$ 连续. □

定理 14.1.5 设 $f(x,y), f_y(x,y)$ 都在 $[a,b] \times [c,d]$ 上连续, $a(y), b(y)$ 是 $[c,d]$ 上的可导函数, 满足 $a \leqslant a(y) \leqslant b, a \leqslant b(y) \leqslant b$, 则函数

$$F(y) = \int_{a(y)}^{b(y)} f(x,y)\mathrm{d}x$$

在 $[c,d]$ 上可导, 并且成立

$$F'(y) = \int_{a(y)}^{b(y)} f_y(x,y)\mathrm{d}x + f(b(y),y)b'(y) - f(a(y),y)a'(y).$$

证明 将 $F(y)$ 写成复合函数形式

$$F(y) = \int_u^v f(x,y)\mathrm{d}x = I(y,u,v), u = a(y),\ v = b(y).$$

由定理 14.1.3,

$$\frac{\partial I}{\partial y}(y,u,v) = \int_u^v f_y(x,y)\mathrm{d}x.$$

容易验证 $\dfrac{\partial I}{\partial y}(u,v,y)$ 是连续函数. 由变上限积分的求导法则,

$$\frac{\partial I}{\partial u} = -f(u,y), \quad \frac{\partial I}{\partial v} = f(v,y).$$

且它们都是连续的, 所以函数 $I(y,u,v)$ 可微. 于是由复合函数的链式法则得到

$$\begin{aligned}F'(y) =& \frac{\partial}{\partial y}I(y,u,v) = \frac{\partial I}{\partial y} + \frac{\partial I}{\partial u}\frac{\mathrm{d}u}{\mathrm{d}y} + \frac{\partial I}{\partial v}\frac{\mathrm{d}v}{\mathrm{d}y}\\=& \int_{a(y)}^{b(y)} f_y(x,y)\mathrm{d}x + f(b(y),y)b'(y) - f(a(y),y)a'(y).\end{aligned}$$

□

例 14.1.6 求函数 $f(x) = \displaystyle\int_x^{x^2} \mathrm{e}^{-x^2 u^2}\mathrm{d}u$ 的导数.

解

$$\begin{aligned}f'(x) =& \frac{\mathrm{d}}{\mathrm{d}x}\int_x^{x^2} \mathrm{e}^{-x^2 u^2}\mathrm{d}u\\=& \int_x^{x^2} \frac{\partial}{\partial x}\left(\mathrm{e}^{-x^2 u^2}\right)\mathrm{d}u + 2x\mathrm{e}^{-x^2 \cdot x^4} - \mathrm{e}^{-x^2 \cdot x^2}\\=& 2x\mathrm{e}^{-x^6} - \mathrm{e}^{-x^4} - \int_x^{x^2} 2xu^2\mathrm{e}^{-x^2 u^2}\mathrm{d}u.\end{aligned}$$

例 14.1.7 计算积分 $I(\theta) = \displaystyle\int_0^\pi \ln(1+\theta\cos x)\mathrm{d}x \quad (|\theta| < 1).$

解 对于任意满足 $|\theta| < 1$ 的 θ, 必有正数 $a < 1$, 使得 $|\theta| < a$. 记

$$f(x,\theta) = \ln(1+\theta\cos x).$$

易知 $f(x,\theta)$ 与 $f_\theta(x,\theta)$ 都在闭矩形 $[0,\pi]\times[-a,a]$ 上连续. 因此由定理 14.1.3,

$$I'(\theta) = \int_0^\pi \frac{\cos x}{1+\theta\cos x}\mathrm{d}x = \frac{1}{\theta}\int_0^\pi\left(1 - \frac{1}{1+\theta\cos x}\right)\mathrm{d}x = \frac{\pi}{\theta} - \frac{1}{\theta}\int_0^\pi \frac{\mathrm{d}x}{1+\theta\cos x}.$$

对于最后一个积分, 作万能代换 $t = \tan\dfrac{x}{2}$, 就得到

$$\int_0^\pi \frac{\mathrm{d}x}{1+\theta\cos x} = \int_0^{+\infty} \frac{2\mathrm{d}t}{1+t^2+\theta(1-t^2)} = \frac{2}{1+\theta}\int_0^{+\infty} \frac{\mathrm{d}t}{1+\dfrac{1-\theta}{1+\theta}t^2}$$

$$= \frac{2}{\sqrt{1-\theta^2}}\left(\arctan\sqrt{\frac{1-\theta}{1+\theta}}t\right)\bigg|_0^{+\infty} = \frac{\pi}{\sqrt{1-\theta^2}}.$$

于是
$$I'(\theta) = \frac{\pi}{\theta} - \frac{\pi}{\theta\sqrt{1-\theta^2}}.$$

上式两边对 θ 积分, 得到 $I(\theta) = \pi\ln(1+\sqrt{1-\theta^2}) + C$. 由于 $I(0) = 0$, 代入上式得到 $C = -\pi\ln 2$, 于是
$$I(\theta) = \pi\ln\frac{1+\sqrt{1-\theta^2}}{2}.$$

本例对参变量先求一次导数, 再求积分得到一个微分方程, 解这个微分方程并考虑初始值, 得到最后的结果. 这个方法与通过交换积分次序来求积分的处理过程都是求含参变量积分的重要方法.

例 14.1.8 计算积分 $I(a) = \int_0^\pi \ln(1 - 2a\cos x + a^2)\mathrm{d}x \quad (|a| < 1)$.

解 对于任意满足 $|a| < 1$ 的 a, 必有正数 $c < 1$, 使得 $|a| < c$. 记
$$f(x,a) = \ln(1 - 2a\cos x + a^2).$$

易知 $f(x,a)$ 与 $f_a(x,a)$ 都在闭矩形 $[0,\pi] \times [-c,c]$ 上连续. 因此由定理 14.1.3 得
$$I'(a) = \int_0^\pi \frac{2a - 2\cos x}{1 - 2a\cos x + a^2}\mathrm{d}x.$$

作变换 $t = \tan\dfrac{x}{2}$ 得
$$\begin{aligned} I'(a) &= 4\int_0^{+\infty} \frac{a-1+(a+1)t^2}{[(1-a)^2+(1+a)^2t^2](1+t^2)}\mathrm{d}t \\ &= \frac{2}{a}\int_0^{+\infty}\frac{\mathrm{d}t}{1+t^2} + 2\left(a-\frac{1}{a}\right)\int_0^{+\infty}\frac{\mathrm{d}t}{(1-a)^2+(1+a)^2t^2} \\ &= \frac{2}{a}\int_0^{+\infty}\frac{\mathrm{d}t}{1+t^2} - \frac{2}{a}\int_0^{+\infty}\frac{\mathrm{d}\left(\dfrac{1+a}{1-a}\right)t}{1+\left(\dfrac{1+a}{1-a}\right)^2 t^2} = 0. \end{aligned}$$

所以 $I(a) = I(0) = 0 (|a| < 1)$.

注 14.1.4 (1) 本题也可以直接利用例 14.1.7 得到结果, 因为
$$\ln(1-2a\cos x + a^2) = \ln(1+a^2) + \ln\left(1 - \frac{2a}{1+a^2}\cos x\right).$$

(2) 当 $|a| > 1$ 时, 令 $b = \dfrac{1}{a}$, 于是 $|b| < 1$, 从而 $I(b) = 0$. 于是
$$I(a) = \int_0^\pi \ln\frac{1-2b\cos x + b^2}{b^2}\mathrm{d}x = I(b) - 2\pi\ln|b| = 2\pi\ln|a|.$$

$$I(1) = \int_0^\pi \left(\ln 4 + 2\ln\sin\frac{x}{2}\right)\mathrm{d}x = 2\pi\ln 2 + 4\int_0^{\frac{\pi}{2}} \ln\sin t\,\mathrm{d}t$$
$$= 2\pi\ln 2 + 4\left(-\frac{\pi}{2}\ln 2\right) = 0.$$

同理 $I(-1) = 0$.

习 题 14.1

A1. 求下列极限:

(1) $\lim\limits_{a\to 0}\int_{-1}^1 \sqrt{x^2+a^2}\,\mathrm{d}x$;

(2) $\lim\limits_{a\to 0}\int_0^{1+a} \dfrac{\mathrm{d}x}{1+a^2+x^2}$;

(3) $\lim\limits_{a\to 0}\int_0^1 x^3\cos ax\,\mathrm{d}x$;

(4) $\lim\limits_{n\to\infty}\int_0^1 \dfrac{\mathrm{d}x}{1+(1+\frac{x}{n})^n}$.

A2. 利用交换积分次序的方法计算下列积分:

(1) $\int_0^1 \sin\left(\ln\dfrac{1}{x}\right)\dfrac{x^b-x^a}{\ln x}\mathrm{d}x \quad (b>a>0)$;

(2) $\int_0^1 \cos\left(\ln\dfrac{1}{x}\right)\dfrac{x^b-x^a}{\ln x}\mathrm{d}x \quad (b>a>0)$.

A3. 求导数：

(1) $f(x) = \int_x^{x^2} \mathrm{e}^{-xy^2}\mathrm{d}y$;

(2) $f(x) = \int_{\sin x}^{\cos x} \mathrm{e}^{x\sqrt{1-y^2}}\mathrm{d}y$;

(3) $f(x) = \int_0^x g(x+y)\mathrm{d}y$, 其中 $g(x)$ 连续;

(4) $f(x) = \int_0^x \mathrm{d}t \int_{t^2}^{x^2} g(t,s)\mathrm{d}s$, 求 $f'(x), f''(x)$, 其中 $g(t,s)$ 连续;

(5) 设 $I(\alpha) = \int_0^\alpha (x+\alpha)f(x)\mathrm{d}x$, 其中 $f(x)$ 为可微函数, 求 $I''(\alpha)$;

(6) $f(x) = \dfrac{1}{n!}\int_0^x g(t)(x-t)^n\mathrm{d}t$, 求 $f^{(n+1)}(x)$, 其中 $g(x)$ 连续.

A4. 设 $f(t)$ 二阶连续可导, $g(t)$ 一阶连续可导, 令

$$u(x,t) = \frac{1}{2}[f(x+at)+f(x-at)] + \frac{1}{2a}\int_{x-at}^{x+at} g(y)\mathrm{d}y,$$

试证明 $u(x,t)$ 在 $(-\infty,+\infty)\times(0,+\infty)$ 上二阶连续可导, 且满足

$$u_{t^2} = a^2 u_{x^2},\ u(x,0)=f(x),\ u_t(x,0)=g(x).$$

A5. 利用积分号下求导法计算下列积分:

(1) $\int_0^{\frac{\pi}{2}} \ln(a^2\sin^2 x + b^2\cos^2 x)\mathrm{d}x \quad (a^2+b^2\neq 0)$;

(2) $\int_0^{\frac{\pi}{2}} \ln(a^2-\sin^2 x)\mathrm{d}x \quad (a>1)$.

B6. 设 $f(x,y)$ 在 (x_0,y_0) 点的某邻域内连续可微, 试证明方程
$$y = y_0 + \int_{x_0}^x f(t,y)\mathrm{d}t$$
在 (x_0,y_0) 的某邻域内可确定 y 为 x 的可微函数.

B7. 讨论函数 $F(y) = \int_0^1 \dfrac{yf(x)}{x^2+y^2}\mathrm{d}x$ 的连续性, 其中 $f(x) > 0$ 在闭区间 $[0,1]$ 上连续.

C8. 设
$$E(k) = \int_0^{\frac{\pi}{2}} \sqrt{1-k^2\sin^2\varphi}\,\mathrm{d}\varphi,\ F(k) = \int_0^{\frac{\pi}{2}} \frac{\mathrm{d}\varphi}{\sqrt{1-k^2\sin^2\varphi}},$$
其中 $0 < k < 1$ (这两个积分称为**第二类椭圆积分**).

(1) 试求 $E(k)$ 与 $F(k)$ 的导数, 并以 $E(k)$ 与 $F(k)$ 来表示它们;

(2) 证明 $E(k)$ 满足方程
$$E''(k) + \frac{1}{k}E'(k) + \frac{E(k)}{1-k^2} = 0.$$
若记 $\tilde{k} = \sqrt{1-k^2}, \tilde{E}(k) := E(\tilde{k}), \tilde{F}(k) := F(\tilde{k})$.

(3) 求 $\dfrac{\mathrm{d}}{\mathrm{d}k}(E\tilde{F} + \tilde{E}F - F\tilde{F})$;

(4) 证明 $E\tilde{F} + \tilde{E}F - F\tilde{F} = \dfrac{\pi}{2}$.

§14.2 含参变量的反常积分

含参变量的反常积分主要包括**含参变量无穷积分**和**含参变量瑕积分**, 我们以前者的讨论为主.

设二元函数 $f(x,y)$ 定义在 $[a,+\infty)\times Y$ 上, 其中 $Y \subset \mathbb{R}$ 为区间, 如 (c,d), $(c,d]$, $[c,+\infty)$ 等. 考虑含参变量的无穷积分
$$\int_a^{+\infty} f(x,y)\mathrm{d}x. \tag{14.2.1}$$

若对某个 $y_0 \in Y$, 反常积分 $\int_a^{+\infty} f(x,y_0)\mathrm{d}x$ 收敛, 则称含参变量无穷积分 (14.2.1) 在 y_0 处收敛, 并称 y_0 为它的**收敛点**. 所有收敛点构成的集合称为含参变量的无穷积分 (14.2.2) 的**收敛域**. 收敛域也就是由含参变量无穷积分 (14.2.1) 所定义的函数
$$I(y) = \int_a^{+\infty} f(x,y)\mathrm{d}x \tag{14.2.2}$$
的定义域.

在上一节我们看到, 含参变量的常义积分所定义的函数具有很好的分析性质, 即连续性、可积性与可微性. 那么, 含参变量的反常积分所定义的函数也具有这些性质吗?

例 14.2.1 考虑含参变量反常积分
$$\int_0^{+\infty} xy\mathrm{e}^{-yx^2}\mathrm{d}x.$$

容易证明, 其收敛域为 $[0,+\infty)$, 于是我们得到了定义在 $[0,+\infty)$ 上的函数, 记为

$$I(y) = \int_0^{+\infty} xy\mathrm{e}^{-yx^2}\mathrm{d}x, y \in [0,+\infty).$$

那么, $I(y)$ 在 $[0,+\infty)$ 上连续吗?

显然, $I(0) = 0$, 但是

$$\lim_{y\to 0^+} I(y) = \lim_{y\to 0^+} \int_0^{+\infty} xy\mathrm{e}^{-yx^2}\mathrm{d}x = \frac{1}{2} \lim_{y\to 0^+} -\mathrm{e}^{-yx^2}\Big|_{x=0}^{x=+\infty} = \frac{1}{2} \neq I(0) = 0.$$

即 $I(y)$ 在 $y = 0$ 处不连续.

上例表明, 与上一节讨论的含参变量常义积分不同, 尽管 $f(x,y)$ 在 $[a,+\infty) \times Y$ 上连续, 由含参变量反常积分 (14.2.2) 的函数在 $Y' \subset Y$ 上有定义, 但 $I(y)$ 在 Y' 上也未必连续, 即等式

$$\lim_{y\to y_0} I(y) = \lim_{y\to y_0} \int_a^{+\infty} f(x,y)\mathrm{d}x = \int_a^{+\infty} \lim_{y\to y_0} f(x,y)\mathrm{d}x = I(y_0)$$

未必成立, 亦即极限与积分运算次序的交换未必总成立.

同样, 上一节成立的积分次序交换定理与积分号下求导定理在反常积分情形也都未必成立, 反例参见本节习题.

为保证由含参变量反常积分所定义的函数的连续性、可微性和可积性, 我们要引入比反常积分收敛性更强的概念 —— 一致收敛性.

§14.2.1　含参变量的反常积分的一致收敛性

定义 14.2.1　设二元函数 $f(x,y)$ 定义在 $[a,+\infty) \times Y$ 上, 且对任意的 $y \in Y$, 反常积分 (14.2.2) 都收敛. 如果 $\forall \varepsilon > 0, \exists$ 与 y 无关的正数 $A_0(\geqslant a)$, 使得当 $A > A_0$ 时, 对一切 $y \in Y$, 成立

$$\left|\int_a^A f(x,y)\mathrm{d}x - I(y)\right| = \left|\int_A^{+\infty} f(x,y)\mathrm{d}x\right| < \varepsilon, \tag{14.2.3}$$

则称含参变量无穷积分 (14.2.1) 关于 y 在 Y 上**一致收敛**(于 $I(y)$), 也常简称含参变量无穷积分 (14.2.1) 在 Y 上一致收敛.

注 14.2.1　(1) 对于 $\int_{-\infty}^a f(x,y)\mathrm{d}x$ 与 $\int_{-\infty}^{+\infty} f(x,y)\mathrm{d}x$, 可同样定义一致收敛的概念.

(2) 含参变量反常积分 (14.2.1) 在 Y 上不一致收敛 $\iff \exists \varepsilon_0 > 0, \forall A_0(>a), \exists A > A_0$ 及 $y_0 \in Y$, 使得

$$\left|\int_A^{+\infty} f(x,y_0)\mathrm{d}x\right| \geqslant \varepsilon_0.$$

例 14.2.2　证明: 含参变量积分 $I(y) = \int_0^{+\infty} \mathrm{e}^{-xy}\mathrm{d}x$

(1) 在 $[c,+\infty)$ 上一致收敛 $(c > 0)$;

(2) 在 $(0,+\infty)$ 上不一致收敛.

证明 (1) 对任何 $A > 0$, 记 $I_A(y) = \int_A^{+\infty} e^{-xy} dx$. 因为 $0 < c \leqslant y$, 所以

$$0 \leqslant I_A(y) = \int_A^{+\infty} e^{-xy} dx = \frac{1}{y} \int_{yA}^{+\infty} e^{-t} dt = \frac{1}{y} e^{-yA} \leqslant \frac{1}{c} e^{-cA}.$$

而

$$\lim_{A \to +\infty} \frac{1}{c} e^{-cA} = 0,$$

于是, $\forall\, \varepsilon > 0$, $\exists A_0 > 0$, 当 $A \geqslant A_0$ 时, $\frac{1}{c} e^{-cA} < \varepsilon$.

于是, 当 $A \geqslant A_0$ 时, 对一切 $y \geqslant c$, 有 $|I_A(y)| = \int_A^{+\infty} e^{-xy} dx < \varepsilon$, 所以含参变量积分 $\int_0^{+\infty} e^{-xy} dx$ 在 $[c, +\infty)$ 上一致收敛.

(2) 由于

$$\int_A^{+\infty} e^{-xy} dx = \frac{1}{y} e^{-yA} \to +\infty\, (y \to 0+),$$

所以 $\int_0^{+\infty} e^{-xy} dx$ 在 $(0, +\infty)$ 上不一致收敛. □

对于无界函数的含参变量反常积分, 同样也有一致收敛的概念:

定义 14.2.2 设二元函数 $f(x,y)$ 定义在 $[a,b) \times Y$ 上, 且 $\forall y \in Y$, 以 b 为奇点的反常积分

$$I(y) = \int_a^b f(x,y) dx \tag{14.2.4}$$

都收敛. 如果 $\forall \varepsilon > 0$, 都存在与 y 无关的正数 δ, 使得当 $0 < \eta < \delta$ 时, 对一切 $y \in Y$, 成立

$$\left| \int_a^{b-\eta} f(x,y) dx - I(y) \right| = \left| \int_{b-\eta}^b f(x,y) dx \right| < \varepsilon,$$

则称 $\int_a^b f(x,y) dx$ 关于 y 在 Y 上**一致收敛**(于 $I(y)$), 常简称 $\int_a^b f(x,y) dx$ 在 Y 上一致收敛.

§14.2.2 含参变量反常积分一致收敛性的判别

下面仅以无穷积分 $\int_a^{+\infty} f(x,y) dx$ 为例, 讨论含参变量反常积分的一致收敛性判别法.

定理 14.2.1(Cauchy 收敛原理) 含参变量反常积分 (14.2.1) 在 Y 上一致收敛的充分必要条件为 $\forall \varepsilon > 0$, 存在与 y 无关的正数 $A_0 (\geqslant a)$, 使得对任意的 $A', A > A_0$, 成立

$$\left| \int_A^{A'} f(x,y) dx \right| < \varepsilon, \forall y \in Y. \tag{14.2.5}$$

证明 只证充分性. 由不等式 (14.2.5) 和反常积分的 Cauchy 收敛原理知, 对每个 $y \in Y$, 反常积分 (14.2.1) 收敛, 记为 $I(y)$. 再在不等式 (14.2.5) 中令 $A' \to +\infty$ 得, 对任意的 $A > A_0$, 成立

$$\left| \int_A^{+\infty} f(x,y) \mathrm{d}x \right| \leqslant \varepsilon, \ \forall y \in Y.$$

由定义即知, 含参变量反常积分 (14.2.1) 在 Y 上一致收敛. □

推论 14.2.1 如果存在 $\varepsilon_0 > 0$, $A_n, A_n' \to +\infty$, 以及 $y_n \in Y$, 使得

$$\left| \int_{A_n}^{A_n'} f(x, y_n) \mathrm{d}x \right| \geqslant \varepsilon_0,$$

则含参变量反常积分 $\int_a^{+\infty} f(x,y) \mathrm{d}x$ 在 Y 上非一致收敛.

定理 14.2.2 (Weierstrass 判别法) 如果存在函数 $g(x,y)$, 使得

(1) $|f(x,y)| \leqslant g(x,y)$, $x \in [a, +\infty)$, $y \in Y$,

(2) 反常积分 $\int_a^{+\infty} g(x,y) \mathrm{d}x$ 在 Y 上一致收敛.

那么反常积分 $\int_a^{+\infty} f(x,y) \mathrm{d}x$ 在 Y 上一致收敛.

证明 因为 $\int_a^{+\infty} g(x,y) \mathrm{d}x$ 在 Y 上一致收敛, 由 Cauchy 收敛原理, 对于任意给定的 $\varepsilon > 0$, 存在与 y 无关的正数 A_0, 使得当 $A', A > A_0$ 时, 成立

$$\int_A^{A'} g(x,y) \mathrm{d}x < \varepsilon, \forall y \in Y.$$

因此当 $A', A > A_0$ 时, 对于任意 $y \in Y$, 不等式

$$\left| \int_A^{A'} f(x,y) \mathrm{d}x \right| \leqslant \int_A^{A'} g(x,y) \mathrm{d}x < \varepsilon$$

成立, 再由 Cauchy 收敛原理, 含参变量反常积分 $\int_a^{+\infty} f(x,y) \mathrm{d}x$ 在 Y 上一致收敛. □

推论 14.2.2 绝对一致收敛蕴含一致收敛, 即若反常积分 $\int_a^{+\infty} |f(x,y)| \mathrm{d}x$ 在 Y 上一致收敛, 则反常积分 $\int_a^{+\infty} f(x,y) \mathrm{d}x$ 在 Y 上一致收敛.

证明 在上述定理中取 $g(x,y) = |f(x,y)|$ 即可. □

推论 14.2.3 如果存在函数 $F(x)$, 使得

(1) $|f(x,y)| \leqslant F(x), x \in [a, +\infty), y \in Y$,

(2) 反常积分 $\int_a^{+\infty} F(x) \mathrm{d}x$ 收敛.

那么含参变量反常积分 $\int_a^{+\infty} f(x,y) \mathrm{d}x$ 在 Y 上一致收敛.

§14.2 含参变量的反常积分

例 14.2.3 证明 $\int_0^{+\infty} \dfrac{\cos(xy)}{1+x^2}\mathrm{d}x$ 在 $(0,+\infty)$ 上一致收敛.

证明 注意到 $\left|\dfrac{\cos(xy)}{1+x^2}\right| \leqslant \dfrac{1}{1+x^2}$, 而且 $\int_0^{+\infty} \dfrac{\mathrm{d}x}{1+x^2}$ 收敛, 于是由 Weierstrass 判别法知, $\int_0^{+\infty} \dfrac{\cos(xy)}{1+x^2}\mathrm{d}x$ 在 $(0,+\infty)$ 上一致收敛. □

例 14.2.4 证明 $\int_0^{+\infty} \sin x \mathrm{e}^{-tx^2}\mathrm{d}x$ 在任何 $[a,+\infty)\,(a>0)$ 上一致收敛, 但在 $(0,+\infty)$ 上非一致收敛.

证明 $\forall\, t \geqslant a > 0$, 因为 $|\sin x \mathrm{e}^{-tx^2}| \leqslant \mathrm{e}^{-ax^2}$, 且 $\int_0^{+\infty} \mathrm{e}^{-ax^2}\mathrm{d}x$ 收敛, 所以由 Weierstrass 判别法知, $\int_0^{+\infty} \sin x \mathrm{e}^{-tx^2}\mathrm{d}x$ 在 $[a,+\infty)$ 上一致收敛.

取 $A_n = 2n\pi + \dfrac{\pi}{4}, A_n' = 2n\pi + \dfrac{\pi}{2}$, 以及 $t_n = \dfrac{1}{\left(2n\pi + \dfrac{\pi}{2}\right)^2}$, 则有

$$\int_{A_n}^{A_n'} \sin x \mathrm{e}^{-t_n x^2}\mathrm{d}x \geqslant \sin A_n \mathrm{e}^{-t_n(A_n')^2}(A_n' - A_n) = \dfrac{\pi\sqrt{2}}{8}.$$

由推论 14.2.1 知, 无穷积分 $\int_0^{+\infty} \sin x \mathrm{e}^{-tx^2}\mathrm{d}x$ 在 $(0,+\infty)$ 上非一致收敛. □

定理 14.2.3 (A-D 判别法) 若函数 $f(x,y)$ 和 $g(x,y)$ 满足以下两组条件之一, 则无穷积分 $\int_a^{+\infty} f(x,y)g(x,y)\mathrm{d}x$ 关于 y 在 Y 上一致收敛.

1. Abel 判别法

(1) $\int_a^{+\infty} f(x,y)\mathrm{d}x$ 关于 y 在 Y 上一致收敛;

(2) $g(x,y)$ 关于 x 单调, 即对每个固定的 $y \in Y$, $g(x,y)$ 关于 x 是单调函数;

(3) $g(x,y)$ 一致有界, 即存在 $M > 0$, 使得

$$|g(x,y)| \leqslant M, \forall x \in [a,\infty), y \in Y.$$

2. Dirichlet 判别法

(1) $\int_a^A f(x,y)\mathrm{d}x$ 一致有界, 即存在 $M > 0$, 使得

$$\left|\int_a^A f(x,y)\mathrm{d}x\right| \leqslant M, \forall y \in Y, A > a;$$

(2) $g(x,y)$ 关于 x 单调;

(3) 当 $x \to +\infty$ 时 $g(x,y)$ 关于 $y \in Y$ 一致趋于零, 即对于任意给定的 $\varepsilon > 0$, 存在与 y 无关的正数 A_0, 使得当 $x \geqslant A_0$ 时, 成立 $|g(x,y)| < \varepsilon, \forall y \in Y.$

证明 我们只证明 Abel 判别法, Dirichlet 判别法的证明类似.

由于 $\int_a^{+\infty} f(x,y)\mathrm{d}x$ 关于 y 在 Y 上一致收敛, 由 Cauchy 收敛原理, 对于任意给定的 $\varepsilon > 0$, 存在与 y 无关的正数 A_0, 使得当 $A', A > A_0$ 时, 对于所有的 $y \in Y$, 成立

$$\left| \int_A^{A'} f(x,y)\mathrm{d}x \right| < \varepsilon, y \in Y.$$

那么当 $A', A > A_0$ 时, 对于任意 $y \in Y$, 由积分第二中值定理,

$$\left| \int_A^{A'} f(x,y)g(x,y)\mathrm{d}x \right|$$
$$= \left| g(A,y) \int_A^{\xi} f(x,y)\mathrm{d}x + g(A',y) \int_{\xi}^{A'} f(x,y)\mathrm{d}x \right|$$
$$\leqslant |g(A,y)| \left| \int_A^{\xi} f(x,y)\mathrm{d}x \right| + |g(A',y)| \left| \int_{\xi}^{A'} f(x,y)\mathrm{d}x \right|$$
$$< 2M\varepsilon,$$

其中, ξ 在 A 与 A' 之间. 于是由定理 14.2.1, $\int_a^{+\infty} f(x,y)\mathrm{d}x$ 在 Y 上一致收敛. □

例 14.2.5 证明 $\int_0^{+\infty} \mathrm{e}^{-xy} \dfrac{\sin x}{x} \mathrm{d}x$ 关于 y 在 $[0, +\infty)$ 上一致收敛.

证明 因为 $\int_0^{+\infty} \dfrac{\sin x}{x} \mathrm{d}x$ 收敛, 它当然关于 y 一致收敛. e^{-xy} 显然关于 x 单调, 且

$$0 \leqslant \mathrm{e}^{-xy} \leqslant 1, \quad 0 \leqslant x < +\infty, \quad 0 \leqslant y < +\infty,$$

即 e^{-xy} 一致有界. 由 Abel 判别法知, $\int_0^{+\infty} \mathrm{e}^{-xy} \dfrac{\sin x}{x} \mathrm{d}x$ 关于 y 在 $[0, +\infty)$ 上一致收敛.

□

注 14.2.2 关于无界函数的含参变量反常积分的一致收敛性, 同样有 Cauchy 收敛原理, Weierstrass 判别法, A-D 判别法, 请读者自己叙述并加以证明. 当然, 无界函数的含参变量反常积分的一致收敛性问题也可以转化为含参变量的无穷积分的一致收敛性问题.

例 14.2.6 讨论积分 $I = \int_0^1 \dfrac{\sin \dfrac{1}{x}}{x^p} \mathrm{d}x$ 关于 p 在 $(0, 2)$ 上的一致收敛性.

解 $x = 0$ 是瑕点. 作变换 $x = \dfrac{1}{t}$ 得 $I = \int_1^{+\infty} \dfrac{\sin t}{t^{2-p}} \mathrm{d}t$, 所以由无穷积分收敛的 Dirichlet 判别法可知, $p \in (0,2)$ 时积分收敛, 并且 $p \in (0,1)$ 时积分绝对收敛, $p \in [1,2)$ 时积分条件收敛.

同样, 由含参变量无穷积分一致收敛的 Dirichlet 判别法可知, 对任何 $p_0 < 2$, 积分关于 $p \in (0, p_0]$ 一致收敛.

§14.2 含参变量的反常积分

事实上, 积分 $\int_1^A \sin t\, dt$ 关于 $A \in [1,+\infty)$ 有界, 且它与 p 无关, 所以一致有界, 而 $\dfrac{1}{t^{2-p}}$ 关于 $t \in [1,+\infty)$ 单调递减, 且因为 $\dfrac{1}{t^{2-p}} \leqslant \dfrac{1}{t^{2-p_0}} \to 0$, 所以当 $t \to +\infty$ 时 $\dfrac{1}{t^{2-p}}$ 一致趋于 0.

下证积分在 $(0,2)$ 上非一致收敛. 事实上, 取 $A_n = 2n\pi$, $A_n' = (2n+1)\pi$, $p_n = 2 - \dfrac{1}{n}$, 则

$$\left| \int_{A_n}^{A_n'} \frac{\sin t}{t^{2-p_n}} dt \right| \geqslant \frac{1}{((2n+1)\pi)^{2-p_n}} \int_{2n\pi}^{(2n+1)\pi} \sin t\, dt = \frac{2}{((2n+1)\pi)^{\frac{1}{n}}} \to 2.$$

由 Cauchy 收敛原理知积分在 $(0,2)$ 上非一致收敛.

例 14.2.7 设 $0 < p < 2$, 讨论反常积分 $I = \int_0^{+\infty} \dfrac{\sin xy}{x^p} dx$ 关于 y 在 $[0,+\infty)$ 上的一致收敛性.

证明 注意到 0 可能是瑕点, 将 $I = \int_0^{+\infty} \dfrac{\sin xy}{x^p} dx$ 写成

$$I = \int_0^{+\infty} \frac{\sin xy}{x^p} dx = \int_0^1 \frac{\sin xy}{x^p} dx + \int_1^{+\infty} \frac{\sin xy}{x^p} dx \doteq I_1 + I_2.$$

1. 先考虑 I_1.

(1) 当 $0 < p < 1$ 时, 由于

$$\left| \frac{\sin xy}{x^p} \right| \leqslant \frac{1}{x^p},$$

而 $\int_0^1 \dfrac{1}{x^p} dx$ 收敛, 所以 I_1 在 $[0,+\infty)$ 上一致收敛.

(2) 当 $1 \leqslant p < 2$ 时, 对任意 $[0,b] \subset [0,+\infty)$, 由于

$$\left| \frac{\sin xy}{x^p} \right| \leqslant \frac{xy}{x^p} \leqslant \frac{b}{x^{p-1}}, \ \forall y \in [0,b],$$

而 $\int_0^1 \dfrac{b}{x^{p-1}} dx$ 收敛, 所以 I_1 在 $[0,b]$ 上一致收敛, 即 I_1 在 $(0,+\infty)$ 内闭一致收敛.

但 I_1 在 $(0,+\infty)$ 上非一致收敛. 事实上, $\forall n \in \mathbb{N}$, 取 $y_n = n$,

$$\int_{\frac{\pi}{4n}}^{\frac{\pi}{2n}} \frac{\sin nx}{x^p} dx \geqslant \left(\frac{2n}{\pi}\right)^p \frac{\sqrt{2}}{2n} \geqslant \frac{\sqrt{2}}{\pi},$$

由 Cauchy 一致收敛准则知, I_1 关于 y 在 $(0,+\infty)$ 上非一致收敛.

2. 再考虑 I_2.

(1) 当 $p > 1$ 时,

$$\left| \frac{\sin xy}{x^p} \right| \leqslant \frac{1}{x^p},$$

所以 I_2 在 $[0,+\infty)$ 上一致收敛.

(2) 当 $0 < p \leqslant 1$ 时,

$$\left| \int_1^A \sin xy\, dx \right| = \left| \frac{\cos y - \cos(Ay)}{y} \right| \leqslant \frac{2}{y} \leqslant \frac{2}{a}, \quad A \geqslant 0, y \in [a,+\infty),$$

因此它在 $[a,+\infty)$ 上一致有界.

显然, $\dfrac{1}{x^p}$ 是关于 x 的单调减少函数, $\lim\limits_{x\to+\infty}\dfrac{1}{x^p}=0$, 且 $\dfrac{1}{x^p}$ 与 y 无关, 因此这个极限关于 $y\in[a,+\infty)$ 是一致的. 于是由 Dirichlet 判别法知, I_2 在 $[a,+\infty)$ 上一致收敛.

再证明 I_2 在 $(0,+\infty)$ 上非一致收敛. 对于任意正整数 n, 取 $y_n=\dfrac{1}{n}$, 这时

$$\left|\int_{n\pi}^{\frac{3}{2}n\pi}\frac{\sin xy_n}{x^p}\mathrm{d}x\right|=\left|\int_{n\pi}^{\frac{3}{2}n\pi}\frac{\sin\frac{x}{n}}{x^p}\mathrm{d}x\right|>\frac{1}{\left(\frac{3}{2}n\pi\right)^p}\left|\int_{n\pi}^{\frac{3}{2}n\pi}\sin\frac{x}{n}\mathrm{d}x\right|=\frac{n^{1-p}}{\left(\frac{3}{2}\pi\right)^p}\geqslant\left(\frac{2}{3\pi}\right)^p.$$

由 Cauchy 一致收敛准则知, $\displaystyle\int_1^{+\infty}\frac{\sin xy}{x^p}\mathrm{d}x$ 在 $(0,+\infty)$ 上非一致收敛.

3. 综合而言, 对 $0<p<2$, 反常积分 $I=\displaystyle\int_0^{+\infty}\frac{\sin xy}{x^p}\mathrm{d}x$ 在 $(0,+\infty)$ 上内闭一致收敛, 但在 $(0,+\infty)$ 上非一致收敛. □

定理 14.2.4 (Dini 定理) 设 $f(x,y)$ 在 $[a,+\infty)\times[c,d]$ 上连续且定号, 若含参变量的无穷积分 (14.2.2) 定义的函数 $I(y)$ 在 $[c,d]$ 上连续, 那么这个无穷积分在 $[c,d]$ 上一致收敛.

证明 不妨设 $f(x,y)\geqslant 0$. 若含参变量的反常积分 (14.2.2) 在 $[c,d]$ 上不一致收敛, 那么 $\exists\varepsilon_0>0$, 对于任何正整数 $n>a$, 总存在 $y_n\in[c,d]$, 使得

$$\int_n^{+\infty}f(x,y_n)\mathrm{d}x\geqslant\varepsilon_0.$$

由于有界数列 $\{y_n\}$ 必有收敛子列, 不妨设 $\{y_n\}$ 收敛, 记 $y_0=\lim\limits_{n\to\infty}y_n\in[c,d]$.

由于反常积分 $\displaystyle\int_a^{+\infty}f(x,y_0)\mathrm{d}x$ 收敛, 所以存在 $A>a$, 使得

$$\int_A^{+\infty}f(x,y_0)\mathrm{d}x<\frac{\varepsilon_0}{2}.$$

且由 $f(x,y)\geqslant 0$ 知当 $n>A$ 时,

$$\int_A^{+\infty}f(x,y_n)\mathrm{d}x\geqslant\int_n^{+\infty}f(x,y_n)\mathrm{d}x\geqslant\varepsilon_0.$$

因为

$$\int_A^{+\infty}f(x,y)\mathrm{d}x=\int_a^{+\infty}f(x,y)\mathrm{d}x-\int_a^A f(x,y)\mathrm{d}x,$$

$\displaystyle\int_a^{+\infty}f(x,y)\mathrm{d}x$ 和 $\displaystyle\int_a^A f(x,y)\mathrm{d}x$ 都连续, 故 $\displaystyle\int_A^{+\infty}f(x,y)\mathrm{d}x$ 连续. 因此

$$\lim_{n\to\infty}\int_A^{+\infty}f(x,y_n)\mathrm{d}x=\int_A^{+\infty}f(x,y_0)\mathrm{d}x<\frac{\varepsilon_0}{2}.$$

这与 $\displaystyle\int_A^{+\infty}f(x,y_n)\mathrm{d}x\geqslant\varepsilon_0(n>A)$ 矛盾. 因此无穷积分 (14.2.2) 在 $[c,d]$ 上一致收敛. □

§14.2.3 一致收敛积分的分析性质

现在讨论含参变量反常积分的分析性质, 即连续性、可微性和可积性.

定理 14.2.5 (连续性定理) 设 $f(x,y)$ 在 $[a,+\infty) \times Y$ 上连续, $\int_a^{+\infty} f(x,y)\mathrm{d}x$ 关于 y 在 Y 上一致收敛, 则函数

$$I(y) = \int_a^{+\infty} f(x,y)\mathrm{d}x$$

在 Y 上连续. 即

$$\lim_{y \to y_0} \int_a^{+\infty} f(x,y)\mathrm{d}x = \int_a^{+\infty} \lim_{y \to y_0} f(x,y)\mathrm{d}x, \forall y_0 \in Y.$$

也就是说, 极限运算与积分运算可以交换次序.

证明 $\forall y_0 \in Y$, $\forall \varepsilon > 0$, 由 $\int_a^{+\infty} f(x,y)\mathrm{d}x$ 关于 y 在 Y 上一致收敛知, $\exists A_0 > a$, 使得当 $A > A_0$ 时, 式 (14.2.3) 成立, 即

$$\left| \int_{A_0}^{+\infty} f(x,y)\mathrm{d}x \right| < \frac{\varepsilon}{3}, \ \forall y \in Y.$$

由连续性定理 14.1.1 知, $\int_a^{A_0} f(x,y)\mathrm{d}x$ 是 Y 上的连续函数, 所以对上述的 $\varepsilon > 0$, $\exists \delta > 0$, 使得当 $y \in Y, |y - y_0| < \delta$ 时,

$$\left| \int_a^{A_0} f(x,y)\mathrm{d}x - \int_a^{A_0} f(x,y_0)\mathrm{d}x \right| < \frac{\varepsilon}{3}.$$

于是,

$$\begin{aligned}
|I(y) - I(y_0)| &= \left| \int_a^{+\infty} f(x,y)\mathrm{d}x - \int_a^{+\infty} f(x,y_0)\mathrm{d}x \right| \\
&\leq \left| \int_a^{A_0} f(x,y)\mathrm{d}x - \int_a^{A_0} f(x,y_0)\mathrm{d}x \right| \\
&\quad + \left| \int_{A_0}^{+\infty} f(x,y)\mathrm{d}x \right| + \left| \int_{A_0}^{+\infty} f(x,y_0)\mathrm{d}x \right| \\
&< \frac{\varepsilon}{3} + \frac{\varepsilon}{3} + \frac{\varepsilon}{3} = \varepsilon.
\end{aligned} \tag{14.2.6}$$

$\square$

注 14.2.3 (1) 定理 14.2.5 的逆不真, 例如

$$\int_0^{+\infty} \mathrm{e}^{-ax} \sin x \mathrm{d}x = \frac{1}{1+a^2}, a \in \left(0, \frac{1}{2}\right]$$

关于 a 在 $\left(0, \frac{1}{2}\right]$ 上连续, 且被积函数也连续, 但是积分关于 a 在 $\left(0, \frac{1}{2}\right]$ 上并不一致收敛. 事实上, 取 $\varepsilon_0 = \frac{2}{\mathrm{e}} > 0$, 对任意 $A > 0$, 存在 $A' = 2n\pi, A'' = (2n+1)\pi > A$ 及

$$a_0 = \frac{1}{(2n+1)\pi} \in \left(0, \frac{1}{2}\right], \text{ 使得}$$

$$\left|\int_{A'}^{A''} e^{-a_0 x} \sin x \mathrm{d}x\right| = \int_{2n\pi}^{(2n+1)\pi} e^{\frac{-x}{(2n+1)\pi}} \sin x \mathrm{d}x \geqslant \frac{1}{e} \int_{2n\pi}^{(2n+1)\pi} \sin x \mathrm{d}x = \frac{2}{e} = \varepsilon_0.$$

(2) Dini 定理不是定理 14.2.5 的逆定理. 当 $f(x,y)$ 保持定号时, 由Dini 定理, $I(y)$ 的连续性才能保证 $\int_a^{+\infty} f(x,y)\mathrm{d}x$ 的一致收敛性.

定理 14.2.6(积分次序交换定理) 设 $f(x,y)$ 在 $[a,+\infty)\times[c,d]$ 上连续, $\int_a^{+\infty} f(x,y)\mathrm{d}x$ 关于 $y \in [c,d]$ 一致收敛, 则函数

$$I(y) = \int_a^{+\infty} f(x,y)\mathrm{d}x$$

在 $[c,d]$ 上可积, 且可以交换积分次序, 即

$$\int_c^d \mathrm{d}y \int_a^{+\infty} f(x,y)\mathrm{d}x = \int_a^{+\infty} \mathrm{d}x \int_c^d f(x,y)\mathrm{d}y.$$

证明 根据连续性定理, $I(y)$ 在 $[c,d]$ 上连续, 从而可积. 因为 $\int_a^{+\infty} f(x,y)\mathrm{d}x$ 关于 $y \in [c,d]$ 一致收敛, 故对任何的 $\varepsilon > 0$, 存在 $A_0 > a$, 使得当 $A > A_0$ 时, 成立式 (14.2.3), 即

$$\left|\int_A^{+\infty} f(x,y)\mathrm{d}x\right| < \frac{\varepsilon}{3}, \ \forall y \in [c,d], \tag{14.2.7}$$

由含参变量常义积分交换次序定理知, 对任何 $A > A_0 > a$,

$$\int_c^d \mathrm{d}y \int_a^A f(x,y)\mathrm{d}x = \int_a^A \mathrm{d}x \int_c^d f(x,y)\mathrm{d}y. \tag{14.2.8}$$

于是

$$\int_c^d I(y)\mathrm{d}y = \int_c^d \left(\int_a^A f(x,y)\mathrm{d}x\right)\mathrm{d}y + \int_c^d \left(\int_A^{+\infty} f(x,y)\mathrm{d}x\right)\mathrm{d}y$$
$$= \int_a^A \left(\int_c^d f(x,y)\mathrm{d}y\right)\mathrm{d}x + \int_c^d \left(\int_A^{+\infty} f(x,y)\mathrm{d}x\right)\mathrm{d}y,$$

再由不等式 (14.2.7) 知,

$$\left|\int_c^d I(y)\mathrm{d}y - \int_a^A \left(\int_c^d f(x,y)\mathrm{d}y\right)\mathrm{d}x\right| \leqslant \left|\int_c^d \left(\int_A^{+\infty} f(x,y)\mathrm{d}x\right)\mathrm{d}y\right| < \varepsilon(d-c). \quad \square$$

例 14.2.8 对任意固定的 $A > a > 0$, 因为

$$\int_A^{+\infty} \frac{x^2 - y^2}{(x^2 + y^2)^2}\mathrm{d}x = -\frac{x}{x^2 + y^2}\bigg|_A^{+\infty} = \frac{A}{A^2 + y^2} < \frac{1}{A}, \forall y \in \mathbb{R},$$

所以 $\int_a^{+\infty} \frac{x^2-y^2}{(x^2+y^2)^2}dx$ 关于 y 在 $(-\infty,+\infty)$ 上一致收敛. 同理 $\int_a^{+\infty} \frac{x^2-y^2}{(x^2+y^2)^2}dy$ 关于 x 在 $(-\infty,+\infty)$ 上也一致收敛. 但是直接计算得

$$-\frac{\pi}{4} = \int_a^{+\infty} dx \int_a^{+\infty} \frac{x^2-y^2}{(x^2+y^2)^2}dy \neq \int_a^{+\infty} dy \int_a^{+\infty} \frac{x^2-y^2}{(x^2+y^2)^2}dx = \frac{\pi}{4},$$

即两个累次积分的次序不能交换.

上面的例子表明, 若将有限区间 $[c,d]$ 改为无穷区间, 上面定理 14.2.6 的条件还不足以保证积分次序可交换. 但在增加绝对收敛的条件后则可以保证积分次序可交换.

定理 14.2.7 设 $f(x,y)$ 在 $[a,+\infty) \times [c,+\infty)$ 上连续, $\int_a^{+\infty} f(x,y)dx$ 关于 y 在 $[c,C](c<C<+\infty)$ 上一致收敛, $\int_c^{+\infty} f(x,y)dy$ 关于 x 在 $[a,A](a<A<+\infty)$ 上一致收敛, 且

$$\int_a^{+\infty} dx \int_c^{+\infty} |f(x,y)|dy$$

和

$$\int_c^{+\infty} dy \int_a^{+\infty} |f(x,y)|dx$$

中有一个存在, 则

$$\int_a^{+\infty} dx \int_c^{+\infty} f(x,y)dy = \int_c^{+\infty} dy \int_a^{+\infty} f(x,y)dx.$$

证明 不妨假设 $\int_a^{+\infty} dx \int_c^{+\infty} |f(x,y)|dy$ 存在. 记

$$J(x) = \int_c^{+\infty} f(x,y)dy, \quad K(x) = \int_c^{+\infty} |f(x,y)|dy.$$

由假定知, $J(x)$ 在 $[a,+\infty)$ 上连续, $\int_a^{+\infty} K(x)dx$ 收敛, 而 $|J(x)| \leqslant K(x)$, 所以由比较判别法知, $\int_a^{+\infty} J(x)dx$ 绝对收敛, 从而收敛. 再由定理 14.2.6,

$$\int_c^{+\infty} dy \int_a^{+\infty} f(x,y)dx = \lim_{C \to +\infty} \int_c^{C} dy \int_a^{+\infty} f(x,y)dx = \lim_{C \to +\infty} \int_a^{+\infty} dx \int_c^{C} f(x,y)dy.$$

所以我们下面要证明

$$\lim_{C \to +\infty} \int_a^{+\infty} dx \int_c^{C} f(x,y)dy = \int_a^{+\infty} dx \int_c^{+\infty} f(x,y)dy,$$

也就是要证明

$$\lim_{C \to +\infty} \int_a^{+\infty} dx \int_C^{+\infty} f(x,y)dy = 0.$$

令

$$\int_a^{+\infty} dx \int_C^{+\infty} f(x,y)dy = \int_a^{A} dx \int_C^{+\infty} f(x,y)dy + \int_A^{+\infty} dx \int_C^{+\infty} f(x,y)dy = I_1 + I_2.$$

由 $\int_a^{+\infty} \mathrm{d}x \int_c^{+\infty} |f(x,y)|\mathrm{d}y$ 收敛, 故对 $\forall \varepsilon > 0, \exists A_0$, 当 $A > A_0$ 时, 有

$$|I_2| = \left|\int_A^{+\infty} \mathrm{d}x \int_C^{+\infty} f(x,y)\mathrm{d}y\right| \leqslant \int_A^{+\infty} \mathrm{d}x \int_C^{+\infty} |f(x,y)|\mathrm{d}y$$
$$\leqslant \int_A^{+\infty} \mathrm{d}x \int_c^{+\infty} |f(x,y)|\mathrm{d}y < \frac{\varepsilon}{2}.$$

固定 A, 由于 $\int_c^{+\infty} f(x,y)\mathrm{d}y$ 关于 x 在 $[a,A]$ 上一致收敛, 所以存在 C_0, 当 $C > C_0$ 时, 有

$$\left|\int_C^{+\infty} f(x,y)\mathrm{d}y\right| < \frac{\varepsilon}{2(A-a)}, \forall x \in [a, A].$$

因此

$$|I_1| = \left|\int_a^A \mathrm{d}x \int_C^{+\infty} f(x,y)\mathrm{d}y\right| \leqslant \int_a^A \left|\int_C^{+\infty} f(x,y)\mathrm{d}y\right| \mathrm{d}x < \frac{\varepsilon}{2}.$$

综上所述, 当 $C > C_0$ 时, 有

$$\left|\int_a^{+\infty} \mathrm{d}x \int_C^{+\infty} f(x,y)\mathrm{d}y\right| < \varepsilon. \qquad \square$$

定理 14.2.8(积分号下求导定理) 设 $f(x,y), f_y(x,y)$ 都在 $[a,+\infty) \times Y$ 上连续, $\int_a^{+\infty} f(x,y)\mathrm{d}x$ 对任意 $y \in Y$ 收敛, $\int_a^{+\infty} f_y(x,y)\mathrm{d}x$ 关于 y 在 Y 上一致收敛, 则函数

$$I(y) = \int_a^{+\infty} f(x,y)\mathrm{d}x$$

在 Y 上可导, 且有

$$I'(y) = \int_a^{+\infty} f_y(x,y)\mathrm{d}x.$$

即

$$\frac{\mathrm{d}}{\mathrm{d}y} \int_a^{+\infty} f(x,y)\mathrm{d}x = \int_a^{+\infty} \frac{\partial}{\partial y} f(x,y)\mathrm{d}x,$$

也就是说, 求导运算与积分运算可交换.

证明 记 $\phi(y) = \int_a^{+\infty} f_y(x,y)\mathrm{d}x$, 由于 $\int_a^{+\infty} f_y(x,y)\mathrm{d}x$ 关于 y 在 Y 上一致收敛, 可知 $\phi(y)$ 在 Y 上连续. 于是对于 $y \in [c,d] \subset Y$, 由定理 14.2.6 得

$$\int_c^y \phi(z)\mathrm{d}z = \int_c^y \mathrm{d}z \int_a^{+\infty} f_z(x,z)\mathrm{d}x = \int_a^{+\infty} \mathrm{d}x \int_c^y f_z(x,z)\mathrm{d}z$$
$$= \int_a^{+\infty} [f(x,y) - f(x,c)]\mathrm{d}x = \int_a^{+\infty} f(x,y)\mathrm{d}x - \int_a^{+\infty} f(x,c)\mathrm{d}x$$
$$= I(y) - I(c).$$

由于 $\phi(y)$ 在 $[c,d]$ 上连续, 所以函数 $\int_c^y \phi(z)\mathrm{d}z$ 可导, 从而 $I(y)$ 可导. 上式两边求导得

$$I'(y) = \phi(y) = \int_a^{+\infty} f_y(x,y)\mathrm{d}x. \qquad \square$$

例 14.2.9 确定函数
$$I(y) = \int_0^{+\infty} \frac{\ln(1+x)}{x^y} dx$$
的连续范围.

解 由例 13.2.10 知, $I(y)$ 的定义域为 $(1,2)$.

下面证明 $I(y)$ 在其定义域 $(1,2)$ 上连续. 因为被积函数 $f(x,y) = \dfrac{\ln(1+x)}{x^y}$ 在 $(0, +\infty) \times (1,2)$ 上连续, 因此下面只要分别证明 $I_1(y)$ 和 $I_2(y)$ 在 $(1,2)$ 上内闭一致收敛, 其中,
$$I_1(y) = \int_0^1 \frac{\ln(1+x)}{x^y} dx, \ I_2(y) = \int_1^{+\infty} \frac{\ln(1+x)}{x^y} dx.$$

任意给定闭区间 $[a,b] \subset (1,2)$, 由于
$$0 < \frac{\ln(1+x)}{x^y} \leqslant \frac{\ln(1+x)}{x^b}, 0 < x \leqslant 1, a \leqslant y \leqslant b < 2,$$

且 $\int_0^1 \dfrac{\ln(1+x)}{x^b} dx$ 收敛, 由 Weierstrass 判别法知, $I_1(y)$ 在 $[a,b]$ 上一致收敛.

又由于
$$0 < \frac{\ln(1+x)}{x^y} \leqslant \frac{\ln(1+x)}{x^a}, 1 \leqslant x < +\infty, 1 < a \leqslant y \leqslant b,$$

且 $\int_1^{+\infty} \dfrac{\ln(1+x)}{x^a} dx$ 收敛, 再由 Weierstrass 判别法知, $I_2(y)$ 在 $[a,b]$ 上一致收敛.

综上所述, $I(y)$ 在其定义域 $(1,2)$ 内连续.

例 14.2.10 计算 Dirichlet 积分
$$I = \int_0^{+\infty} \frac{\sin x}{x} dx.$$

解 考虑含参变量反常积分 (这里引进了**收敛因子** $e^{-\alpha x}$):
$$I(\alpha) = \int_0^{+\infty} e^{-\alpha x} \frac{\sin x}{x} dx, \alpha \geqslant 0.$$

记
$$f(x,\alpha) = \begin{cases} e^{-\alpha x} \frac{\sin x}{x}, & x \neq 0, \\ 1, & x = 0. \end{cases}$$

显然 $f(x,\alpha)$ 与 $f_\alpha(x,\alpha) = -e^{-\alpha x} \sin x$ 都在 $[0,+\infty) \times [0,+\infty)$ 上连续.

由例 14.2.5 知, $\int_0^{+\infty} e^{-\alpha x} \dfrac{\sin x}{x} dx$ 关于 α 在 $[0,+\infty)$ 上一致收敛, 因此 $I(\alpha)$ 在 $[0,+\infty)$ 上连续, 从而
$$I = I(0) = \lim_{\alpha \to +0} I(\alpha).$$

为了求 $I(\alpha)$, 利用积分号下求导的方法. 考虑
$$\int_0^{+\infty} f_\alpha(x,\alpha) dx = -\int_0^{+\infty} e^{-\alpha x} \sin x dx.$$

对于任意 $\alpha_0 > 0$, 由于 $|e^{-\alpha x}\sin x| \leqslant e^{-\alpha_0 x}(0 \leqslant x < +\infty, \alpha_0 \leqslant \alpha < +\infty)$, 且 $\int_0^{+\infty} e^{-\alpha_0 x}dx$ 收敛, 由 Weierstrass 判别法, $\int_0^{+\infty} f_\alpha(x,\alpha)dx = -\int_0^{+\infty} e^{-\alpha x}\sin x dx$ 在 $[\alpha_0, +\infty)$ 上一致收敛. 由定理 14.2.8,

$$I'(\alpha) = -\int_0^{+\infty} e^{-\alpha x}\sin x dx = \left[\frac{e^{-\alpha x}(\alpha \sin x + \cos x)}{1+\alpha^2}\right]\bigg|_0^{+\infty} = -\frac{1}{1+\alpha^2}.$$

由 α_0 的任意性可知上式在 $(0, +\infty)$ 上成立. 对上式两边积分, 得到

$$I(\alpha) = -\arctan\alpha + C.$$

由于在 $(0, +\infty)$ 上

$$|I(\alpha)| = \left|\int_0^{+\infty} e^{-\alpha x}\frac{\sin x}{x}dx\right| \leqslant \int_0^{+\infty} e^{-\alpha x}dx = \frac{1}{\alpha},$$

因此 $\lim\limits_{\alpha \to +\infty} I(\alpha) = 0$, 所以 $C = \frac{\pi}{2}$, 从而 $I(\alpha) = -\arctan\alpha + \frac{\pi}{2}$. 于是

$$\int_0^{+\infty} \frac{\sin x}{x}dx = I(0) = \lim_{\alpha \to 0^+} I(\alpha) = \lim_{\alpha \to 0^+}\left(-\arctan\alpha + \frac{\pi}{2}\right) = \frac{\pi}{2}.$$

注 14.2.4 尽管 $\frac{\sin x}{x}$ 的原函数不是初等函数, 但利用含参变量积分求导方法可以求得它在 $(0, +\infty)$ 上的积分值.

另外由此易得

$$\int_0^{+\infty} \frac{\sin \alpha x}{x}dx = \frac{\pi}{2}\mathrm{sgn}\alpha.$$

显然 sgnα 不是初等函数, 但可以用含参变量积分表示.

例 14.2.11 计算积分

$$J = \int_{-\infty}^{+\infty} \left(\frac{\sin x}{x}\right)^2 dx.$$

解 首先计算 $I = \int_0^{+\infty} \left(\frac{\sin x}{x}\right)^2 dx$, 由分部积分法得

$$I = x\left(\frac{\sin x}{x}\right)^2\bigg|_0^{+\infty} - \int_0^{+\infty} 2x\left(\frac{\sin x}{x} \cdot \frac{x\cos x - \sin x}{x^2}\right)dx$$

$$= -\int_0^{+\infty} \frac{\sin 2x}{x}dx + 2I.$$

再利用 Dirichlet 积分得

$$J = \int_{-\infty}^{+\infty} \left(\frac{\sin x}{x}\right)^2 dx = 2\int_0^{+\infty} \left(\frac{\sin x}{x}\right)^2 dx = \pi.$$

例 14.2.12 计算积分
$$I(x) = \int_0^{+\infty} e^{-t^2}\cos(xt)dt.$$

解 记 $f(x,t) = e^{-t^2}\cos xt$, 则 $f_x(x,t) = -te^{-t^2}\sin xt$. 这时有
$$|f_x(x,t)| = |-te^{-t^2}\sin xt| \leqslant te^{-t^2}, -\infty < x < +\infty,\ 0 \leqslant t < +\infty.$$

由于反常积分 $\int_0^{+\infty} te^{-t^2}dt$ 收敛, 由 Weierstrass 判别法知, 反常积分
$$\int_0^{+\infty} f_x(x,t)dt = -\int_0^{+\infty} te^{-t^2}\sin(xt)dt$$

关于 x 在 $(-\infty,+\infty)$ 上一致收敛. 应用积分号下求导定理, 得到
$$I'(x) = -\int_0^{+\infty} te^{-t^2}\sin(xt)dt = \frac{1}{2}\left[e^{-t^2}\sin xt\Big|_0^{+\infty} - x\int_0^{+\infty} e^{-t^2}\cos(xt)dt\right] = -\frac{x}{2}I(x).$$

于是可解得
$$I(x) = Ce^{-\frac{x^2}{4}}.$$

由于 $I(0) = \int_0^{+\infty} e^{-t^2}dt = \frac{\sqrt{\pi}}{2}$, 因此 $C = \frac{\sqrt{\pi}}{2}$. 于是
$$I(x) = \frac{\sqrt{\pi}}{2}e^{-\frac{x^2}{4}}.$$

例 14.2.13 计算积分
$$\int_0^{+\infty} \frac{e^{-ax} - e^{-bx}}{x}dx \quad (0 < a < b).$$

解 因为
$$\frac{e^{-ax} - e^{-bx}}{x} = \int_a^b e^{-xy}dy,$$

且由例 14.2.2 知 $\int_0^{+\infty} e^{-xy}dx$ 关于 $y \in [a,b]$ 一致收敛, 所以
$$\int_0^{+\infty} \frac{e^{-ax} - e^{-bx}}{x}dx = \int_0^{+\infty} dx \int_a^b e^{-xy}dy$$
$$= \int_a^b dy \int_0^{+\infty} e^{-xy}dx = \int_a^b \frac{dy}{y} = \ln\frac{b}{a}.$$

习 题 14.2

A1. 证明下列含参变量积分在指定区间上一致收敛:

(1) $\int_1^{+\infty} \dfrac{y^2 - x^2}{(x^2+y^2)^2} dy, \quad x \in (-\infty, +\infty)$;

(2) $\int_1^{+\infty} y^x e^{-y} dy, \quad x \in [a, b]$;

(3) $\int_0^{+\infty} \dfrac{e^{-xy} \cos xy}{x^2+y^2} dy, \quad x \geqslant a > 0$;

(4) $\int_0^1 y^{x-1}(1-y) dy, \quad x \geqslant a > 0$;

(5) $\int_0^{+\infty} \dfrac{\sin 2y}{x+y} e^{-xy} dy, \quad x \in [0, a]$;

(6) $\int_0^1 \ln(xy) dy, \quad x \in \left[\dfrac{1}{b}, b\right] (b > 1)$;

(7) $\int_0^{+\infty} y \sin y^4 \cos xy \, dy, \quad x \in [a, b]$;

(8) $\int_0^1 \dfrac{dy}{y^x}, \quad x \in (-\infty, b] (b < 1)$.

A2. 讨论下列含参变量积分的一致收敛性:

(1) $\int_{-\infty}^{+\infty} e^{-(x-\alpha)^2} dx$, (i) $\alpha \in (a, b)$, (ii) $\alpha \in (-\infty, +\infty)$;

(2) $\int_0^1 x^{\alpha-1} \ln^2 x \, dx$, (i) $\alpha \in [\alpha_0, +\infty)(\alpha_0 > 0)$, (ii) $\alpha \in (0, +\infty)$;

(3) $\int_0^{+\infty} \dfrac{x \sin \alpha x}{\alpha(1+x^2)} dx, \quad \alpha \in (0, +\infty)$;

(4) $\int_0^{+\infty} e^{-\alpha x} \sin x \, dx$, (i) $\alpha \in [\alpha_0, +\infty)(\alpha_0 > 0)$, (ii) $\alpha \in (0, +\infty)$.

A3. 证明:

(1) 函数 $F(y) = \int_0^{+\infty} e^{-(x-y)^2} dx$ 在 $(-\infty, +\infty)$ 上连续;

(2) 函数 $F(y) = \int_1^{+\infty} \dfrac{\cos x \, dx}{x^y}$ 在 $(0, +\infty)$ 上连续;

(3) 函数 $F(y) = \int_0^{\pi} \dfrac{\sin x \, dx}{x^y (\pi - x)^{2-y}}$ 在 $(0, 2)$ 上连续;

(4) 函数 $F(y) = \int_0^{+\infty} \dfrac{\cos x \, dx}{1+(x+y)^2}$ 在 $(-\infty, +\infty)$ 上可微.

A4. 计算:

(1) $\int_0^{+\infty} \dfrac{\cos ax - \cos bx}{x^2} dx \quad (0 < a < b)$;

(2) $\int_0^{+\infty} e^{-px} \dfrac{\cos bx - \cos ax}{x} dx \quad (p > 0, 0 < a < b)$;

(3) $\int_0^{+\infty} \dfrac{e^{-a^2 x^2} - e^{-b^2 x^2}}{x^2} dx \quad (0 < a < b)$;

(4) $\int_0^{+\infty} e^{-t} \dfrac{\sin xt}{t} dt$;

(5) $\int_0^{+\infty} e^{-x} \dfrac{1 - \cos xy}{x^2} dx$;

(6) $\int_0^{+\infty} \dfrac{\arctan bx - \arctan ax}{x} dx \quad (b \geqslant a > 0)$;

(7) $\int_0^{+\infty} \dfrac{dx}{(x^2 + a^2)^{n+1}} \quad (a > 0)$. （提示：利用 $\int_0^{+\infty} \dfrac{dx}{x^2 + a^2} = \dfrac{\pi}{2a}$）

§14.3 Euler 积分

B5. 应用 $\int_0^{+\infty} e^{-at^2} dt = \dfrac{\sqrt{\pi}}{2} a^{-\frac{1}{2}} (a > 0)$, 证明:

(1) $\int_0^{+\infty} t^2 e^{-at^2} dt = \dfrac{\sqrt{\pi}}{4} a^{-\frac{3}{2}}$;

(2) $\int_0^{+\infty} t^{2n} e^{-at^2} dt = \dfrac{\sqrt{\pi}}{2} \dfrac{1 \cdot 3 \cdot \cdots \cdot (2n-1)}{2^n} a^{-(n+\frac{1}{2})}$;

(3) (Fresnel 积分) $\int_0^{+\infty} \sin x^2 dx = \int_0^{+\infty} \cos x^2 dx = \dfrac{1}{2}\sqrt{\dfrac{\pi}{2}}$.

B6. 证明:
$$\int_0^{+\infty} e^{-yx} \frac{\sin bx - \sin ax}{x} dx = \arctan\frac{b}{y} - \arctan\frac{a}{y}, y > 0, b > a,$$

由此求出 Dirichlet 积分 $\int_0^{+\infty} \dfrac{\sin x}{x} dx$.

C7. 回答下列问题:

(1) 对极限 $\lim\limits_{x \to 0^+} \int_0^{+\infty} x e^{-xy} dy$ 能否进行极限与积分运算次序的交换来求解?

(2) 对 $\int_0^1 dy \int_0^{+\infty} (2y - 2xy^3) e^{-xy^2} dx$ 能否运用积分次序交换来求解?

(3) 对 $F(x) = \int_0^{+\infty} x^3 e^{-x^2 y} dy$ 能否运用积分与求导运算次序交换来求解?

§14.3　Euler 积分

本节中, 我们将讨论两个重要的含参变量积分, 统称为 Euler 积分 (Eulerian integral).

§14.3.1　Beta 函数

考虑含参变量积分
$$\int_0^1 x^{p-1}(1-x)^{q-1} dx.$$

0 和 1 是可能的瑕点. 将其表为
$$\int_0^1 x^{p-1}(1-x)^{q-1} dx = \int_0^{\frac{1}{2}} x^{p-1}(1-x)^{q-1} dx + \int_{\frac{1}{2}}^1 x^{p-1}(1-x)^{q-1} dx.$$

由上一章非负函数瑕积分的比较判别法易知, 当 $p > 0$ 时第一个积分收敛, 当 $q > 0$ 时, 第二个积分收敛, 合之, 当 $p, q > 0$ 时该含参变量积分收敛, 其值自然是 p, q 的二元函数, 通常称它为 **Beta 函数**, 或**第一类 Euler 积分**(Eulerian integral of first kind), 记为

$$B(p, q) = \int_0^1 x^{p-1}(1-x)^{q-1} dx. \tag{14.3.1}$$

下面研究 Beta 函数的性质.

性质 14.3.1(连续性)　$B(p, q)$ 在其定义域 $(0, +\infty) \times (0, +\infty)$ 内连续.

证明 对于任意固定的 $p_0 > 0, q_0 > 0$, 当 $p \geqslant p_0, q \geqslant q_0$ 时,

$$x^{p-1}(1-x)^{q-1} \leqslant x^{p_0-1}(1-x)^{q_0-1}, \quad 0 \leqslant x \leqslant 1.$$

而 $\int_0^1 x^{p_0-1}(1-x)^{q_0-1}\mathrm{d}x$ 收敛, 由 Weierstrass 判别法, $\int_0^1 x^{p-1}(1-x)^{q-1}\mathrm{d}x$ 关于 p, q 在 $[p_0, +\infty) \times [q_0, +\infty)$ 上一致收敛, 从而类似于含单参量反常积分的连续性定理可知, $B(p,q) = \int_0^1 x^{p-1}(1-x)^{q-1}\mathrm{d}x$ 在 $[p_0, +\infty) \times [q_0, +\infty)$ 上连续.

由 $p_0 > 0, q_0 > 0$ 的任意性得知 $B(p,q) = \int_0^1 x^{p-1}(1-x)^{q-1}\mathrm{d}x$ 在 $(0, +\infty) \times (0, +\infty)$ 上连续. □

性质 14.3.2(对称性) $B(p,q) = B(q,p)$.

证明 令 $x = 1 - t$, 则

$$B(p,q) = \int_0^1 x^{p-1}(1-x)^{q-1}\mathrm{d}x = \int_0^1 (1-t)^{p-1} t^{q-1}\mathrm{d}t = B(q,p).$$

□

性质 14.3.3(递推公式)

$$B(p,q) = \frac{q-1}{p+q-1}B(p, q-1), \quad p > 0, q > 1. \tag{14.3.2}$$

证明 利用分部积分法得

$$\begin{aligned}
B(p,q) &= \int_0^1 x^{p-1}(1-x)^{q-1}\mathrm{d}x = \int_0^1 \frac{1}{p}(1-x)^{q-1}\mathrm{d}x^p \\
&= \frac{1}{p}x^p(1-x)^{q-1}\bigg|_0^1 + \frac{q-1}{p}\int_0^1 x^p(1-x)^{q-2}\mathrm{d}x \\
&= \frac{q-1}{p}\left[\int_0^1 x^{p-1}(1-x)^{q-2}\mathrm{d}x - \int_0^1 x^{p-1}(1-x)^{q-1}\mathrm{d}x\right] \\
&= \frac{q-1}{p}B(p, q-1) - \frac{q-1}{p}B(p,q).
\end{aligned}$$

移项整理后就得到递推公式. □

由 $B(p,q)$ 的对称性并结合递推公式可得当 $p > 1, q > 1$ 时, 成立

$$B(p,q) = \frac{(p-1)(q-1)}{(p+q-1)(p+q-2)}B(p-1, q-1).$$

由 $B(p,1) = \frac{1}{p}$ 及递推公式得

$$\begin{aligned}
B(p,n) &= \frac{n-1}{p+n-1} \cdot \frac{n-2}{p+n-2} \cdots \cdot \frac{n-(n-1)}{p+n-(n-1)} \cdot B(p,1) \\
&= \frac{(n-1)!}{p(p+1)\cdots(p+n-1)}.
\end{aligned}$$

特别地, 当 m,n 为正整数时, 有

$$B(m,n) = \frac{(m-1)!(n-1)!}{(m+n-1)!}. \tag{14.3.3}$$

性质 14.3.4 Beta 函数其他表示:

(1) $B(p,q) = 2\int_0^{\frac{\pi}{2}} \cos^{2p-1} t \sin^{2q-1} t \mathrm{d}t$;

(2) $B(p,q) = \int_0^{+\infty} \frac{t^{q-1}}{(1+t)^{p+q}}\mathrm{d}t = \int_0^1 \frac{t^{p-1}+t^{q-1}}{(1+t)^{p+q}}\mathrm{d}t$.

证明 (1) 作变量代换 $x = \cos^2 t$, 得

$$B(p,q) = 2\int_0^{\frac{\pi}{2}} \cos^{2p-1} t \sin^{2q-1} t \mathrm{d}t. \tag{14.3.4}$$

(2) 作变量代换 $x = \dfrac{1}{1+t}$ 得到

$$B(p,q) = \int_0^{+\infty} \frac{t^{q-1}}{(1+t)^{p+q}}\mathrm{d}t. \tag{14.3.5}$$

再作变量代换 $t = \dfrac{1}{u}$ 得到

$$\int_1^{+\infty} \frac{t^{q-1}}{(1+t)^{p+q}}\mathrm{d}t = \int_0^1 \frac{u^{p-1}}{(1+u)^{p+q}}\mathrm{d}u.$$

于是

$$B(p,q) = \int_0^1 \frac{t^{q-1}}{(1+t)^{p+q}}\mathrm{d}t + \int_1^{+\infty} \frac{t^{q-1}}{(1+t)^{p+q}}\mathrm{d}t = \int_0^1 \frac{t^{p-1}+t^{q-1}}{(1+t)^{p+q}}\mathrm{d}t. \tag{14.3.6}$$

$\square$

由 (1) 可得

$$B\left(\frac{1}{2},\frac{1}{2}\right) = \pi. \tag{14.3.7}$$

§14.3.2 Gamma 函数

易知, 当 $s > 0$ 时, 含参变量积分 $\int_0^{+\infty} x^{s-1}\mathrm{e}^{-x}\mathrm{d}x$ 收敛, 由它定义的函数称为 **Gamma 函数**, 或**第二类 Euler 积分**(Eulerian integral of second kind), 记为

$$\Gamma(s) = \int_0^{+\infty} x^{s-1}\mathrm{e}^{-x}\mathrm{d}x, s \in (0,+\infty). \tag{14.3.8}$$

Gamma 函数有如下性质.

性质 14.3.5(连续性) $\Gamma(s)$ 在其定义域 $(0,+\infty)$ 上连续.

证明 对于任意闭区间 $[a,b] \subset (0,+\infty)$, 当 $s \in [a,b]$ 时成立

$$x^{s-1}e^{-x} \leqslant x^{a-1}e^{-x}, x \in [0,1].$$

而 $\int_0^1 x^{a-1}e^{-x}dx$ 收敛, 由 Weierstrass 判别法, $\int_0^1 x^{s-1}e^{-x}dx$ 关于 s 在 $[a,b]$ 上一致收敛. 当 $s \in [a,b]$ 时成立

$$x^{s-1}e^{-x} \leqslant x^{b-1}e^{-x}, x \in [1,+\infty).$$

而 $\int_1^{+\infty} x^{b-1}e^{-x}dx$ 收敛, 由 Weierstrass 判别法知, $\int_1^{+\infty} x^{s-1}e^{-x}dx$ 在 $[a,b]$ 上一致收敛.

于是 $\Gamma(s) = \int_0^{+\infty} x^{s-1}e^{-x}dx$ 关于 s 在 $[a,b]$ 上一致收敛, 从而 $\Gamma(s)$ 在 $[a,b]$ 上连续. 由区间 $[a,b]$ 的任意性, 可知 $\Gamma(s)$ 在 $(0,+\infty)$ 上连续. □

用同样方法也可以证明对于任意闭区间 $[a,b] \subset (0,+\infty)$,

$$\int_0^{+\infty} \frac{\partial}{\partial s}(x^{s-1}e^{-x})dx = \int_0^{+\infty} x^{s-1}e^{-x}\ln x\, dx$$

关于 s 在 $[a,b]$ 上一致收敛, 于是由积分号下求导定理得 $\Gamma(s)$ 在 $[a,b]$ 上可导. 再由区间 $[a,b]$ 的任意性, 可知 $\Gamma(s)$ 在 $(0,+\infty)$ 上可导, 且

$$\Gamma'(s) = \int_0^{+\infty} x^{s-1}e^{-x}\ln x\, dx, s > 0.$$

仿照上面的方法, 可进一步得到 $\Gamma(s)$ 在 $(0,+\infty)$ 上任意阶可导, 且成立

$$\Gamma^{(n)}(s) = \int_0^{+\infty} x^{s-1}e^{-x}(\ln x)^n dx, s > 0, \forall n \in \mathbb{N}^+. \tag{14.3.9}$$

特别地, $\Gamma''(s) > 0$, 所以 Gamma 函数是严格凸函数.

性质 14.3.6(递推公式)

$$\Gamma(s+1) = s\Gamma(s), s > 0. \tag{14.3.10}$$

证明 利用分部积分法得到

$$\Gamma(s+1) = \int_0^{+\infty} x^s e^{-x}dx = -\int_0^{+\infty} x^s de^{-x}$$

$$= -x^s e^{-x}\Big|_0^{+\infty} + s\int_0^{+\infty} x^{s-1}e^{-x}dx = s\Gamma(s). \quad \square$$

特别地, 当 $s = n$ 为正整数时, 由于 $\Gamma(1) = 1$, 所以

$$\Gamma(n+1) = n\Gamma(n) = \cdots = n!\Gamma(1) = n!, \tag{14.3.11}$$

因此可以说 Gamma 函数是阶乘的推广.

又由于 $\Gamma(s) = \dfrac{\Gamma(s+1)}{s}$ 以及 $\Gamma(1) = 1$, 所以有

$$\lim_{s \to 0^+} \Gamma(s) = +\infty. \tag{14.3.12}$$

§14.3 Euler 积分

又因为
$$\Gamma(s) = \int_0^{+\infty} x^{s-1} e^{-x} dx \geqslant \int_1^{+\infty} x^{s-1} e^{-x} dx,$$

所以, 当 $s \geqslant 1$ 时, $\Gamma(s) \geqslant \int_1^{+\infty} e^{-x} dx = e^{-1}$, 再由递推公式知

$$\lim_{s \to +\infty} \Gamma(s) = +\infty. \tag{14.3.13}$$

性质 14.3.7 Gamma 函数的其他表示:

(1) 作变量代换 $x = t^2$, 得

$$\Gamma(s) = 2 \int_0^{+\infty} t^{2s-1} e^{-t^2} dt. \tag{14.3.14}$$

特别地,

$$\Gamma\left(\frac{1}{2}\right) = 2 \int_0^{+\infty} e^{-t^2} dt = \sqrt{\pi}. \tag{14.3.15}$$

(2) 作变量代换 $x = at (a > 0)$, 得

$$\Gamma(s) = a^s \int_0^{+\infty} t^{s-1} e^{-at} dt.$$

注 14.3.1(定义域的延拓) 由于等式

$$\Gamma(s) = \frac{\Gamma(s+1)}{s}$$

的右边在 $(-1, 0)$ 上有意义, 则可以应用上式来定义左边函数 $\Gamma(s)$ 在 $(-1, 0)$ 上的值. 用同样的方法, 再利用 $\Gamma(s)$ 在 $(-1, 0)$ 上定义的值, 可以定义 $\Gamma(s)$ 在 $(-2, -1)$ 上的值. 如此继续下去, 就可以把 $\Gamma(s)$ 的定义域延拓到

$$(-\infty, +\infty) \setminus \{0, -1, -2, \cdots\}$$

上. $\Gamma(s)$ 的图像如图 14.3.1 所示.

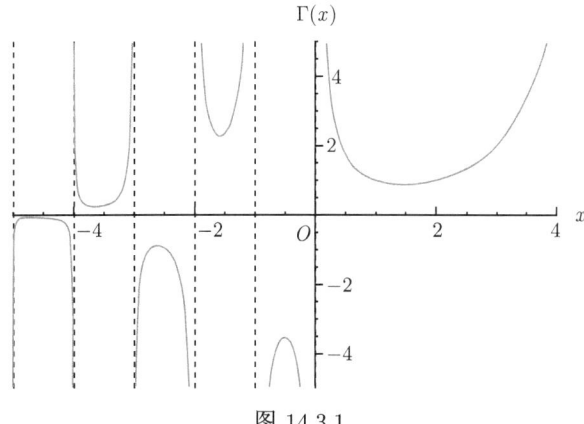

图 14.3.1

例 14.3.1 计算 $I_n = \int_0^{+\infty} t^n e^{-t^2} dt$.

解 利用表示式 $\Gamma(s) = 2\int_0^{+\infty} t^{2s-1} e^{-t^2} dt$ 和递推公式 $\Gamma(s+1) = s\Gamma(s)$, 则有

$$I = \frac{1}{2}\Gamma\left(\frac{n+1}{2}\right) = \frac{1}{2}\Gamma\left(\frac{n-1}{2}+1\right) = \frac{1}{2} \cdot \frac{n-1}{2}\Gamma\left(\frac{n-1}{2}\right).$$

反复利用递推公式即得到

$$I_{2n} = \frac{1}{2} \cdot \frac{2n-1}{2} \cdot \frac{2n-3}{2} \cdots \cdots \frac{1}{2} \cdot \Gamma\left(\frac{1}{2}\right) = \frac{(2n-1)!}{2^{n+1}}\sqrt{\pi},$$

而

$$I_{2n+1} = \frac{1}{2}\Gamma(n+1) = \frac{n!}{2}.$$

例 14.3.2 证明:

$$\Gamma(s) = \int_0^1 \left(\ln\frac{1}{x}\right)^{s-1} dx,$$

并由此计算:

(1) $\int_0^1 \sqrt{\ln\frac{1}{x}} dx$, \qquad (2) $\int_0^1 \frac{dx}{\sqrt{\ln\frac{1}{x}}}$.

证明

$$\Gamma(s) = \int_0^{+\infty} t^{s-1} e^{-t} dt \xrightarrow{t=\ln\frac{1}{x}} \int_0^1 \left(\ln\frac{1}{x}\right)^{s-1} dx.$$

利用上式, 可得

(1) $\int_0^1 \sqrt{\ln\frac{1}{x}} dx = \Gamma\left(\frac{3}{2}\right) = \frac{1}{2}\Gamma\left(\frac{1}{2}\right) = \frac{\sqrt{\pi}}{2}$.

(2) $\int_0^1 \frac{dx}{\sqrt{\ln\frac{1}{x}}} = \Gamma\left(\frac{1}{2}\right) = \sqrt{\pi}$. □

§14.3.3 Beta 函数与 Gamma 函数的关系

定理 14.3.1 Beta 函数与 Gamma 函数之间有如下关系

$$B(p,q) = \frac{\Gamma(p)\Gamma(q)}{\Gamma(p+q)}, \quad p>0, q>0. \tag{14.3.16}$$

证明 因为

$$\Gamma(p) = 2\int_0^{+\infty} t^{2p-1} e^{-t^2} dt,$$

$$\Gamma(q) = 2\int_0^{+\infty} t^{2q-1} e^{-t^2} dt,$$

§14.3 Euler 积分

所以, 利用化反常重积分为累次积分的方法, 得到

$$\Gamma(p)\Gamma(q) = 4\int_0^{+\infty} s^{2p-1}e^{-s^2}ds \int_0^{+\infty} t^{2q-1}e^{-t^2}dt = 4\iint_\Omega s^{2p-1}e^{-s^2}t^{2q-1}e^{-t^2}dsdt.$$

其中 $\Omega = \{(s,t) | 0 \leqslant s < +\infty, 0 \leqslant t < +\infty\}$. 对上式右边的反常二重积分作极坐标变换 $s = r\cos\theta, t = r\sin\theta$, 即得到

$$\begin{aligned}\Gamma(p)\Gamma(q) &= 4\iint_{\substack{0 \leqslant r < +\infty \\ 0 \leqslant \theta \leqslant \frac{\pi}{2}}} r^{2(p+q)-1}e^{-r^2}\cos^{2p-1}\theta\sin^{2q-1}\theta drd\theta \\ &= \left(2\int_0^{\pi/2}\cos^{2p-1}\theta\sin^{2q-1}\theta d\theta\right)\left(2\int_0^{+\infty} r^{2(p+q)-1}e^{-r^2}dr\right) \\ &= B(p,q)\Gamma(p+q).\end{aligned}$$ □

例 14.3.3 计算积分 $I = \int_0^{\frac{\pi}{2}} \sin^6 x \cos^2 x dx$.

解 利用 Beta 函数的性质及 Gamma 函数的递推公式得

$$\begin{aligned}I &= \int_0^{\frac{\pi}{2}}\sin^6 x\cos^2 x dx = \frac{1}{2}B\left(\frac{3}{2},\frac{7}{2}\right) = \frac{1}{2}\frac{\Gamma\left(\frac{3}{2}\right)\Gamma\left(\frac{7}{2}\right)}{\Gamma(5)} \\ &= \frac{1}{2\cdot 4!}\left(\frac{1}{2}\cdot\sqrt{\pi}\right)\left(\frac{5}{2}\cdot\frac{3}{2}\cdot\frac{1}{2}\cdot\sqrt{\pi}\right) = \frac{5\pi}{256}.\end{aligned}$$

例 14.3.4 计算积分 $I = \int_0^1 x^5\sqrt{1-x^3}dx$.

解 作变量代换 $x^3 = t$, 得到

$$\begin{aligned}I &= \int_0^1 x^5\sqrt{1-x^3}dx = \frac{1}{3}\int_0^1 t\sqrt{1-t}dt \\ &= \frac{1}{3}B\left(2,\frac{3}{2}\right) = \frac{1}{3}\frac{\Gamma(2)\Gamma\left(\frac{3}{2}\right)}{\Gamma\left(\frac{7}{2}\right)} \\ &= \frac{\Gamma\left(\frac{3}{2}\right)}{3\cdot\frac{5}{2}\cdot\frac{3}{2}\cdot\Gamma\left(\frac{3}{2}\right)} = \frac{4}{45}.\end{aligned}$$

例 14.3.5 设 $\alpha > -1$. 计算 $\int_0^{\frac{\pi}{2}}\sin^\alpha xdx$ 与 $\int_0^{\frac{\pi}{2}}\cos^\alpha xdx$, 并用 Gamma 函数表示 n 维球体 $B_n(R) = \{(x_1, x_2, \cdots, x_n) | x_1^2 + x_2^2 + \cdots + x_n^2 \leqslant R^2\}$ 的体积 V_n.

解 令 $x = \frac{\pi}{2} - t$, 得

$$\int_0^{\frac{\pi}{2}}\sin^\alpha xdx = \int_0^{\frac{\pi}{2}}\cos^\alpha xdx.$$

利用 Beta 函数的性质得

$$\int_0^{\frac{\pi}{2}} \sin^\alpha x \mathrm{d}x = \int_0^{\frac{\pi}{2}} \cos^\alpha x \mathrm{d}x = \frac{1}{2} B\left(\frac{\alpha+1}{2}, \frac{1}{2}\right)$$

$$= \frac{1}{2} \frac{\Gamma\left(\frac{\alpha+1}{2}\right) \Gamma\left(\frac{1}{2}\right)}{\Gamma\left(\frac{\alpha+2}{2}\right)} = \frac{\sqrt{\pi}}{2} \frac{\Gamma\left(\frac{\alpha+1}{2}\right)}{\Gamma\left(\frac{\alpha+2}{2}\right)}.$$

由重积分的知识, n 维球体体积为

$$V_n = \left(\int_0^R r^{n-1} \mathrm{d}r\right) \left(\int_0^\pi \sin^{n-2} \varphi_1 \mathrm{d}\varphi_1\right)$$

$$\cdots \left(\int_0^\pi \sin^2 \varphi_{n-3} \mathrm{d}\varphi_{n-3}\right) \left(\int_0^\pi \sin \varphi_{n-2} \mathrm{d}\varphi_{n-2}\right) \left(\int_0^{2\pi} \mathrm{d}\varphi_{n-1}\right).$$

再利用以上的计算结果得

$$V_n = \frac{2\pi R^n}{n} \left(\int_0^\pi \sin^{n-2} \varphi_1 \mathrm{d}\varphi_1\right) \cdots \left(\int_0^\pi \sin^2 \varphi_{n-3} \mathrm{d}\varphi_{n-3}\right) \left(\int_0^\pi \sin \varphi_{n-2} \mathrm{d}\varphi_{n-2}\right)$$

$$= \frac{2\pi R^n}{n} \left(2\int_0^{\frac{\pi}{2}} \sin^{n-2} \varphi_1 \mathrm{d}\varphi_1\right) \cdots \left(2\int_0^{\frac{\pi}{2}} \sin^2 \varphi_{n-3} \mathrm{d}\varphi_{n-3}\right) \left(2\int_0^{\frac{\pi}{2}} \sin \varphi_{n-2} \mathrm{d}\varphi_{n-2}\right)$$

$$= \frac{2\pi R^n}{n} \left(\sqrt{\pi} \frac{\Gamma\left(\frac{n-1}{2}\right)}{\Gamma\left(\frac{n}{2}\right)}\right) \cdots \left(\sqrt{\pi} \frac{\Gamma\left(\frac{3}{2}\right)}{\Gamma\left(\frac{4}{2}\right)}\right) \left(\sqrt{\pi} \frac{\Gamma\left(\frac{2}{2}\right)}{\Gamma\left(\frac{3}{2}\right)}\right)$$

$$= \frac{2\pi R^n (\sqrt{\pi})^{n-2}}{n} \frac{\Gamma(1)}{\Gamma\left(\frac{n}{2}\right)} = \frac{\pi^{\frac{n}{2}} R^n}{\frac{n}{2} \Gamma\left(\frac{n}{2}\right)} = \frac{\pi^{\frac{n}{2}} R^n}{\Gamma\left(\frac{n}{2}+1\right)} = \frac{\pi^{\frac{n}{2}} R^n}{\frac{n}{2} \Gamma\left(\frac{n}{2}\right)}.$$

设 $S_{n-1}(R)$ 为 $\mathbb{R}^n$ 中半径为 R 的球面的面积, 由几何知识可知, $\mathrm{d}V_n(R) = S_{n-1}(R)\mathrm{d}R$, 所以由上例得

$$S_{n-1}(R) = \frac{\mathrm{d}V_n(R)}{\mathrm{d}R} = \frac{2\pi^{\frac{n}{2}} R^{n-1}}{\Gamma\left(\frac{n}{2}\right)}.$$

§14.3.4 Euler 公式的拓展: Legendre 公式、余元公式和 Stirling 公式

定理 14.3.2(Legendre 公式)

$$\Gamma(s)\Gamma(s+\frac{1}{2}) = \frac{\sqrt{\pi}}{2^{2s-1}} \Gamma(2s), s > 0. \tag{14.3.17}$$

证明 由于

$$B(s,s) = \int_0^1 x^{s-1}(1-x)^{s-1} \mathrm{d}x = \int_0^1 \left[\frac{1}{4} - \left(\frac{1}{2}-x\right)^2\right]^{s-1} \mathrm{d}x$$

$$= 2\int_0^{\frac{1}{2}} \left[\frac{1}{4} - \left(\frac{1}{2}-x\right)^2\right]^{s-1} \mathrm{d}x.$$

§14.3 Euler 积分

作变量代换 $\frac{1}{2} - x = \frac{1}{2}\sqrt{t}$, 得到

$$B(s,s) = \frac{1}{2^{2s-1}} \int_0^1 (1-t)^{s-1} t^{-\frac{1}{2}} \mathrm{d}t = \frac{1}{2^{2s-1}} B\left(\frac{1}{2}, s\right).$$

再利用 Beta 函数与 Gamma 函数的关系, 从上式得到

$$\frac{\Gamma(s)\Gamma(s)}{\Gamma(2s)} = \frac{1}{2^{2s-1}} \frac{\Gamma\left(\frac{1}{2}\right)\Gamma(s)}{\Gamma\left(s+\frac{1}{2}\right)} = \frac{1}{2^{2s-1}} \frac{\sqrt{\pi}\Gamma(s)}{\Gamma\left(s+\frac{1}{2}\right)},$$

整理后就得到 Legendre 公式. □

定理 14.3.3(余元公式)

$$\Gamma(s)\Gamma(1-s) = \frac{\pi}{\sin(\pi s)}, 0 < s < 1. \tag{14.3.18}$$

证明略.

定理 14.3.4(Stirling 公式) Gamma函数有如下的渐进估计:

$$\Gamma(s+1) = \sqrt{2\pi s} \left(\frac{s}{\mathrm{e}}\right)^s \mathrm{e}^{\frac{\theta}{12s}}, s > 0, 0 < \theta < 1.$$

特别地, 当 $s = n$ 为正整数时,

$$n! = \sqrt{2\pi n} \left(\frac{n}{\mathrm{e}}\right)^n \mathrm{e}^{\frac{\theta}{12n}}, 0 < \theta < 1.$$

证明略.

例 14.3.6 计算积分 $I = \int_0^{+\infty} \frac{\sqrt[3]{x}}{(1+x)^3} \mathrm{d}x.$

解

$$I = \int_0^{+\infty} \frac{\sqrt[3]{x}}{(1+x)^3} \mathrm{d}x = \int_0^{+\infty} \frac{x^{\frac{4}{3}-1}}{(1+x)^{\frac{4}{3}+\frac{5}{3}}} \mathrm{d}x$$

$$= B\left(\frac{4}{3}, \frac{5}{3}\right) = \frac{\Gamma\left(\frac{4}{3}\right)\Gamma\left(\frac{5}{3}\right)}{\Gamma(3)}$$

$$= \frac{1}{2!} \cdot \frac{1}{3} \cdot \frac{2}{3} \Gamma\left(\frac{1}{3}\right) \Gamma\left(\frac{2}{3}\right) = \frac{1}{9} \cdot \frac{\pi}{\sin\frac{\pi}{3}} = \frac{2\sqrt{3}\pi}{27}.$$

例 14.3.7 计算曲线 $r^4 = \sin^5\theta \cos^3\theta$ 所围图形的面积 A.

解 由于面积微元为 $\mathrm{d}S = \frac{1}{2}r^2 \mathrm{d}\theta$, 所以

$$A = 2 \cdot \frac{1}{2} \int_0^{\frac{\pi}{2}} \sin^{\frac{5}{2}}\theta \cos^{\frac{3}{2}}\theta \mathrm{d}\theta = \frac{1}{2} B\left(\frac{5}{4}, \frac{7}{4}\right)$$

$$= \frac{\Gamma\left(\frac{5}{4}\right)\Gamma\left(\frac{7}{4}\right)}{2\Gamma(3)} = \frac{3}{64} \Gamma\left(\frac{1}{4}\right)\Gamma\left(\frac{3}{4}\right) = \frac{3\sqrt{2}\pi}{64}.$$

习 题 14.3

A1. 计算 $\Gamma\left(\dfrac{5}{2}\right)$, $\Gamma\left(-\dfrac{5}{2}\right)$, $\Gamma\left(\dfrac{2n+1}{2}\right)$, $\Gamma\left(-\dfrac{2n-1}{2}\right)$, $B(5,6)$, $B\left(\dfrac{3}{4},1\right)$.

A2. 计算下列积分：

(1) $\displaystyle\int_0^{\frac{\pi}{2}} \sin^4 x \cos^2 x \, \mathrm{d}x$;

(2) $\displaystyle\int_0^{\frac{\pi}{2}} \sin^7 x \cos^3 x \, \mathrm{d}x$;

(3) $\displaystyle\int_0^1 \dfrac{\mathrm{d}x}{\sqrt[n]{1-x^n}}$;

(4) $\displaystyle\int_0^{\frac{\pi}{2}} \sin^{2n+1} u \, \mathrm{d}u$;

(5) $\displaystyle\int_0^{\frac{\pi}{2}} \sin^{2n} u \, \mathrm{d}u$;

(6) $\displaystyle\int_0^\pi \dfrac{\mathrm{d}x}{\sqrt{3-\cos x}}$.

A3. 证明下列各式：

(1) $\Gamma(a) = \displaystyle\int_0^1 \left(\ln\dfrac{1}{x}\right)^{a-1} \mathrm{d}x, a > 0$;

(2) $\displaystyle\int_0^{+\infty} \dfrac{x^{a-1}}{1+x} \mathrm{d}x = \Gamma(a)\Gamma(1-a), 0 < a < 1$;

(3) $\displaystyle\int_0^1 x^{p-1}(1-x^r)^{q-1} \mathrm{d}x = \dfrac{1}{r} B\left(\dfrac{p}{r}, q\right), p > 0, q > 0, r > 0$;

(4) $\displaystyle\int_0^\infty \dfrac{x^{p-1} \mathrm{d}x}{(a+bx^q)^r} = \dfrac{a^{\frac{p}{q}-r}}{qb^{\frac{p}{q}}} B\left(\dfrac{p}{q}, r-\dfrac{p}{q}\right), p, q, a, b, r > 0$;

(5) $\displaystyle\int_0^{+\infty} \dfrac{\mathrm{d}x}{1+x^3} = \dfrac{2\pi}{3\sqrt{3}}$;

(6) $\displaystyle\int_0^{+\infty} \dfrac{\mathrm{d}x}{1+x^4} = \dfrac{\pi}{2\sqrt{2}}$;

(7) $B(p,q) = B(p+1,q) + B(p,q+1)$;

(8) $\displaystyle\int_0^{+\infty} \mathrm{e}^{-x^n} \mathrm{d}x = \dfrac{1}{n}\Gamma\left(\dfrac{1}{n}\right), n \in \mathbb{Z}^+$, 并推出 $\displaystyle\lim_{n\to\infty}\int_0^{+\infty} \mathrm{e}^{-x^n} \mathrm{d}x = 1$;

(9) $\displaystyle\int_{-\infty}^{+\infty} x^2 \mathrm{e}^{-x^2} \mathrm{d}x = \dfrac{\sqrt{\pi}}{2}$.

B4. 证明：

(1) $\displaystyle\int_0^\pi \left(\dfrac{\sin\varphi}{1+\cos\varphi}\right)^{a-1} \dfrac{\mathrm{d}\varphi}{1+k\cos\varphi} = \dfrac{1}{1+k}\left(\sqrt{\dfrac{1+k}{1-k}}\right)^a \dfrac{\pi}{\sin\dfrac{a}{2}\pi}$ $(0 < a < 2, 0 < k < 1)$;

(2) $\displaystyle\int_0^h (1-t^2)^{\frac{n-3}{2}} \mathrm{d}t \geqslant \dfrac{\sqrt{\pi}}{2} \dfrac{\Gamma\left(\dfrac{n-1}{2}\right)}{\Gamma\left(\dfrac{n}{2}\right)} h$ $(0 \leqslant h < 1, n \geqslant 3)$.

B5. 计算下列积分：

(1) $\displaystyle\int_0^{+\infty} \dfrac{\sqrt[4]{x}}{(1+x)^2} \mathrm{d}x$;

(2) $\displaystyle\int_0^{+\infty} x^m \mathrm{e}^{-x^n} \mathrm{d}x \quad (m, n > 0)$;

(3) $\displaystyle\int_0^1 \ln\Gamma(x) \mathrm{d}x$;

(4) $\displaystyle\int_0^{+\infty} \dfrac{x^{b-1}}{1+x^a} \mathrm{d}x \quad (a > b > 0)$.

第15章 数项级数

在第 2 章中我们已经初步介绍了级数的概念. 级数问题可以追溯到古希腊时期 (公元前 800 年 ∼ 前 146 年). 先哲 Aristotle(亚里士多德) 就知道公比小于 1(大于零) 的几何级数可以求出和数; Archimedes(阿基米德) 也求出了公比为 $\frac{1}{4}$ 的几何级数的和.

在中国, 级数的萌芽也很早. 大约在战国时期 (公元前 300 多年),《庄子·杂篇·天下》中就有 "一尺之棰, 日取其半, 万世不竭" 的记载, 其本质就是将 1 分解为无穷多个数的和, 即

$$1 = \frac{1}{2} + \frac{1}{2^2} + \cdots + \frac{1}{2^n} + \cdots.$$

古希腊哲学家、数学家 Zeno(芝诺) 与庄子几乎是同时代的. 他的四个著名的悖论 (芝诺悖论) 一度给古希腊的数学造成了危机, 构成了对于常理的一种挑战. 这些悖论被记录在亚里士多德的《物理学》一书中, 其中最著名的悖论之一是 "Achilles 追不上乌龟".

Achilles (阿基里斯) 是古希腊神话中跑得快的英雄, 他和乌龟赛跑时, 乌龟在前面跑, 他在后面追, 但他永远不可能追上乌龟. 因为在竞赛中, 追者 Achilles 首先必须到达被追者乌龟的出发点, 当 Achilles 追到乌龟的起跑点时, 乌龟已经又向前爬了一定的距离, Achilles 必须继续追, 而当他追到乌龟这个新的起点时, 乌龟又已经向前爬了一段距离, Achilles 只能再追向那个更新的起点. 于是, 乌龟会制造出无穷个起点, 在每个起点与它自己之间总有一个距离, 不管这个距离有多小, 但只要乌龟不停地向前爬, Achilles 就永远也追不上乌龟!

亚里士多德的《物理学》一书中写道: "跑得最慢的物体不会被跑得最快的物体追上. 由于追赶者首先应该达到被追者出发之点, 此时被追者已经往前走了一段距离. 因此被追者总是在追赶者前面."

结果显然与事实相悖, 但推理似乎无懈可击. 这就是悖论!

下面我们从数学上来剖析 "Achilles 追不上乌龟" 的悖论.

假设乌龟的速度为 v, Achilles 的速度为 $av(a > 1)$, 我们仔细来梳理一下 Achilles 追赶上乌龟的进程, 进而可以算出追赶上乌龟所需要的时间.

设最初 Achilles 与乌龟相距 S_1, 他跑完 S_1 所需要的时间为 τ, 则在这段时间里, 乌龟跑了 $S_2 = v\tau$, 而 Achilles 跑完 S_2 所需要的时间为 $\frac{\tau}{a}$, 在这段时间里, 乌龟又跑了 $S_3 = v\frac{\tau}{a}$, Achilles 跑完 S_3 所需要的时间为 $\frac{\tau}{a^2}$, 依次类推, 得到 Achilles 追赶乌龟所用的时间为

$$\tau + \frac{\tau}{a} + \frac{\tau}{a^2} + \cdots,$$

而乌龟总共跑的路程为

$$S_2 + S_3 + \cdots = v\tau + v\frac{\tau}{a} + v\frac{\tau}{a^2} + \cdots.$$

Zeno 悖论的要害是, 在思考这个追赶进程时把有限的时间段或路程段人为地分成了无限个部分, 而且巧妙地把时间或路程"隐藏"起来, 把时间与空间割裂开来. 实际上, 通过计算可知, 虽然上面的时间或路程都被分为无限多个部分, 但它们的"和"是有限的! 它们分别不超过 $\dfrac{a\tau}{a-1}$ 和 $v\dfrac{a\tau}{a-1}$ (见下面的例子).

由于上述事例都涉及无穷和的问题, 所以必须十分小心, 因为并非所有的无穷项相加都可以实施, 或有"和". 来看下面的例子.

考虑无穷个 1 和 -1 相加:

$$1+(-1)+1+(-1)+\cdots, \tag{15.0.1}$$

若它是有"和"的, 记为 S. 由于

$$S=(1-1)+(1-1)+\cdots, \tag{15.0.2}$$

所以 $S=0$, 而另一方面又有

$$S=1-(1-1)-(1-1)-\cdots, \tag{15.0.3}$$

则又得到 $S=1$. 又因为,

$$S=1-(1-1+1-1+\cdots)=1-S, \tag{15.0.4}$$

因此又有 $S=\dfrac{1}{2}$.

那么到底哪一个是对的? 我们不免产生疑惑: 无穷个数一定能相加吗? 一定有"和"吗? 再进一步, 有限和的运算法则, 如加法交换律、结合律等在无穷和时一定成立吗? 级数概念的起源很早, 但直到微积分发明的时代, 人们才把级数作为一个独立的概念明确地提出来并加以研究. 上面的讨论说明, 严格的级数概念以及级数性质的研究是必须的. 在第 2 章中我们已经初步讨论级数的概念以及正项级数收敛的判别, 本章要继续讨论级数的性质及收敛的判别, 它除了自身理论的重要性以外, 也为接下来学习的函数项级数作好准备. 我们将在第 16 章和第 17 章讨论一般的函数项级数, 以及两种特殊的函数项级数, 即幂级数和 Fourier 级数.

§15.1 数项级数的收敛性

§15.1.1 数项级数的概念

设 $\{x_n\}$ 为一个数列, 将它的各项依次用"+"连接起来构成的形式和

$$x_1+x_2+\cdots+x_n+\cdots \tag{15.1.1}$$

称为**无穷级数**(infinite series), 或**数项级数**(numerical series), 简记为 $\sum\limits_{n=1}^{\infty} x_n$, 并称 x_n 为级数的**通项**(general term). 又记

$$S_n=x_1+x_2+\cdots+x_n, \quad n=1,2,\cdots, \tag{15.1.2}$$

称为级数 $\sum\limits_{n=1}^{\infty} x_n$ 的前 n 项部分和, 简称为**部分和**(partial sum).

如果级数 $\sum\limits_{n=1}^{\infty} x_n$ 的部分和数列 $\{S_n\}$ 收敛于有限数 S, 则称级数 $\sum\limits_{n=1}^{\infty} x_n$ **收敛**, 且称它的 (无穷) 和为 S, 记为 $S = \sum\limits_{n=1}^{\infty} x_n$; 如果部分和数列 $\{S_n\}$ 发散, 则称级数 $\sum\limits_{n=1}^{\infty} x_n$ **发散**.

注 15.1.1 (1) 依据定义, 仅当无穷级数收敛时, 无穷和才有意义. 我们再来考虑本章开头提到的例子, 即级数 (15.0.1), 用和号记为

$$\sum_{n=1}^{\infty} (-1)^{n-1} = 1 - 1 + 1 - 1 + 1 + \cdots,$$

由于它的部分和数列的通项为

$$S_n = \begin{cases} 0, & n\text{为偶数}, \\ 1, & n\text{为奇数}, \end{cases}$$

显然, $\{S_n\}$ 是发散的, 所以 $\sum\limits_{n=1}^{\infty} (-1)^{n-1}$ 是发散的. 正因为如此, 才会出现式 (15.0.2) $\sim$ 式 (15.0.4) 那样的矛盾. 因此我们说, 发散的无穷和 (15.0.1) 是没有意义的. 因此, 对一个级数, 我们首先要关心的是它是否收敛.

(2) 级数的收敛是通过数列 (部分和数列 $\{S_n\}$) 的收敛性来定义的. 同时, 任意数列 $\{a_n\}$ 的收敛性可以通过级数 $\sum\limits_{n=1}^{\infty} x_n$ 收敛性来定义, 其中,

$$x_n = a_n - a_{n-1}, \quad a_0 = 0, \quad n = 1, 2, \cdots.$$

即数列 $\{a_n\}$ 的收敛性与级数 $\sum\limits_{n=1}^{\infty} (a_n - a_{n-1})$ 的收敛性是等价的.

一般来说, 由于级数的部分和 S_n 作为和式并不总是容易计算出来, 所以在具体问题中通过 S_n 来讨论级数的敛散性往往很困难, 为此我们将介绍其他的判断级数收敛与否的方法, 这些方法将主要针对通项 x_n. 这是级数理论的主要内容. 至于当级数收敛时, 级数的和具体是多少, 并非本书的核心内容, 但会在后面的内容中有所涉及.

§15.1.2 级数 Cauchy 收敛原理

由于级数 $\sum\limits_{n=1}^{\infty} x_n$ 的收敛性是由其部分和数列 $\{S_n\}$ 的收敛性来定义的, 因此可将有关数列收敛的结果移植到级数上来. 例如, 由数列敛散的 Cauchy 收敛原理可得到级数收敛的 Cauchy 收敛原理.

定理 15.1.1(Cauchy 收敛原理) 级数 $\sum\limits_{n=1}^{\infty} x_n$ 收敛当且仅当对任意的 $\varepsilon > 0$, 存在正整数 N, 使得当 $m > n > N$ 时, 有

$$\left| \sum_{k=n+1}^{m} x_k \right| < \varepsilon. \tag{15.1.3}$$

证明 因为

$$\sum_{n=1}^{\infty} x_n \text{ 收敛} \iff \lim_{n \to \infty} S_n \text{ 存在}$$

$\iff \forall \varepsilon > 0,$ 存在正整数N, 当$m > n > N$时，有$|S_m - S_n| < \varepsilon,$

即不等式 (15.1.3) 成立. □

换个说法, 级数 $\sum\limits_{n=1}^{\infty} x_n$ 收敛当且仅当对任意的 $\varepsilon > 0$, 存在正整数 N, 使得对任意 $n > N$, 以及任意自然数 p, 有

$$|x_{n+1} + x_{n+2} + \cdots + x_{n+p}| = \left|\sum_{k=1}^{p} x_{n+k}\right| < \varepsilon. \tag{15.1.4}$$

例 15.1.1 应用Cauchy 收敛原理判别下列级数的敛散性:

(1) $\sum\limits_{n=1}^{\infty} \dfrac{\sin 2^n}{2^n}$;   (2) $\sum\limits_{n=1}^{\infty} \dfrac{1}{n}$;   (3) $\sum\limits_{n=1}^{\infty} \dfrac{(-1)^{n-1}}{n}$.

解 (1) 因为

$$|x_{n+1} + x_{n+2} + \cdots + x_{n+p}| \leqslant |x_{n+1}| + |x_{n+2}| + \cdots + |x_{n+p}|$$
$$\leqslant \sum_{k=1}^{p} \frac{1}{2^{n+k}} = \frac{1}{2^n}\left(1 - \frac{1}{2^p}\right) < \frac{1}{2^n},$$

所以 $\forall \varepsilon > 0,$ 取 $N = \left[\log_2 \dfrac{1}{\varepsilon}\right]$, 则对一切 $n > N$ 与一切正整数 p, 有

$$|x_{n+1} + x_{n+2} + \cdots + x_{n+p}| < \varepsilon,$$

故由 Cauchy 收敛原理知 $\sum\limits_{n=1}^{\infty} \dfrac{\sin 2^n}{2^n}$ 收敛.

(2) 对任给的自然数 n, 取 $m = 2n$, 则

$$|x_{n+1} + x_{n+2} + \cdots + x_{n+n}| = \frac{1}{n+1} + \frac{1}{n+2} + \cdots + \frac{1}{n+n} > \frac{n}{n+n} = \frac{1}{2},$$

故由 Cauchy 收敛原理知该级数发散. 这个级数称为**调和级数**(harmonic series).

(3) 当 p 为奇数时

$$x_{n+1} + x_{n+2} + \cdots + x_{n+p} = \frac{1}{n+1} - \frac{1}{n+2} + \frac{1}{n+3} - \cdots - \frac{1}{n+p-1} + \frac{1}{n+p}$$
$$= \left(\frac{1}{n+1} - \frac{1}{n+2}\right) + \left(\frac{1}{n+3} - \frac{1}{n+4}\right) + \cdots + \left(\frac{1}{n+p-2} - \frac{1}{n+p-1}\right) + \frac{1}{n+p}$$
$$> 0,$$

同时

$$\frac{1}{n+1} - \frac{1}{n+2} + \frac{1}{n+3} - \cdots - \frac{1}{n+p-1} + \frac{1}{n+p}$$
$$= \frac{1}{n+1} - \left(\frac{1}{n+2} - \frac{1}{n+3}\right) - \cdots - \left(\frac{1}{n+p-1} - \frac{1}{n+p}\right) < \frac{1}{n+1};$$

§15.1 数项级数的收敛性

当 p 为偶数时

$$x_{n+1} + x_{n+2} + \cdots + x_{n+p} = \frac{1}{n+1} - \frac{1}{n+2} + \frac{1}{n+3} - \cdots + \frac{1}{n+p-1} - \frac{1}{n+p}$$

$$= \left(\frac{1}{n+1} - \frac{1}{n+2}\right) + \left(\frac{1}{n+3} - \frac{1}{n+4}\right) + \cdots + \left(\frac{1}{n+p-1} - \frac{1}{n+p}\right) > 0,$$

同时

$$\frac{1}{n+1} - \frac{1}{n+2} + \frac{1}{n+3} - \cdots + \frac{1}{n+p-1} - \frac{1}{n+p}$$

$$= \frac{1}{n+1} - \left(\frac{1}{n+2} - \frac{1}{n+3}\right) - \cdots - \left(\frac{1}{n+p-2} - \frac{1}{n+p-1}\right) - \frac{1}{n+p} < \frac{1}{n+1}.$$

因此, 对任意 p, 成立

$$\left|\sum_{k=1}^{p} (-1)^{n+k-1} \frac{1}{n+k}\right| < \frac{1}{n+1}.$$

于是由 Cauchy 收敛原理知该级数收敛.

在定理 15.1.1 中令 $m = n+1$, 得

定理 15.1.2 (级数收敛的必要条件) 设级数 $\sum_{n=1}^{\infty} x_n$ 收敛, 则其通项所构成的数列 $\{x_n\}$ 是无穷小数列, 即

$$\lim_{n \to \infty} x_n = 0. \tag{15.1.5}$$

注 15.1.2 (1) 定理 15.1.2 表明, 级数 $\sum_{n=1}^{\infty} x_n$ 收敛的必要条件是通项 x_n 趋于 0, 因此如果由通项组成的数列 $\{x_n\}$ 不是无穷小数列, 则级数发散. 该结论常用来判断级数发散. 例如下列级数

$$\sum_{n=1}^{\infty} n^2, \quad \sum_{n=1}^{\infty} \frac{n}{n+1}, \quad \sum_{n=1}^{\infty} (-1)^{n+1}, \quad \sum_{n=1}^{\infty} \frac{-n}{2n+3}$$

均是发散的.

(2) 但通项趋于 0 并非级数收敛的充分条件. 例如, 级数 $\sum_{n=1}^{\infty} \frac{1}{n}$ 是发散的, 尽管通项 $\frac{1}{n}$ 当 $n \to \infty$ 时趋于 0.

记

$$r_n = x_{n+1} + x_{n+2} + \cdots = \sum_{k=n+1}^{\infty} x_k, \tag{15.1.6}$$

称 r_n 为级数 $\sum_{n=1}^{\infty} x_n$ 的 n **阶余项** (n-th remainder).

定理 15.1.3 级数 $\sum_{n=1}^{\infty} x_n$ 收敛的充分必要条件是数列 $\{r_n\}$ 收敛于 0.

证明 $\forall m > n$, 由于 $r_n - r_m = x_{n+1} + x_{n+2} + \cdots + x_m$, 所以由数列收敛的 Cauchy 收敛原理与级数收敛的 Cauchy 原理即知定理获证. □

显然, 当 $\sum_{n=1}^{\infty} x_n$ 收敛于 S 时, $r_n = S - S_n$, 它刻画了部分和 S_n 与和 S 的误差.

定理 15.1.4(加法结合律)　设级数 $\sum\limits_{n=1}^{\infty} x_n$ 收敛,则在它的求和表达式中任意添加括号(即任意分组先加但不改变其先后的次序)后所得的级数仍然收敛,且和不变.

证明　设 $\sum\limits_{n=1}^{\infty} x_n$ 添加括号后表示为

$$(x_1 + x_2 + \cdots + x_{n_1}) + (x_{n_1+1} + x_{n_1+2} + \cdots + x_{n_2}) + \cdots$$
$$+ (x_{n_{k-1}+1} + x_{n_{k-1}+2} + \cdots + x_{n_k}) + \cdots,$$

令

$$y_k = x_{n_{k-1}+1} + x_{n_{k-1}+2} + \cdots + x_{n_k}, \quad k = 1, 2, \cdots,$$

则 $\sum\limits_{n=1}^{\infty} x_n$ 如上添加括号后所得的级数为 $\sum\limits_{n=1}^{\infty} y_n$. 分别令其部分和数列为 $\{S_n\}$ 和 $\{T_n\}$,则

$$T_1 = S_{n_1}, \quad T_2 = S_{n_2}, \quad \cdots, \quad T_k = S_{n_k}, \quad \cdots.$$

显然 $\{T_n\}$ 是 $\{S_n\}$ 的一个子列,于是由 $\{S_n\}$ 的收敛性即得到 $\{T_n\}$ 的收敛性,且极限相同. □

注 15.1.3　定理 15.1.4 表明,收敛级数满足加法结合律. 但是定理 15.1.4 的逆命题不成立,即添加了括号后得到的级数收敛并不能保证原来的级数收敛. 如级数 $\sum\limits_{n=1}^{\infty} (-1)^{n-1}$ 发散,但若对其加括号为

$$(1-1) + (1-1) + \cdots + (1-1) + \cdots,$$

即添加了括号的级数收敛于 0. 甚至还可以加括号得到级数收敛到不同的值,如

$$1 + (-1+1) + (-1+1) + \cdots + (-1+1) + \cdots = 1.$$

当然,若添加了括号后的级数发散,则原来的级数一定发散. 这个性质可以作为级数发散的一个判定方法.

我们知道,改变一个数列中的有限项或者增(删)有限项均不会改变数列的敛散性,那么对级数我们则有

定理 15.1.5　在级数 $\sum\limits_{n=1}^{\infty} x_n$ 中去掉有限项或加上有限项或改变有限项的值,均不改变级数的敛散性(但在收敛时可能改变它的和).

习　题　15.1

A1. 应用柯西准则判别下列级数的敛散性:

(1) $\sum\limits_{n=1}^{\infty} \dfrac{1}{n^2}$;　(2) $\sum\limits_{n=1}^{\infty} \dfrac{(-1)^{n-1}n^2}{3n^2+1}$;　(3) $\sum\limits_{n=1}^{\infty} \dfrac{\sin 3^n}{2^n}$;　(4) $\sum\limits_{n=1}^{\infty} \dfrac{1}{\sqrt{n+n^2}}$.

B2. 应用柯西准则判别下列级数的敛散性:

(1) $1 + \dfrac{1}{2} - \dfrac{1}{3} + \dfrac{1}{4} + \dfrac{1}{5} - \dfrac{1}{6} + \dfrac{1}{7} + \dfrac{1}{8} - \dfrac{1}{9} + \cdots$;

(2) $1 - \dfrac{1}{2} + \dfrac{1}{3} + \dfrac{1}{4} - \dfrac{1}{5} + \dfrac{1}{6} + \dfrac{1}{7} - \dfrac{1}{8} + \dfrac{1}{9} + \cdots$.

B3. 设正项级数 $\sum\limits_{n=1}^{\infty} x_n$ 收敛, $\{x_n\}$ 单调递减, 利用 Cauchy 收敛原理证明: $\lim\limits_{n\to\infty} nx_n = 0$.

B4. 判断下列级数的敛散性:

$$\frac{1}{\sqrt{2}-1} - \frac{1}{\sqrt{2}+1} + \frac{1}{\sqrt{3}-1} - \frac{1}{\sqrt{3}+1} + \cdots + \frac{1}{\sqrt{n}-1} - \frac{1}{\sqrt{n}+1} + \cdots.$$

B5. 设 $\{a_n\}$ 是非负数列, 级数 $\sum\limits_{n=1}^{\infty} b_n$ 收敛, 且满足 $a_{n+1} \leqslant a_n + b_n, n \in \mathbb{N}^+$, 证明数列 $\{a_n\}$ 收敛.

B6. 设级数 $\sum\limits_{n=1}^{\infty} u_n$ 满足: 加括号后级数 $\sum\limits_{k=1}^{\infty}(u_{n_k+1} + \cdots + u_{n_{k+1}})$ 收敛 $(n_1 = 0)$, 且在同一括号中的 $u_{n_k+1}, u_{n_k+2}, \cdots, u_{n_{k+1}}$ 符号相同, 证明 $\sum\limits_{n=1}^{\infty} u_n$ 亦收敛.

C7. 若对每个固定的 p, 都有 $\lim\limits_{n\to\infty}(x_{n+1} + \cdots + x_{n+p}) = 0$, 是否必有 $\sum\limits_{n=1}^{\infty} x_n$ 收敛?

C8. 从小学开始, 我们就知道, 任何一个实数可以用 10 进制小数来表示, 例如, 分数 $\frac{1}{3}$ 用 10 进制小数可表示为 $0.333... = 0.\dot{3}$. 这是一个无限循环小数, 还有无限不循环小数.

(1) 由于无限小数表示中涉及了无限, 试用级数收敛性说明这种 10 进制无限小数表示的合理性;
(2) 证明任一个无限循环小数都是分数, 即有理数, 反之亦然.

§15.2 正 项 级 数

第 2 章我们已经讨论了正项级数的收敛原理和比较判别法, 本节在第 2 章的基础上继续讨论正项级数的收敛判别法. 应用比较判别法的关键是要找到合适的比较级数. 若选定的比较级数为等比级数, 即可得本节的根式判别法与比式判别法, 而当选定的级数是 p 级数时即得 Raabe 判别法.

§15.2.1 Cauchy 判别法 (或根式判别法 (root test))

定理 15.2.1(Cauchy 判别法) 设 $\sum\limits_{n=1}^{\infty} x_n$ 是正项级数,

$$r = \varlimsup_{n\to\infty} \sqrt[n]{x_n}, \tag{15.2.1}$$

则 (1) 当 $r < 1$ 时, 级数 $\sum\limits_{n=1}^{\infty} x_n$ 收敛;

(2) 当 $r > 1$ 时, 级数 $\sum\limits_{n=1}^{\infty} x_n$ 发散;

(3) 当 $r = 1$ 时, 判别法失效, 即级数可能收敛, 也可能发散.

证明 当 $r < 1$ 时, 取 q 满足 $r < q < 1$, 根据上极限的 ε-N 刻画 (定理 7.2.3) 可知, 存在正整数 N, 使得对一切 $n > N$, 成立 $\sqrt[n]{x_n} < q$, 从而 $x_n < q^n, 0 < q < 1$, 由比较判别法可知, $\sum\limits_{n=1}^{\infty} x_n$ 收敛.

当 $r > 1$ 时, 由于 r 是数列 $\{\sqrt[n]{x_n}\}$ 的极限点, 可知存在无穷多个 n 满足 $\sqrt[n]{x_n} > 1$, 这说明数列 $\{x_n\}$ 不是无穷小量, 从而 $\sum\limits_{n=1}^{\infty} x_n$ 发散.

当 $r=1$, 判别法失效. 例如, 级数 $\sum\limits_{n=1}^{\infty} \dfrac{1}{n^2}$ 收敛, $\sum\limits_{n=1}^{\infty} \dfrac{1}{n}$ 发散, 但它们对应的 r 都是 1. □

例 15.2.1 判断下列级数的敛散性.

(1) $\sum\limits_{n=1}^{\infty} \dfrac{2^n}{n^2}$; (2) $\sum\limits_{n=1}^{\infty} \dfrac{n^2[\sqrt{3}+(-1)^n]^n}{3^n}$.

解 (1) 由
$$\lim_{n\to\infty} \sqrt[n]{\dfrac{2^n}{n^2}} = 2 > 1,$$

知级数 $\sum\limits_{n=1}^{\infty} \dfrac{2^n}{n^2}$ 发散.

(2) 由
$$\varlimsup_{n\to\infty} \sqrt[n]{\dfrac{n^2[\sqrt{3}+(-1)^n]^n}{3^n}} = \dfrac{\sqrt{3}+1}{3} < 1,$$

知级数 $\sum\limits_{n=1}^{\infty} \dfrac{n^2[\sqrt{3}+(-1)^n]^n}{3^n}$ 收敛.

§15.2.2 D'Alembert 判别法 (或比式判别法 (ratio test))

定理 15.2.2(D'Alembert 判别法) 设 $\sum\limits_{n=1}^{\infty} x_n$ $(x_n \neq 0)$ 是正项级数, 记

$$\bar{r} = \varlimsup_{n\to\infty} \dfrac{x_{n+1}}{x_n}, \quad \underline{r} = \varliminf_{n\to\infty} \dfrac{x_{n+1}}{x_n}, \tag{15.2.2}$$

则 (1) 当 $\bar{r} < 1$ 时, 级数 $\sum\limits_{n=1}^{\infty} x_n$ 收敛;

(2) 当 $\underline{r} > 1$ 时, 级数 $\sum\limits_{n=1}^{\infty} x_n$ 发散;

(3) 当 $\bar{r} \geqslant 1$ 或 $\underline{r} \leqslant 1$ 时, 判别法失效, 即级数可能收敛, 也可能发散.

证明 由例 7.2.5 知

$$\underline{r} = \varliminf_{n\to\infty} \dfrac{x_{n+1}}{x_n} \leqslant \varliminf_{n\to\infty} \sqrt[n]{x_n} \leqslant r = \varlimsup_{n\to\infty} \sqrt[n]{x_n} \leqslant \varlimsup_{n\to\infty} \dfrac{x_{n+1}}{x_n} = \bar{r}. \tag{15.2.3}$$

再由 Cauchy 判别法即可得到定理 15.2.2 的证明. □

也可以用类似于 Cauchy 判别法的证法直接证明, 请读者自己完成.

例 15.2.2 判断下列级数的敛散性:

(1) $\sum\limits_{n=1}^{\infty} 2^n \tan \dfrac{\pi}{3^n}$; (2) $\sum\limits_{n=1}^{\infty} \dfrac{2^n n!}{n^n}$.

解 (1) 因为

$$\lim_{n\to\infty} \dfrac{x_{n+1}}{x_n} = \lim_{n\to\infty} \dfrac{2^{n+1} \tan \dfrac{\pi}{3^{n+1}}}{2^n \tan \dfrac{\pi}{3^n}} = \lim_{n\to\infty} \dfrac{2 \cdot \dfrac{\pi}{3^{n+1}}}{\dfrac{\pi}{3^n}} = \dfrac{2}{3} < 1,$$

所以级数 $\sum\limits_{n=1}^{\infty} 2^n \tan \dfrac{\pi}{3^n}$ 收敛.

(2) 因为
$$\lim_{n\to\infty}\frac{x_{n+1}}{x_n} = \lim_{n\to\infty}\frac{2^{n+1}(n+1)!}{(n+1)^{n+1}}\cdot\frac{n^n}{2^n n!} = \lim_{n\to\infty} 2\cdot\left(\frac{n}{n+1}\right)^n = \frac{2}{\mathrm{e}} < 1,$$

所以级数 $\sum\limits_{n=1}^{\infty}\dfrac{2^n n!}{n^n}$ 收敛. □

注 15.2.1 (1) 对收敛级数 $\sum\limits_{n=1}^{\infty}\dfrac{1}{n^2}$ 和发散 $\sum\limits_{n=1}^{\infty}\dfrac{1}{n}$, $\bar{r} = \underline{r} = 1$, 即 $\lim\limits_{n\to\infty}\dfrac{x_{n+1}}{x_n} = 1$, 此时比式判别法失效.

(2) 不等式 (15.2.3) 表明, 若一个正项级数的敛散性能用比式判别法判定, 则一定能用根式判别法判定. 但反之不真. 例如, 对例 15.2.1(2), 由Cauchy 判别法可知级数收敛. 但D'Alembert 判别法却是失效的. 而比式判别法也有其优点: 使用简单, 如对例 15.2.2, 用比式判别法比较简单.

例 15.2.3 证明 $\lim\limits_{n\to\infty}\dfrac{n^n}{(n!)^2} = 0$.

证明 先考虑级数 $\sum\limits_{n=1}^{\infty}\dfrac{n^n}{(n!)^2}$ 的敛散性. 因为
$$\lim_{n\to\infty}\frac{x_{n+1}}{x_n} = \lim_{n\to\infty}\frac{1}{n+1}\cdot\left(1+\frac{1}{n}\right)^n = 0 < 1,$$

所以级数 $\sum\limits_{n=1}^{\infty}\dfrac{n^n}{(n!)^2}$ 收敛, 由级数收敛的必要条件得 $\lim\limits_{n\to\infty}\dfrac{n^n}{(n!)^2} = 0$. □

尽管根式判别法比比式判别法要精确一些, 但总的来说, 它们都还是粗了一点. 事实上, 由比式或根式判别法的证明过程知: 这两个判别法都是通过与几何级数相比较而得到的, 凡是通过比式或根式判别法证明收敛的级数都比某收敛的几何级数收敛得快!

这里说级数 $\sum\limits_{n=1}^{\infty} x_n$ 比级数 $\sum\limits_{n=1}^{\infty} y_n$ 收敛得快 (或后者比前者收敛得慢), 是指 $\lim\limits_{n\to\infty}\dfrac{x_n}{y_n} = 0$.

由于根式判别法和比式判别法对 p 级数的敛散性判别是失效的, 下面介绍积分判别法来弥补这一缺憾.

§15.2.3 积分判别法 (integral test)

设 $f(x) \geqslant 0$, 在任意有限区间 $[a, A]$ 上 Riemann 可积. 取一单调增加且趋于 $+\infty$ 的数列 $\{a_n\}$: $a = a_1 < a_2 < a_3 < \cdots < a_n < \cdots \to +\infty$, 并记
$$u_n = \int_{a_n}^{a_{n+1}} f(x)\mathrm{d}x, n\in\mathbb{N}.$$

定理 15.2.3(积分判别法) 反常积分 $\displaystyle\int_a^{+\infty} f(x)\mathrm{d}x$ 与正项级数 $\sum\limits_{n=1}^{\infty} u_n$ 同时收敛或同时发散于 $+\infty$, 且
$$\int_a^{+\infty} f(x)\mathrm{d}x = \sum_{n=1}^{\infty} u_n = \sum_{n=1}^{\infty}\int_{a_n}^{a_{n+1}} f(x)\mathrm{d}x.$$

特别地, 当 $f(x)$ 单调减少时, 反常积分 $\int_a^{+\infty} f(x)\mathrm{d}x$ 与正项级数 $\sum\limits_{n=N}^{\infty} f(n)$ 同时收敛或同时发散, 其中, $N=[a]+1$.

证明 设正项级数 $\sum\limits_{n=1}^{\infty} u_n$ 的部分和数列为 $\{S_n\}$, 则对任意 $A>a$, 存在正整数 n, 成立 $a_n \leqslant A < a_{n+1}$, 于是

$$S_{n-1} \leqslant \int_a^A f(x)\mathrm{d}x = \int_{a_1}^{a_2} f(x)\mathrm{d}x + \cdots + \int_{a_{n-1}}^A f(x)\mathrm{d}x \leqslant S_n.$$

当 $\{S_n\}$ 有界, 即 $\sum\limits_{n=1}^{\infty} u_n$ 收敛时, 则有 $\lim\limits_{A\to\infty}\int_a^A f(x)\mathrm{d}x$ 收敛, 且根据极限的夹逼性, 它们收敛于相同的极限; 当 $\{S_n\}$ 无界, 即 $\sum\limits_{n=1}^{\infty} u_n$ 发散于 $+\infty$ 时, 则同样有 $\lim\limits_{A\to\infty}\int_a^A f(x)\mathrm{d}x = +\infty$. 由此得到下述关系

$$\int_a^{+\infty} f(x)\mathrm{d}x = \sum_{n=1}^{\infty} u_n = \sum_{n=1}^{\infty} \int_{a_n}^{a_{n+1}} f(x)\mathrm{d}x.$$

特别地, 当 $f(x)$ 单调减少时, 取 $a_n = n$, 则当 $n \geqslant N = [a]+1$,

$$f(n+1) \leqslant u_n = \int_n^{n+1} f(x)\mathrm{d}x \leqslant f(n),$$

由比较判别法可知, $\sum\limits_{n=N}^{\infty} f(n)$ 与 $\sum\limits_{n=N}^{\infty} u_n$ 同时收敛或同时发散, 从而与 $\int_a^{+\infty} f(x)\mathrm{d}x$ 同时收敛或同时发散. □

例 15.2.4 我们知道 p 积分 $\int_1^{+\infty} \dfrac{1}{x^p}\mathrm{d}x$ 当 $p \leqslant 1$ 时发散, 当 $p > 1$ 时收敛, 取 $f(x) = \dfrac{1}{x^p}, x \geqslant 1$, 则由积分判别法, 可知 p 级数 $\sum\limits_{n=1}^{\infty} \dfrac{1}{n^p}$ 当 $p \leqslant 1$ 时发散, 当 $p > 1$ 时收敛.

例 15.2.5 证明级数 $\sum\limits_{n=2}^{\infty} \dfrac{1}{n\ln^p n}$ 当 $p > 1$ 时收敛, $p \leqslant 1$ 时发散.

证明 取 $f(x) = \dfrac{1}{x\ln^p x}$, 则在 $[2, +\infty)$ 上, $f(x)$ 单调减少, $f(x) > 0$, 且

$$\sum_{n=2}^{\infty} f(n) = \sum_{n=2}^{\infty} \dfrac{1}{n\ln^p n},$$

由

$$\int_2^A f(x)\mathrm{d}x = \begin{cases} \dfrac{1}{-p+1}\ln^{-p+1} A - \dfrac{1}{-p+1}\ln^{-p+1} 2, & p \neq 1, \\ \ln\ln A - \ln\ln 2, & p = 1, \end{cases}$$

令 $A \to +\infty$, 可知积分 $\int_2^{+\infty} f(x)\mathrm{d}x$ 在 $p > 1$ 时收敛, 在 $p \leqslant 1$ 时发散, 由此得到 $\sum\limits_{n=2}^{\infty} \dfrac{1}{n\ln^p n}$ 在 $p > 1$ 时收敛, $p \leqslant 1$ 时发散. □

积分判别法是指用反常积分的敛散性来判别级数的敛散性, 反之, 有时也通过级数的敛散性来判别反常积分的敛散性.

例 15.2.6 证明:

(1) 反常积分 $\int_0^{+\infty} \dfrac{\mathrm{d}x}{1+x^2\sin^2 x}$ 发散; (2) 反常积分 $\int_0^{+\infty} \dfrac{\mathrm{d}x}{1+x^4\sin^2 x}$ 收敛.

证明 (1) 取 $a_n = n\pi, n = 0,1,2,\cdots$,并作变量代换 $x = n\pi + t$,则有

$$u_n = \int_{n\pi}^{(n+1)\pi} \frac{\mathrm{d}x}{1+x^2\sin^2 x} = \int_0^\pi \frac{\mathrm{d}t}{1+(n\pi+t)^2\sin^2 t}$$
$$> \int_0^{\frac{1}{(n+1)\pi}} \frac{\mathrm{d}t}{1+(n\pi+t)^2\sin^2 t},$$

当 $0 < t < \dfrac{1}{(n+1)\pi}$ 时,

$$(n\pi+t)^2\sin^2 t < (n+1)^2\pi^2 t^2 < (n+1)^2\pi^2 \cdot \frac{1}{(n+1)^2\pi^2} = 1,$$

于是

$$u_n > \int_0^{\frac{1}{(n+1)\pi}} \frac{\mathrm{d}t}{1+(n\pi+t)^2\sin^2 t} > \frac{1}{2\pi} \cdot \frac{1}{n+1}.$$

因为 $\sum\limits_{n=1}^\infty \dfrac{1}{n+1}$ 发散,可知 $\sum\limits_{n=1}^\infty u_n$ 发散,根据定理 15.2.3 得到 $\int_0^{+\infty} \dfrac{\mathrm{d}x}{1+x^2\sin^2 x}$ 发散.

(2) 取 $a_n = n\pi, n = 0,1,2,\cdots$,则

$$u_n = \int_{n\pi}^{(n+1)\pi} \frac{\mathrm{d}x}{1+x^4\sin^2 x} = \int_0^\pi \frac{\mathrm{d}t}{1+(n\pi+t)^4\sin^2 t}$$
$$= \int_0^{\frac{\pi}{2}} \frac{\mathrm{d}t}{1+(n\pi+t)^4\sin^2 t} + \int_0^{\frac{\pi}{2}} \frac{\mathrm{d}t}{1+(n\pi+\pi-t)^4\sin^2(\pi-t)}.$$

令

$$u_n' = \int_0^{\frac{\pi}{2}} \frac{\mathrm{d}t}{1+(n\pi+t)^4\sin^2 t}, \quad u_n'' = \int_0^{\frac{\pi}{2}} \frac{\mathrm{d}t}{1+(n\pi+\pi-t)^4\sin^2 t},$$

则 $u_n = u_n' + u_n''$. 当 $0 < t < \dfrac{\pi}{2}$ 时,$(n\pi+t)^4\sin^2 t \geqslant n^4\pi^4 \left(\dfrac{2t}{\pi}\right)^2 = 4\pi^2 n^4 t^2$,于是

$$u_n' \leqslant \int_0^{\frac{\pi}{2}} \frac{\mathrm{d}t}{1+4\pi^2 n^4 t^2} = \frac{1}{2\pi n^2}\int_0^{n^2\pi^2} \frac{\mathrm{d}t}{1+t^2} < \frac{1}{4n^2},$$

因为 $\sum\limits_{n=1}^\infty \dfrac{1}{n^2}$ 收敛,可知 $\sum\limits_{n=1}^\infty u_n'$ 收敛. 同理也可证 $\sum\limits_{n=1}^\infty u_n''$ 收敛,从而 $\sum\limits_{n=1}^\infty u_n$ 收敛. 根据定理 15.2.3 得到 $\int_0^{+\infty} \dfrac{\mathrm{d}x}{1+x^4\sin^2 x}$ 收敛. □

前面已经提到,比式或根式判别法是通过与几何级数相比较而得到的,当我们选择比几何级数收敛得慢的 p 级数作为比较尺度时,则可得比比式判别法更细的 Raabe 判别法.

§15.2.4 Raabe 判别法

定理 15.2.4(Raabe 判别法) 设 $\sum\limits_{n=1}^{\infty} x_n$ $(x_n > 0)$ 是正项级数,

$$r = \lim_{n \to \infty} n\left(\frac{x_n}{x_{n+1}} - 1\right) \tag{15.2.4}$$

存在, 则当 $r > 1$ 时, 级数 $\sum\limits_{n=1}^{\infty} x_n$ 收敛; 当 $r < 1$ 时, 级数 $\sum\limits_{n=1}^{\infty} x_n$ 发散.

证明 设 $s > t > 1$, $f(x) = 1 + sx - (1+x)^t$, 由 $f(0) = 0$ 与 $f'(0) = s - t > 0$, 可知存在 $\delta > 0$, 当 $0 < x < \delta$ 时, 成立

$$1 + sx > (1+x)^t.$$

当 $r > 1$ 时, 取 s,t 满足 $r > s > t > 1$. 由 $\lim\limits_{n \to \infty} n\left(\dfrac{x_n}{x_{n+1}} - 1\right) = r > s > t$ 与上面的不等式, 可知对于充分大的 n, 成立

$$\frac{x_n}{x_{n+1}} > 1 + \frac{s}{n} > \left(1 + \frac{1}{n}\right)^t = \frac{(n+1)^t}{n^t}.$$

这说明正项数列 $\{n^t x_n\}$ 从某一项开始单调减少, 因而其必有上界, 设 $n^t x_n \leqslant A, \forall n$, 于是

$$x_n \leqslant \frac{A}{n^t}.$$

由于 $t > 1$, 因而 $\sum\limits_{n=1}^{\infty} \dfrac{1}{n^t}$ 收敛, 根据比较判别法即得到 $\sum\limits_{n=1}^{\infty} x_n$ 的收敛性.

当 $\lim\limits_{n \to \infty} n\left(\dfrac{x_n}{x_{n+1}} - 1\right) = r < 1$, 则对于充分大的 n, 成立

$$\frac{x_n}{x_{n+1}} < 1 + \frac{1}{n} = \frac{n+1}{n},$$

这说明正项数列 $\{nx_n\}$ 从某一项开始单调增加, 因而存在正整数 N 与实数 $\alpha > 0$, 使得

$$\forall\, n > N,\ nx_n > \alpha,\ 即\ x_n > \frac{\alpha}{n},$$

由于 $\sum\limits_{n=1}^{\infty} \dfrac{1}{n}$ 发散, 根据比较判别法即得到 $\sum\limits_{n=1}^{\infty} x_n$ 发散. $\square$

例 15.2.7 判断级数 $\sum\limits_{n=1}^{\infty} \dfrac{\sqrt{n!}}{(2+1)(2+\sqrt{2})\cdots(2+\sqrt{n})}$ 的敛散性.

解 设 $x_n = \dfrac{\sqrt{n!}}{(2+1)(2+\sqrt{2})\cdots(2+\sqrt{n})}$, 则

$$\lim_{n \to \infty} \frac{x_{n+1}}{x_n} = \lim_{n \to \infty} \frac{\sqrt{n+1}}{2+\sqrt{n+1}} = 1,$$

也就是说, 此时 Cauchy 判别法与 D'Alembert 判别法都不适用, 但可用 Raabe 判别法. 由

$$\lim_{n \to \infty} n\left(\frac{x_n}{x_{n+1}} - 1\right) = \lim_{n \to \infty} \frac{2n}{\sqrt{n+1}} = +\infty,$$

知级数 $\sum\limits_{n=1}^{\infty} \dfrac{\sqrt{n!}}{(2+1)(2+\sqrt{2})\cdots(2+\sqrt{n})}$ 收敛.

注 15.2.2 当 $\lim\limits_{n\to\infty} n\left(\dfrac{x_n}{x_{n+1}}-1\right)=1$ 时, Raabe 判别法仍失效, 即级数可能收敛, 也可能发散. 例如级数 $\sum\limits_{n=2}^{\infty} \dfrac{1}{n\ln^p n}$ 成立

$$\lim_{n\to\infty} n\left(\dfrac{x_n}{x_{n+1}}-1\right)=1.$$

但由上面的例 15.2.5, 我们知道级数 $\sum\limits_{n=2}^{\infty} \dfrac{1}{n\ln^p n}$ 当 $p>1$ 时收敛, $p\leqslant 1$ 时发散.

§15.2.5 其他一些判别法

我们还可以得到更细致的判别法. 下面只列出结果.

(1) **Gauss 判别法**: 若

$$\dfrac{x_n}{x_{n+1}} = 1 + \dfrac{1}{n} + \dfrac{\beta}{n\ln n} + o\left(\dfrac{1}{n\ln n}\right), \quad n\to\infty,$$

则当 $\beta>1$ 时级数收敛, $\beta<1$ 时级数发散.

(2) **Bertrand 判别法**: 若

$$\lim_{n\to\infty} \ln n \cdot \left(n\left(\dfrac{x_n}{x_{n+1}}-1\right)-1\right) = r,$$

则当 $r>1$ 时级数 $\sum\limits_{n=1}^{\infty} x_n$ 收敛, $r<1$ 时级数 $\sum\limits_{n=1}^{\infty} x_n$ 发散.

上述判别法也都有失效的时候, 是否有最精确的判别法? 是否有收敛最慢的级数? 答案是否定的. 可以证明, 对每个收敛的正项级数, 总存在比它收敛得更慢的级数. 例如: 设正项级数 $\sum\limits_{n=1}^{\infty} x_n$ 收敛, 其余项记为 r_n, 再令 $y_n = \sqrt{r_{n-1}} - \sqrt{r_n}$, 则级数 $\sum\limits_{n=1}^{\infty} y_n$ 收敛, 其余项 $r_n' = \sqrt{r_n} \to 0$, 并且该级数比 $\sum\limits_{n=1}^{\infty} x_n$ 收敛得要慢, 因为

$$\dfrac{x_n}{y_n} = \dfrac{r_{n-1}-r_n}{\sqrt{r_{n-1}}-\sqrt{r_n}} = \sqrt{r_{n-1}}+\sqrt{r_n} \to 0.$$

最后再看一个例子.

例 15.2.8 讨论下列级数的敛散性:

(1) $\sum\limits_{n=1}^{\infty} \int_0^{\frac{1}{n}} \sqrt{\dfrac{x}{1-x}}\mathrm{d}x$; (2) $\sum\limits_{n=1}^{\infty} \int_{n\pi}^{2n\pi} \dfrac{\sin^2 x}{x^2}\mathrm{d}x$.

解 (1) 当 $n\geqslant 2$ 时, 有

$$\int_0^{\frac{1}{n}} \sqrt{\dfrac{x}{1-x}}\mathrm{d}x < \int_0^{\frac{1}{n}} \sqrt{2x}\mathrm{d}x < \dfrac{1}{n\sqrt{n}},$$

由于 $\sum\limits_{n=1}^{\infty} \dfrac{1}{n\sqrt{n}}$ 收敛, 所以 $\sum\limits_{n=1}^{\infty} \int_0^{\frac{1}{n}} \sqrt{\dfrac{x}{1-x}}\mathrm{d}x$ 收敛.

(2)
$$\int_{n\pi}^{2n\pi} \frac{\sin^2 x}{x^2} \mathrm{d}x > \frac{1}{4n^2\pi^2} \int_{n\pi}^{2n\pi} \sin^2 x \mathrm{d}x = \frac{1}{8n\pi},$$

由于 $\sum_{n=1}^{\infty} \frac{1}{8n\pi}$ 发散, 所以 $\sum_{n=1}^{\infty} \int_{n\pi}^{2n\pi} \frac{\sin^2 x}{x^2} \mathrm{d}x$ 发散.

注 15.2.3 在应用定理 15.2.3 时, 若没有条件 "$f(x) \geqslant 0$", 由反常积分 $\int_0^{\infty} f(x)\mathrm{d}x$ 的收敛性仍可得到级数 $\sum_{n=1}^{\infty} u_n$ 的收敛性. 因为由 $\int_0^{\infty} f(x)\mathrm{d}x$ 收敛可得 $\lim_{A\to+\infty} I(A)$ 存在, 再由Heine 定理, 对 $\forall \{a_n\} : a_n \to +\infty$, $\lim_{n\to+\infty} I(a_n)$ 存在, 即 $\sum_{n=1}^{\infty} u_n$ 的部分和数列收敛, 所以 $\sum_{n=1}^{\infty} u_n$ 收敛. 但反过来结论不一定成立. 例如 $f(x) = \sin x$, 显然 $\int_0^{\infty} f(x)\mathrm{d}x$ 是发散的, 但若取 $a_n = 2n\pi$, 则 $u_n = \int_{a_n}^{a_{n+1}} f(x)\mathrm{d}x = 0$, 即 $\sum_{n=1}^{\infty} u_n$ 收敛.

习 题 15.2

A1. 判别下列级数的敛散性:

(1) $\sum_{n=3}^{\infty} \frac{1}{(\ln n)^{\ln(\ln n)}}$;   (2) $\sum_{n=1}^{\infty} \left(1 - \frac{\ln n}{n}\right)^n$;

(3) $\sum_{n=2}^{\infty} \left(\sqrt{n+1} - \sqrt{n}\right)^s \ln\frac{n-1}{n+1}$;   (4) $\sum_{n=1}^{\infty} (\sqrt[n]{n} - 1)$;

(5) $\sum_{n=1}^{\infty} \left(a^{\frac{1}{2n-1}} - a^{\frac{1}{2n}}\right) \ (a > 0)$;   (6) $\sum_{n=1}^{\infty} \left[\frac{(2n-1)!!}{(2n)!!}\right]^p$, $p = 1, 2, 3$;

(7) $\sum_{n=1}^{\infty} \frac{(2n-1)!!}{(2n)!!} \frac{1}{2n+1}$;   (8) $\sum_{n=1}^{\infty} \frac{n!}{(1+a)(2+a)\cdots(n+a)} \ (a > 0)$;

(9) $\sum_{n=3}^{\infty} \frac{1}{n \ln n (\ln(\ln n))^p}$;   (10) $\sum_{n=1}^{\infty} \frac{1}{n(\ln n)^p (\ln(\ln n))^q}$.

A2. 若正项级数 $\sum_{n=1}^{\infty} a_n$ 收敛, 证明下列级数均收敛:

(1) $\sum_{n=1}^{\infty} a_n^2$;   (2) $\sum_{n=1}^{\infty} \frac{\sqrt{a_n}}{n}$;   (3) $\sum_{n=1}^{\infty} \frac{a_n}{1+a_n}$;   (4) $\sum_{n=1}^{\infty} \left(\sum_{m=1}^{\infty} \frac{a_n}{m^2+n^2}\right)$.

A3. 设 $\frac{a_{n+1}}{a_n} \leqslant \frac{b_{n+1}}{b_n} (a_n > 0, b_n > 0, n = 1, 2, \cdots)$, 求证:

(1) 若 $\sum_{n=1}^{\infty} b_n$ 收敛, 则 $\sum_{n=1}^{\infty} a_n$ 收敛;   (2) 若 $\sum_{n=1}^{\infty} a_n$ 发散, 则 $\sum_{n=1}^{\infty} b_n$ 发散.

A4. 设 $a_1 = 2, a_{n+1} = \frac{1}{2}\left(a_n + \frac{1}{a_n}\right) (n = 1, 2, \cdots)$, 证明:

(1) $\lim_{n\to\infty} a_n$ 存在;   (2) $\sum_{n=1}^{\infty} \left(\frac{a_n}{a_{n+1}} - 1\right)$ 收敛.

A5. 利用级数收敛的必要条件, 证明下列极限:

(1) $\lim_{n\to\infty} \frac{(2n)!}{a^{n!}} = 0 \ (a > 1)$;   (2) $\lim_{n\to\infty} \frac{(a+1)(2a+1)\cdots(na+1)}{(b+1)(2b+1)\cdots(nb+1)} = 0 \ (b > a > 0)$.

B6. 设 $a_n = \int_0^{\frac{\pi}{4}} \tan^n x \mathrm{d}x$,

(1) 求 $\sum\limits_{n=1}^{\infty} \dfrac{1}{n}(a_n + a_{n+2})$ 的值； (2) 证明：对任何正常数 λ, $\sum\limits_{n=1}^{\infty} \dfrac{a_n}{n^\lambda}$ 收敛.

B7. 设 $x_n > 0, \dfrac{x_{n+1}}{x_n} > 1 - \dfrac{1}{n}$, 证明 $\sum\limits_{n=1}^{\infty} x_n$ 发散.

B8. 设 $u_1 = 1, u_2 = 2$, 当 $n \geqslant 3$ 时, $u_n = u_{n-2} + u_{n-1}$, 判别 $\sum\limits_{n=1}^{\infty} \dfrac{1}{u_n}$ 的收敛性.

B9. 设正项级数 $\sum\limits_{n=1}^{\infty} x_n$ 发散, $S_n = x_1 + x_2 + \cdots + x_n$, 证明 $\sum\limits_{n=1}^{\infty} \dfrac{x_n}{S_n^2}$ 收敛.

B10. 设 $\{a_n\}$ 为递减正项数列, 且级数 $\sum\limits_{n=1}^{\infty} a_n$ 发散, 证明 $\lim\limits_{n \to \infty} \dfrac{a_1 + a_3 + \cdots + a_{2n-1}}{a_2 + a_4 + \cdots + a_{2n}} = 1$.

B11. 设 $\{a_n\}$ 为递减正项数列, 证明级数 $\sum\limits_{n=1}^{\infty} a_n$ 与 $\sum 2^m a_{2^m}$ 同时收敛或同时发散.

C12. 举例：正项级数 $\sum\limits_{n=1}^{\infty} x_n$ 收敛, 但是 $\overline{\lim\limits_{n \to \infty}} n x_n = 1$.

C13. 考虑正项级数 $\sum\limits_{n=1}^{\infty} x_n$ 的一个新的判别法. 记 k 为任意正整数, 如果 $\lim\limits_{n \to \infty} \dfrac{a_{n+k}}{a_n} = l$, 试根据 l 的值来判断正项级数的敛散性.

C14. 设正项级数 $\sum\limits_{n=1}^{\infty} x_n$ 发散, 讨论以下级数的敛散性：

(1) $\sum\limits_{n=1}^{\infty} \dfrac{x_n}{1 + n^2 x_n}$; (2) $\sum\limits_{n=1}^{\infty} \dfrac{x_n}{1 + n x_n}$; (3) $\sum\limits_{n=1}^{\infty} \dfrac{x_n}{1 + x_n}$; (4) $\sum\limits_{n=1}^{\infty} \dfrac{x_n}{1 + x_n^2}$.

§15.3 任意项级数

本节讨论任意项级数, 即通项未必都是正或都是负的情况. 当然, 一个级数, 如果只有有限个正项或有限个负项, 则可以用正项级数的各种判别法来判断其敛散性, 因为改变或去掉级数的有限项不影响级数的敛散性. 因此, 不能归结为正项级数的级数其通项必有无穷个正项和无穷个负项, 可称为变号级数.

先看一种特殊的变号级数——交错级数.

§15.3.1 交错级数与 Leibniz 判别法

定义 15.3.1 设 $\forall n \in \mathbb{N}, u_n \geqslant 0$, 则形如 $\sum\limits_{n=1}^{\infty} (-1)^{n+1} u_n$ 的级数称为**交错级数**(alternating series).

定理 15.3.1(Leibniz 判别法) 交错级数 $\sum\limits_{n=1}^{\infty} (-1)^{n+1} u_n$ 如果满足下列两个条件则必收敛:

(1) $\lim\limits_{n \to \infty} u_n = 0$; (2) $\{u_n\}$ 单调减少.

这样的交错级数称为**Leibniz 级数**.

证明 设 $\sum\limits_{n=1}^{\infty} (-1)^{n+1} u_n$ 的部分和数列为 $\{S_n\}$, 因为 $\{u_n\}$ 单调减少, 所以

$$S_{2n} = S_{2n-2} + u_{2n-1} - u_{2n} \geqslant S_{2n-2}, \tag{15.3.1}$$

$$S_{2n+1} = S_{2n-1} - u_{2n} + u_{2n+1} = S_{2n-1} - (u_{2n} - u_{2n+1}) \leqslant S_{2n-1}. \tag{15.3.2}$$

即 $\{S_{2n}\}$ 单增, $\{S_{2n+1}\}$ 单减, 且

$$S_{2n} = S_{2n-1} - u_{2n} \leqslant S_{2n-1} \leqslant S_{2n-3} \leqslant \cdots \leqslant S_1 = u_1, \tag{15.3.3}$$

$$S_{2n+1} = S_{2n} + u_{2n+1} \geqslant S_{2n} \geqslant S_{2n-2} \geqslant \cdots \geqslant S_2 = u_2 - u_1 \geqslant 0. \tag{15.3.4}$$

于是由单调有界原理知 $\{S_{2n}\}$ 与 $\{S_{2n+1}\}$ 的极限均存在, 设

$$\lim_{n \to \infty} S_{2n} = a, \quad \lim_{n \to \infty} S_{2n+1} = b.$$

则由式 (15.3.4) 知, $a, b > 0$, 且

$$b - a = \lim_{n \to \infty} (S_{2n+1} - S_{2n}) = \lim_{n \to \infty} u_{2n+1} = 0,$$

即 $\sum\limits_{n=1}^{\infty} (-1)^{n+1} u_n$ 的和为 $S = a = b$. □

注 15.3.1 (1) 据 $\{S_{2n}\}$ 和 $\{S_{2n+1}\}$ 的单调性知,

$$0 \leqslant u_1 - u_2 \leqslant S_{2n} \leqslant S \leqslant S_{2n+1} \leqslant u_1. \tag{15.3.5}$$

即

$$0 \leqslant u_2 - u_1 \leqslant \sum_{k=1}^{\infty} (-1)^{k+1} u_k \leqslant u_1.$$

再由

$$0 \leqslant S - S_{2n} \leqslant S_{2n+1} - S_{2n} = u_{2n+1},$$

$$0 \leqslant S_{2n+1} - S \leqslant S_{2n+1} - S_{2n+2} = u_{2n+2},$$

得

$$|r_n| = |S - S_n| \leqslant u_{n+1}, \tag{15.3.6}$$

即 Leibniz 级数的第 n 个余项 r_n 的绝对值不超过第 $n+1$ 项的绝对值.

(2) 定理中条件 (1) 是必要的, 而条件 (2) 是非必要的, 参见习题.

例 15.3.1 证明下列交错级数收敛:

(1) $\sum\limits_{n=1}^{\infty} (-1)^{n-1} \dfrac{1}{n}$; (2) $\sum\limits_{n=1}^{\infty} (-1)^{n+1} \dfrac{n}{10^n}$; (3) $\sum\limits_{n=2}^{\infty} (-1)^n \dfrac{\ln n}{n}$.

证明 (1)、(2) 两级数显然是 Leibniz 级数, 故收敛. 下面仅证明 (3) 收敛.

要证 (3), 显然只要证 $u_n = \dfrac{\ln n}{n}$ 单调递减. 令 $f(x) = \dfrac{\ln x}{x}$, 则 $f'(x) = \dfrac{1 - \ln x}{x^2}$ $< 0, \forall x \in [3, +\infty)$, 即从第 3 项开始, u_n 单调递减. 因此由定理 15.3.1 及注 15.3.1 知, 该级数收敛. □

例 15.3.2 证明级数 $\sum\limits_{n=1}^{\infty} \sin(\sqrt{n^2+1}\pi)$ 收敛.

证明 易知

$$\sin(\sqrt{n^2+1}\pi) = (-1)^n \sin(\sqrt{n^2+1} - n)\pi = (-1)^n \sin \dfrac{\pi}{\sqrt{n^2+1} + n}.$$

显然 $\left\{\sin\dfrac{\pi}{\sqrt{n^2+1}+n}\right\}$ 是单调减少数列, 且

$$\lim_{n\to\infty}\sin\frac{\pi}{\sqrt{n^2+1}+n}=0,$$

所以 $\sum\limits_{n=1}^{\infty}\sin(\sqrt{n^2+1}\pi)$ 是 Leibniz 级数, 由定理 15.3.1 可知它是收敛的. □

§15.3.2 Abel 判别法与 Dirichlet 判别法

类似于反常积分的 A-D 判别法, 即定理 13.2.10, 本小节介绍形如 $\sum\limits_{n=1}^{\infty}a_nb_n$ 级数的收敛判别法, 即 Abel 判别法与 Dirichlet 判别法, 其基本想法是利用级数 $\sum\limits_{n=1}^{\infty}a_n$ 和 $\sum\limits_{n=1}^{\infty}b_n$ 的性质来判断级数 $\sum\limits_{n=1}^{\infty}a_nb_n$ 的收敛性.

类似于证明反常积分的 A-D 判别法时的积分第二中值定理, 即定理 13.2.6, 我们这里需要 Abel 变换.

引理 15.3.1(Abel 变换) 设 $\{a_n\}$ 和 $\{b_n\}$ 是两数列, 记 $B_k=\sum\limits_{i=1}^{k}b_i,\ k=1,2,\cdots$, 则

$$\sum_{k=1}^{m}a_kb_k=a_mB_m-\sum_{k=1}^{m-1}(a_{k+1}-a_k)B_k. \tag{15.3.7}$$

证明

$$\begin{aligned}\sum_{k=1}^{m}a_kb_k&=a_1B_1+\sum_{k=2}^{m}a_k(B_k-B_{k-1})\\&=a_1B_1+\sum_{k=2}^{m}a_kB_k-\sum_{k=2}^{m}a_kB_{k-1}\\&=\sum_{k=1}^{m-1}a_kB_k-\sum_{k=1}^{m-1}a_{k+1}B_k+a_mB_m\\&=a_mB_m-\sum_{k=1}^{m-1}(a_{k+1}-a_k)B_k.\end{aligned}$$

□

注 15.3.2 由于 Abel 变换公式 (15.3.7) 类似于定积分的分部积分公式

$$\int_a^b f(x)g(x)\mathrm{d}x=f(b)G(b)-\int_a^b f'(x)G(x)\mathrm{d}x,$$

其中, $G(x)=\int_a^x g(t)\mathrm{d}t$, 所以 Abel 变换公式也称为**分部求和公式**.

利用 Abel 变换可以得到下面的 Abel 引理.

引理 15.3.2(Abel 引理) 设

(1) $\{a_k\}$ 为单调数列;

(2) $\left\{\sum\limits_{i=1}^{k}b_i\right\}$ 为有界数列, 即存在常数 $M>0$, 使对一切 $k\in\mathbb{N}$, 有 $|B_k|=\left|\sum\limits_{i=1}^{k}b_i\right|\leqslant M$.

则 $\forall m \in \mathbb{N}^+$, 有

$$\left|\sum_{k=1}^{m} a_k b_k\right| \leqslant M(|a_1| + 2|a_m|). \tag{15.3.8}$$

证明 由 Abel 变换, 即式 (15.3.7) 得

$$\left|\sum_{k=1}^{m} a_k b_k\right| \leqslant |a_m B_m| + \sum_{k=1}^{m-1} |a_{k+1} - a_k| |B_k|$$

$$\leqslant M\left(|a_m| + \sum_{k=1}^{m-1} |a_{k+1} - a_k|\right).$$

由于 $\{a_k\}$ 单调, 所以

$$\sum_{k=1}^{m-1} |a_{k+1} - a_k| = \left|\sum_{k=1}^{m-1} (a_{k+1} - a_k)\right| = |a_m - a_1|,$$

于是得到

$$\left|\sum_{k=1}^{m} a_k b_k\right| \leqslant M(|a_1| + 2|a_m|). \qquad \square$$

定理 15.3.2 (**级数的 A-D 判别法**) 若下列两个条件之一满足, 则级数 $\sum\limits_{n=1}^{\infty} a_n b_n$ 收敛:

(1) (**Abel 判别法**) $\{a_n\}$ 单调有界, $\sum\limits_{n=1}^{\infty} b_n$ 收敛;

(2) (**Dirichlet 判别法**) $\{a_n\}$ 单调趋于 0, $\left\{\sum\limits_{i=1}^{n} b_i\right\}$ 有界.

证明 (1) 若 Abel 判别法条件满足, 设 $|a_n| \leqslant M$. 由于 $\sum\limits_{n=1}^{\infty} b_n$ 收敛, 则对于任意给定的 $\varepsilon > 0$, 存在正整数 N, 使得对于一切 $n > N$ 和 $p \in \mathbb{N}^+$, 成立 $\left|\sum\limits_{k=n+1}^{n+p} b_k\right| < \varepsilon$.

对 $\sum\limits_{k=n+1}^{n+p} a_k b_k$ 应用 Abel 引理, 即得到

$$\left|\sum_{k=n+1}^{n+p} a_k b_k\right| < \varepsilon(|a_{n+1}| + 2|a_{n+p}|) \leqslant 3M\varepsilon.$$

(2) 若 Dirichlet 判别法条件满足, 由于 $\lim\limits_{n \to \infty} a_n = 0$, 因此对于任意给定的 $\varepsilon > 0$, 存在 $N > 0$, 使得对于一切 $n > N$, 成立 $|a_n| < \varepsilon$.

设 $\left|\sum\limits_{i=1}^{n} b_i\right| \leqslant M$, 令 $B_k = \sum\limits_{i=n+1}^{n+k} b_i$ ($k = 1, 2, \cdots$), 则

$$|B_k| = \left|\sum_{i=1}^{n+k} b_i - \sum_{i=1}^{n} b_i\right| \leqslant 2M,$$

§15.3 任意项级数

应用 Abel 引理, 同样得到

$$\left|\sum_{k=n+1}^{n+p} a_k b_k\right| \leqslant 2M(|a_{n+1}| + 2|a_{n+p}|) < 6M\varepsilon,$$

对一切 $n > N$ 与一切正整数 p 成立.

根据 Cauchy 收敛原理 (定理 15.1.1), 在条件 (1) 或 (2) 下, 级数 $\sum\limits_{n=1}^{\infty} a_n b_n$ 都收敛. □

注 15.3.3 (1) Leibniz 判别法与 Abel 判别法都可由 Dirichlet 判别法推出.

(2) 设 $\sum\limits_{n=1}^{\infty} b_n$ 收敛, 则 $\sum\limits_{n=1}^{\infty} \dfrac{b_n}{n^p}(p \geqslant 0)$, $\sum\limits_{n=1}^{\infty} \dfrac{n}{n+1} b_n$ 和 $\sum\limits_{n=1}^{\infty} \left(1 + \dfrac{1}{n}\right)^n b_n$ 等均收敛. 进一步, 只要级数 $\sum\limits_{n=1}^{\infty} b_n$ 的部分和数列 $\{B_k\}$ 有界, 则级数 $\sum\limits_{n=1}^{\infty} \dfrac{b_n}{n^p}(p > 0)$ 收敛.

例 15.3.3 研究级数 $\sum\limits_{n=1}^{\infty} \dfrac{\sin nx}{n}$ 和 $\sum\limits_{n=1}^{\infty} \dfrac{\cos nx}{n}$ 的敛散性.

解 对一切 $n \in \mathbb{N}^+$ 和 $x \in \mathbb{R}$, 有

$$2\sin\frac{x}{2} \cdot \sum_{k=1}^{n} \sin kx = \cos\frac{x}{2} - \cos\frac{2n+1}{2}x, \tag{15.3.9}$$

于是当 $x \neq 2k\pi$ 时,

$$\left|\sum_{k=1}^{n} \sin kx\right| \leqslant \frac{1}{\left|\sin\dfrac{x}{2}\right|},$$

而 $x = 2k\pi$ 时, $\sum\limits_{k=1}^{n} \sin kx = 0$. 于是对任意给定的 $x \in \mathbb{R}$, 部分和数列 $\left\{\sum\limits_{k=1}^{n} \sin kx\right\}$ 有界, 由 Dirichlet 判别法知, $\sum\limits_{n=1}^{\infty} \dfrac{\sin nx}{n}$ 收敛.

同理可证, 对一切 $x \neq 2k\pi$, $\sum\limits_{n=1}^{\infty} \dfrac{\cos nx}{n}$ 收敛, 而当 $x = 2k\pi$ 时, 级数显然发散.

同例 15.3.3 的讨论, 只要 $\{a_n\}$ 单调趋于 0, 则对一切实数 x, $\sum\limits_{n=1}^{\infty} a_n \sin nx$ 收敛, 而当 $x \neq 2k\pi$ 时, 级数 $\sum\limits_{n=1}^{\infty} a_n \cos nx$ 收敛.

例 15.3.4 讨论下列级数的敛散性:

(1) $\sum\limits_{n=1}^{\infty} (-1)^n \left(1 + \dfrac{1}{n}\right)^n \dfrac{1}{\sqrt{n}}$; (2) $1 + \dfrac{1}{2} - \dfrac{1}{3} - \dfrac{1}{4} + \dfrac{1}{5} + \dfrac{1}{6} - \dfrac{1}{7} - \dfrac{1}{8} + \cdots$.

解 (1) 首先, 由 Dirichlet 判别法知, 级数 $\sum\limits_{n=1}^{\infty} (-1)^n \dfrac{1}{\sqrt{n}}$ 收敛. 又因为数列 $\left\{\left(1 + \dfrac{1}{n}\right)^n\right\}$ 单增有界, 于是由 Abel 判别法, 级数 $\sum\limits_{n=1}^{\infty} (-1)^n \left(1 + \dfrac{1}{n}\right)^n \dfrac{1}{\sqrt{n}}$ 收敛.

(2) 首先我们把该级数视为形如 $\sum\limits_{n=1}^{\infty} a_n b_n$ 的级数, 其中 $a_n = \dfrac{1}{n}$, $\{b_n\}$ 是数列

$$1, 1, -1, -1, 1, 1, -1, -1, \cdots.$$

因为数列 $\{a_n\}$ 单减趋于 0, 级数 $\sum\limits_{n=1}^{\infty} b_n$ 的部分和有界, 由 Dirichlet 判别法知该级数收敛.

§15.3.3 级数的绝对收敛与条件收敛

定义 15.3.2(绝对收敛与条件收敛) 如果级数 $\sum_{n=1}^{\infty} |x_n|$ 收敛, 则称级数 $\sum_{n=1}^{\infty} x_n$ 是**绝对收敛** (absolutely convergent). 如果级数 $\sum_{n=1}^{\infty} x_n$ 收敛, 而级数 $\sum_{n=1}^{\infty} |x_n|$ 发散, 则称 $\sum_{n=1}^{\infty} x_n$ 是**条件收敛**(conditionally convergent).

由定义, 级数 $\sum_{n=1}^{\infty} (-1)^{n+1} \frac{1}{n}$ 条件收敛, 级数 $\sum_{n=1}^{\infty} (-1)^{n+1} \frac{1}{n^2}$ 绝对收敛.

定理 15.3.3 绝对收敛的级数一定收敛.

证明 由下式

$$|x_{n+1} + \cdots + x_{n+p}| \leqslant |x_{n+1}| + \cdots + |x_{n+p}|.$$

及 Cauchy 收敛原理立得. □

例 15.3.5 讨论级数 $\sum_{n=1}^{\infty} \frac{(-1)^{n+1}}{n^p} (p > 0)$ 的敛散性, 包括绝对收敛与条件收敛.

解 $\left|\frac{(-1)^{n+1}}{n^p}\right| = \frac{1}{n^p}$, 当 $p > 1$ 时, $\sum_{n=1}^{\infty} \frac{1}{n^p}$ 收敛, 所以 $\sum_{n=1}^{\infty} \frac{(-1)^{n+1}}{n^p}$ 绝对收敛.

当 $p \leqslant 1$ 时, $\frac{1}{n^p} > \frac{1}{n}$, 所以 $\sum_{n=1}^{\infty} \frac{1}{n^p}$ 发散.

又易知 $\sum_{n=1}^{\infty} \frac{(-1)^{n+1}}{n^p}$ 是 Leibniz 级数, 故收敛, 即 $\sum_{n=1}^{\infty} \frac{(-1)^{n+1}}{n^p}$ 条件收敛.

例 15.3.6 讨论级数 $\sum_{n=1}^{\infty} \frac{x^n}{n^p}$ 的敛散性, 包括绝对收敛与条件收敛.

解 对 $\sum_{n=1}^{\infty} \left|\frac{x^n}{n^p}\right| = \sum_{n=1}^{\infty} \frac{|x|^n}{n^p}$ 应用 Cauchy 判别法. 由 $\lim_{n \to \infty} \sqrt[n]{\frac{|x|^n}{n^p}} = |x|$ 可知:

$|x| < 1$ 时, 对任何实数 p, 级数收敛, 且绝对收敛;

$|x| > 1$ 时, 对任何实数 p, 级数发散;

$x = 1$ 时, $\begin{cases} p > 1, \text{级数收敛 (绝对收敛)}, \\ p \leqslant 1, \text{级数发散}; \end{cases}$

$x = -1$ 时, $\begin{cases} p > 1, & \text{级数收敛 (绝对收敛)}, \\ 0 < p \leqslant 1, \text{级数收敛 (条件收敛)}, \\ p \leqslant 0, & \text{级数发散}. \end{cases}$

例 15.3.7 讨论级数 $\sum_{n=1}^{\infty} \frac{\sin nx}{n^p} (p > 0, 0 < x < \pi)$ 的敛散性 (包括绝对收敛与条件收敛).

解 当 $p > 1$, 由 $\frac{|\sin nx|}{n^p} \leqslant \frac{1}{n^p}$ 可知, 级数 $\sum_{n=1}^{\infty} \frac{\sin nx}{n^p}$ 绝对收敛.

当 $0 < p \leqslant 1$, 类似于例 15.3.3, 级数 $\sum_{n=1}^{\infty} \frac{\sin nx}{n^p}$ 收敛. 进一步,

$$\frac{|\sin nx|}{n^p} \geqslant \frac{\sin^2 nx}{n^p} = \frac{1}{2n^p} - \frac{\cos 2nx}{2n^p},$$

§15.3 任意项级数

所以由 Dirichlet 判别法同样可知级数 $\sum_{n=1}^{\infty} \dfrac{\cos 2nx}{2n^p}$ 收敛. 但由于 $\sum_{n=1}^{\infty} \dfrac{1}{2n^p}$ 发散, 因此级数 $\sum_{n=1}^{\infty} \dfrac{|\sin nx|}{n^p}$ 发散, 即当 $0 < p \leqslant 1$ 时, 级数 $\sum_{n=1}^{\infty} \dfrac{\sin nx}{n^p} (0 < x < \pi)$ 条件收敛.

例 15.3.8 讨论级数 $\sum_{n=1}^{\infty} (-1)^n \dfrac{\ln n}{n^p}$ 的敛散性.

解 若 $p \leqslant 0$, 则当 $n \to \infty$ 时, 通项 $(-1)^n \dfrac{\ln n}{n^p}$ 不趋于 0, 所以此时级数发散.

当 $p > 0$ 时, 有
$$\lim_{n \to \infty} \frac{\ln n}{n^p} = 0.$$

若令 $f(x) = \dfrac{\ln x}{x^p}$, 则当 $x > \mathrm{e}^{\frac{1}{p}}$ 时,
$$f'(x) = \frac{1 - p \ln x}{x^{p+1}} < 0,$$

即当 $n > [\mathrm{e}^{\frac{1}{p}}]$ 时, 数列 $\left\{ \dfrac{\ln n}{n^p} \right\}$ 单减, 由 Leibniz 判别法, 级数 $\sum_{n=1}^{\infty} (-1)^n \dfrac{\ln n}{n^p}$ 收敛.

再考虑绝对值级数 $\sum_{n=1}^{\infty} \dfrac{\ln n}{n^p}$.

当 $p > 1$ 时, 取 $\alpha : p > \alpha > 1$, 有
$$n^\alpha \cdot \frac{\ln n}{n^p} = \frac{\ln n}{n^{p-\alpha}} \to 0 < 1 \quad (n \to \infty),$$

由比较判别法, 级数 $\sum_{n=1}^{\infty} \dfrac{\ln n}{n^p}$ 收敛, 从而原级数绝对收敛.

当 $0 < p \leqslant 1$ 时, 因为 $\dfrac{\ln n}{n^p} > \dfrac{1}{n}$, 所以级数 $\sum_{n=1}^{\infty} \dfrac{\ln n}{n^p}$ 发散, 从而原级数条件收敛.

§15.3.4 级数的重排

我们知道, 有限个数相加时, 被加项可以任意交换次序而不影响其和, 这个性质称为加法交换律. 对无限和, 即级数, 一般来说, 不满足加法交换律. 具体一点来说, 如果只交换级数中有限多项的次序, 那么既不改变级数的收敛性, 也不改变其和. 但若交换无穷多项, 不仅和可能不同, 甚至收敛性也会改变. 我们把交换次序以后所得的级数称为原来级数的**重排级数**或**更序级数**.

再具体来说, 给定级数 $\sum_{n=1}^{\infty} a_n$, 设 $f : \mathbb{N}^+ \to \mathbb{N}^+$ 是双射, 则级数 $\sum_{n=1}^{\infty} a_{f(n)}$, 也记为 $\sum_{n=1}^{\infty} a'_n$, 称为级数 $\sum_{n=1}^{\infty} a_n$ 的一个重排(rearrangement) 级数或更序级数. 例如, 级数

$$\frac{1}{2^2} + \frac{1}{1^2} + \frac{1}{4^2} + \frac{1}{3^2} + \cdots$$

是级数

$$1 + \frac{1}{2^2} + \frac{1}{3^2} + \frac{1}{4^2} + \cdots$$

的一个重排或更序.

例 15.3.9 我们已经知道Leibniz 级数

$$\sum_{n=1}^{\infty} \frac{(-1)^{n+1}}{n} = 1 - \frac{1}{2} + \frac{1}{3} - \frac{1}{4} + \cdots \tag{15.3.10}$$

是 (条件) 收敛的, 其和为 $\ln 2$. 现在考虑其重排级数, 或更序级数

$$\sum_{n=1}^{\infty} x'_n = 1 - \frac{1}{2} - \frac{1}{4} + \frac{1}{3} - \frac{1}{6} - \frac{1}{8} + \cdots + \frac{1}{2k-1} - \frac{1}{4k-2} - \frac{1}{4k} + \cdots. \tag{15.3.11}$$

设 $\sum_{n=1}^{\infty} \frac{(-1)^{n+1}}{n}$ 的部分和为 S_n, $\sum_{n=1}^{\infty} x'_n$ 的部分和为 S'_n, 则

$$S'_{3n} = \sum_{k=1}^{n} \left(\frac{1}{2k-1} - \frac{1}{4k-2} - \frac{1}{4k} \right)$$

$$= \sum_{k=1}^{n} \left(\frac{1}{4k-2} - \frac{1}{4k} \right) = \frac{1}{2} \sum_{k=1}^{n} \left(\frac{1}{2k-1} - \frac{1}{2k} \right) = \frac{1}{2} S_{2n},$$

于是

$$\lim_{n \to \infty} S'_{3n} = \frac{1}{2} \lim_{n \to \infty} S_{2n} = \frac{1}{2} \ln 2.$$

由于

$$S'_{3n-1} = S'_{3n} + \frac{1}{4n}, \quad S'_{3n+1} = S'_{3n} + \frac{1}{2n+1},$$

所以 $\lim_{n \to \infty} S'_n = \frac{1}{2} \ln 2$, 即 $\sum_{n=1}^{\infty} x'_n = \frac{1}{2} \ln 2$.

同样地, 级数 $\sum_{n=1}^{\infty} \frac{(-1)^{n+1}}{n}$ 的另一重排

$$\sum_{n=1}^{\infty} x''_n = 1 + \frac{1}{3} - \frac{1}{2} + \frac{1}{5} + \frac{1}{7} - \frac{1}{4} + \cdots + \frac{1}{4k-3} + \frac{1}{4k-1} - \frac{1}{2k} + \cdots \tag{15.3.12}$$

收敛于 $\frac{3}{2} \ln 2$, 因为

$$S''_{3n} = \sum_{k=1}^{n} \left(\frac{1}{4k-3} + \frac{1}{4k-1} - \frac{1}{2k} \right)$$

$$= \sum_{k=1}^{n} \left(\frac{1}{4k-3} - \frac{1}{4k-2} + \frac{1}{4k-1} - \frac{1}{4k} \right) + \sum_{k=1}^{n} \left(\frac{1}{4k-2} - \frac{1}{2k} \right)$$

$$= S_{4n} + \frac{1}{2} S_{2n} \to \frac{3}{2} \ln 2 \quad (n \to \infty).$$

另外, 由于 $\sum_{n=1}^{\infty} \frac{1}{2n-1} = +\infty$, $\sum_{n=1}^{\infty} \left(-\frac{1}{2n} \right) = -\infty$, 所以我们先加奇数项, 使得和大于 $+3$, 然后加上一些偶数项, 使得和小于 -4, 再加上奇数项, 使得和大于 $+5$, 接着再加上一些偶数项, 使得和小于 -6, 如此下去, 得到 $\sum_{n=1}^{\infty} \frac{(-1)^{n+1}}{n}$ 的一个发散的重排. 用同样的方法还可以得到收敛于任意实数 a 的重排. 参见下面的定理 15.3.6.

§15.3 任意项级数

下面我们将会看到, 对正项级数与绝对收敛级数来说, 重排既不影响它的收敛性, 也不影响它的和. 但对条件收敛级数来说, 则不然. 下面的想法是把任意项级数的敛散性问题化为两个正项级数的敛散性问题.

对任何实数 x, 令

$$x^+ = \frac{|x|+x}{2} = \begin{cases} x, & x \geqslant 0, \\ 0, & x < 0, \end{cases} \tag{15.3.13}$$

$$x^- = \frac{|x|-x}{2} = \begin{cases} -x, & x \leqslant 0, \\ 0, & x > 0, \end{cases} \tag{15.3.14}$$

则 x^+, x^- 都是非负的, 且

$$x = x^+ - x^-, \quad |x| = x^+ + x^-. \tag{15.3.15}$$

给定任意项级数 $\sum\limits_{n=1}^{\infty} x_n$, 必对应两个正项级数

$$\sum_{n=1}^{\infty} x_n^+, \quad \sum_{n=1}^{\infty} x_n^-. \tag{15.3.16}$$

下面我们讨论这三个级数的敛散性之间的关系.

定理 15.3.4 级数 $\sum\limits_{n=1}^{\infty} x_n$ 绝对收敛当且仅当式 (15.3.16) 中的两个正项级数都收敛. 而级数 $\sum\limits_{n=1}^{\infty} x_n$ 条件收敛时, 这两个级数都发散 (到 $+\infty$).

证明 先设 $\sum\limits_{n=1}^{\infty} x_n$ 绝对收敛, 由于

$$0 \leqslant x_n^+ \leqslant |x_n|, \ 0 \leqslant x_n^- \leqslant |x_n|, \ n = 1, 2, \cdots,$$

则由 $\sum\limits_{n=1}^{\infty} |x_n|$ 的收敛性知, $\sum\limits_{n=1}^{\infty} x_n^+$ 与 $\sum\limits_{n=1}^{\infty} x_n^-$ 都收敛.

反过来, 若 $\sum\limits_{n=1}^{\infty} x_n^+$ 与 $\sum\limits_{n=1}^{\infty} x_n^-$ 都收敛, 则由 $|x_n| = x_n^+ + x_n^-$ 知, $\sum\limits_{n=1}^{\infty} x_n$ 绝对收敛.

现设 $\sum\limits_{n=1}^{\infty} x_n$ 条件收敛, 若 $\sum\limits_{n=1}^{\infty} x_n^+$ $\left(\text{或} \sum\limits_{n=1}^{\infty} x_n^-\right)$ 也收敛, 则由

$$\sum_{n=1}^{\infty} x_n^- = \sum_{n=1}^{\infty} x_n^+ - \sum_{n=1}^{\infty} x_n \left(\text{或} \sum_{n=1}^{\infty} x_n^+ = \sum_{n=1}^{\infty} x_n^- + \sum_{n=1}^{\infty} x_n\right)$$

可知 $\sum\limits_{n=1}^{\infty} x_n^-$ (或 $\sum\limits_{n=1}^{\infty} x_n^+$) 也收敛, 于是得到

$$\sum_{n=1}^{\infty} |x_n| = \sum_{n=1}^{\infty} x_n^+ + \sum_{n=1}^{\infty} x_n^-$$

的收敛性, 从而产生矛盾. □

定理 15.3.5 若级数 $\sum\limits_{n=1}^{\infty} x_n$ 绝对收敛, 则它的更序级数 $\sum\limits_{n=1}^{\infty} x'_n$ 也绝对收敛, 且和不变.

证明 分两步来证明定理.

(1) 先设 $\sum\limits_{n=1}^{\infty} x_n$ 是正项级数, 则对一切 $n \in \mathbb{N}^+$,

$$\sum_{k=1}^{n} x'_k \leqslant \sum_{n=1}^{\infty} x_n,$$

即正项级数 $\sum\limits_{n=1}^{\infty} x'_n$ 的部分和有上界, 于是 $\sum\limits_{n=1}^{\infty} x'_n$ 收敛, 且

$$\sum_{n=1}^{\infty} x'_n \leqslant \sum_{n=1}^{\infty} x_n.$$

反之, 也可将 $\sum\limits_{n=1}^{\infty} x_n$ 看成 $\sum\limits_{n=1}^{\infty} x'_n$ 的更序级数, 从而有

$$\sum_{n=1}^{\infty} x_n \leqslant \sum_{n=1}^{\infty} x'_n.$$

合之即得

$$\sum_{n=1}^{\infty} x'_n = \sum_{n=1}^{\infty} x_n.$$

(2) 现设 $\sum\limits_{n=1}^{\infty} x_n$ 是绝对收敛的任意项级数, 由定理 15.3.4 知, 正项级数 $\sum\limits_{n=1}^{\infty} x_n^+$ 与 $\sum\limits_{n=1}^{\infty} x_n^-$ 都收敛, 且

$$\sum_{n=1}^{\infty} x_n = \sum_{n=1}^{\infty} x_n^+ - \sum_{n=1}^{\infty} x_n^-, \quad \sum_{n=1}^{\infty} |x_n| = \sum_{n=1}^{\infty} x_n^+ + \sum_{n=1}^{\infty} x_n^-.$$

对于更序级数 $\sum\limits_{n=1}^{\infty} x'_n$, 同样也有相应的正项级数 $\sum\limits_{n=1}^{\infty} x'^+_n$ 与 $\sum\limits_{n=1}^{\infty} x'^-_n$, 由于 $\sum\limits_{n=1}^{\infty} x'^+_n$ 为 $\sum\limits_{n=1}^{\infty} x_n^+$ 的更序级数, $\sum\limits_{n=1}^{\infty} x'^-_n$ 为 $\sum\limits_{n=1}^{\infty} x_n^-$ 的更序级数, 根据 (1) 的结论,

$$\sum_{n=1}^{\infty} x'^+_n = \sum_{n=1}^{\infty} x_n^+, \quad \sum_{n=1}^{\infty} x'^-_n = \sum_{n=1}^{\infty} x_n^-,$$

于是得到

$$\sum_{n=1}^{\infty} |x'_n| = \sum_{n=1}^{\infty} x'^+_n + \sum_{n=1}^{\infty} x'^-_n$$

收敛, 即 $\sum\limits_{n=1}^{\infty} x'_n$ 绝对收敛, 且

$$\sum_{n=1}^{\infty} x'_n = \sum_{n=1}^{\infty} x'^+_n - \sum_{n=1}^{\infty} x'^-_n = \sum_{n=1}^{\infty} x_n^+ - \sum_{n=1}^{\infty} x_n^- = \sum_{n=1}^{\infty} x_n. \quad \square$$

定理 15.3.6(Riemann) 设级数 $\sum\limits_{n=1}^{\infty} x_n$ 条件收敛, 则对任意给定的常数 a ($-\infty \leqslant a \leqslant +\infty$), 必存在 $\sum\limits_{n=1}^{\infty} x_n$ 的更序级数 $\sum\limits_{n=1}^{\infty} x'_n$, 其和恰为 a.

证明 只证 a 为有限数的情况, $a = \pm\infty$ 的情况类似.

由于 $\sum\limits_{n=1}^{\infty} x_n$ 条件收敛, 由定理 15.3.4 知,

$$\sum_{n=1}^{\infty} x_n^+ = +\infty, \quad \sum_{n=1}^{\infty} x_n^- = +\infty.$$

依次计算 $\sum\limits_{n=1}^{\infty} x_n^+$ 的部分和, 必定存在最小的正整数 n_1, 满足

$$x_1^+ + x_2^+ + \cdots + x_{n_1-1}^+ \leqslant a < x_1^+ + x_2^+ + \cdots + x_{n_1}^+,$$

再依次计算 $\sum\limits_{n=1}^{\infty} x_n^-$ 的部分和, 也必定存在最小的正整数 m_1, 满足

$$x_1^+ + x_2^+ + \cdots + x_{n_1}^+ - x_1^- - x_2^- - \cdots - x_{m_1-1}^- - x_{m_1}^- < a \leqslant x_1^+ + x_2^+ + \cdots + x_{n_1}^+ - x_1^- - x_2^- - \cdots - x_{m_1-1}^-,$$

类似地, 可找到最小的正整数 $n_2 > n_1, m_2 > m_1$, 满足

$$x_1^+ + x_2^+ + \cdots + x_{n_1}^+ + x_1^- - x_2^- - \cdots - x_{m_1}^- + x_{n_1+1}^+ + \cdots + x_{n_2-1}^+$$
$$\leqslant a < x_1^+ + x_2^+ + \cdots + x_{n_1}^+ - x_1^- - x_2^- - \cdots - x_{m_1}^- + x_{n_1+1}^+ + \cdots + x_{n_2-1}^+ + x_{n_2}^+,$$

$$x_1^+ + x_2^+ + \cdots + x_{n_1}^+ - x_1^- - x_2^- - \cdots - x_{m_1}^- + x_{n_1+1}^+ + \cdots + x_{n_2}^+ - x_{m_1+1}^- - \cdots - x_{m_2}^-$$
$$\leqslant a < x_1^+ + x_2^+ + \cdots + x_{n_1}^+ - x_1^- - x_2^- - \cdots - x_{m_1}^- + x_{n_1+1}^+ + \cdots + x_{n_2}^+ - x_{m_1+1}^- - \cdots - x_{m_2-1}^-,$$

……

这样的步骤可一直继续下去, 由此得到 $\sum\limits_{n=1}^{\infty} x_n$ 的一个更序级数 $\sum\limits_{n=1}^{\infty} x'_n$, 它的部分和摆动于 $a + x_{n_k}^+$ 与 $a - x_{m_k}^-$ 之间. 由 $\sum\limits_{n=1}^{\infty} x_n$ 收敛可知, $\lim\limits_{n \to \infty} x_n^+ = \lim\limits_{n \to \infty} x_n^- = 0$, 于是得到 $\sum\limits_{n=1}^{\infty} x'_n = a$. □

注 15.3.4 绝对收敛的概念与性质的研究主要归功于Dirichlet, 他和Riemann 都发现了条件收敛级数重排的上述令人诧异的现象.

§15.3.5 级数的乘法

考虑两个收敛的无穷级数如何相乘. 对两个有限和 $\sum\limits_{k=1}^{n} a_k$ 与 $\sum\limits_{kn=1}^{m} b_k$, 其乘积是所有可能的乘积 $a_i b_j$ ($1 \leqslant i \leqslant n, 1 \leqslant j \leqslant m$) 之和. 而对两个收敛的无穷级数 $\sum\limits_{n=1}^{\infty} a_n$ 与 $\sum\limits_{n=1}^{\infty} b_n$, 所有诸如 $a_i b_j (i, j = 1, 2, \cdots)$ 的项有无穷多个, 先将它们排列成下面的无穷矩阵的形式:

$$\begin{matrix} a_1 b_1 & a_1 b_2 & a_1 b_3 & a_1 b_4 & \cdots \\ a_2 b_1 & a_2 b_2 & a_2 b_3 & a_2 b_4 & \cdots \\ a_3 b_1 & a_3 b_2 & a_3 b_3 & a_3 b_4 & \cdots \\ a_4 b_1 & a_4 b_2 & a_4 b_3 & a_4 b_4 & \cdots \\ \vdots & \vdots & \vdots & \vdots & \ddots \end{matrix}$$

然而, 由于级数运算一般不满足交换律与结合律, 因此, 当将这些项相加时就出现了排列次序的问题. 排列次序的选择不仅影响和, 还影响收敛性. 最具有应用价值的排列次序有如下两种：

(1) 对角线排列, 称为 Cauchy 乘积 $\sum\limits_{n=1}^{\infty} c_n$, 其中

$$c_1 = a_1 b_1,$$
$$c_2 = a_1 b_2 + a_2 b_1,$$
$$\cdots$$
$$c_n = \sum_{i+j=n+1} a_i b_j = a_1 b_n + a_2 b_{n-1} + \cdots + a_n b_1$$
$$\cdots$$

对角线排列如下图所示:

$$\begin{array}{ccccc}
a_1 b_1 & a_1 b_2 & a_1 b_3 & a_1 b_4 & \cdots \\
a_2 b_1 & a_2 b_2 & a_2 b_3 & a_2 b_4 & \cdots \\
a_3 b_1 & a_3 b_2 & a_3 b_3 & a_3 b_4 & \cdots \\
a_4 b_1 & a_4 b_2 & a_4 b_3 & a_4 b_4 & \cdots \\
\cdots & \cdots & \cdots & \cdots &
\end{array}$$

(2) 正方形排列 $\sum\limits_{n=1}^{\infty} d_n$, 如下图所示:

$$\begin{array}{ccccc}
\leftarrow a_1 b_1 & a_1 b_2 & a_1 b_3 & a_1 b_4 & \cdots \\
\leftarrow a_2 b_1 & - a_2 b_2 & a_2 b_3 & a_2 b_4 & \cdots \\
\leftarrow a_3 b_1 & - a_3 b_2 & - a_3 b_3 & a_3 b_4 & \cdots \\
\leftarrow a_4 b_1 & - a_4 b_2 & - a_4 b_3 & - a_4 b_4 & \cdots \\
\cdots & \cdots & \cdots & \cdots &
\end{array}$$

其中,
$$d_1 = a_1 b_1,\ d_2 = a_1 b_2 + a_2 b_2 + a_2 b_1,\ \cdots,$$
$$d_n = a_1 b_n + a_2 b_n + \cdots + a_n b_n + a_n b_{n-1} + \cdots + a_n b_1.$$

易知 $\sum_{n=1}^{\infty} d_n$ 的部分和 $\sum_{k=1}^{n} d_k = \left(\sum_{k=1}^{n} a_k\right)\left(\sum_{k=1}^{n} b_k\right)$, 于是有

命题 15.3.1 若 $\sum_{n=1}^{\infty} a_n$ 和 $\sum_{n=1}^{\infty} b_n$ 都收敛, 则 $\sum_{n=1}^{\infty} d_n$ 收敛, 且 $\sum_{n=1}^{\infty} d_n = \left(\sum_{n=1}^{\infty} a_n\right)\left(\sum_{n=1}^{\infty} b_n\right)$.

但 $\sum_{n=1}^{\infty} a_n$ 与 $\sum_{n=1}^{\infty} b_n$ 的收敛性不足以保证 Cauchy 乘积 $\sum_{n=1}^{\infty} c_n$ 的收敛性, 如下例.

例 15.3.10 设 $\sum_{n=1}^{\infty} a_n = \sum_{n=1}^{\infty} b_n = \sum_{n=1}^{\infty} \frac{(-1)^{n+1}}{\sqrt{n}}$, 这两个级数都是收敛的 (显然是条件收敛), 它们的Cauchy 乘积的通项为

$$c_n = (-1)^{n+1} \sum_{i+j=n+1} \frac{1}{\sqrt{ij}}.$$

注意上面 c_n 的表达式中共有 n 项, 在每一项中, $i+j = n+1$, 因而

$$\sqrt{ij} \leqslant \frac{i+j}{2} = \frac{n+1}{2}.$$

于是得到

$$|c_n| \geqslant \frac{2n}{n+1} > 1,$$

因此 $\{c_n\}$ 不是无穷小量, 所以 $\sum_{n=1}^{\infty} a_n$ 与 $\sum_{n=1}^{\infty} b_n$ 的Cauchy 乘积 $\sum_{n=1}^{\infty} c_n$ 发散.

但当 $\sum_{n=1}^{\infty} a_n$ 和 $\sum_{n=1}^{\infty} b_n$ 都绝对收敛时, 这样的情况不会发生. 事实上, 我们有

定理 15.3.7 如果级数 $\sum_{n=1}^{\infty} a_n$ 和 $\sum_{n=1}^{\infty} b_n$ 都绝对收敛, 则将 $a_i b_j (i, j = 1, 2 \cdots)$ 按任意方式排列求和而成的级数也绝对收敛, 而且其和等于 $\left(\sum_{n=1}^{\infty} a_n\right)\left(\sum_{n=1}^{\infty} b_n\right)$.

证明 设

$$a_{i_1} b_{j_1}, a_{i_2} b_{j_2}, \cdots, a_{i_k} b_{j_k} \cdots$$

是所有 $a_i b_j (i = 1, 2, \cdots; j = 1, 2, \cdots)$ 的任意一种排列, 对任意的 n, 取

$$N = \max_{1 \leqslant k \leqslant n} \{i_k, j_k\},$$

则

$$\sum_{k=1}^{n} |a_{i_k} b_{j_k}| \leqslant \left(\sum_{i=1}^{N} |a_i|\right)\left(\sum_{j=1}^{N} |b_j|\right) \leqslant \left(\sum_{n=1}^{\infty} |a_n|\right)\left(\sum_{n=1}^{\infty} |b_n|\right),$$

因此 $\sum_{k=1}^{\infty} a_{i_k} b_{j_k}$ 绝对收敛. 由定理 15.3.5, $\sum_{k=1}^{\infty} a_{i_k} b_{j_k}$ 的任意更序级数也绝对收敛, 且和不变.

设 $\sum_{n=1}^{\infty} d_n$ 是级数 $\sum_{n=1}^{\infty} a_n$ 与 $\sum_{n=1}^{\infty} b_n$ 按正方形排列所得的乘积, 则 $\sum_{n=1}^{\infty} d_n$ 是 $\sum_{k=1}^{\infty} a_{i_k} b_{j_k}$ 更序后再添加括号所成的级数, 于是得到

$$\sum_{k=1}^{\infty} a_{i_k} b_{j_k} = \sum_{n=1}^{\infty} d_n = \left(\sum_{n=1}^{\infty} a_n\right)\left(\sum_{n=1}^{\infty} b_n\right). \qquad \square$$

定理 15.3.7 表明绝对收敛级数满足乘法对加法的分配律.

例 15.3.11　设 $f(x) = \sum\limits_{n=0}^{\infty} \dfrac{x^n}{n!}$, 则成立关系

$$f(x+y) = f(x) \cdot f(y). \tag{15.3.17}$$

证明　因为

$$\lim_{n\to\infty} \dfrac{\dfrac{|x|^{n+1}}{(n+1)!}}{\dfrac{|x|^n}{n!}} = \lim_{n\to\infty} \dfrac{|x|}{n+1} = 0 < 1 \quad (\forall x \in \mathbb{R}),$$

利用 D'Alembert 判别法, 可知对一切 $x \in \mathbb{R}$, 级数 $f(x) = \sum\limits_{n=0}^{\infty} \dfrac{x^n}{n!}$ 绝对收敛.

现考虑两个绝对收敛级数 $\sum\limits_{n=0}^{\infty} \dfrac{x^n}{n!}$ 与 $\sum\limits_{n=0}^{\infty} \dfrac{y^n}{n!}$ 的 Cauchy 乘积. 由定理 15.3.7,

$$\left(\sum_{n=0}^{\infty} \dfrac{x^n}{n!}\right)\left(\sum_{n=0}^{\infty} \dfrac{y^n}{n!}\right) = \sum_{n=0}^{\infty} \left(\sum_{k=0}^{n} \dfrac{x^k y^{n-k}}{k!(n-k)!}\right)$$

$$= \sum_{n=0}^{\infty} \left(\sum_{k=0}^{n} \dfrac{C_n^k x^k y^{n-k}}{n!}\right) = \sum_{n=0}^{\infty} \dfrac{(x+y)^n}{n!},$$

即式 (15.3.17) 成立. □

如果只要保证 Cauchy 乘积收敛, 定理 15.3.7 条件可以放松为

定理 15.3.8　如果级数 $\sum\limits_{n=1}^{\infty} a_n$ 和 $\sum\limits_{n=1}^{\infty} b_n$ 都收敛, 且级数 $\sum\limits_{n=1}^{\infty} a_n$ 和 $\sum\limits_{n=1}^{\infty} b_n$ 中有一个绝对收敛, 则Cauchy 乘积 $\sum\limits_{n=1}^{\infty} c_n$ 也收敛, 且收敛到 $\left(\sum\limits_{n=1}^{\infty} a_n\right)\left(\sum\limits_{n=1}^{\infty} b_n\right)$.

证明参见《微积分学教程》(菲赫金哥尔茨, 1978) 的第二卷第二分册, 或《Principles of Mathematical Analysis》(Rudin, 1976).

习　题　15.3

A1. 判别下列级数的敛散性:

(1) $\sum\limits_{n=1}^{\infty} (-1)^n \dfrac{\ln(1+n)}{n}$;

(2) $\sum\limits_{n=1}^{\infty} (-1)^n \dfrac{1}{n - \ln n}$;

(3) $\sum\limits_{n=2}^{\infty} \sin\left(n\pi + \dfrac{1}{\ln n}\right)$;

(4) $\sum\limits_{n=2}^{\infty} \cos\left(n\pi + \dfrac{1}{\ln n}\right)$.

A2. 设正项数列 $\{a_n\}$ 单减, 且 $\sum\limits_{n=1}^{\infty} (-1)^n a_n$ 发散, 试问: $\sum\limits_{n=1}^{\infty} \left(\dfrac{1}{a_n+1}\right)^n$ 是否收敛? 说明理由.

A3. 判别下列级数的敛散性, 收敛时是条件收敛还是绝对收敛 (其中 x 为常数).

(1) $\sum\limits_{n=1}^{\infty} (-1)^n \dfrac{x+n}{n^2}$;

(2) $\sum\limits_{n=1}^{\infty} (-1)^n \left(1 - \cos \dfrac{x}{n}\right)$;

(3) $\sum\limits_{n=1}^{\infty} \dfrac{\sin nx}{n^2}$;

(4) $\sum\limits_{n=1}^{\infty} (-1)^n \sin \dfrac{x}{n}$;

(5) $\sum\limits_{n=1}^{\infty} (-1)^n \int_0^{\frac{1}{n}} \dfrac{\sqrt{s}}{1+s^2} \mathrm{d}s$;

(6) $\sum\limits_{n=1}^{\infty} (-1)^n \int_n^{n+1} \dfrac{\mathrm{e}^{-s}}{s} \mathrm{d}s$;

§15.3 任意项级数

(7) $\sum\limits_{n=1}^{\infty} (-1)^n \dfrac{|a_n|}{\sqrt{n^2+x}}$, 其中 $x>0$, $\sum\limits_{n=1}^{\infty} a_n^2$ 收敛;

(8) $\sum\limits_{n=2}^{\infty} \dfrac{(-1)^n}{\sqrt{n}+(-1)^n}$;

(9) $\sum\limits_{n=1}^{\infty} \dfrac{(-1)^n}{n} \dfrac{x^n}{1+x^n}$ $(x \geqslant 0)$;

(10) $\sum\limits_{n=1}^{\infty} n!\left(\dfrac{x}{n}\right)^n$ $(x \geqslant 0)$.

A4. 证明如下命题成立:

(1) 设数列 $\{na_n\}$ 有界, 试证: $\sum\limits_{n=1}^{\infty} a_n^2$ 收敛;

(2) 若数列 $\{n^2 a_n\}$ 有界, 试证: $\sum\limits_{n=1}^{\infty} a_n$ 收敛;

(3) 设数列 $\{a_n\}$ 单调减少, 且 $\lim\limits_{n\to\infty} a_n = 0$, 试证: $\sum\limits_{n=1}^{\infty} (-1)^n \dfrac{a_1+a_2+\cdots+a_n}{n}$ 收敛;

(4) 若 $\lim\limits_{n\to\infty} n\left(\dfrac{b_n}{b_{n+1}}-1\right) = c > 0$, 试证: 交错级数 $\sum\limits_{n=1}^{\infty} (-1)^{n+1} b_n$ 收敛;

(5) 已知级数 $\sum\limits_{n=1}^{\infty} a_n$ 发散, 证明: 级数 $\sum\limits_{n=1}^{\infty} \left(1+\dfrac{1}{n}\right) a_n$ 也发散.

B5. 证明级数 $\sum\limits_{n=1}^{\infty} \dfrac{(-1)^{[\sqrt{n}]}}{n}$ 收敛.

B6. 设 $f(x)$ 在 $x=0$ 的某邻域内具有连续的二阶导数, 且 $\lim\limits_{x\to 0} \dfrac{f(x)}{x} = 0$, 证明级数 $\sum\limits_{n=1}^{\infty} f\left(\dfrac{1}{n}\right)$ 绝对收敛.

B7. 求下列级数的乘积:

(1) $\left(\sum\limits_{n=0}^{\infty} \dfrac{1}{n!}\right)\left(\sum\limits_{n=0}^{\infty} \dfrac{(-1)^n}{n!}\right)$;

(2) $\left(\sum\limits_{n=1}^{\infty} q^n\right)^2$ $(|q|<1)$;

(3) $\left(\sum\limits_{n=1}^{\infty} nx^{n-1}\right)\left(\sum\limits_{n=1}^{\infty} (-1)^{n-1} nx^{n-1}\right)$.

B8. 设函数 $f(x)$ 在 $[a,b]$ 上满足 $a \leqslant f(x) \leqslant b, |f'(x)| \leqslant q < 1$, 令 $u_n = f(u_{n-1}), n = 1, 2, \cdots, u_0 \in [a,b]$, 证明: $\sum\limits_{n=1}^{\infty} (u_{n+1}-u_n)$ 绝对收敛.

B9. 证明级数 $\sum\limits_{n=1}^{\infty} \dfrac{(-1)^{n-1}}{n}$ 与自身的 Cauchy 乘积是收敛的级数.

B10. 设 $f_0 \in C[0,a] (a>0), f_n(x) = \int_0^x f_{n-1}(s) \mathrm{d}s, x \in [0,a]$, 证明 $\sum\limits_{n=0}^{\infty} f_n(x)$ 在 $[0,a]$ 上绝对收敛.

B11. (1) 设数列 $\{na_n\}$ 收敛, $\sum\limits_{n=1}^{\infty} n(a_n - a_{n-1})$ 收敛, 证明 $\sum\limits_{n=1}^{\infty} a_n$ 收敛;

(2) 设正项级数 $\sum\limits_{n=1}^{\infty} a_n$ 收敛, 且数列 $\{a_n\}$ 单调, 证明级数 $\sum\limits_{n=1}^{\infty} n(a_n - a_{n+1})$ 收敛.

B12. (1) 设 $\sum\limits_{n=2}^{\infty} (a_n - a_{n-1})$ 收敛, 正项级数 $\sum\limits_{n=1}^{\infty} b_n$ 收敛, 证明 $\sum\limits_{n=1}^{\infty} a_n b_n$ 绝对收敛;

(2) 设级数 $\sum\limits_{n=1}^{\infty} b_n$ 收敛, 且级数 $\sum\limits_{n=1}^{\infty} (a_n - a_{n-1})$ 绝对收敛, 证明级数 $\sum\limits_{n=1}^{\infty} a_n b_n$ 收敛;

(3) 设级数 $\sum\limits_{n=1}^{\infty} b_n$ 部分和数列有界, 级数 $\sum\limits_{n=1}^{\infty} (a_n - a_{n-1})$ 绝对收敛, 且 $a_n \to 0 (n \to \infty)$. 证明级数 $\sum\limits_{n=1}^{\infty} a_n b_n$ 收敛.

B13. 证明级数

$$C(x) = \sum_{n=0}^{\infty} (-1)^n \frac{x^{2n}}{(2n)!}, \quad S(x) = \sum_{n=0}^{\infty} (-1)^n \frac{x^{2n+1}}{(2n+1)!}$$

对所有实数 $x \in \mathbb{R}$ 都绝对收敛, 而且 $S(2x) = 2S(x)C(x)$.

C14. 设 $p, q > 0$, 讨论级数

$$1 - \frac{1}{2^q} + \frac{1}{3^p} - \frac{1}{4^q} + \cdots + \frac{1}{(2n-1)^p} - \frac{1}{(2n)^q} + \cdots$$

的绝对收敛与条件收敛性.

C15. 将收敛级数 $\sum\limits_{n=1}^{\infty} \frac{(-1)^{n+1}}{\sqrt{n}}$ 重排成一个发散的级数.

C16. 定理 15.3.1 中条件 (2) 是充分但非必要的. 试研究级数 $\sum\limits_{n=2}^{\infty} (-1)^n u_n$, 其中

$$u_n = \begin{cases} \dfrac{1}{n}, & n\text{为偶数}, \\ \dfrac{n-1}{n^2}, & n\text{为奇数}. \end{cases}$$

§15.4 无穷乘积

§15.4.1 无穷乘积定义

设 $\{p_n\}$ 是一个数列, 且 $p_n \neq 0, \forall n \in \mathbb{N}^+$, 其形式乘积

$$\prod_{n=1}^{\infty} p_n = p_1 \cdot p_2 \cdots p_n \cdots \tag{15.4.1}$$

称为**无穷乘积**, 其中, p_n 称为这个无穷乘积的通项或一般因子. 再定义其 "部分积数列" $\{P_n\}$ 如下:

$$P_1 = p_1, P_2 = p_1 \cdot p_2, \cdots, P_n = p_1 \cdot p_2 \cdots p_n = \prod_{k=1}^{n} p_k, \cdots \tag{15.4.2}$$

定义 15.4.1 若部分积数列 $\{P_n\}$ 收敛于一非零的有限数 P, 则称无穷乘积 $\prod\limits_{n=1}^{\infty} p_n$ 收敛, 记为

$$\prod_{n=1}^{\infty} p_n = P. \tag{15.4.3}$$

如果 $\{P_n\}$ 发散, 或收敛于 0, 则称无穷乘积 $\prod\limits_{n=1}^{\infty} p_n$ 发散.

例 15.4.1 证明无穷乘积 $\prod\limits_{n=2}^{\infty} \left(1 - \frac{1}{n^2}\right)$ 收敛.

证明 因为其部分积

$$P_{n-1} = \prod_{k=2}^{n} \left(1 - \frac{1}{k^2}\right) = \prod_{k=2}^{n} \left(1 - \frac{1}{k}\right)\left(1 + \frac{1}{k}\right)$$

$$= \prod_{k=2}^{n} \frac{k-1}{k} \prod_{k=2}^{n} \frac{k+1}{k} = \frac{1}{n} \cdot \frac{n+1}{2} \to \frac{1}{2} \ (n \to \infty),$$

§15.4 无穷乘积

所以 $\prod_{n=2}^{\infty}\left(1-\dfrac{1}{n^2}\right)$ 收敛. □

例 15.4.2 证明：当 $|x|<1$ 时,
$$\prod_{n=0}^{\infty}(1+x^{2^n}) = \dfrac{1}{1-x}.$$

证明 因为
$$(1-x)\cdot\prod_{k=0}^{n-1}(1+x^{2^k}) = (1-x)\cdot(1+x)\cdot(1+x^2)\cdot(1+x^4)\cdots(1+x^{2^{n-1}}) = 1-x^{2^n},$$

所以
$$\lim_{n\to\infty}(1-x)\cdot\prod_{k=0}^{n-1}(1+x^{2^k}) = 1,$$

即结论获证. □

例 15.4.3 证明无穷乘积 $\prod_{n=1}^{\infty}\left(1-\dfrac{1}{n+1}\right)$ 发散于 0.

证明 部分积
$$P_n = \prod_{k=1}^{n}\left(1-\dfrac{1}{k+1}\right) = \prod_{k=1}^{n}\dfrac{k}{k+1}$$
$$= \dfrac{1}{2}\cdot\dfrac{2}{3}\cdot\dfrac{3}{4}\cdots\dfrac{n}{n+1} = \dfrac{1}{n+1},$$

由 $\lim\limits_{n\to\infty}P_n=0$, 可知无穷乘积 $\prod_{n=1}^{\infty}\left(1-\dfrac{1}{n+1}\right)$ 发散于 0. □

例 15.4.4 证明Wallice 公式
$$\prod_{n=1}^{\infty}\dfrac{(2n)^2}{(2n-1)(2n+1)} = \dfrac{\pi}{2}. \tag{15.4.4}$$

证明 设 $p_n = 1 - \dfrac{1}{(2n)^2}, n=1,2,\cdots$, 则 $\prod_{n=1}^{\infty}p_n$ 部分积

$$P_n = \prod_{k=1}^{n}\left(1-\dfrac{1}{(2k)^2}\right) = \prod_{k=1}^{n}\dfrac{(2k-1)(2k+1)}{2k\cdot 2k}$$
$$= \dfrac{1\cdot 3\cdot 3\cdot 5\cdot 5\cdot 7\cdots(2n-1)(2n+1)}{2\cdot 2\cdot 4\cdot 4\cdot 6\cdot 6\cdots(2n)(2n)}$$
$$= \dfrac{[(2n-1)!!]^2}{[(2n)!!]^2}\cdot(2n+1).$$

为了判断部分积数列 $\{P_n\}$ 的收敛性, 考虑积分
$$I_n = \int_0^{\frac{\pi}{2}}\sin^n x\,\mathrm{d}x.$$

我们知道
$$I_{2n} = \dfrac{(2n-1)!!}{(2n)!!}\dfrac{\pi}{2}, \quad I_{2n+1} = \dfrac{(2n)!!}{(2n+1)!!},$$

因此
$$\frac{\pi}{2}P_n = \frac{I_{2n}}{I_{2n+1}}.$$

由 $I_{2n+1} < I_{2n} < I_{2n-1}$ 可得
$$1 < \frac{I_{2n}}{I_{2n+1}} < \frac{I_{2n-1}}{I_{2n+1}},$$

即
$$1 < \frac{\pi}{2}P_n < \frac{I_{2n-1}}{I_{2n+1}}.$$

因为 $\lim_{n\to\infty} \frac{I_{2n-1}}{I_{2n+1}} = \lim_{n\to\infty} \frac{2n+1}{2n} = 1$, 由数列极限的夹逼性,
$$\lim_{n\to\infty} P_n = \lim_{n\to\infty} \frac{2}{\pi} \cdot \frac{I_{2n}}{I_{2n+1}} = \frac{2}{\pi},$$

于是得到无穷乘积 $\prod_{n=1}^{\infty}\left(1 - \frac{1}{(2n)^2}\right)$ 的收敛性, 并且
$$\prod_{n=1}^{\infty}\left(1 - \frac{1}{(2n)^2}\right) = \frac{2}{\pi}.$$

将上式换一个形式表示, 就得到著名的 Wallice 公式
$$\frac{\pi}{2} = \frac{2}{1} \cdot \frac{2}{3} \cdot \frac{4}{3} \cdot \frac{4}{5} \cdot \frac{6}{5} \cdot \frac{6}{7} \cdots \frac{2n}{2n-1} \cdot \frac{2n}{2n+1} \cdots$$
$$= \lim_{n\to\infty} \frac{[(2n)!!]^2}{[(2n-1)!!]^2} \cdot \frac{1}{2n+1}. \tag{15.4.5}$$

□

例 15.4.5 设 $p_n = \cos\frac{x}{2^n}, n = 1, 2, \cdots$, 应用三角函数的倍角公式, 有
$$\sin x = 2\cos\frac{x}{2} \cdot \sin\frac{x}{2} = 2^2 \cos\frac{x}{2} \cdot \cos\frac{x}{2^2} \cdot \sin\frac{x}{2^2}$$
$$= \cdots = 2^n \cos\frac{x}{2} \cdot \cos\frac{x}{2^2} \cdots \cos\frac{x}{2^n} \cdot \sin\frac{x}{2^n},$$

可知当 $0 < x < \pi$ 时, 部分积
$$P_n = \prod_{k=1}^{n} \cos\frac{x}{2^k} = \frac{\sin x}{2^n \sin\frac{x}{2^n}},$$

所以
$$\lim_{n\to\infty} P_n = \lim_{n\to\infty} \frac{\sin x}{2^n \sin\frac{x}{2^n}} = \frac{\sin x}{x},$$

即
$$\prod_{n=1}^{\infty} \cos\frac{x}{2^n} = \frac{\sin x}{x}.$$

令 $x = \frac{\pi}{2}$ 就得到 Viète 公式
$$\frac{2}{\pi} = \cos\frac{\pi}{4} \cdot \cos\frac{\pi}{8} \cdots \cos\frac{\pi}{2^n} \cdots, \tag{15.4.6}$$

亦即
$$\frac{2}{\pi} = \sqrt{\frac{1}{2}} \cdot \sqrt{\frac{1}{2} + \frac{1}{2}\sqrt{\frac{1}{2}}} \cdot \sqrt{\frac{1}{2} + \frac{1}{2}\sqrt{\frac{1}{2} + \frac{1}{2}\sqrt{\frac{1}{2}}}} \cdots . \tag{15.4.7}$$

Viète 公式发表于 1593 年, 而 Wallice 公式则出现在 1655 年, 均早于微积分的正式诞生, 是人类认识圆周率的重要突破.

§15.4.2 无穷乘积的性质

性质 15.4.1(无穷乘积收敛的必要条件) 如果无穷乘积 $\prod\limits_{n=1}^{\infty} p_n$ 收敛, 则

(1) $\lim\limits_{n \to \infty} p_n = 1$; (2) $\lim\limits_{m \to \infty} \prod\limits_{n=m+1}^{\infty} p_n = 1$.

证明 设 $\prod\limits_{n=1}^{\infty} p_n$ 的部分积数列为 $\{P_n\}$, 则

$$\lim_{n \to \infty} p_n = \lim_{n \to \infty} \frac{P_n}{P_{n-1}} = 1;$$

$$\lim_{m \to \infty} \prod_{n=m+1}^{\infty} p_n = \lim_{m \to \infty} \frac{\prod\limits_{n=1}^{\infty} p_n}{\prod\limits_{n=1}^{m} p_n} = 1.$$

□

注 15.4.1 由性质 15.4.1 可知, 收敛的无穷乘积中只能有有限个负因子.

例 15.4.6 无穷乘积 $\prod\limits_{n=1}^{\infty} \frac{n}{2n+1}$ 发散, 这是因为 $\lim\limits_{n \to \infty} \frac{n}{2n+1} = \frac{1}{2} \neq 1$, 由上述无穷乘积收敛的必要性可知该无穷乘积发散.

由无穷乘积收敛的定义立得

性质 15.4.2 如果无穷乘积 $\prod\limits_{n=1}^{\infty} p_n$ 收敛, 则任意增加有限个非零因子或删除有限个因子, 所得的无穷乘积仍收敛.

性质 15.4.3 如果无穷乘积 $\prod\limits_{n=1}^{\infty} p_n$ 和 $\prod\limits_{n=1}^{\infty} q_n$ 都收敛, 则 $\prod\limits_{n=1}^{\infty} p_n q_n$ 也收敛, 且

$$\prod_{n=1}^{\infty} p_n q_n = \left(\prod_{n=1}^{\infty} p_n \right) \cdot \left(\prod_{n=1}^{\infty} q_n \right). \tag{15.4.8}$$

性质 15.4.4 如果无穷乘积 $\prod\limits_{n=1}^{\infty} p_n$ 收敛, 则

$$(p_1 \cdots p_{n_1})(p_{n_1+1} \cdots p_{n_2}) \cdots (p_{n_k+1} \cdots p_{n_{k+1}}) \cdots$$

也收敛.

性质 15.4.4 的逆一般不成立, 例如, 设

$$p_n = \begin{cases} \dfrac{1}{2}, & n \text{为奇数}, \\ 2, & n \text{为偶数}, \end{cases}$$

当 $n_k(k=1,2,\cdots)$ 均为偶数时, 加括号的无穷乘积收敛, 而去括号的无穷乘积却发散.

如果每个括号内的因子都大于 1 或都是小于 1 的正数时, 性质 15.4.4 的逆成立. 设加括号的无穷乘积的部分积序列为 $\{\bar{P}_n\}$, 则对 $\forall n, \exists k$, 使得 $n_k \leqslant n < n_{k+1}$, 因此

$$\bar{P}_k \leqslant \prod_{i=1}^{n} p_i \leqslant \bar{P}_{k+1}, \text{ 或 } \bar{P}_k \geqslant \prod_{i=1}^{n} p_i \geqslant \bar{P}_{k+1}.$$

令 $n \to +\infty$, 则 $k \to +\infty$, 得 $\prod_{n=1}^{\infty} p_n = \bar{P} = \lim_{k \to +\infty} \bar{P}_k$.

§15.4.3 无穷乘积与无穷级数的转化

根据性质 15.4.1 和性质 15.4.2, 我们只改变无穷乘积中有限个负因子的符号, 不影响无穷乘积的收敛性. 因此, 可假设无穷乘积的通项 $p_n > 0$, 从而可以通过取对数的方法, 把无穷乘积的敛散性问题化为无穷级数的敛散性问题.

定理 15.4.1 无穷乘积 $\prod_{n=1}^{\infty} p_n$ 收敛的充要条件是无穷级数 $\sum_{n=1}^{\infty} \ln p_n$ 收敛.

证明 设 $\prod_{n=1}^{\infty} p_n$ 的部分积数列为 $\{P_n\}$, $\sum_{n=1}^{\infty} \ln p_n$ 的部分和数列为 $\{S_n\}$, 则

$$P_n = e^{S_n}, \tag{15.4.9}$$

由此得到 $\{P_n\}$ 收敛于正数的充分必要条件是 $\{S_n\}$ 收敛. 特别地, $\{P_n\}$ 收敛于 0, 即 $\prod_{n=1}^{\infty} p_n$ 发散于 0 的充分必要条件是 $\{S_n\}$ 发散于 $-\infty$. $\square$

进一步, 由定理 15.4.1 知, $\prod_{n=1}^{\infty} p_n$ 收敛的必要条件是 $p_n \to 1 (n \to \infty)$, 故不妨可设对一切 n, 满足 $p_n > 0$, 且可设 $p_n = 1 + a_n$, 这时, $\prod_{n=1}^{\infty} p_n$ 收敛的必要条件是 $a_n \to 0 (n \to \infty)$, 这和无穷级数的情形有些类似. 事实上, 它们之间有更密切的关系.

推论 15.4.1 设对任意 $n, a_n > 0$ (或对任意 $n, a_n < 0$), 则无穷乘积 $\prod_{n=1}^{\infty}(1+a_n)$ 收敛的充要条件是无穷级数 $\sum_{n=1}^{\infty} a_n$ 收敛.

证明 级数 $\sum_{n=1}^{\infty} \ln(1+a_n)$ 与 $\sum_{n=1}^{\infty} a_n$ 都是正项级数 (或都是负项级数), 它们都以 $\lim_{n \to \infty} a_n = 0$ 为收敛的必要条件, 而当 $\lim_{n \to \infty} a_n = 0$ 时, 我们有

$$\lim_{n \to \infty} \frac{\ln(1+a_n)}{a_n} = 1,$$

于是由正项级数的比较判别法, 级数 $\sum_{n=1}^{\infty} \ln(1+a_n)$ 收敛的充分必要条件是 $\sum_{n=1}^{\infty} a_n$ 收敛. $\square$

由推论 15.4.1 可得下例结论成立.

例 15.4.7 无穷乘积 $\prod_{n=1}^{\infty}\left(1-\frac{1}{n^2}\right)$ 收敛; 但无穷乘积 $\prod_{n=1}^{\infty}\left(1-\frac{1}{n}\right)$ 发散.

推论 15.4.2 设无穷级数 $\sum_{n=1}^{\infty} a_n$ 收敛, 则无穷乘积 $\prod_{n=1}^{\infty}(1+a_n)$ 收敛的充要条件是无穷级数 $\sum_{n=1}^{\infty} a_n^2$ 收敛.

§15.4　无穷乘积

证明　由 $\sum\limits_{n=1}^{\infty} a_n$ 收敛, 可知 $\lim\limits_{n\to\infty} a_n = 0$, 由 $\ln(1+a_n) \leqslant a_n$ 及

$$\lim_{n\to\infty} \frac{a_n - \ln(1+a_n)}{a_n^2} = \lim_{n\to\infty} \frac{\frac{1}{2}a_n^2 + o(a_n)^2}{a_n^2} = \frac{1}{2},$$

根据比较判别法, 当 $\sum\limits_{n=1}^{\infty} \ln(1+a_n)$ 收敛时, 必有 $\sum\limits_{n=1}^{\infty} a_n^2$ 的收敛性. 反之亦然. □

由推论 15.4.2 的证明过程可得

推论 15.4.3　如果无穷级数 $\sum\limits_{n=1}^{\infty} a_n^2$ 收敛, 则无穷乘积 $\prod\limits_{n=1}^{\infty}(1+a_n)$ 收敛的充要条件是无穷级数 $\sum\limits_{n=1}^{\infty} a_n$ 收敛.

例 15.4.8　讨论无穷乘积 $\prod\limits_{n=1}^{\infty}\left(1 + \dfrac{(-1)^{n+1}}{n^\alpha}\right)$ 的敛散性.

解　由无穷乘积收敛性的必要条件, 可知当 $\alpha \leqslant 0$ 时, $\prod\limits_{n=1}^{\infty}\left(1 + \dfrac{(-1)^{n+1}}{n^\alpha}\right)$ 是发散的. 当 $\alpha > 0$, $\sum\limits_{n=1}^{\infty} a_n = \sum\limits_{n=1}^{\infty} \dfrac{(-1)^{n+1}}{n^\alpha}$ 收敛; 而 $\sum\limits_{n=1}^{\infty} a_n^2 = \prod\limits_{n=1}^{\infty} \dfrac{1}{n^{2\alpha}}$ 当 $0 < \alpha \leqslant \dfrac{1}{2}$ 时发散, 当 $\alpha > \dfrac{1}{2}$ 时收敛. 于是由推论 15.4.2 得当 $\alpha > \dfrac{1}{2}$ 时, $\prod\limits_{n=1}^{\infty}\left(1 + \dfrac{(-1)^{n+1}}{n^\alpha}\right)$ 收敛; 当 $0 < \alpha \leqslant \dfrac{1}{2}$ 时, $\prod\limits_{n=1}^{\infty}\left(1 + \dfrac{(-1)^{n+1}}{n^\alpha}\right)$ 发散.

我们已经知道, 无穷级数一般不满足交换律. 同样, 无穷乘积一般也不满足交换律. 为保证交换律成立, 我们同样要定义一个绝对收敛的概念.

§15.4.4　绝对收敛

定义 15.4.2　当级数 $\sum\limits_{n=1}^{\infty} \ln p_n$ 绝对收敛时, 称无穷乘积 $\prod\limits_{n=1}^{\infty} p_n$ 绝对收敛.

显然, 绝对收敛的无穷乘积必定收敛. 由于绝对收敛的级数满足交换律, 所以绝对收敛的无穷乘积也满足交换律, 但收敛而不绝对收敛的无穷乘积不一定满足交换律.

定理 15.4.2　设 $a_n > -1 (n=1,2,\cdots)$, 则下列三命题等价
(1) 无穷乘积 $\prod\limits_{n=1}^{\infty}(1+a_n)$ 绝对收敛;
(2) 无穷乘积 $\prod\limits_{n=1}^{\infty}(1+|a_n|)$ 收敛;
(3) 无穷级数 $\sum\limits_{n=1}^{\infty} a_n$ 绝对收敛.

证明　首先, 命题 (1), (2), (3) 的必要条件都是 $\lim\limits_{n\to\infty} a_n = 0$. 在 $\lim\limits_{n\to\infty} a_n = 0$ 的条件下, 必有

$$\lim_{n\to\infty} \frac{|\ln(1+a_n)|}{|a_n|} = 1,$$

$$\lim_{n\to\infty} \frac{\ln(1+|a_n|)}{|a_n|} = 1,$$

由正项级数的比较判别法, 即得到定理的结论. □

例 15.4.9　无穷乘积 $\prod\limits_{n=1}^{\infty}\left(1 + \dfrac{(-1)^{n+1}}{n^\alpha}\right)$ 当 $\alpha > 1$ 时绝对收敛.

例 15.4.10 证明 Stirling 公式:
$$n! \sim \sqrt{2\pi} n^{n+\frac{1}{2}}/e^n = \sqrt{2n\pi}\left(\frac{n}{e}\right)^n \quad (n \to \infty).$$

证明 设 $b_n = \dfrac{n!e^n}{n^{n+\frac{1}{2}}}, n = 1, 2, \cdots$, 则

$$\frac{b_n}{b_{n-1}} = e\left(1 - \frac{1}{n}\right)^{n-\frac{1}{2}} = e^{1+\left(n-\frac{1}{2}\right)\ln\left(1-\frac{1}{n}\right)} = e^{-\frac{1}{12n^2}+o\left(\frac{1}{n^2}\right)}$$
$$= 1 - \frac{1}{12n^2} + o\left(\frac{1}{n^2}\right).$$

令 $1 + a_n = \dfrac{b_n}{b_{n-1}}$, 于是 $\sum\limits_{n=2}^{\infty} a_n$ 是收敛的定号级数, 由推论 15.4.1, 无穷乘积 $\prod\limits_{n=2}^{\infty}(1 + a_n) = \prod\limits_{n=2}^{\infty} \dfrac{b_n}{b_{n-1}}$ 收敛于非零的实数. 记

$$\lim_{n\to\infty} b_n = b_1 \prod_{n=2}^{\infty} \frac{b_n}{b_{n-1}} = A \neq 0,$$

利用例 15.4.4 中的 Wallice 公式, 得到

$$A = \lim_{n\to\infty} b_n = \lim_{n\to\infty} \frac{b_n^2}{b_{2n}} = \lim_{n\to\infty} \frac{(2n)!!}{(2n-1)!!} \cdot \sqrt{\frac{2}{n}} = \sqrt{2\pi},$$

此式即为

$$n! \sim \sqrt{2\pi} n^{n+\frac{1}{2}} e^{-n} \quad (n \to \infty). \qquad \square$$

例 15.4.11 求极限 $\lim\limits_{n\to\infty}\left(1+\dfrac{1}{n}\right)^{n^2} \dfrac{n!}{n^n \sqrt{n}}$.

解 由 Stirling 公式可得

$$\lim_{n\to\infty}\left(1+\frac{1}{n}\right)^{n^2} \frac{n!}{n^n\sqrt{n}} = \lim_{n\to\infty}\left(1+\frac{1}{n}\right)^{n^2} \frac{\sqrt{2\pi}n^{n+\frac{1}{2}}e^{-n}}{n^n\sqrt{n}}$$
$$= \lim_{n\to\infty} \frac{\sqrt{2\pi}\left(1+\frac{1}{n}\right)^{n^2}}{e^n} = \lim_{n\to\infty} \sqrt{2\pi} e^{n^2\ln\left(1+\frac{1}{n}\right)-n}$$
$$= \lim_{n\to\infty} \sqrt{2\pi} e^{n^2\left(\frac{1}{n} - \frac{1}{2}\cdot\frac{1}{n^2} + o\left(\frac{1}{n^2}\right)\right)-n} = \sqrt{\frac{2\pi}{e}}.$$

习 题 15.4

A1. 讨论下述无穷乘积的敛散性:

(1) $\prod\limits_{n=1}^{\infty} \dfrac{n^2+1}{n^2+2}$;

(2) $\prod\limits_{n=1}^{\infty} \sqrt{\dfrac{n+1}{n}}$;

§15.4 无穷乘积

(3) $\prod_{n=2}^{\infty} \cos \frac{\pi}{2n}$;

(4) $\prod_{n=1}^{\infty} \left(1 - \frac{x^2}{n^2 a^2}\right) \quad (a > 0)$;

(5) $\prod_{n=1}^{\infty} \sqrt[n]{1 + \frac{1}{n}}$;

(6) $\prod_{n=1}^{\infty} \frac{n^3 - 1}{n^3 + 1}$;

(7) $\prod_{n=1}^{\infty} \left[\left(1 + \frac{1}{n^p}\right) \cos \frac{\pi}{n^q}\right] \quad (p, q > 0)$;

(8) $\prod_{n=1}^{\infty} n \sin \frac{1}{n}$.

A2. 设数列 $\{a_n\}$ 满足 $|a_n| < \frac{\pi}{4}$, $\forall n \in \mathbb{N}^+$, $\sum_{n=1}^{\infty} |a_n|$ 收敛, 则无穷乘积 $\prod_{n=1}^{\infty} \tan\left(\frac{\pi}{4} + a_n\right)$ 收敛.

B3. 设数列 $\{a_n\}$ 满足 $a_n \in \left(0, \frac{\pi}{2}\right)$, $\forall n \in \mathbb{N}^+$. 证明无穷乘积 $\prod_{n=1}^{\infty} \cos a_n$ 收敛的充要条件是级数 $\sum_{n=1}^{\infty} a_n^2$ 收敛.

B4. 证明:

(1) $n! = \left(\frac{n}{e}\right)^n \sqrt{2n\pi} e^{\frac{\theta_n}{4n}} \quad (0 < \theta_n < 1)$;

(2) $\frac{n+1}{e} < \sqrt[n]{n!} < \frac{(n+1)^{1 + \frac{1}{n}}}{e}$.

C5. 如果 $\{a_n\}$ 不定号, 推论15.4.1的结论则未必成立. 给定数列

$$a_n = \begin{cases} -\frac{1}{\sqrt{k}}, & n = 2k - 1; \\ \frac{1}{\sqrt{k}} + \frac{1}{k} + \frac{1}{k\sqrt{k}}, & n = 2k, \end{cases}$$

(1) 证明级数 $\sum_{n=1}^{\infty} (a_{2n-1} + a_{2n})$ 和 $\sum_{n=1}^{\infty} (a_{2n-1}^2 + a_{2n}^2)$ 都发散;

(2) 证明级数 $\sum_{n=1}^{\infty} a_n$ 和 $\sum_{n=1}^{\infty} a_n^2$ 都发散;

(3) 证明无穷乘积 $\prod_{n=2}^{\infty} (1 + a_n)$ 收敛.

第16章 函数项级数

在前面的章节中,我们已经学习了通项为数的序列和级数,本章我们将学习通项为函数的序列和级数,分别称为函数列与函数项级数. 它们是研究复杂函数性质的有力工具. 实际上, 在微积分的初创时期, 许多数学家在实际应用中通过微积分的基本运算与级数运算的纯形式的结合, 得到了一些初等函数的幂级数展开式. 1669 年, Newton 在他的《分析学》中, 给出了 $\sin x, \cos x, \arcsin x, \arctan x$ 和 e^x 的级数展开, Leibniz 也在 1673 年独立地得到了类似的结果. 本章主要研究函数列的极限函数与函数项级数的和函数的分析性质. 为此需要一种更强的收敛性:一致收敛, 这是本章的难点.

§16.1 点态收敛和一致收敛

首先, 介绍点态收敛、极限函数与和函数的概念.

§16.1.1 点态收敛与收敛域

设 $\{u_n(x)\}$ 是具有公共定义域 $E \subset \mathbb{R}$ 的一列函数, 称为定义在 E 上的**函数列**(sequence of functions), 而这无穷个函数的 "和"

$$u_1(x) + u_2(x) + \cdots + u_n(x) + \cdots, x \in E, \tag{16.1.1}$$

称为 E 上的**函数项级数**(series of functions), 记为 $\sum\limits_{n=1}^{\infty} u_n(x)$.

定义 16.1.1 设 $\{u_n(x)\}$ 是 E 上的函数列, $x_0 \in E$. 如果数列 $\{u_n(x_0)\}$ 收敛, 则称 x_0 是函数列 $\{u_n(x)\}$ 的一个**收敛点**; 如果级数 $\sum\limits_{n=1}^{\infty} u_n(x_0)$ 收敛, 则称 x_0 是函数项级数 $\sum\limits_{n=1}^{\infty} u_n(x)$ 的一个**收敛点**. 收敛点的全体称为**收敛域**.

设 $D \subset E$ 是函数列 $\{u_n(x)\}$ 的收敛域, 则对每个 $x \in D$, 对应一个数 $u(x) = \lim\limits_{n \to \infty} u_n(x)$, 于是, 我们实际上得到了 D 上的一个函数 $u(x), x \in D$, 这个函数称为函数列 $\{u_n(x)\}$ 的**极限函数**. 由于函数列 $\{u_n(x)\}$ 在 D 上逐点收敛于 $u(x)$, 我们也称函数列 $\{u_n(x)\}$ 在 D 上**点态收敛**(converges pointwise) 于 $u(x)$.

同样地, 对函数项级数 $\sum\limits_{n=1}^{\infty} u_n(x)$, 如果 D 是其收敛域, 则我们得到 D 上的一个函数

$$S(x) = \sum_{n=1}^{\infty} u_n(x), x \in D,$$

称其为函数项级数 $\sum\limits_{n=1}^{\infty} u_n(x)$ 的**和函数**, 此时也称 $\sum\limits_{n=1}^{\infty} u_n(x)$ 在 D 上**点态收敛**于 $S(x)$.

例 16.1.1 求下列 $\mathbb{R}$ 上的函数列的收敛域与极限函数:

(1) $f_n(x) = \dfrac{\sin nx}{n}$, $n = 1, 2, \cdots$;

(2) $f_n(x) = (1-x)x^n$, $n = 1, 2, \cdots$;

(3) $f_n(x) = \dfrac{x^2 + 2nx}{n}$ $n = 1, 2, \cdots$.

解 (1) 显然, $\forall x \in \mathbb{R}, f_n(x) = \dfrac{\sin nx}{n} \to 0 (n \to \infty)$, 因此收敛域是 $\mathbb{R}$, 极限函数 $f(x) \equiv 0$.

(2) 易见, 收敛域为 $(-1, 1]$, 且极限函数 $f(x) \equiv 0, x \in (-1, 1]$.

(3) 由于 $f_n(x) = \dfrac{x^2}{n} + 2x$, 所以 $\lim\limits_{n \to \infty} f_n(x) = 2x = f(x), x \in \mathbb{R}$.

例 16.1.2 求下列函数项级数的收敛域:

(1) $\sum\limits_{n=1}^{\infty} x^n$; (2) $\sum\limits_{n=1}^{\infty} \dfrac{x^n}{n}$.

解 (1) 对每个 x, $\sum\limits_{n=1}^{\infty} x^n$ 是一个几何级数, 其收敛域是 $(-1, 1)$, 和函数为 $S(x) = \dfrac{x}{1-x}$;

(2) $|u_n(x)| = \dfrac{|x^n|}{n} \leqslant |x|^n$, 所以 $|x| < 1$ 时级数 (绝对) 收敛;

而当 $|x| > 1$ 时, 由于通项不趋于 0, 所以级数发散;

最后易见, $x = 1$ 时级数发散; 而 $x = -1$ 时级数收敛. 所以级数 $\sum\limits_{n=1}^{\infty} \dfrac{x^n}{n}$ 的收敛域是 $[-1, 1)$.

对函数列与函数项级数, 我们主要关心的是极限函数与和函数的性质. 上面只研究了如何确立极限函数与和函数的定义域, 即函数列与函数项级数的收敛域. 我们看到, 这个问题实际上已经在第 2 章与上一章中解决: 只要把 $x \in E$ 当作参数即可将求收敛域化为数列与级数的收敛问题, 而有关性质的讨论则不简单. 实际上, 这正是本章的重点, 也称为函数项级数和函数列的基本问题.

§16.1.2 函数项级数与函数列的基本问题

类似于级数和数列的关系, 函数项级数和函数列也可相互转化. 故我们根据需要或选择函数项级数或函数列来说明问题.

我们知道, 若有限个函数在 D 上有定义且具有某种分析性质, 例如连续、可导和可积等, 则它们的和函数在 D 上仍保持同样的分析性质, 且其和函数的极限、导数、积分也可以通过对每个函数分别求极限或求导数、求积分后再求和来得到, 即成立

$$(a) \quad \lim_{x \to x_0} [u_1(x) + u_2(x) + \cdots + u_n(x)]$$
$$= \lim_{x \to x_0} u_1(x) + \lim_{x \to x_0} u_2(x) + \cdots + \lim_{x \to x_0} u_n(x);$$
$$(b) \quad \frac{\mathrm{d}}{\mathrm{d}x}[u_1(x) + u_2(x) + \cdots + u_n(x)]$$
$$= \frac{\mathrm{d}}{\mathrm{d}x}u_1(x) + \frac{\mathrm{d}}{\mathrm{d}x}u_2(x) + \cdots + \frac{\mathrm{d}}{\mathrm{d}x}u_n(x);$$

$$(c)\ \int_a^b [u_1(x)+u_2(x)+\cdots+u_n(x)]\mathrm{d}x$$
$$=\int_a^b u_1(x)\mathrm{d}x+\int_a^b u_2(x)\mathrm{d}x+\cdots+\int_a^b u_n(x)\mathrm{d}x.$$

下面的例子说明, 在点态收敛情形下, 上述性质对无穷级数或函数列均不成立.

例 16.1.3 设 $f_n(x)=x^n$, 则 $\{f_n(x)\}$ 在区间 $(-1,1]$ 上收敛, 极限函数为

$$f(x)=\lim_{n\to\infty}f_n(x)=\begin{cases}0, & -1<x<1,\\ 1, & x=1.\end{cases}$$

虽然对一切 $n, f_n(x)$ 在 $(-1,1]$ 上连续 (也是可导的), 但极限函数 $f(x)$ 在 $x=1$ 不连续 (当然更谈不上在 $x=1$ 可导).

例 16.1.4 设 $f_n(x)=\dfrac{\sin nx}{\sqrt{n}}$, 则 $\{f_n(x)\}$ 在 $(-\infty,+\infty)$ 上收敛, 极限函数为 $f(x)=0$, 从而导函数 $f'(x)=0$. 由于 $f'_n(x)=\sqrt{n}\cos nx$, 因此 $f_n(x)$ 的导函数所构成的序列 $\{f'_n(x)\}$ 并不处处收敛, 例如当 $x=0$ 时, $f'_n(0)=\sqrt{n}\to+\infty$.

另外, 即使 $\{f'_n(x)\}$ 收敛, 也未必收敛到 $f'(x)$. 见下面的例16.1.5.

例 16.1.5 设 $f_n(x)=\dfrac{1}{n}\arctan x^n, x\in\mathbb{R}$, 因为 $\lim\limits_{n\to\infty}f_n(x)=0$, 所以 $f'(x)=0$. 而 $f'_n(x)=\dfrac{x^{n-1}}{1+x^{2n}}$, 当 $x=1$ 时, $f'_n(1)=\dfrac{1}{2}$, 所以 $\lim\limits_{n\to\infty}f'_n(x)\neq f'(x)$.

对于可积性, 也有同样的情况.

例 16.1.6 设

$$f_n(x)=\begin{cases}1, & \text{若}\ x\cdot n!\text{为整数},\\ 0, & \text{其他}.\end{cases}$$

显然, 对每一个 $n\in\mathbb{N}^+, f_n(x)$ 在 $[0,1]$ 上有界, 只有有限个不连续点 $x=\dfrac{k}{n!}, 0\leqslant k\leqslant n!$, 因而是可积的.

但是, 当 x 是无理数时, 对一切 $n, f_n(x)=0$, 因此 $f(x)=\lim\limits_{n\to\infty}f_n(x)=0$; 当 x 是有理数 $\dfrac{q}{p}\ (p\in\mathbb{N}^+, q\in\mathbb{N}, q\leqslant p)$ 时, 对于 $n\geqslant p, f_n(x)=1$, 因此 $f(x)=\lim\limits_{n\to\infty}f_n(x)=1$. 所以, $\{f_n(x)\}$ 的极限函数 $f(x)$ 是Dirichlet 函数, 它在 $[0,1]$ 上是不可积的.

另外, 即使 $f(x)$ 在 $[a,b]$ 上可积, 其积分 $\int_a^b f(x)\mathrm{d}x$ 也未必等于函数列积分 $\int_a^b f_n(x)\mathrm{d}x$ 的极限. 见下面的例16.1.7.

例 16.1.7 设 $f_n(x)=nx(1-x^2)^n, x\in[0,1]$, 则 $f(x)=0$, 显然对任意 $n, f_n(x)$ 与 $f(x)$ 都在 $[0,1]$ 上可积, 但是

$$\int_0^1 f_n(x)\mathrm{d}x=\int_0^1 nx(1-x^2)^n\mathrm{d}x=-\dfrac{n}{2}\int_0^1(1-x^2)^n\mathrm{d}(1-x^2)=\dfrac{n}{2(n+1)}\to\dfrac{1}{2}\ (n\to\infty).$$

所以

$$\lim_{n\to\infty}\int_0^1 f_n(x)\mathrm{d}x\neq\int_0^1 f(x)\mathrm{d}x. \tag{16.1.2}$$

§16.1 点态收敛和一致收敛

下面我们来分析极限函数与和函数连续性的实质.

设函数列 $\{f_n(x)\}$ 在 D 上连续, 且 $f_n(x) \to f(x)\,(n \to \infty), x \in D$, 则 "$f(x)$ 在 x_0 点连续" 等价于
$$f(x_0) = \lim_{x \to x_0} f(x) = \lim_{x \to x_0} \lim_{n \to \infty} f_n(x),$$
又因为 $f_n(x)$ 在 x_0 点连续, 所以又有
$$f(x_0) = \lim_{n \to \infty} f_n(x_0) = \lim_{n \to \infty} \lim_{x \to x_0} f_n(x),$$
因此
$$\lim_{x \to x_0} \lim_{n \to \infty} f_n(x) = \lim_{n \to \infty} \lim_{x \to x_0} f_n(x). \tag{16.1.3}$$
即 "$f(x)$ 在 x_0 点连续" 等价于这两个极限可交换次序. 而对于函数项级数, 和函数的连续性则表现为求极限运算与无穷求和可交换次序, 即
$$\lim_{x \to x_0} \sum_{n=1}^{\infty} u_n(x) = \sum_{n=1}^{\infty} \lim_{x \to x_0} u_n(x). \tag{16.1.4}$$

同样, 极限函数的导函数是否恰好为导函数列的极限函数则表现为极限运算与求导运算是否可交换次序; 极限函数的积分是否恰好等于函数列的积分的极限表现为极限运算与求积运算的可交换性. 但这些并不总是成立的, 如例16.1.5和例16.1.7.

为了解决上述交换次序的问题, 类似于含参变量反常积分的讨论, 我们引入比 "点态收敛" 更强的收敛性——一致收敛. 一致收敛性概念最初由 Stokes 等提出, 1842 年, Weierstrass 给出一致收敛概念的确切表述.

§16.1.3 一致收敛的定义

定义 16.1.2 设 $S_n(x), n = 1, 2, \cdots, S(x)$ 都是 $D \subset \mathbb{R}$ 的函数, 若对任意给定的 $\varepsilon > 0$, 存在仅与 ε 有关的正整数 $N(\varepsilon)$, 使当 $n > N(\varepsilon)$ 时, 对于一切 $x \in D$, 成立
$$|S_n(x) - S(x)| < \varepsilon, \tag{16.1.5}$$
则称 $\{S_n(x)\}$ 在 D 上**一致收敛**(converges uniformly)于 $S(x)$, 记为
$$S_n(x) \stackrel{D}{\rightrightarrows} S(x), n \to \infty. \tag{16.1.6}$$
若函数项级数 $\sum\limits_{n=1}^{\infty} u_n(x)$ 的部分和函数序列 $\{S_n(x)\}$ 在 D 上一致收敛于 $S(x)$, 则我们称函数项级数 $\sum\limits_{n=1}^{\infty} u_n(x)$ 在 D 上一致收敛于 $S(x)$.

采用符号表述的话, 就是
$$S_n(x) \stackrel{D}{\rightrightarrows} S(x) \iff \forall \varepsilon > 0, \exists N, \forall n > N, \forall x \in D : |S_n(x) - S(x)| < \varepsilon;$$
"$\sum\limits_{k=1}^{\infty} u_n(x)$ 在 D 上一致收敛于 $S(x)$"
$$\iff \forall \varepsilon > 0, \exists N, \forall n > N, \forall x \in D : \left|\sum_{k=1}^{n} u_k(x) - S(x)\right| = |S_n(x) - S(x)| < \varepsilon.$$

图 16.1.1 描绘了一致收敛性的几何意义: 对任意给定的 $\varepsilon > 0$, 存在 $N = N(\varepsilon)$, 当 $n > N(\varepsilon)$ 时, 函数 $y = S_n(x)(x \in D \subset \mathbb{R})$ 的图像都落在带状区域

$$\{(x,y)|x \in D, S(x) - \varepsilon < y < S(x) + \varepsilon\}$$

之中.

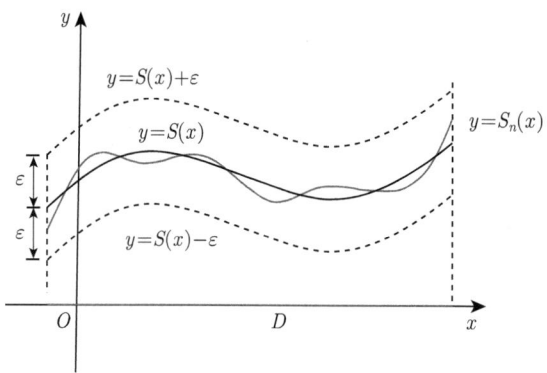

图 16.1.1

注 16.1.1 由定义 16.1.2 可知, 一致收敛蕴含收敛, 但反之未必成立, 可参见下一小节中的反例.

§16.1.4 函数列一致收敛与非一致收敛的判别

1. 用定义来讨论数列的一致收敛性与非一致收敛性

我们首先给出非一致收敛的肯定说法:

$$S_n(x) \overset{D}{\rightrightarrows\!\!\!\!/} S(x) \iff \exists \varepsilon_0 > 0, \forall N, \exists n > N, \exists x_0 \in D : |S_n(x_0) - S(x_0)| \geqslant \varepsilon_0;$$

和 "$\sum\limits_{k=1}^{\infty} u_n(x)$ 在 D 上不一致收敛于 $S(x)$"

$$\iff \exists \varepsilon_0 > 0, \forall N, \exists n > N, \exists x_0 \in D : \left|\sum_{k=1}^{n} u_k(x_0) - S(x_0)\right| = |S_n(x_0) - S(x_0)| \geqslant \varepsilon_0.$$

例 16.1.8 我们来看例 16.1.1(3) 中的函数列

$$f_n(x) = \frac{x^2 + 2nx}{n}, \ x \in \mathbb{R}.$$

其极限函数是 $f(x) = 2x$. 由 $f_n(-2n) = 0, f(-2n) = -4n$, 得

$$|f_n(-2n) - f(-2n)| = 4n \not\to 0 \quad (n \to \infty),$$

所以 $\{f_n(x)\}$ 在 $\mathbb{R}$ 上不一致收敛于 $f(x)$.

§16.1 点态收敛和一致收敛

例 16.1.9 考察下列函数列在指定区间上的一致收敛性:
(1) $S_n(x) = \dfrac{x}{1+n^2x^2}, \quad x \in (-\infty, +\infty)$;
(2) $S_n(x) = x^n, \quad x \in [0,1)$;
(3) $S_n(x) = n^2 x e^{-n^2 x^2}, \quad x \in [0, +\infty)$.

解 (1) 因为 $S_n(x) \to S(x) = 0 \ (n \to \infty)$, 且

$$|S_n(x) - S(x)| = \dfrac{|x|}{1+n^2x^2} \leqslant \dfrac{1}{2n},$$

所以对任意给定的 $\varepsilon > 0$, 只要取 $N = \left[\dfrac{1}{2\varepsilon}\right]$, 当 $n > N$ 时, 对一切 $x \in (-\infty, +\infty)$ 成立

$$|S_n(x) - S(x)| \leqslant \dfrac{1}{2n} < \varepsilon,$$

因此 $\{S_n(x)\}$ 在 $(-\infty, +\infty)$ 上一致收敛于 $S(x) = 0$.

从几何图像上看 (图 16.1.2), 对任意给定的 $\varepsilon > 0$, 只要取 $N = \left[\dfrac{1}{2\varepsilon}\right]$, 则当 $n > N$ 时, 函数 $y = S_n(x), x \in (-\infty, +\infty)$ 的图像都落在带状区域 $\{(x, y) | |y| < \varepsilon\}$ 中.

(2) 首先我们有 $S(x) = \lim\limits_{n \to \infty} S_n(x) = 0, x \in [0, 1)$. 对任意给定的 $0 < \varepsilon < 1$, 要使

$$|S_n(x) - S(x)| = x^n < \varepsilon,$$

必须

$$n > \dfrac{\ln \varepsilon}{\ln x},$$

因此 $N = N(x, \varepsilon)$ 至少须取 $\left[\dfrac{\ln \varepsilon}{\ln x}\right]$. 由于当 $x \to 1^-$ 时, $\dfrac{\ln \varepsilon}{\ln x} \to +\infty$, 因此不可能找到对一切 $x \in [0, 1)$ 都适用的 $N = N(\varepsilon)$, 换言之, $\{S_n(x)\}$ 在 $[0, 1)$ 上不是一致收敛的, 如图 16.1.3 所示.

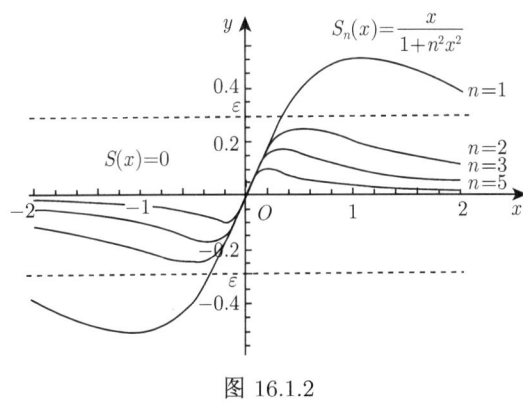

图 16.1.2

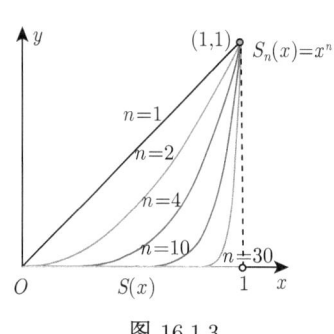

图 16.1.3

(3) 首先我们有 $S(x) = \lim\limits_{n \to \infty} S_n(x) = 0, x \in (0, +\infty)$. 由于

$$|S_n(x) - S(x)| = n^2 x e^{-n^2 x^2},$$

容易验证, $S_n(x)$ 有唯一的极值点 $x_0 = \dfrac{1}{\sqrt{2n}}$, 且为最大值点. 因此

$$|S_n(x_0) - S(x_0)| = \frac{n}{\sqrt{2}} e^{-\frac{1}{2}} \to +\infty,$$

即 $\{S_n(x)\}$ 在 $(0, +\infty)$ 上不是一致收敛的, 如图 16.1.4 所示.

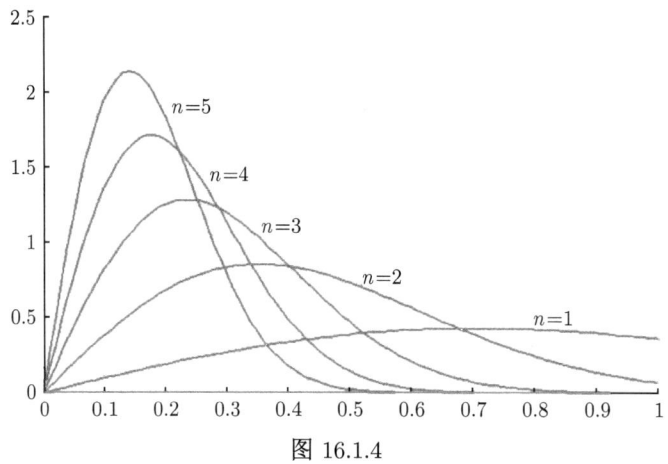

图 16.1.4

2. 函数列一致收敛的充要条件

这一段介绍函数列一致收敛的两个充要条件.

定理 16.1.1 设函数列 $\{S_n(x)\}$ 在 D 上点态收敛于 $S(x)$, 记

$$d(S_n, S) = \sup_{x \in D} |S_n(x) - S(x)|, \tag{16.1.7}$$

则 $\{S_n(x)\}$ 在 D 上一致收敛于 $S(x)$ 的充要条件是

$$\lim_{n \to \infty} d(S_n, S) = 0. \tag{16.1.8}$$

证明 设 $\{S_n(x)\}$ 在 D 上一致收敛于 $S(x)$, 则对 $\forall \varepsilon > 0$, $\exists N = N(\varepsilon)$, 当 $n > N$ 时, 成立

$$|S_n(x) - S(x)| < \frac{\varepsilon}{2}, \ \forall x \in D.$$

于是当 $n > N$ 时,

$$d(S_n, S) \leqslant \frac{\varepsilon}{2} < \varepsilon,$$

这就说明式 (16.1.8) 成立.

反过来, 若式 (16.1.8) 成立, 则对 $\forall \varepsilon > 0$, $\exists N = N(\varepsilon)$, 当 $n > N$ 时,

$$d(S_n, S) < \varepsilon.$$

此式表明

$$|S_n(x) - S(x)| < \varepsilon, \quad \forall x \in D,$$

所以 $\{S_n(x)\}$ 在 D 上一致收敛于 $S(x)$. □

利用定理 16.1.1 来重新讨论例 16.1.9.

例 16.1.10 (1) 对于例 16.1.9(1) 中的 $S_n(x) = \dfrac{x}{1+n^2x^2}, x \in (-\infty, +\infty)$, 由于

$$|S_n(x) - S(x)| = \frac{|x|}{1+n^2x^2} \leqslant \frac{1}{2n},$$

等号成立当且仅当 $x = \pm \dfrac{1}{n}$, 可知

$$d(S_n, S) = \frac{1}{2n} \to 0 \quad (n \to \infty),$$

因此 $\{S_n(x)\}$ 在 $(-\infty, +\infty)$ 上一致收敛于 $S(x) = 0$.

(2) 对于例 16.1.9(2) 中的 $S_n(x) = x^n, x \in [0,1)$, 由于

$$d(S_n, S) = \sup_{0 \leqslant x < 1} x^n = 1 \nrightarrow 0 \quad (n \to \infty),$$

所以 $\{S_n(x)\}$ 在 $[0,1)$ 上不是一致收敛的.

(3) 对于例 16.1.9(3) 中的 $S_n(x) = n^2 x e^{-n^2 x^2}, x \in [0, +\infty)$, 由于

$$d(S_n, S) = \frac{n}{\sqrt{2}} e^{-\frac{1}{2}} \to \infty,$$

所以 $\{S_n(x)\}$ 在 $(0, +\infty)$ 上不是一致收敛的.

事实上, $\{S_n(x)\}$ 在任意包含 $x=0$ 或以 $x=0$ 为端点的区间上都不是一致收敛的.

定义 16.1.3 若对于任意给定的闭区间 $[a,b] \subset D$, 函数序列 $\{S_n(x)\}$ 在 $[a,b]$ 上一致收敛于 $S(x)$, 则称 $\{S_n(x)\}$ 在 D 上**内闭一致收敛**于 $S(x)$.

显然, 在 D 上一致收敛的函数序列必在 D 上内闭一致收敛, 但其逆命题不成立. 如例 16.1.9 的 (2), (3) 都是内闭一致收敛, 但非一致收敛, 参见下面的例 16.1.11.

例 16.1.11 (1) 若将例 16.1.9(2) 中 $\{S_n(x)\}$ 限制在任意有限闭区间 $[a,b] \subset [0,1)$ 上, 由于

$$d(S_n, S) = \sup_{a \leqslant x \leqslant b} x^n = b^n \to 0 \quad (n \to \infty),$$

所以 $\{S_n(x)\}$ 在 $[a,b]$ 上一致收敛, 即 $\{S_n(x)\}$ 在 $[0,1)$ 上内闭一致收敛.

(2) 若将例 16.1.9(3) 中 $\{S_n(x)\}$ 限制在任意有限闭区间 $[\rho, A](0 < \rho < A < +\infty)$ 上, 则易知, 当 $n > \dfrac{1}{\sqrt{2}\rho}$ 时, $|S_n(x) - S(x)|$ 在 $[\rho, A]$ 上单调减少, 从而

$$d(S_n, S) = n^2 \rho e^{-n^2 \rho^2} \to 0 \quad (n \to \infty),$$

这说明 $\{S_n(x)\}$ 在 $[\rho, A]$ 上一致收敛于 $S(x) = 0$. 即 $\{S_n(x)\}$ 在 $(0, \infty)$ 上内闭一致收敛.

下面再举几个有关函数列一致收敛的例子.

例 16.1.12 考察下列函数列在指定区间上的一致收敛性:

(1) $S_n(x) = (1-x)x^n, \quad x \in [0,1]$;

(2) $S_n(x) = \dfrac{n+x^2}{nx}, \quad x \in (0,1)$;

(3) $S_n(x) = \dfrac{1}{1+nx}, \quad x \in (0,1)$.

解 (1) 首先我们有 $S_n(x) \to S(x) = 0 (n \to \infty)$, $x \in [0,1]$(参见例 16.1.1). 由

$$|S_n(x) - S(x)| = (1-x)x^n$$

及

$$[(1-x)x^n]' = x^{n-1}[n - (n+1)x]$$

可知, $|S_n(x) - S(x)|$ 在 $x = \frac{n}{1+n}$ 取到最大值, 于是

$$d(S_n, S) = \left(1 - \frac{n}{n+1}\right)\left(\frac{n}{n+1}\right)^n \to 0 \quad (n \to \infty),$$

这说明 $\{S_n(x)\}$ 在 $[0,1]$ 上一致收敛于 $S(x) = 0$.

(2) 由于

$$\lim_{n\to\infty} S_n(x) = \lim_{n\to\infty}\left(\frac{1}{x} + \frac{x}{n}\right) = \frac{1}{x},\ x \in (0,1),$$

所以

$$d(S_n, S) = \sup_{0<x<1}\left|\frac{n+x^2}{nx} - \frac{1}{x}\right| = \sup_{0<x<1}\left|\frac{x}{n}\right| \leqslant \frac{1}{n} \to 0\ (n\to\infty),$$

这说明 $\{S_n(x)\}$ 在 $(0,1)$ 上一致收敛于 $S(x) = \frac{1}{x}$.

(3) 由于

$$\lim_{n\to\infty} S_n(x) = \lim_{n\to\infty} \frac{1}{1+nx} = 0,\ x \in (0,1),$$

所以

$$d(S_n, S) = \sup_{0<x<1}\left|\frac{1}{1+nx}\right| \geqslant \frac{1}{1+n\cdot\frac{1}{n}} = \frac{1}{2},$$

这说明 $\lim\limits_{n\to\infty} d(S_n, S) \neq 0$, 所以 $\{S_n(x)\}$ 在 $(0,1)$ 上不一致收敛.

再举一个例子. 这是一个交错级数, 其余项的估计是已知的.

例 16.1.13 对于函数项级数 $\sum\limits_{n=1}^{\infty} \frac{(-1)^{n-1}}{n+x}$, $x \in [0, +\infty)$. 设其部分和函数序列为 $S_n(x)$, 和函数为 $S(x)$, 由于这是一个交错级数, 所以由式 (15.3.6) 知

$$|S_n(x) - S(x)| = |r_n(x)| \leqslant \frac{1}{n+1+x} \leqslant \frac{1}{n+1},$$

因此 $\lim\limits_{n\to\infty} d(S_n, S) = 0$, 从而级数 $\sum\limits_{n=1}^{\infty} \frac{(-1)^{n-1}}{n+x}$ 在 $[0, +\infty)$ 上一致收敛.

下面的结果是定理 16.1.1 的序列说法, 常用来证明函数序列的非一致收敛性.

定理 16.1.2 设函数列 $\{S_n(x)\}$ 在集合 D 上点态收敛于 $S(x)$, 则 $\{S_n(x)\}$ 在 D 上一致收敛于 $S(x)$ 的充要条件是对任意数列 $\{x_n\} \subset D$, 成立

$$\lim_{n\to\infty}(S_n(x_n) - S(x_n)) = 0. \tag{16.1.9}$$

§16.1 点态收敛和一致收敛

证明 先证必要性. 设 $\{S_n(x)\}$ 在 D 上一致收敛于 $S(x)$, 则由式 (16.1.8) 得到

$$d(S_n, S) = \sup_{x \in D} |S_n(x) - S(x)| \to 0 \quad (n \to \infty).$$

于是对任意数列 $\{x_n\}, x_n \in D$, 成立

$$|S_n(x_n) - S(x_n)| \leqslant d(S_n, S) \to 0 \quad (n \to \infty),$$

即式 (16.1.9) 成立.

关于充分性, 我们采用反证法. 假定 $\{S_n(x)\}$ 在 D 上不一致收敛于 $S(x)$, 则

$$\exists \varepsilon_0 > 0, \forall N, \exists n > N, \exists x \in D : |S_n(x) - S(x)| \geqslant \varepsilon_0.$$

于是, 下述步骤可以依次进行:

取 $N_1 = 1$, 则 $\exists n_1 > 1$ 和 $x_{n_1} \in D : |S_{n_1}(x_{n_1}) - S(x_{n_1})| \geqslant \varepsilon_0$,

取 $N_2 = n_1$, 则 $\exists n_2 > n_1$ 和 $\exists x_{n_2} \in D : |S_{n_2}(x_{n_2}) - S(x_{n_2})| \geqslant \varepsilon_0$,

······

取 $N_k = n_{k-1}$, 则 $\exists n_k > n_{k-1}, \exists x_{n_k} \in D : |S_{n_k}(x_{n_k}) - S(x_{n_k})| \geqslant \varepsilon_0$.

······

对于 $m \neq n_1, n_2, \cdots, n_k, \cdots$, 可以任取 $x_m \in D$, 这样就得到数列 $\{x_n\} \subset D$, 由于它的子列 $\{x_{n_k}\}$ 满足

$$|S_{n_k}(x_{n_k}) - S(x_{n_k})| \geqslant \varepsilon_0,$$

此与式 (16.1.9) 矛盾. □

例 16.1.14 *考察下列函数列在指定区间上的一致收敛性.*

(1) $S_n(x) = x^n$, $x \in [0, 1]$;

(2) $S_n(x) = \dfrac{nx}{1 + n^2 x^2}$, $x \in (0, +\infty)$;

(3) $S_n(x) = nx(1 - x^2)^n$, $x \in [0, 1]$.

解 (1) 这个例子已经在例 16.1.9(2) 中讨论过, 现在用定理 16.1.2 重新讨论.

由于 $S(x) = \lim\limits_{n \to \infty} S_n(x) = 0$, $x \in [0, 1)$, 取 $x_n = 1 - \dfrac{1}{n} \in [0, 1)$, 则

$$S_n(x_n) - S(x_n) = \left(1 - \dfrac{1}{n}\right)^n \to \mathrm{e}^{-1} \neq 0 \quad (n \to \infty),$$

所以 $\{S_n(x)\}$ 在 $[0, 1)$ 上不一致收敛.

(2) 由于 $S(x) = \lim\limits_{n \to \infty} S_n(x) = 0$, $x \in (0, +\infty)$, 取 $x_n = \dfrac{1}{n} \in (0, +\infty)$, 则

$$S_n(x_n) - S(x_n) = \dfrac{1}{2} \not\to 0,$$

所以 $\{S_n(x)\}$ 在 $(0, +\infty)$ 上不一致收敛.

(3) 由于 $S(x) = \lim_{n\to\infty} S_n(x) = 0$, $x \in [0,1]$, 取 $x_n = \frac{1}{n}$, 则

$$S_n(x_n) - S(x_n) = \left(1 - \frac{1}{n^2}\right)^n \to 1 \neq 0 \ (n \to \infty),$$

所以 $\{S_n(x)\}$ 在 $[0,1]$ 上不一致收敛.

习 题 16.1

A1. 求下列函数项级数的收敛域:

(1) $\sum_{n=1}^{\infty} \frac{x^n}{n^2}$;   (2) $\sum_{n=1}^{\infty} \frac{x^n}{n!}$;   (3) $\sum_{n=1}^{\infty} n! x^n$;   (4) $\sum_{n=1}^{\infty} \frac{n-1}{n+1}\left(\frac{x}{3x+1}\right)^n$;

(5) $\sum_{n=1}^{\infty} \frac{x^n}{1+x^{2n}}$;   (6) $\sum_{n=1}^{\infty} n e^{-nx}$;   (7) $\sum_{n=1}^{\infty} \left(\frac{x(x+n)}{n}\right)^n$;   (8) $\sum_{n=1}^{\infty} \frac{\ln(1+x^n)}{n^p}$, $x > 0, p \in \mathbb{R}$.

A2. 设 $\{r_1, r_2, \cdots, r_n, \cdots\}$ 是区间 $[0,1]$ 上的全体有理数, 在 $[0,1]$ 上定义函数列

$$f_n(x) = \begin{cases} 1, & x = r_1, r_2, \cdots, r_n, \\ 0, & \text{其他}, \end{cases}$$

(1) 求极限函数 $f(x)$;
(2) 显然每个 $f_n(x)$ 都是可积的, 问: $f(x)$ 是否可积?

A3. 讨论下列函数列在所示区间上的一致收敛性:

(1) $f_n(x) = e^{-nx}$, $x \in (1, +\infty)$;

(2) $f_n(x) = \sqrt{x^2 + \frac{1}{n^2}}$, $x \in (-1, 1)$;

(3) $f_n(x) = \arctan nx$, (i) $x \in (0,1)$, (ii) $x \in (1, +\infty)$;

(4) $f_n(x) = \sin\frac{x}{n}$, (i) $x \in [-l, l]$, (ii) $x \in (-\infty, +\infty)$;

(5) $S_n(x) = \left(1 + \frac{x}{n}\right)^n$, (i) $x \in [0, a]$, (ii) $x \in [0, +\infty)$;

(6) $f_n(x) = x n^k e^{-nx}$, $x \in [0, +\infty)$;

(7) $f_n(x) = \begin{cases} -(n+1)x + 1, & 0 \leqslant x \leqslant \frac{1}{n+1}, \\ 0, & \frac{1}{n+1} < x < 1; \end{cases}$

(8) $f_n(x) = \begin{cases} x n^k, & 0 \leqslant x \leqslant \frac{1}{n}, \\ \left(\frac{2}{n} - x\right) n^k, & \frac{1}{n} < x \leqslant \frac{2}{n}, \\ 0, & \frac{2}{n} < x \leqslant 1. \end{cases}$

A4. 讨论下列函数项级数在所示区间上的一致收敛性:

(1) $\sum_{n=1}^{\infty} \frac{(-1)^{n-1} x^2}{(1+x^2)^n}$, $x \in (-\infty, +\infty)$;   (2) $\sum_{n=1}^{\infty} \frac{x^2}{(1+x^2)^{n-1}}$, $x \in (-\infty, +\infty)$;

(3) $\sum_{n=2}^{\infty} \frac{1-2n}{(x^2+n^2)[x^2+(n-1)^2]}$, $x \in [-1,1]$;   (4) $\sum_{n=1}^{\infty} \frac{x^2}{[1+(n-1)x^2](1+nx^2)}$, $x \in (0, +\infty)$;

(5) $\sum_{n=0}^{\infty} x^k e^{-nx}$ $(k > 0)$, (i) $x \in [\delta, +\infty), \delta > 0$; (ii) $x \in (0, +\infty)$.

A5. 证明：设 $f_n(x) \to f(x), x \in D, a_n \to 0 (n \to \infty)(a_n > 0)$. 若对每一个正整数 n 有
$$|f_n(x) - f(x)| \leqslant a_n, \quad x \in D,$$
则 $\{f_n(x)\}$ 在 D 上一致收敛于 $f(x)$.

A6. 设函数项级数 $\sum_{n=1}^{\infty} u_n(x)$ 在 D 上一致收敛于 $S(x)$, 函数 $g(x)$ 在 D 上有界. 证明级数 $\sum_{n=1}^{\infty} g(x)u_n(x)$ 在 D 上一致收敛于 $g(x)S(x)$.

A7. 设 $u_n(x)(n=1,2,\cdots)$ 是 $[a,b]$ 上的单调函数, 证明：若 $\sum_{n=1}^{\infty} u_n(a)$ 与 $\sum_{n=1}^{\infty} u_n(b)$ 都绝对收敛, 则 $\sum_{n=1}^{\infty} u_n(x)$ 在 $[a,b]$ 上绝对且一致收敛.

A8. 设 $f(x)$ 为定义在区间 (a,b) 内的任一函数, 记
$$f_n(x) = \frac{[nf(x)]}{n}, n = 1, 2, \cdots,$$
证明函数列 $\{f_n(x)\}$ 在 (a,b) 内一致收敛于 f.

B9. 设 $f(x)$ 为 $\left[\frac{1}{2}, 1\right]$ 上的连续函数, 证明：

(1) $\{x^n f(x)\}$ 在 $\left[\frac{1}{2}, 1\right]$ 上收敛;

(2) $\{x^n f(x)\}$ 在 $\left[\frac{1}{2}, 1\right]$ 上一致收敛的充要条件是 $f(1) = 0$.

B10. 设可微函数列 $\{f_n(x)\}$ 在 $[a,b]$ 上收敛, $\{f'_n(x)\}$ 在 $[a,b]$ 上一致有界, 证明 $\{f_n(x)\}$ 在 $[a,b]$ 上一致收敛.

B11. 设 $\{f_n(x)\}, \{g_n(x)\}$ 是 D 上有界函数列, 且 $f_n(x) \overset{D}{\rightrightarrows} f(x), g_n(x) \overset{D}{\rightrightarrows} g(x)$. 证明：$f_n(x)g_n(x) \overset{D}{\rightrightarrows} f(x)g(x)$.

B12. 设 $f_n(x) \overset{D}{\rightrightarrows} f(x)$, 且 $|f_n(x)| \leqslant M$ $(\forall n, \forall x \in D)$, $g(x)$ 是 $[-M, M]$ 上的连续函数, 证明：$g(f_n(x)) \overset{D}{\rightrightarrows} g(f(x))$.

§16.2 级数一致收敛性的判别与一致收敛级数的性质

本节主要讨论函数列的极限函数与函数项级数的和函数的分析性质. 在此之前, 我们要在上一节的基础上进一步讨论函数项级数的一致收敛性. 事实上, 上一节的讨论主要基于余项 $r_n(x)$ 易于估计的情形, 这在许多情况下难以做到, 所以, 下面要介绍函数项级数一致收敛的其他的判别方法.

§16.2.1 函数项级数一致收敛性的判别

1. 函数项级数一致收敛的 Cauchy 收敛原理

函数项级数收敛的 Cauchy 收敛原理可推广到函数项级数的一致收敛性.

定理 16.2.1(函数项级数一致收敛的 Cauchy 收敛原理)　函数项级数 $\sum_{n=1}^{\infty} u_n(x)$ 在 D 上一致收敛的充分必要条件是对于任意给定的 $\varepsilon > 0$, 存在正整数 $N = N(\varepsilon)$, 使对任意正整数 $m > n > N$ 与 $\forall x \in D$, 成立

$$|u_{n+1}(x) + u_{n+2}(x) + \cdots + u_m(x)| < \varepsilon. \tag{16.2.1}$$

证明 必要性. 设 $\sum\limits_{n=1}^{\infty} u_n(x)$ 在 D 上一致收敛, 记其和函数为 $S(x), x \in D$. 则对任意给定的 $\varepsilon > 0$, 存在正整数 $N = N(\varepsilon)$, 使得对一切 $n > N$ 与一切 $x \in D$, 成立

$$\left| \sum_{k=1}^{n} u_k(x) - S(x) \right| < \frac{\varepsilon}{2}.$$

于是 $\forall m > n > N$ 与 $\forall x \in D$, 有

$$|u_{n+1}(x) + u_{n+2}(x) + \cdots + u_m(x)| = \left| \sum_{k=1}^{m} u_k(x) - \sum_{k=1}^{n} u_k(x) \right|$$

$$\leqslant \left| \sum_{k=1}^{m} u_k(x) - S(x) \right| + \left| \sum_{k=1}^{n} u_k(x) - S(x) \right| < \varepsilon.$$

因此不等式 (16.2.1) 成立.

充分性. 设 $\forall \varepsilon > 0, \exists N = N(\varepsilon)$, 使得 $\forall m > n > N$ 与 $\forall x \in D$, 不等式 (16.2.1) 成立, 固定 $x \in D$, 则函数项级数 $\sum\limits_{n=1}^{\infty} u_n(x)$ 满足 Cauchy 收敛原理, 因而收敛. 设

$$S(x) = \sum_{n=1}^{\infty} u_n(x), \quad x \in D.$$

由不等式 (16.2.1) 知,

$$\left| \sum_{k=1}^{m} u_k(x) - \sum_{k=1}^{n} u_k(x) \right| < \varepsilon,$$

固定 n, 令 $m \to \infty$, 则得到

$$\left| \sum_{k=1}^{n} u_k(x) - S(x) \right| \leqslant \varepsilon, \quad \forall x \in D,$$

所以 $\sum\limits_{n=1}^{\infty} u_n(x)$ 在 D 上一致收敛于 $S(x)$. □

推论 16.2.1 函数项级数 $\sum\limits_{n=1}^{\infty} u_n(x)$ 在 D 上一致收敛的必要条件是

$$u_n(x) \stackrel{D}{\rightrightarrows} 0.$$

例 16.2.1 讨论下列级数 $\sum\limits_{n=1}^{\infty} u_n(x)$ 在指定区间上的一致收敛性.

(1) $\sum\limits_{n=1}^{\infty} \mathrm{e}^{-nx}, x \in (0, +\infty)$;

(2) $\sum\limits_{n=1}^{\infty} \dfrac{x^3}{(1+x^3)^n}, x \in (0, +\infty)$.

解 (1) 因为 $u_n\left(\dfrac{1}{n}\right) = \mathrm{e}^{-1} \nrightarrow 0 (n \to \infty)$, 即通项在 $(0, +\infty)$ 上不一致收敛于 0, 所以级数在 $(0, +\infty)$ 上非一致收敛.

§16.2 级数一致收敛性的判别与一致收敛级数的性质

(2) 容易验证, 通项 $\dfrac{x^3}{(1+x^3)^n}$ 一致收敛于 0. 但

$$\sum_{k=n+1}^{2n} \dfrac{x^3}{(1+x^3)^k}\Big|_{x=\frac{1}{\sqrt[3]{n}}} = \dfrac{1}{n}\sum_{k=n+1}^{2n} \dfrac{1}{(1+\frac{1}{n})^k} \geqslant \dfrac{1}{n} \cdot \dfrac{1}{(1+\frac{1}{n})^{2n}} \cdot n \geqslant \dfrac{1}{\mathrm{e}^2},$$

所以 $\sum\limits_{n=1}^{\infty} \dfrac{x^3}{(1+x^3)^n}$ 在 $(0,+\infty)$ 上不一致收敛.

注 16.2.1 我们可以相应地写出函数序列一致收敛的 Cauchy 收敛原理: 函数序列 $\{S_n(x)\}$ 在 D 上一致收敛 $\iff \forall \varepsilon > 0, \exists N, \forall m > n > N, \forall x \in D: |S_m(x) - S_n(x)| < \varepsilon$.

2. Weierstrass 判别法 (优级数判别法)

定理 16.2.2(Weierstrass 判别法) 对函数项级数 $\sum\limits_{n=1}^{\infty} u_n(x)(x \in D)$, 若存在收敛的数项级数 $\sum\limits_{n=1}^{\infty} M_n$, 使得对应的通项满足

$$|u_n(x)| \leqslant M_n, \quad \forall x \in D, \forall n \in \mathbb{N}^+, \tag{16.2.2}$$

则 $\sum\limits_{n=1}^{\infty} u_n(x)$ 在 D 上一致收敛.

证明 由于对一切 $x \in D$ 和正整数 $m, n(m > n)$, 有

$$|u_{n+1}(x) + u_{n+2}(x) + \cdots + u_m(x)| \leqslant |u_{n+1}(x)| + |u_{n+2}(x)| + \cdots + |u_m(x)|$$
$$\leqslant M_{n+1} + M_{n+2} + \cdots + M_m,$$

由定理 16.2.1 和函数项级数的 Cauchy 收敛原理, 即得到 $\sum\limits_{n=1}^{\infty} u_n(x)$ 在 D 上一致收敛. □

注 16.2.2 (1) Weierstrass 判别法又称优级数判别法, 或 M-判别法. 数项级数 $\sum\limits_{n=1}^{\infty} M_n$ 称为函数项级数 $\sum\limits_{n=1}^{\infty} u_n(x), x \in D$ 的优级数. 由证明过程易见, 当 $\sum\limits_{n=1}^{\infty} u_n(x)(x \in D)$ 有优级数时, 不仅 $\sum\limits_{n=1}^{\infty} u_n(x)$ 在 D 上一致收敛, 并且 $\sum\limits_{n=1}^{\infty} |u_n(x)|$ 也在 D 上一致收敛. 一般地, 当 $\sum\limits_{n=1}^{\infty} |u_n(x)|$ 在 D 上一致收敛时, 我们称级数 $\sum\limits_{n=1}^{\infty} u_n(x)$ 在 D 上为绝对一致收敛.

(2) 不等式 (16.2.2) 可以从某个自然数开始成立, 并且优级数的选取通常可以通过放大不等式的办法来实现. 特别地, 每个 M_n 可以取 $|u_n(x)|$ 在 D 上的上确界.

例 16.2.2 证明 $\sum\limits_{n=1}^{\infty} \dfrac{\sin nx}{n^2}$ 与 $\sum\limits_{n=1}^{\infty} \dfrac{\cos nx}{n^2}$ 在 $(-\infty, +\infty)$ 上绝对一致收敛.

证明 由

$$\left|\dfrac{\sin nx}{n^2}\right| \leqslant \dfrac{1}{n^2}, \quad \left|\dfrac{\cos nx}{n^2}\right| \leqslant \dfrac{1}{n^2}$$

及 $\sum\limits_{n=1}^{\infty} \dfrac{1}{n^2}$ 收敛, 知 $\sum\limits_{n=1}^{\infty} \dfrac{\sin nx}{n^2}$ 与 $\sum\limits_{n=1}^{\infty} \dfrac{\cos nx}{n^2}$ 在 $(-\infty, +\infty)$ 上绝对一致收敛. □

例 16.2.3 证明 $\sum\limits_{n=1}^{\infty} \dfrac{nx}{1+n^5x^2}$ 在 $(-\infty, +\infty)$ 上绝对一致收敛.

证明 由 $a^2 + b^2 \geqslant 2ab$, 得

$$\left|\frac{nx}{1+n^5x^2}\right| = \left|\frac{1}{2n^{\frac{3}{2}}} \cdot \frac{2n^{\frac{5}{2}}x}{1+n^5x^2}\right| \leqslant \frac{1}{2n^{\frac{3}{2}}}, \quad x \in (-\infty, +\infty).$$

又 $\sum\limits_{n=1}^{\infty} \dfrac{1}{2n^{\frac{3}{2}}}$ 收敛, 由 Weierstrass 判别法得 $\sum\limits_{n=1}^{\infty} \dfrac{nx}{1+n^5x^2}$ 在 $(-\infty, +\infty)$ 上绝对一致收敛. □

例 16.2.4 讨论函数项级数 $\sum\limits_{n=1}^{\infty} x^\alpha \mathrm{e}^{-nx}$ $(\alpha > 0)$ 在 $(0, +\infty)$ 上的一致收敛性.

解 设 $u_n(x) = x^\alpha \mathrm{e}^{-nx}$, 由 $u_n'(x) = (\alpha - nx)x^{\alpha-1}\mathrm{e}^{-nx} = 0$ 可得 $x = \dfrac{\alpha}{n}$ 是 $u_n(x)$ 在 $(0, +\infty)$ 上的最大值, 即

$$u_n(x) \leqslant \alpha^\alpha \mathrm{e}^{-\alpha} \frac{1}{n^\alpha}, \quad x \in (0, +\infty).$$

所以当 $\alpha > 1$ 时, $\sum\limits_{n=1}^{\infty} x^\alpha \mathrm{e}^{-nx}$ 在 $(0, +\infty)$ 上一致收敛. 而当 $0 < \alpha \leqslant 1$ 时, 由于

$$\sum_{k=n+1}^{2n} x^\alpha \mathrm{e}^{-kx}\bigg|_{x=\frac{1}{n}} = \sum_{k=n+1}^{2n} \frac{1}{n^\alpha}\mathrm{e}^{-\frac{k}{n}} \geqslant \sum_{k=n+1}^{2n} \frac{1}{n^\alpha}\mathrm{e}^{-2} = n^{1-\alpha}\mathrm{e}^{-2} \geqslant \mathrm{e}^{-2},$$

所以 $\sum\limits_{n=1}^{\infty} x^\alpha \mathrm{e}^{-nx}$ 在 $(0, +\infty)$ 上不一致收敛.

3. A-D 判别法

定理 16.2.3 如果函数项级数 $\sum\limits_{n=1}^{\infty} a_n(x)b_n(x)$ $(x \in D)$ 满足如下两个条件之一, 则 $\sum\limits_{n=1}^{\infty} a_n(x)b_n(x)$ 在 D 上一致收敛.

(1) **(Abel 判别法)** 函数列 $\{a_n(x)\}$ 对每一固定的 $x \in D$ 关于 n 是单调的, 且 $\{a_n(x)\}$ 在 D 上一致有界, 即存在正常数 M, 使得

$$|a_n(x)| \leqslant M, \quad \forall x \in D, \quad \forall n \in \mathbb{N}^+;$$

同时, $\sum\limits_{n=1}^{\infty} b_n(x)$ 在 D 上一致收敛.

(2) **(Dirichlet 判别法)** $\{a_n(x)\}$ 对每一固定的 $x \in D$ 关于 n 是单调的, 且 $\{a_n(x)\}$ 在 D 上一致收敛于 0; 同时, 函数项级数 $\sum\limits_{n=1}^{\infty} b_n(x)$ 的部分和序列在 D 上一致有界:

$$\left|\sum_{k=1}^{n} b_k(x)\right| \leqslant M, \quad \forall x \in D, \quad \forall n \in \mathbb{N}^+.$$

证明 (1) 由 $\sum\limits_{n=1}^{\infty} b_n(x)$ 在 D 上的一致收敛性, 对任意给定的 $\varepsilon > 0$, 存在正整数 $N = N(\varepsilon)$, 使得对 $\forall m > n > N$ 与 $\forall x \in D$, 成立

$$\left|\sum_{k=n+1}^{m} b_k(x)\right| < \varepsilon.$$

应用 Abel 引理, 得到

$$\left|\sum_{k=n+1}^{m} a_k(x)b_k(x)\right| \leqslant \varepsilon(|a_{n+1}(x)| + 2|a_m(x)|) \leqslant 3M\varepsilon$$

对任意 $m > n > N$ 与任何 $x \in D$ 成立. 由 Cauchy 收敛原理 (定理 16.2.1), $\sum_{n=1}^{\infty} a_n(x)b_n(x)$ 在 D 上一致收敛.

(2) 由 $\{a_n(x)\}$ 在 D 上一致收敛于 0, 对任意给定的 $\varepsilon > 0$, 存在正整数 $N = N(\varepsilon)$, 当 $n > N$ 时, 成立

$$|a_n(x)| < \varepsilon, \quad \forall x \in D.$$

由于对一切 $m > n > N$,

$$\left|\sum_{k=n+1}^{m} b_k(x)\right| = \left|\sum_{k=1}^{m} b_k(x) - \sum_{k=1}^{n} b_k(x)\right| \leqslant 2M, \quad \forall x \in D.$$

应用 Abel 引理, 得到

$$\left|\sum_{k=n+1}^{m} a_k(x)b_k(x)\right| \leqslant 2M(|a_{n+1}(x)| + 2|a_m(x)|) < 6M\varepsilon, \quad \forall x \in D.$$

根据 Cauchy 收敛原理, $\sum_{n=1}^{\infty} a_n(x)b_n(x)$ 在 D 上一致收敛. □

例 16.2.5 设 $\sum_{n=1}^{\infty} a_n$ 收敛, 则 $\sum_{n=1}^{\infty} a_n x^n$ 在 $[0,1]$ 上一致收敛.

证明 显然 $\{x^n\}$ 关于 n 单调递减, 且 $\forall n$ 成立

$$|x^n| \leqslant 1, \quad x \in [0,1].$$

数项级数 $\sum_{n=1}^{\infty} a_n$ 收敛意味着它关于 x 一致收敛, 由 Abel 判别法, 得到 $\sum_{n=1}^{\infty} a_n x^n$ 在 $[0,1]$ 上的一致收敛. □

特别地, $\sum_{n=1}^{\infty} \frac{(-1)^n}{n^p} x^n (p > 0)$ 在 $[0,1]$ 上一致收敛.

例 16.2.6 证明 $\sum_{n=1}^{\infty} \frac{(-1)^n (x+n)^n}{n^{n+\alpha}} \ (\alpha > 0)$ 在 $[0,1]$ 上一致收敛.

证明 由于 $\frac{(x+n)^n}{n^n} = \left(1 + \frac{x}{n}\right)^n$ 关于 n 单增趋于 e^x, 且一致有界 $\left|\frac{(x+n)^n}{n^n}\right| < \mathrm{e}$, 又 $\sum_{n=1}^{\infty} \frac{(-1)^n}{n^\alpha}$ 收敛, 由 Abel 判别法知 $\sum_{n=1}^{\infty} \frac{(-1)^n (x+n)^n}{n^{n+\alpha}}$ 在 $[0,1]$ 上一致收敛. □

例 16.2.7 设 $\{a_n\}$ 单调收敛于 0, 则 $\sum_{n=1}^{\infty} a_n \cos nx$ 与 $\sum_{n=1}^{\infty} a_n \sin nx$ 在 $(0, 2\pi)$ 内闭一致收敛.

证明 数列 $\{a_n\}$ 收敛于 0, 也即它关于 x 一致收敛于 0. 对任意 $0 < \delta < \pi$, 当

$x \in [\delta, 2\pi - \delta]$ 时,

$$\left|\sum_{k=1}^{n} \cos kx\right| = \frac{\left|\sin\left(n+\frac{1}{2}\right)x - \sin\frac{x}{2}\right|}{2\left|\sin\frac{x}{2}\right|} \leqslant \frac{1}{\sin\frac{\delta}{2}};$$

$$\left|\sum_{k=1}^{n} \sin kx\right| = \frac{\left|\cos\left(n+\frac{1}{2}\right)x - \cos\frac{x}{2}\right|}{2\left|\sin\frac{x}{2}\right|} \leqslant \frac{1}{\sin\frac{\delta}{2}}.$$

由 Dirichlet 判别法, 得到 $\sum_{n=1}^{\infty} a_n \cos nx$ 与 $\sum_{n=1}^{\infty} a_n \sin nx$ 在 $[\delta, 2\pi - \delta]$ 上的一致收敛性. 从而级数 $\sum_{n=1}^{\infty} a_n \cos nx$ 与 $\sum_{n=1}^{\infty} a_n \sin nx$ 在 $(0, 2\pi)$ 内闭一致收敛. □

§16.2.2 一致收敛的函数列与函数项级数的性质

下面我们来讨论函数项级数的和函数与函数序列的极限函数的分析性质. 所谓分析性质, 就是指和函数或极限函数的连续性、可积性与可微性, 以及相应的交换次序问题 (见式 (16.1.3)、式 (16.1.4) 和式 (16.1.2)).

1. 连续性

定理 16.2.4(连续性定理) 设函数列 $\{S_n(x)\}$ 在 $[a,b]$ 上一致收敛于 $S(x)$, 且每一项 $S_n(x)$ 都在 $[a,b]$ 上连续, 则 $S(x)$ 在 $[a,b]$ 上连续.

证明 设 x_0 是 $[a,b]$ 中任意一点. 由 $\{S_n(x)\}$ 在 $[a,b]$ 上一致收敛于 $S(x)$ 知, 对任给的 $\varepsilon > 0$, 存在正整数 N, 使得

$$|S_N(x) - S(x)| < \frac{\varepsilon}{3}, \quad \forall x \in [a,b].$$

特别地, 对任意的 x_0 与 $x_0 + h \in [a,b]$, 成立

$$|S_N(x_0) - S(x_0)| < \frac{\varepsilon}{3}, \quad |S_N(x_0 + h) - S(x_0 + h)| < \frac{\varepsilon}{3}.$$

由于 $S_N(x)$ 在 $[a,b]$ 上连续, 所以存在 $\delta = \delta(\varepsilon) > 0$, 当 $|h| < \delta$ 时,

$$|S_N(x_0 + h) - S_N(x_0)| < \frac{\varepsilon}{3}.$$

于是当 $|h| < \delta$ 时,

$$|S(x_0 + h) - S(x_0)|$$
$$\leqslant |S(x_0 + h) - S_N(x_0 + h)| + |S_N(x_0 + h) - S_N(x_0)| + |S_N(x_0) - S(x_0)| < \varepsilon,$$

所以 $S(x)$ 在 x_0 点连续. 由 x_0 的任意性, 就得到 $S(x)$ 在 $[a,b]$ 上连续. □

对应于函数项级数, 连续性定理为

定理 16.2.4′ 设函数项级数 $\sum_{n=1}^{\infty} u_n(x)$ 在 $[a,b]$ 上一致收敛, 且每一项 $u_n(x)$ 都在 $[a,b]$ 上连续, 则和函数 $S(x)$ 在 $[a,b]$ 上连续.

注 16.2.3 (1) 定理 16.2.4 表明, $\forall x_0 \in [a,b]$, 有

$$\lim_{n\to\infty}\lim_{x\to x_0} S_n(x) = \lim_{n\to\infty} S_n(x_0) = S(x_0) = \lim_{x\to x_0} S(x) = \lim_{x\to x_0}\lim_{n\to\infty} S_n(x).$$

即两个极限过程与次序无关:

$$\lim_{x\to x_0}\lim_{n\to\infty} S_n(x) = \lim_{n\to\infty}\lim_{x\to x_0} S_n(x). \tag{16.2.3}$$

而对于函数项级数, 定理 16.2.4′ 表明, 求极限运算与无穷求和可交换次序, 即

$$\lim_{x\to x_0}\sum_{n=1}^\infty u_n(x) = \sum_{n=1}^\infty \lim_{x\to x_0} u_n(x). \tag{16.2.4}$$

(2) 例 16.1.3 表明, 收敛而不一致收敛的函数序列的极限函数可以不连续, 另一方面, 不连续的函数序列也可能收敛于连续函数, 如:

$$S_n(x) = \frac{1}{n}\varphi(x), \quad \varphi(x) = \begin{cases} 0, & x \in \mathbb{R}\setminus\mathbb{Q}; \\ 1, & x \in \mathbb{Q}. \end{cases}$$

显然 $S_n(x)$ 不连续, 但是 $S_n(x) \rightrightarrows 0$.

(3) 由定理 16.2.4 知道, 若函数列 $\{S_n(x)\}$ 的每一项 $S_n(x)$ 都在 $[a,b]$ 上连续, 但极限函数 $S(x)$ 在 $[a,b]$ 上不连续, 则函数列 $\{S_n(x)\}$ 在 $[a,b]$ 上必非一致收敛. 此结论常用来证明函数列的非一致收敛.

对函数项级数情况类似.

(4) 显然上述结果对 $D = (a,b)$ 也成立. 进一步, 若每个 $u_n(x)$(或 $S_n(x)$) 在 (a,b) 上连续, 且 $\sum\limits_{n=1}^\infty u_n(x)$ (或 $\{S_n(x)\}$) 在 (a,b) 上内闭一致收敛于 $S(x)$, 则 $S(x)$ 也在 (a,b) 上连续.

例 16.2.8 由连续性定理及例 16.2.7 得 $\sum\limits_{n=2}^\infty \dfrac{\sin nx}{\ln n}$ 与 $\sum\limits_{n=2}^\infty \dfrac{\cos nx}{\ln n}$ 在 $(0, 2\pi)$ 上连续.

例 16.2.9 讨论下列级数的和函数在指定区间上的连续性:

(1) $\sum\limits_{n=1}^\infty \dfrac{x + (-1)^n n}{n^2 + x^2}, x \in [-a, a]$;   (2) $\sum\limits_{n=1}^\infty \left(\dfrac{1}{n} + x\right)^n, x \in (-1, 1)$.

解 (1) 设

$$u_n(x) = \frac{x + (-1)^n n}{n^2 + x^2} = \frac{n^2}{n^2 + x^2}\left(\frac{x}{n^2} + \frac{(-1)^n}{n}\right).$$

对任意给定的 $x \in [-a, a]$, $\left\{\dfrac{n^2}{n^2 + x^2}\right\}$ 单调增加, 且在 $[-a, a]$ 上一致有界, 而级数 $\sum\limits_{n=1}^\infty \dfrac{x}{n^2}$ 与 $\sum\limits_{n=1}^\infty \dfrac{(-1)^n}{n}$ 在 $[-a, a]$ 上都一致收敛, 所以由 Abel 判别法, 可知原级数 $[-a, a]$ 上一致收敛, 因此和函数在 $[-a, a]$ 上连续.

(2) 可以证明, 该级数在 $(-1, 1)$ 上内闭一致收敛. 事实上, $\forall 0 < r < q < 1$, 当 n 充分大时, 有

$$\left|\left(\frac{1}{n} + x\right)^n\right| \leqslant \left(\frac{1}{n} + |x|\right)^n \leqslant \left(\frac{1}{n} + r\right)^n \leqslant q^n, \quad \forall x \in [-r, r].$$

所以 $\sum_{n=1}^{\infty} \left(\frac{1}{n} + x\right)^n$ 在 $[-r, r]$ 上一致收敛. 由注 16.2.3 知级数的和函数在 $(-1, 1)$ 上连续.

例 16.2.10 (1) 函数列 $\{x^n\}$ 在 $(-1, 1]$ 上非一致收敛. 事实上, x^n 在 $(-1, 1]$ 上连续, 且

$$x^n \to S(x) = \begin{cases} 0, & -1 < x < 1, \\ 1, & x = 1, \end{cases} \quad (n \to \infty),$$

极限函数 $S(x)$ 在 $(-1, 1]$ 上不连续, 所以 $\{x^n\}$ 在 $(-1, 1]$ 上不一致收敛.

(2) 函数项级数 $\sum_{n=1}^{\infty} x^n \ln x$ 在 $(0, 1]$ 上非一致收敛. 事实上, 该级数的和函数为

$$S(x) = \begin{cases} 0, & x = 1, \\ \dfrac{x \ln x}{1 - x}, & x \neq 1. \end{cases}$$

而 $\lim_{x \to 1^-} S(x) = -1 \neq S(1)$, 所以 $S(x)$ 在 $(0, 1]$ 上不连续.

思考: 函数列 $\{x^n\}$ 在 $(-1, 1)$ 上的极限函数 $S(x) \equiv 0$ 是连续的. 问: $\{x^n\}$ 在 $(-1, 1)$ 上是否一致收敛?

例 16.2.11 试求下列极限值.

(1) $I = \lim_{x \to 0^+} \sum_{n=1}^{\infty} \dfrac{1}{2^n n^x}$; (2) $I = \lim_{x \to 1} \sum_{n=1}^{\infty} \dfrac{x^n \sin \frac{n\pi x}{2}}{2^n}$.

解 (1) 在区间 $[0, 1]$ 上考察级数 $\sum_{n=1}^{\infty} \dfrac{1}{2^n n^x}$. 因为 $0 \leqslant \dfrac{1}{2^n n^x} \leqslant \dfrac{1}{2^n}$, 所以级数 $\sum_{n=1}^{\infty} \dfrac{1}{2^n n^x}$ 在 $[0, 1]$ 上一致收敛, 于是 $S(x) = \sum_{n=1}^{\infty} \dfrac{1}{2^n n^x}$ 在 $[0, 1]$ 上连续, 从而得

$$I = S(0) = \sum_{n=1}^{\infty} \frac{1}{2^n} = 1.$$

(2) 因为 $\left| \dfrac{x^n \sin \frac{n\pi x}{2}}{2^n} \right| \leqslant \left(\dfrac{3}{4}\right)^n$, 所以 $\sum_{n=1}^{\infty} \dfrac{x^n \sin \frac{n\pi x}{2}}{2^n}$ 在 $\left[0, \dfrac{3}{2}\right]$ 上一致收敛, 于是

$$I = \lim_{x \to 1} \sum_{n=1}^{\infty} \frac{x^n \sin \frac{n\pi x}{2}}{2^n} = \sum_{n=1}^{\infty} \frac{\sin \frac{n\pi}{2}}{2^n} = \sum_{n=1}^{\infty} \frac{(-1)^{n-1}}{2^{2n-1}} = \frac{2}{5}.$$

2. 可积性

定理 16.2.5 设函数列 $\{S_n(x)\}$ 在 $[a, b]$ 上一致收敛于 $S(x)$, 且每一项 $S_n(x)$ 都在 $[a, b]$ 上连续, 则 $S(x)$ 在 $[a, b]$ 上可积, 且

$$\int_a^b S(x) \mathrm{d}x = \lim_{n \to \infty} \int_a^b S_n(x) \mathrm{d}x. \tag{16.2.5}$$

进一步, 函数列 $\left\{\int_a^x S_n(t) \mathrm{d}t\right\}$ 在 $[a, b]$ 上一致收敛于函数 $\int_a^x S(t) \mathrm{d}t$.

证明 由定理 16.2.4, $S(x)$ 在 $[a,b]$ 连续, 因而在 $[a,b]$ 可积. 由于 $\{S_n(x)\}$ 在 $[a,b]$ 上一致收敛于 $S(x)$, 所以对任意给定的 $\varepsilon > 0$, 存在正整数 N, 当 $n > N$ 时,

$$|S_n(x) - S(x)| < \varepsilon, \quad \forall x \in [a,b],$$

于是

$$\left| \int_a^b S_n(x) \mathrm{d}x - \int_a^b S(x) \mathrm{d}x \right| \leqslant \int_a^b |S_n(x) - S(x)| \, \mathrm{d}x < (b-a)\varepsilon.$$

同样对 $\forall x \in [a,b]$, 也有

$$\left| \int_a^x S_n(t) \mathrm{d}t - \int_a^x S(t) \mathrm{d}t \right| \leqslant \int_a^x |S_n(t) - S(t)| \, \mathrm{d}t < (b-a)\varepsilon.$$

即 $\left\{ \int_a^x S_n(t) \mathrm{d}t \right\}$ 在 $[a,b]$ 上一致收敛于 $\int_a^x S(t) \mathrm{d}t$. □

对应于函数项级数, 我们有

定理 16.2.5′ (逐项积分定理) (term-by-term integration theorem) 设函数项级数 $\sum\limits_{n=1}^{\infty} u_n(x)$ 在 $[a,b]$ 上一致收敛, 且每一项 $u_n(x)$ 都在 $[a,b]$ 上连续, 则和函数 $S(x)$ 在 $[a,b]$ 上可积, 且

$$\int_a^b S(x) \mathrm{d}x = \int_a^b \sum_{n=1}^{\infty} u_n(x) \mathrm{d}x = \sum_{n=1}^{\infty} \int_a^b u_n(x) \mathrm{d}x. \tag{16.2.6}$$

即积分运算与无限求和运算可交换次序. 进一步, 函数项级数

$$\sum_{n=1}^{\infty} \int_a^x u_n(t) \mathrm{d}t$$

在 $[a,b]$ 上一致收敛于

$$\int_a^x \sum_{n=1}^{\infty} u_n(t) \mathrm{d}t = \int_a^x S(t) \mathrm{d}t.$$

例 16.2.12 证明:

$$x - \frac{x^3}{3} + \frac{x^5}{5} - \cdots = \sum_{n=1}^{\infty} \frac{(-1)^{n-1}}{2n-1} x^{2n-1} = \arctan x, \quad \forall x \in (-1,1). \tag{16.2.7}$$

证明 $\forall x \in (-1,1)$, 取 $\delta : 0 < \delta < 1$, 使 $x \in [-1+\delta, 1-\delta]$. 由于在区间 $[-1+\delta, 1-\delta]$ 上有

$$\left| (-1)^{n-1} x^{2n-2} \right| \leqslant (1-\delta)^{2n-2},$$

而 $\sum\limits_{n=1}^{\infty} (1-\delta)^{2n-2}$ 收敛, 由 Weierstrass 判别法, 函数项级数 $\sum\limits_{n=1}^{\infty} (-1)^{n-1} x^{2n-2}$ 在 $[-1+\delta, 1-\delta]$ 上一致收敛, 且 $\sum\limits_{n=1}^{\infty} (-1)^{n-1} x^{2n-2}$ 在 $[-1+\delta, 1-\delta]$ 上的和函数为

$$S(x) = \sum_{n=1}^{\infty} (-1)^{n-1} x^{2n-2} = \sum_{n=1}^{\infty} (-x^2)^{n-1} = \frac{1}{1+x^2}, \quad x \in [-1+\delta, 1-\delta].$$

对 $\sum\limits_{n=1}^{\infty}(-1)^{n-1}x^{2n-2}=\frac{1}{1+x^2}$ 应用定理 16.2.5′ 进行逐项求积分得

$$\sum_{n=1}^{\infty}\frac{(-1)^{n-1}}{2n-1}x^{2n-1}=\sum_{n=1}^{\infty}\int_0^x(-1)^{n-1}t^{2n-2}\mathrm{d}t=\int_0^x\frac{\mathrm{d}t}{1+t^2}=\arctan x,\quad x\in[-1+\delta,1-\delta].$$

由 δ 的任意性即得式 (16.2.7). □

例 16.2.13 证明:

$$x-\frac{x^2}{2}+\frac{x^3}{3}-\cdots=\sum_{n=1}^{\infty}\frac{(-1)^{n-1}}{n}x^n=\ln(1+x),\quad \forall x\in(-1,1). \tag{16.2.8}$$

证明 对 $\forall x\in(-1,1)$,取 $\delta:0<\delta<1$,使得 $x\in[-1+\delta,1-\delta]$. 类似例 16.2.12, 可知函数项级数 $\sum\limits_{n=1}^{\infty}(-1)^{n-1}x^{n-1}$ 在 $[-1+\delta,1-\delta]$ 上一致收敛于 $S(x)=\dfrac{1}{x+1}$,即

$$\sum_{n=1}^{\infty}(-1)^{n-1}x^{n-1}=\frac{1}{x+1},\quad x\in[-1+\delta,1-\delta].$$

对上式逐项积分

$$\sum_{n=1}^{\infty}\int_0^x(-1)^{n-1}t^{n-1}\mathrm{d}t=\int_0^x\frac{\mathrm{d}t}{1+t},$$

可得

$$x-\frac{x^2}{2}+\frac{x^3}{3}-\cdots=\sum_{n=1}^{\infty}\frac{(-1)^{n-1}}{n}x^n=\ln(1+x),\quad\forall x\in(-1,1),$$

因此, 式 (16.2.8) 获证. □

注 16.2.4 一致收敛是积分与极限, 或积分与无穷和可交换次序的充分但不必要的条件. 参见例16.1.14.

3. 可导性

定理 16.2.6 设函数列 $\{S_n(x)\}$ 满足

(1) $S_n(x)(n=1,2,\cdots)$ 在 $[a,b]$ 上连续可导;

(2) $\{S_n(x)\}$ 在 $[a,b]$ 上点态收敛于 $S(x)$;

(3) $\{S_n'(x)\}$ 在 $[a,b]$ 上一致收敛于 $\sigma(x)$.

则 $S(x)$ 在 $[a,b]$ 上可导, 且

$$S'(x)=\sigma(x).$$

即求导运算与求极限运算可交换次序:

$$\left(\lim_{n\to\infty}S_n(x)\right)'=\lim_{n\to\infty}S_n'(x). \tag{16.2.9}$$

证明 由定理 16.2.4 与 16.2.5, 可知 $\sigma(x)$ 在 $[a,b]$ 连续, 且

$$\int_a^x\sigma(t)\mathrm{d}t=\lim_{n\to\infty}\int_a^x S_n'(t)\mathrm{d}t=\lim_{n\to\infty}[S_n(x)-S_n(a)]=S(x)-S(a).$$

由于上式左端可导, 可知 $S(x)$ 也可导, 且 $S'(x) = \sigma(x)$. □

对应于函数项级数, 我们有

定理 16.2.6' (逐项求导定理)(term-by-term differentiation theorem)　设级数 $\sum\limits_{n=1}^{\infty} u_n(x)$ 满足

(1) $u_n(x)(n = 1, 2, \cdots)$ 在 $[a, b]$ 上连续可导;

(2) $\sum\limits_{n=1}^{\infty} u_n(x)$ 在 $[a, b]$ 上点态收敛于 $S(x)$;

(3) $\sum\limits_{n=1}^{\infty} u_n'(x)$ 在 $[a, b]$ 上一致收敛于 $\sigma(x)$.

则 $S(x) = \sum\limits_{n=1}^{\infty} u_n(x)$ 在 $[a, b]$ 上可导, 且 $S'(x) = \sigma(x)$, 即

$$S'(x) = \left(\sum_{n=1}^{\infty} u_n(x) \right)' = \sum_{n=1}^{\infty} u_n'(x) = \sigma(x). \tag{16.2.10}$$

即求导运算与无限求和运算可交换次序.

注 16.2.5　(1) 从 $\{S_n'(x)\}$ $\left(\text{或}\sum\limits_{n=1}^{\infty} u_n'(x)\right)$ 在 $[a, b]$ 上一致收敛于 $\sigma(x)$ 出发, 由定理 16.2.5 与定理 16.2.5' 可得 $\{S_n(x)\}$ $\left(\text{或}\sum\limits_{n=1}^{\infty} u_n(x)\right)$ 在 $[a, b]$ 上一致收敛于 $S(x)$.

(2) 由于可导是局部性质, 因此, 定理 16.2.6 与定理 16.2.6' 中的条件 (3) 可改为在 (a, b) 上内闭一致收敛于 $\sigma(x)$, 而条件 (1), (2) 与结论中的闭区间都改为开区间.

(3) 与定理 16.2.5 一样, 本定理也可用来求函数项级数的和函数.

例 16.2.14　证明函数 $S(x) = \sum\limits_{n=1}^{\infty} \dfrac{\sin nx}{n^3}$ 在 $(-\infty, +\infty)$ 上连续可微.

证明　设 $u_n(x) = \dfrac{\sin nx}{n^3}$, 由 $|u_n(x)| \leqslant \dfrac{1}{n^3}$ 及 $\sum \dfrac{1}{n^3}$ 收敛知 $\sum u_n(x)$ 在 $(-\infty, +\infty)$ 上一致收敛, 由定理 16.2.4' 知, $S(x)$ 连续.

再由 $|u_n'(x)| = \left|\dfrac{\cos nx}{n^2}\right| \leqslant \dfrac{1}{n^2}$ 及 $\sum \dfrac{1}{n^2}$ 收敛知, $\sum u_n'(x)$ 在 $(-\infty, +\infty)$ 上一致收敛, 于是由定理 16.2.6' 知, $S(x)$ 可导, 且由 $u_n'(x) = \dfrac{\cos nx}{n^2}$ 在 $(-\infty, +\infty)$ 上连续得 $S'(x)$ 也连续. □

例 16.2.15　证明

$$\sum_{n=1}^{\infty} nx^n = \frac{x}{(1-x)^2}, \quad \forall x \in (-1, 1). \tag{16.2.11}$$

证明　函数项级数 $\sum\limits_{n=0}^{\infty} x^n$ 在 $(-1, 1)$ 上点态收敛于 $S(x) = \dfrac{1}{1-x}$, 而 $\sum\limits_{n=0}^{\infty} x^n$ 经过逐项求导, 得到 $\sum\limits_{n=0}^{\infty} nx^{n-1}$, 对任意 $0 < \rho < 1$, 当 $x \in [-\rho, \rho]$ 时,

$$\left| nx^{n-1} \right| \leqslant n\rho^{n-1},$$

由 $\sum\limits_{n=0}^{\infty} n\rho^{n-1}$ 的收敛性, 应用 Weierstrass 判别法 (定理 16.2.2), 可知 $\sum\limits_{n=0}^{\infty} nx^{n-1}$ 在 $[-\rho, \rho]$ 上一致收敛, 换言之, 函数项级数 $\sum\limits_{n=0}^{\infty} nx^{n-1}$ 在 $(-1, 1)$ 上内闭一致收敛.

应用定理 16.2.6′, 对 $\sum\limits_{n=0}^{\infty} x^n = \dfrac{1}{1-x}$ 进行逐项求导, 即得到

$$\sum_{n=1}^{\infty} nx^{n-1} = \frac{1}{(1-x)^2},$$

两边同时乘上 x, 就得到式 (16.2.11). □

4. Dini 定理

前面, 我们应用函数列的一致收敛得到了极限函数的连续性, 反之, 在一定条件下, 由极限函数的连续性可得函数列的一致收敛性, 即定理 16.2.4 的逆命题成立. 此即下面的 Dini 定理.

定理 16.2.7(Dini 定理) 设函数列 $\{S_n(x)\}$ 在闭区间 $[a,b]$ 上点态收敛于 $S(x)$, 如果
(1) $S_n(x)(n=1,2,\cdots)$ 在 $[a,b]$ 上连续;
(2) $S(x)$ 在 $[a,b]$ 上连续;
(3) $\{S_n(x)\}$ 关于 n 单调, 即对任意固定的 $x \in [a,b]$, $\{S_n(x)\}$ 是单调数列.
则 $\{S_n(x)\}$ 在 $[a,b]$ 上一致收敛于 $S(x)$.

证明 不妨假设 $S_n(x)$ 单调递减趋于 0, 否则只要令 $T_n(x) = S_n(x) - S(x)$, 或 $T_n(x) = S(x) - S_n(x)$.

用反证法. 设 $\{S_n(x)\}$ 在 $[a,b]$ 上不一致收敛于 0, 则

$$\exists \varepsilon_0 > 0, \forall N > 0, \exists n > N \text{ 及 } x \in [a,b], \text{ 使得 } S_n(x) \geqslant \varepsilon_0.$$

于是, 对 $N = 1, \exists n_1 > 1, x_1 \in [a,b]$, 使得 $S_{n_1}(x_1) \geqslant \varepsilon_0$,
对 $N = n_1, \exists n_2 > n_1, x_2 \in [a,b]$, 使得 $S_{n_2}(x_2) \geqslant \varepsilon_0$,
以此类推, 存在 $n_k \to \infty, x_k \in [a,b]$, 使得

$$S_{n_k}(x_k) \geqslant \varepsilon_0, \ k=1,2,\cdots. \tag{16.2.12}$$

由抽子列定理, $\{x_k\}$ 必有收敛子列. 不妨设 $x_k \to \xi \in [a,b], (k \to \infty)$.
由于 $\lim\limits_{n\to\infty} S_n(\xi) = 0$, 所以对上述 $\varepsilon_0 > 0$, 存在 $N > 0$, 使得

$$0 \leqslant S_N(\xi) < \frac{\varepsilon_0}{2}.$$

再由 $S_N(x)$ 在 $x = \xi$ 处连续, 以及 $x_k \to \xi(k \to \infty)$ 知存在正整数 K, 使得当 $k > K$ 时, 成立

$$S_N(x_k) < \varepsilon_0.$$

则当 $k > K$ 充分大时, $n_k > N$, 再由 $\{S_n(x)\}$ 关于 n 的单调递减性知,

$$S_{n_k}(x_k) \leqslant S_N(x_k) < \varepsilon_0,$$

此与不等式 (16.2.12) 矛盾. □

对应函数项级数, 我们有

定理 16.2.7' 设函数项级数 $\sum\limits_{n=1}^{\infty} u_n(x)$ 在闭区间 $[a,b]$ 上点态收敛于 $S(x)$, 如果

(1) $u_n(x)(n=1,2,\cdots)$ 在 $[a,b]$ 上连续;

(2) $S(x)$ 在 $[a,b]$ 上连续;

(3) 对任意固定的 $x \in [a,b]$, $\sum\limits_{n=1}^{\infty} u_n(x)$ 是正项级数或负项级数.

则 $\sum\limits_{n=1}^{\infty} u_n(x)$ 在 $[a,b]$ 上一致收敛于 $S(x)$.

例 16.2.16 设 $u_n(x), v_n(x)$ 在区间 (a,b) 上连续, 且

$$|u_n(x)| \leqslant v_n(x), \quad \forall n \in \mathbb{N}^+. \tag{16.2.13}$$

证明: 若 $\sum\limits_{n=1}^{\infty} v_n(x)$ 在 (a,b) 内点态收敛于一个连续函数, 则 $\sum\limits_{n=1}^{\infty} u_n(x)$ 也必然在 (a,b) 内收敛于一个连续函数.

证明 由 Dini 定理知 $\sum\limits_{n=1}^{\infty} v_n(x)$ 内闭一致收敛, 再由 Cauchy 收敛原理及不等式 (16.2.13) 知, $\sum\limits_{n=1}^{\infty} u_n(x)$ 内闭一致收敛, 所以 $\sum\limits_{n=1}^{\infty} u_n(x)$ 在 (a,b) 内也收敛于一个连续函数. □

习 题 16.2

A1. 讨论下列各函数项级数在所定义的区间上的一致收敛性:

(1) $\sum\limits_{n=0}^{\infty} \dfrac{x}{1+n^3 x^2}$, $x \in (-\infty, +\infty)$;
(2) $\sum\limits_{n=0}^{\infty} \dfrac{\sin nx}{\sqrt[4]{n^5+x^2}}$, $x \in (-\infty, +\infty)$;

(3) $\sum\limits_{n=1}^{\infty} \dfrac{n}{x^n}$, $|x| > r \geqslant 1$;
(4) $\sum\limits_{n=1}^{\infty} (-1)^n \dfrac{x^{2n+1}}{2n+1}$, $x \in (-1, 1)$;

(5) $\sum\limits_{n=0}^{\infty} 2^n \sin \dfrac{1}{3^n x}$, (i) $x \in [\delta, +\infty), \delta > 0$, (ii) $x \in (0, +\infty)$;

(6) $\sum\limits_{n=0}^{\infty} \dfrac{(-1)^n}{n+x^2}$, $x \in (-\infty, +\infty)$;
(7) $\sum\limits_{n=1}^{\infty} (-1)^n \dfrac{x^2+n}{n^2}$, $x \in [a, b]$;

(8) $\sum\limits_{n=0}^{\infty} (1-x) x^n$, $x \in [0, 1]$;
(9) $\sum\limits_{n=0}^{\infty} (-1)^n (1-x) x^n$, $x \in [0, 1]$;

(10) $\sum\limits_{n=0}^{\infty} \dfrac{\sin x \sin nx}{\sqrt{n}}$, $x \in (-\infty, +\infty)$;
(11) $\sum\limits_{n=1}^{\infty} \dfrac{\sin x \cos nx}{\sqrt{n^2+x^2}}$, $x \in (-\infty, +\infty)$;

(12) $\sum\limits_{n=0}^{\infty} n x^2 e^{-nx}$, (i) $x \in (0, +\infty)$, (ii) $x \in [\delta, +\infty), \delta > 0$.

A2. 设 $S(x) = \sum\limits_{n=1}^{\infty} \dfrac{\cos nx}{n\sqrt{n}}, x \in (-\infty, +\infty)$, 计算积分 $\int_0^\pi S(x) \mathrm{d}x$.

A3. 设 $S(x) = \sum\limits_{n=1}^{\infty} n x^{n-1}, x \in (-1, 1)$, 计算积分 $\int_0^x S(t) \mathrm{d}t$.

A4. 证明下列函数在指定区间上连续且有连续的导函数:

(1) $S(x) = \sum\limits_{n=1}^{\infty} \dfrac{\cos nx}{n^3}$, $x \in (-\infty, +\infty)$;
(2) $S(x) = \sum\limits_{n=1}^{\infty} n e^{-nx}$, $x \in (0, +\infty)$.

A5. 证明: 函数 $\varsigma(s) = \sum\limits_{n=1}^{\infty} \dfrac{1}{n^s}$ 在 $(1, +\infty)$ 上连续, 且有任意阶导数, 而函数 $\pi(s) = \sum\limits_{n=1}^{\infty} \dfrac{(-1)^n}{n^s}$ 在 $(0, +\infty)$ 上连续, 且有任意阶导数.

A6. 讨论函数 $f_n(x) = \dfrac{nx}{nx+1}$ 在下列区间上的一致收敛性及极限函数的连续性、可微性和可积性：

(1) $x \in [0, +\infty)$;　　(2) $x \in [a, +\infty)$ $(a > 0)$.

A7. 设数项级数 $\sum\limits_{n=1}^{\infty} a_n$ 收敛, 证明级数 $\sum\limits_{n=1}^{\infty} a_n \mathrm{e}^{-nx}$ 在 $[0, +\infty)$ 上连续.

A8. 设数项级数 $\sum\limits_{n=1}^{\infty} a_n$ 收敛, 证明:

(1) $\lim\limits_{x \to 0+} \sum\limits_{n=1}^{\infty} \dfrac{a_n}{n^x} = \sum\limits_{n=1}^{\infty} a_n$;　　(2) $\int_0^1 \sum\limits_{n=1}^{\infty} a_n x^n \mathrm{d}x = \sum\limits_{n=1}^{\infty} \dfrac{a_n}{n+1}$.

B9. 设 f 在 $(-\infty, +\infty)$ 上有任意阶导数, 记 $F_n(x) = f^{(n)}(x)$, 在任何有限区间内, $F_n(x) \rightrightarrows \varphi(x)(n \to \infty)$, 试证 $\varphi(x) = c\mathrm{e}^x$ (c 为常数).

B10. 若 $S_n(x) \overset{[a,b]}{\rightrightarrows} S(x)$, $S_n(x)$ 在 $[a, b]$ 上可积 $(\forall n)$, 试证 $S(x)$ 在 $[a, b]$ 上也可积.

B11. 设 $\{u_n(x)\}$ 是区间 $[0, 1]$ 上的函数列, 定义为

$$u_n(x) = \begin{cases} \dfrac{1}{n}, & x = \dfrac{1}{n}, \\ 0, & x \neq \dfrac{1}{n}. \end{cases}$$

证明函数项级数 $\sum\limits_{n=1}^{\infty} u_n(x)$ 在 $[0, 1]$ 上一致收敛, 但不能用优级数判别法判别其一致收敛性.

C12. 定义 $[0, 1]$ 上的函数项级数 $\sum\limits_{n=1}^{\infty} u_n(x)$ 如下:

$$u_n(x) = \begin{cases} \dfrac{1}{n}, & x \in \left[\dfrac{1}{n+1}, \dfrac{1}{n}\right), \\ 0, & x \in [0, 1] \setminus \left[\dfrac{1}{n+1}, \dfrac{1}{n}\right). \end{cases}$$

问能否用优级数判别法判别其一致收敛性, 又问该级数一致收敛吗?

§16.3 幂　级　数

本节我们讨论一类特殊的函数项级数, 即通项是幂函数的级数. 其一般形式是

$$\sum_{n=0}^{\infty} a_n(x - x_0)^n = a_0 + a_1(x - x_0) + a_2(x - x_0)^2 + \cdots + a_n(x - x_0)^n + \cdots. \quad (16.3.1)$$

这样的函数项级数称为 $x = x_0$ 处的**幂级数**(power series). 我们着重讨论 $x_0 = 0$, 即

$$\sum_{n=0}^{\infty} a_n x^n = a_0 + a_1 x + a_2 x^2 + \cdots + a_n x^n + \cdots. \quad (16.3.2)$$

的情况. 而只要把式 (16.3.2) 中的 x 换为 $x - x_0$, 即可得一般形式的幂级数 (16.3.1).

幂级数可以视为 "无穷次的多项式", 理论上相对简单、应用上却很重要, 除前面已经讨论过的一般函数项级数所具有的性质外, 在一致收敛性的判别与和函数的性质等方面还有一些特殊之处, 这也是本节学习的重点.

§16.3 幂级数

§16.3.1 幂级数的收敛域

相较于一般的函数项级数,幂级数的收敛域的构造十分简单,它必定是一个区间,且这个区间的半径可借由幂级数的系数求得.

1. 幂级数的收敛半径

对幂级数 (16.3.2),易见

$$\varlimsup_{n\to\infty} \sqrt[n]{|a_n x^n|} = \varlimsup_{n\to\infty} \sqrt[n]{|a_n|} \cdot |x|,$$

令 $A = \varlimsup\limits_{n\to\infty} \sqrt[n]{|a_n|}$,定义

$$R = \begin{cases} +\infty, & \text{当 } A = 0, \\ \dfrac{1}{A}, & \text{当 } A \in (0, +\infty), \\ 0, & \text{当 } A = +\infty. \end{cases} \tag{16.3.3}$$

则根据数项级数的 Cauchy 判别法,我们有

定理 16.3.1(Cauchy-Hadamard 定理) 幂级数 $\sum\limits_{n=0}^{\infty} a_n x^n$ 当 $|x| < R$ 时绝对收敛;当 $|x| > R$ 时发散.

注意:幂级数在区间端点 $x = \pm R$ 的敛散性要视具体情况另行判断.

对于幂级数 $\sum\limits_{n=0}^{\infty} a_n (x-x_0)^n$,相应的结论为当 $|x-x_0| < R$ 时绝对收敛;当 $|x-x_0| > R$ 时发散;在 $x = x_0 \pm R$ 处幂级数的敛散性需要另行判断.

由式 (16.3.3) 定义的数 R 称为幂级数的**收敛半径**(radius of convergence),$(x_0 - R, x_0 + R)$ 称为幂级数 (16.3.1) 的**收敛区间**(interval of convergence),收敛点的全体称为幂级数的**收敛域**. 当 $R = +\infty$ 时,幂级数对一切 x 都是绝对收敛的;当 $R = 0$ 时,幂级数 (16.3.1) 仅当 $x = x_0$ 时收敛.

例 16.3.1 容易看到,幂级数 $\sum\limits_{n=1}^{\infty} \dfrac{(x-1)^n}{n}$, $\sum\limits_{n=1}^{\infty} \dfrac{(x-1)^n}{n^2}$, $\sum\limits_{n=1}^{\infty} n(x-1)^n$ 的收敛半径都是 1,但是它们的收敛域分别是 $[0, 2)$, $[0, 2]$, $(0, 2)$.

例 16.3.2 求幂级数 $\sum\limits_{n=1}^{\infty} \dfrac{2^n + (-1)^n}{n(n+2)} x^n$ 的收敛域.

解 因为

$$\lim_{n\to\infty} \sqrt[n]{\dfrac{2^n + (-1)^n}{n(n+2)}} = 2 \lim_{n\to\infty} \sqrt[n]{1 + \left(-\dfrac{1}{2}\right)^n} = 2,$$

所以收敛半径为 $R = \dfrac{1}{2}$. 而当 $x = \pm \dfrac{1}{2}$ 时,因为

$$\sum_{n=1}^{\infty} \left| \dfrac{2^n + (-1)^n}{n(n+2)} \left(\pm\dfrac{1}{2}\right)^n \right| = \sum_{n=1}^{\infty} \dfrac{1}{n(n+2)} \left[1 + \left(-\dfrac{1}{2}\right)^n \right]$$

收敛,故该级数的收敛域是 $\left[-\dfrac{1}{2}, \dfrac{1}{2}\right]$.

例 16.3.3 求幂级数 $\sum\limits_{n=2}^{\infty} \dfrac{[2+(-1)^n]^n}{\ln n}\left(x+\dfrac{1}{2}\right)^n$ 的收敛域.

解 因为
$$\varlimsup_{n\to\infty} \sqrt[n]{\dfrac{[2+(-1)^n]^n}{\ln n}} = 3,$$

所以收敛半径为 $R=\dfrac{1}{3}$. 当 $x=-\dfrac{1}{2}+\dfrac{1}{3}=-\dfrac{1}{6}$ 时,级数为
$$\sum_{n=2}^{\infty}\dfrac{[2+(-1)^n]^n}{\ln n}\left(\dfrac{1}{3}\right)^n,$$

它是发散的:
$$\sum_{n=2}^{\infty}\dfrac{[2+(-1)^n]^n}{\ln n}\left(\dfrac{1}{3}\right)^n = \sum_{k=1}^{\infty}\dfrac{1}{\ln 2k} + \sum_{k=1}^{\infty}\dfrac{1}{\ln(2k+1)}\left(\dfrac{1}{3}\right)^{2k+1}.$$

同样, $x=-\dfrac{1}{2}-\dfrac{1}{3}=-\dfrac{5}{6}$ 时,幂级数都是发散的. 因此它的收敛域是 $\left(-\dfrac{5}{6},-\dfrac{1}{6}\right)$.

在判断数项级数的收敛性时,除了 Cauchy 判别法, 还有 D'Alembert 判别法, 下面的定理就是 D'Alembert 判别法在幂级数上的应用.

定理 16.3.2 (D'Alembert 判别法) 如果 $\lim\limits_{n\to\infty}\left|\dfrac{a_{n+1}}{a_n}\right|=A$, 则此幂级数 $\sum\limits_{n=0}^{\infty}a_n x^n$ 的收敛半径是 $R=\dfrac{1}{A}$.

定理的证明包含在下面的不等式中:
$$\varliminf_{n\to\infty}\left|\dfrac{a_{n+1}}{a_n}\right| \leqslant \varliminf_{n\to\infty}\sqrt[n]{|a_n|} \leqslant \varlimsup_{n\to\infty}\sqrt[n]{|a_n|} \leqslant \varlimsup_{n\to\infty}\left|\dfrac{a_{n+1}}{a_n}\right|.$$

例 16.3.4 求幂级数 $\sum\limits_{n=1}^{\infty}\left(1+\dfrac{1}{2}+\cdots+\dfrac{1}{n}\right)x^n$ 的收敛域.

解 因为
$$\lim_{n\to\infty}\left|\dfrac{a_{n+1}}{a_n}\right| = \lim_{n\to\infty}\left(1+\dfrac{\dfrac{1}{n+1}}{1+\dfrac{1}{2}+\cdots+\dfrac{1}{n}}\right) = 1,$$

所以收敛半径 $R=1$.

当 $x=\pm 1$ 时, 级数显然发散. 所以幂级数的收敛域为 $(-1,1)$.

例 16.3.5 求幂级数 $\sum\limits_{n=1}^{\infty}\dfrac{(2n)!}{(n!)^2}(x-1)^{2n-1}$ 的收敛域.

解 因为
$$\sum_{n=1}^{\infty}\dfrac{(2n)!}{(n!)^2}(x-1)^{2n-1} = (x-1)\sum_{n=1}^{\infty}\dfrac{(2n)!}{(n!)^2}((x-1)^2)^{n-1},$$

令 $y=(x-1)^2$, 则 $\sum\limits_{n=1}^{\infty}\dfrac{(2n)!}{(n!)^2}y^{n-1}$ 的收敛半径
$$R=\lim_{n\to\infty}\left|\dfrac{a_n}{a_{n+1}}\right| = \lim_{n\to\infty}\dfrac{(2n)!}{(n!)^2}\cdot\dfrac{((n+1)!)^2}{(2n+2)!} = \lim_{n\to\infty}\dfrac{n+1}{2(2n+1)} = \dfrac{1}{4},$$

所以原幂级数的收敛半径为 $\dfrac{1}{2}$. 当 $x-1=\pm\dfrac{1}{2}$ 时, 级数 $\pm 2\sum\limits_{n=1}^{\infty}\dfrac{(2n)!}{4^n\cdot(n!)^2}$ 均发散, 这是因为

$$\lim_{n\to\infty} n\left(\left|\dfrac{a_n}{a_{n+1}}\right|-1\right)=\lim_{n\to\infty} n\left(\dfrac{2n+2}{2n+1}-1\right)=\dfrac{1}{2}<1,$$

由 Raabe 判别法知级数发散, 故原幂级数的收敛域为 $\left(\dfrac{1}{2},\dfrac{3}{2}\right)$.

2. Abel 定理

本段介绍 Abel 的两个定理, 其中, Abel 第一定理讨论了幂级数的收敛性, 而 Abel 第二定理讨论了幂级数的一致收敛性, 它对我们研究幂级数的分析性质很重要.

定理 16.3.3(Abel 第一定理) 对幂级数 (16.3.2), 如果 ξ 是收敛点, 则当 $|x|<|\xi|$ 时该幂级数绝对收敛; 如果点 η 是发散点, 则当 $|x|>|\eta|$ 时, 该幂级数发散.

证明 这一结论已包含在定理 16.3.1 之中. 事实上, 记幂级数 (16.3.2) 的收敛半径是 R. 如果 ξ 是其收敛点, 则由定理 16.3.1 知, $|\xi|\leqslant R$, 因此, 当 $|x|<|\xi|\leqslant R$ 时, 该幂级数绝对收敛. 又若存在 $x\in\mathbb{R}$ 是幂级数的收敛点, 且 $|x|>|\eta|$, 则由上面所述, 该幂级数在 η 处绝对收敛. 矛盾. □

下面我们介绍 Abel 第二定理.

定理 16.3.4(Abel 第二定理) 幂级数在其收敛区间 $(-R,R)$ 上内闭一致收敛.

又若该幂级数在 $x=R$ 处收敛, 则它在任意闭区间 $[a,R]\subset(-R,R]$ 上一致收敛.

证明 (1) 任取 $[a,b]\subset(-R,R)$, 记 $\xi=\max\{|a|,|b|\}$, 对一切 $x\in[a,b]$, 成立

$$|a_n x^n|\leqslant |a_n \xi^n|.$$

由于 $|\xi|<R$, 所以 $\sum\limits_{n=0}^{\infty}|a_n\xi^n|$ 收敛, 由 Weierstrass 判别法, 可知 $\sum\limits_{n=0}^{\infty}a_n x^n$ 在 $[a,b]$ 上一致收敛.

(2) 先证明 $\sum\limits_{n=0}^{\infty}a_n x^n$ 在 $[0,R]$ 上一致收敛.

当 $\sum\limits_{n=0}^{\infty}a_n R^n$ 收敛时, 由于 $\left(\dfrac{x}{R}\right)^n$ 在 $[0,R]$ 一致有界: $0\leqslant\left(\dfrac{x}{R}\right)^n\leqslant 1$, 且关于 n 单调, 根据 Abel 判别法,

$$\sum_{n=0}^{\infty}a_n x^n=\sum_{n=0}^{\infty}(a_n R^n)\left(\dfrac{x}{R}\right)^n$$

在 $[0,R]$ 上一致收敛.

于是当 $a\geqslant 0$ 时, $\sum\limits_{n=0}^{\infty}a_n x^n$ 在 $[a,R]$ 上一致收敛; 当 $-R<a<0$ 时, 由 (1) 知, $\sum\limits_{n=0}^{\infty}a_n x^n$ 在 $[a,0]$ 上一致收敛. 合之即得 $\sum\limits_{n=0}^{\infty}a_n x^n$ 在 $[a,R]$ 上一致收敛. □

同样可证: 若 $\sum\limits_{n=0}^{\infty}a_n x^n$ 在 $x=-R$ 处收敛, 则它在任意闭区间 $[-R,a]\subset[-R,R)$ 上一致收敛; 若 $\sum\limits_{n=0}^{\infty}a_n x^n$ 在 $x=\pm R$ 处收敛, 则它在 $[-R,R]$ 上一致收敛.

概括地说: **幂级数在包含于收敛域中的任意闭区间上一致收敛.**

§16.3.2 幂级数的性质

根据 Abel 第二定理, 可以得到幂级数的如下性质:

1. **和函数的连续性**: 幂级数在它的收敛域上连续

定理 16.3.5 设 $\sum\limits_{n=0}^{\infty} a_n x^n$ 的收敛半径为 R, 则其和函数在 $(-R, R)$ 连续; 若 $\sum\limits_{n=0}^{\infty} a_n x^n$ 在 $x = R$(或 $x = -R$) 收敛, 则其和函数在 $x = R$(或 $x = -R$) 左 (右) 连续.

证明 幂级数的一般项是幂函数, 所以是连续函数. 由 Abel 第二定理, $\sum\limits_{n=0}^{\infty} a_n x^n$ 在其收敛域上内闭一致收敛, 根据一致收敛函数项级数的和函数的连续性知, $\sum\limits_{n=0}^{\infty} a_n x^n$ 在包含于收敛域中的任意闭区间上连续, 因而在它的整个收敛域上连续. □

2. **逐项可积性**: 幂级数在包含于收敛域内的任意闭区间上可以逐项积分

定理 16.3.6(逐项积分定理) 设 $\sum\limits_{n=0}^{\infty} a_n x^n$ 的收敛半径为 R, 则对其收敛域中任意两点 a, b, 有

$$\int_a^b \sum_{n=0}^{\infty} a_n x^n \mathrm{d}x = \sum_{n=0}^{\infty} \int_a^b a_n x^n \mathrm{d}x, \tag{16.3.4}$$

特别地, 取 $a = 0, b = x$, 则有

$$\int_0^x \sum_{n=0}^{\infty} a_n t^n \mathrm{d}t = \sum_{n=0}^{\infty} \frac{a_n}{n+1} x^{n+1}, \tag{16.3.5}$$

且逐项积分后所得幂级数 $\sum\limits_{n=0}^{\infty} \frac{a_n}{n+1} x^{n+1}$ 与原幂级数 $\sum\limits_{n=0}^{\infty} a_n x^n$ 具有相同的收敛半径.

证明 由 Abel 第二定理, $\sum\limits_{n=0}^{\infty} a_n x^n$ 在其收敛域上内闭一致收敛. 应用一致收敛函数项级数的逐项积分定理, 即得到幂级数的逐项可积性.

由

$$\overline{\lim_{n \to \infty}} \sqrt[n+1]{\frac{|a_n|}{n+1}} = \overline{\lim_{n \to \infty}} \sqrt[n]{|a_n|}$$

可知, $\sum\limits_{n=0}^{\infty} \frac{a_n}{n+1} x^{n+1}$ 与 $\sum\limits_{n=0}^{\infty} a_n x^n$ 具有相同的收敛半径. □

3. **逐项可导性**: 幂级数在收敛域内部可以逐项求导

定理 16.3.7(逐项求导定理) 设 $\sum\limits_{n=0}^{\infty} a_n x^n$ 的收敛半径为 R, 则它在收敛区间 $(-R, R)$ 上可逐项求导, 即

$$\frac{\mathrm{d}}{\mathrm{d}x} \sum_{n=0}^{\infty} a_n x^n = \sum_{n=0}^{\infty} \frac{\mathrm{d}}{\mathrm{d}x}(a_n x^n) = \sum_{n=1}^{\infty} n a_n x^{n-1}, \tag{16.3.6}$$

且逐项求导所得的幂级数 $\sum\limits_{n=0}^{\infty} n a_n x^{n-1}$ 的收敛半径也是 R.

证明 由

$$\overline{\lim_{n \to \infty}} \sqrt[n-1]{n|a_n|} = \overline{\lim_{n \to \infty}} \sqrt[n]{|a_n|}$$

§16.3 幂 级 数

知 $\sum\limits_{n=1}^{\infty} na_n x^{n-1}$ 的收敛半径也是 R, 因此 $\sum\limits_{n=1}^{\infty} na_n x^{n-1}$ 在 $(-R, R)$ 上内闭一致收敛.

再由于 $\sum\limits_{n=0}^{\infty} a_n x^n$ 在 $(-R, R)$ 上收敛, 应用函数项级数的逐项求导定理, 即得到幂级数的逐项可导性. □

注 16.3.1 (1) 虽然逐项积分 (或逐项求导) 后所得的幂级数的收敛半径不变, 但收敛域可能变化. 一般来说, 逐项积分后, 收敛域可能扩大, 即收敛区间的端点可能由原来级数的发散点变为逐项积分后的级数的收敛点; 类似地, 逐项求导后, 收敛域可能缩小. 参见下面的例子.

(2) 因为幂级数逐项求导后不改变收敛半径, 所以幂级数的和函数在收敛区间内有任意阶导数.

(3) 逐项积分定理和逐项求导定理常用来求幂级数的和函数.

例 16.3.6 由例 16.2.12 知

$$\sum_{n=1}^{\infty} \frac{(-1)^{n-1}}{2n-1} x^{2n-1} = \arctan x, \quad \forall x \in (-1, 1). \tag{16.3.7}$$

我们知道 $\sum\limits_{n=1}^{\infty} (-1)^{n-1} x^{2n-2}$ 的收敛域是 $(-1, 1)$, 逐项积分后的级数

$$\sum_{n=1}^{\infty} \frac{(-1)^{n-1}}{2n-1} x^{2n-1}$$

的收敛域是 $[-1, 1]$. 显然, 收敛域扩大了.

由幂级数的和函数的连续性 (在右端点左连续) 得

$$\sum_{n=1}^{\infty} \frac{(-1)^{n-1}}{2n-1} = \lim_{x \to 1^-} \sum_{n=1}^{\infty} \frac{(-1)^{n-1}}{2n-1} x^{2n-1},$$

再由式 (16.3.7) 得

$$\sum_{n=1}^{\infty} \frac{(-1)^{n-1}}{2n-1} = \lim_{x \to 1^-} \arctan x = \frac{\pi}{4}.$$

因此,

$$\sum_{n=1}^{\infty} \frac{(-1)^{n-1}}{2n-1} x^{2n-1} = \arctan x, \quad \forall x \in [-1, 1]. \tag{16.3.8}$$

例 16.3.7 由例 16.2.13 知

$$\sum_{n=1}^{\infty} \frac{(-1)^{n-1}}{n} x^n = \ln(1+x), \quad \forall x \in (-1, 1). \tag{16.3.9}$$

但上式左端的收敛域是 $(-1, 1]$, 比积分前的级数

$$\sum_{n=1}^{\infty} (-1)^{n-1} x^{n-1}$$

收敛域 $(-1,1)$ 扩大了, 并且同上例可得

$$\sum_{n=1}^{\infty} \frac{(-1)^{n-1}}{n} = \ln 2;$$

$$\sum_{n=1}^{\infty} \frac{(-1)^{n-1}}{n} x^n = \ln(1+x), \quad \forall x \in (-1,1]. \tag{16.3.10}$$

例 16.3.8 求幂级数 $\sum_{n=0}^{\infty} \frac{x^n}{n!}$ 的和函数 $S(x)$.

解 由

$$\lim_{n \to \infty} \frac{\frac{1}{(n+1)!}}{\frac{1}{n!}} = 0$$

可知, 幂级数 $\sum_{n=0}^{\infty} \frac{x^n}{n!}$ 的收敛半径为 $R = +\infty$, 即它的收敛域为 $(-\infty, +\infty)$.

应用幂级数的逐项可导性, 可得

$$S'(x) = \sum_{n=0}^{\infty} \left(\frac{x^n}{n!}\right)' = \sum_{n=1}^{\infty} \frac{x^{n-1}}{(n-1)!} = \sum_{n=0}^{\infty} \frac{x^n}{n!} = S(x),$$

于是

$$(\mathrm{e}^{-x} S(x))' = \mathrm{e}^{-x}(S'(x) - S(x)) = 0, \quad x \in (-\infty, +\infty),$$

这说明 $\mathrm{e}^{-x} S(x)$ 是一个常数, 且该常数为 $(\mathrm{e}^{-x} S(x))|_{x=0} = 1$. 从而得到

$$S(x) = \sum_{n=0}^{\infty} \frac{x^n}{n!} = \mathrm{e}^x, \quad x \in (-\infty, +\infty).$$

下面的例子表明, 可以利用幂级数来求数项级数的和.

例 16.3.9 求数项级数 $\sum_{n=0}^{\infty} \frac{(-1)^n}{3n+1}$ 的和.

解 考虑幂级数 $S(x) = \sum_{n=0}^{\infty} \frac{(-1)^n}{3n+1} x^{3n+1}$. 易知其收敛域为 $(-1, 1]$. 因为

$$S'(x) = \sum_{n=0}^{\infty} (-1)^n x^{3n} = \frac{1}{1+x^3}, \; S(0) = 0,$$

根据 Abel 第二定理,

$$\sum_{n=0}^{\infty} \frac{(-1)^n}{3n+1} = \lim_{x \to 1^-} S(x) = \lim_{x \to 1^-} \int_0^x S'(t) \mathrm{d}t,$$

所以

$$\sum_{n=0}^{\infty} \frac{(-1)^n}{3n+1} = \int_0^1 \frac{1}{1+t^3} \mathrm{d}t = \frac{1}{3}\left(\ln 2 + \frac{\pi}{\sqrt{3}}\right).$$

本小节的最后考虑幂级数的乘积. 首先, 根据定理 15.3.7 和定理 16.3.1 立得

推论 16.3.1 设 $\sum\limits_{n=1}^{\infty} a_n x^n$ 和 $\sum\limits_{n=1}^{\infty} b_n x^n$ 的收敛半径分别是 R_a 和 R_b, 则当 $|x| < \min\{R_a, R_b\}$ 时,

$$\left(\sum_{n=1}^{\infty} a_n x^n\right)\left(\sum_{n=1}^{\infty} b_n x^n\right) = x \sum_{n=1}^{\infty} c_n x^n,$$

其中, 上式的右端是级数 $\sum\limits_{n=1}^{\infty} a_n x^n$ 和 $\sum\limits_{n=1}^{\infty} b_n x^n$ 的Cauchy 乘积, 而 $c_n = \sum\limits_{k=1}^{n} a_k b_{n+1-k}$.

应用推论, 可将定理 15.3.7 和定理 15.3.8 的条件减弱, 即我们有

例 16.3.10 设 $\sum\limits_{n=1}^{\infty} a_n$, $\sum\limits_{n=1}^{\infty} b_n$ 以及它们的Cauchy 乘积 $\sum\limits_{n=1}^{\infty} c_n$ 都收敛, 则

$$\sum_{n=1}^{\infty} c_n = \left(\sum_{n=1}^{\infty} a_n\right)\left(\sum_{n=1}^{\infty} b_n\right).$$

证明 定义三个幂级数及它们的和函数如下:

$$f(x) = \sum_{n=1}^{\infty} a_n x^n, \ g(x) = \sum_{n=1}^{\infty} b_n x^n, \ h(x) = \sum_{n=1}^{\infty} c_n x^n.$$

这三个幂级数在 $x=1$ 都收敛, 根据幂级数的性质, 三个和函数 $f(x), g(x), h(x)$ 都在 $[0,1]$ 上连续, 且当 $0 < x < 1$ 时, 三个幂级数都绝对收敛, 于是由定理 15.3.7,

$$\left(\sum_{n=1}^{\infty} a_n x^n\right)\left(\sum_{n=1}^{\infty} b_n x^n\right) = x \sum_{n=1}^{\infty} c_n x^n, \quad x \in (0,1),$$

此即为

$$f(x)g(x) = xh(x), \quad x \in (0,1).$$

令 $x \to 1^-$, 得到 $f(1)g(1) = h(1)$, 即

$$\left(\sum_{n=1}^{\infty} a_n\right)\left(\sum_{n=1}^{\infty} b_n\right) = \sum_{n=1}^{\infty} c_n.$$

□

§16.3.3 Taylor 级数与余项公式

上一小节展示了幂级数的良好性质. 因此, 若一个函数在某个区间上能够表示成一个幂级数, 则无论在理论研究还是实际应用方面都是有益的. 同时, 我们也看到, 函数 $y = \ln(1+x)$, $y = \arctan x$ 等都可以表示为幂级数. 下面我们就一般地讨论函数可展成幂级数的条件以及如何具体将函数展开为幂级数.

1. Taylor 级数

假设函数 $f(x)$ 在 x_0 的某个邻域 $O(x_0, r)$ 上可表示成幂级数

$$f(x) = \sum_{n=0}^{\infty} a_n (x-x_0)^n, \quad x \in O(x_0, r), \tag{16.3.11}$$

即 $f(x)$ 是这个幂级数的和函数. 根据幂级数的逐项可导性, $f(x)$ 必定在 $O(x_0, r)$ 上任意阶可导, 且对一切 $k \in \mathbb{N}^+$, 成立

$$f^{(k)}(x) = \sum_{n=k}^{\infty} n(n-1)\cdots(n-k+1)a_n(x-x_0)^{n-k}.$$

令 $x = x_0$, 得到

$$a_k = \frac{f^{(k)}(x_0)}{k!}, \quad k = 0, 1, 2, \cdots, \tag{16.3.12}$$

也就是说, 式 (16.3.11) 中的幂级数的系数 $\{a_n\}$ 由和函数 $f(x)$ 唯一确定, 我们称由式 (16.3.12) 定义的 $\{a_k\}$ 为 $f(x)$ 在点 x_0 处的 **Taylor 系数**.

反过来, 设函数 $f(x)$ 在 x_0 的某个邻域 $O(x_0, r)$ 上任意阶可导, 则可以求出 $f(x)$ 在 x_0 的所有的 Taylor 系数 $a_k = \frac{f^{(k)}(x_0)}{k!}, k = 0, 1, 2, \cdots$, 并作出幂级数 $\sum_{n=0}^{\infty} \frac{f^{(n)}(x_0)}{n!}(x-x_0)^n$, 记为

$$f(x) \sim \sum_{n=0}^{\infty} \frac{f^{(n)}(x_0)}{n!}(x-x_0)^n, \tag{16.3.13}$$

这一幂级数称为 $f(x)$ 在点 x_0 处的 **Taylor 级数**(Taylor's series).

特别地, $x_0 = 0$ 处的 Taylor 级数

$$\sum_{n=0}^{\infty} \frac{f^{(n)}(0)}{n!} x^n \tag{16.3.14}$$

称之为 Maclaurin(麦克劳林) 级数.

一个自然的问题是当 $f(x)$ 在 x_0 点无穷次可微时, 是否必存在正数 ρ, 使得 $f(x)$ 在 x_0 点的 Taylor 级数 (16.3.13) 在 $O(x_0, \rho)$ 内收敛, 且收敛于 $f(x)$? 一般来说, 这个结论不成立.

例 16.3.11 考虑函数

$$f(x) = \sum_{n=0}^{\infty} \frac{\sin(2^n x)}{n!},$$

这是由函数项级数定义的函数, 容易证明, 它在 $(-\infty, +\infty)$ 上任意次可导, 且

$$f^{(2k)}(0) = 0, \ f^{(2k+1)}(0) = \sum_{n=0}^{\infty} \frac{(2^n)^{2k+1} \sin\frac{(2k+1)\pi}{2}}{n!} = (-1)^k \sum_{n=0}^{\infty} \frac{(2^{2k+1})^n}{n!} = (-1)^k \mathrm{e}^{2^{2k+1}},$$

因此它的 Maclaurin 级数

$$f(x) \sim \sum_{k=0}^{\infty} \frac{(-1)^k \mathrm{e}^{2^{2k+1}}}{(2k+1)!} x^{2k+1}.$$

但是, 上式右端这个级数仅在 $x = 0$ 点收敛.

另一方面, 即使 $f(x)$ 的 Taylor 级数处处收敛, 也未必收敛于 $f(x)$, 也就是和函数 $S(x)$ 与 $f(x)$ 在 x_0 的任意小的邻域 $O(x_0, \rho)$ 内也未必相同.

例 16.3.12 设
$$f(x) = \begin{cases} e^{-\frac{1}{x^2}}, & x \neq 0, \\ 0, & x = 0, \end{cases}$$

则 $f^{(n)}(0) = 0$. 事实上, 直接计算可知, 当 $x \neq 0$ 时,
$$f'(x) = \frac{2}{x^3} e^{-\frac{1}{x^2}}, \cdots, f^{(n)}(x) = P_{3n}\left(\frac{1}{x}\right) e^{-\frac{1}{x^2}},$$

其中, $P_n(u)$ 是关于 u 的 n 次多项式. 而在 $x = 0$ 处可由导数定义及上面的结果依次得到
$$f'(0) = \lim_{x \to 0} \frac{f(x) - f(0)}{x} = \lim_{x \to 0} \frac{1}{x} e^{-\frac{1}{x^2}} = 0,$$
$$f''(0) = \lim_{x \to 0} \frac{f'(x) - f'(0)}{x} = \lim_{x \to 0} \frac{2}{x^4} e^{-\frac{1}{x^2}} = 0,$$
$$\vdots$$
$$f^{(n)}(0) = \lim_{x \to 0} \frac{f^{(n-1)}(x) - f^{(n-1)}(0)}{x} = \lim_{x \to 0} P_{3n-2}\left(\frac{1}{x}\right) e^{-\frac{1}{x^2}} = 0,$$

因此 $f(x)$ 的Maclaurin 级数为
$$S(x) = 0 + 0x + \frac{0}{2!}x^2 + \frac{0}{3!}x^3 + \cdots + \frac{0}{n!}x^n + \cdots = 0,$$

所以, 只要 $x \neq 0$, 就有 $S(x) \neq f(x)$. 因此, 尽管 $f(x)$ 在 $x = 0$ 处任意次可导, 且 $f(x)$ 的Maclaurin 级数处处收敛, 但除 $x = 0$ 外, 均不收敛于 $f(x)$.

上面的例子表明, 有必要讨论函数的 Taylor 级数收敛于该函数的条件, 此即下一小段的函数 Taylor 展开的条件.

2. 幂级数展开或 Taylor 展开的条件

回到函数的 Taylor 公式. 设 $f(x)$ 在 $O(x_0, r)$ 内有 $n+1$ 阶导数, 则有 Taylor 公式
$$f(x) = \sum_{k=0}^{n} \frac{f^{(k)}(x_0)}{k!}(x - x_0)^k + r_n(x), \tag{16.3.15}$$

其中, $r_n(x)$ 是余项. 于是, 当 $f(x)$ 在 $O(x_0, r)$ 内任意次可导时,
$$f(x) = \sum_{n=0}^{\infty} \frac{f^{(n)}(x_0)}{n!}(x - x_0)^n$$

在 $O(x_0, \rho)(0 < \rho \leqslant r)$ 内成立的充分必要条件是对一切 $x \in O(x_0, \rho)$, 有
$$\lim_{n \to \infty} r_n(x) = 0. \tag{16.3.16}$$

此时, 称 $f(x)$ 在点 x_0 的某邻域内**可以展开为幂级数, 或 Taylor 级数**, 并称 $\sum_{n=0}^{\infty} \frac{f^{(n)}(x_0)}{n!}(x-x_0)^n$ 是 $f(x)$ 在 $O(x_0, \rho)$ 内的**幂级数展开**, 或 **Taylor 展开**(Taylor expansion).

在判断余项是否趋于 0 时涉及 $r_n(x)$ 的表达形式. 在一元函数微分学中我们已经知道余项有 Lagrange 型余项和 Peano 型余项, 显然, Peano 型余项对这一判断没有效果. 通常, 我们可利用 Lagrange 型余项, 但有时 Lagrange 型余项不便于估计, 我们还需要其他形式的余项. 下面先介绍积分形式的余项.

3. Taylor 公式的积分形式的余项

定理 16.3.8 设 $f(x)$ 在 $O(x_0, r)$ 内有 $n+1$ 阶导数，则 Taylor 公式的余项可具积分形式

$$r_n(x) = \frac{1}{n!} \int_{x_0}^{x} f^{(n+1)}(t)(x-t)^n \mathrm{d}t. \tag{16.3.17}$$

证明 由 Taylor 公式，

$$r_n(x) = f(x) - \sum_{k=0}^{n} \frac{f^{(k)}(x_0)}{k!}(x-x_0)^k.$$

对上式两端逐次求导可得

$$r_n'(x) = f'(x) - \sum_{k=1}^{n} \frac{f^{(k)}(x_0)}{(k-1)!}(x-x_0)^{k-1},$$

$$r_n''(x) = f''(x) - \sum_{k=2}^{n} \frac{f^{(k)}(x_0)}{(k-2)!}(x-x_0)^{k-2},$$

$$\vdots$$

$$r_n^{(n)}(x) = f^{(n)}(x) - f^{(n)}(x_0),$$

$$r_n^{(n+1)}(x) = f^{(n+1)}(x).$$

令 $x = x_0$ 得

$$r_n(x_0) = r_n'(x_0) = r_n''(x_0) = \cdots = r_n^{(n)}(x_0) = 0.$$

再逐次分部积分即可得

$$r_n(x) = r_n(x) - r_n(x_0) = \int_{x_0}^{x} r_n'(t) \mathrm{d}t$$

$$= \int_{x_0}^{x} r_n'(t) \mathrm{d}(t-x) = \int_{x_0}^{x} r_n''(t)(x-t) \mathrm{d}t$$

$$= -\frac{1}{2!} \int_{x_0}^{x} r_n''(t) \mathrm{d}(t-x)^2 = \frac{1}{2!} \int_{x_0}^{x} r_n'''(t)(x-t)^2 \mathrm{d}t$$

$$\vdots$$

$$= \frac{1}{n!} \int_{x_0}^{x} r_n^{(n+1)}(t)(x-t)^n \mathrm{d}t = \frac{1}{n!} \int_{x_0}^{x} f^{(n+1)}(t)(x-t)^n \mathrm{d}t.$$

$\square$

对余项 $r_n(x)$ 的积分形式应用积分第一中值定理，考虑到当 $t \in [x_0, x]$（或 $[x, x_0]$）时，$(x-t)^n$ 保持定号，于是就有

$$r_n(x) = \frac{1}{n!} \int_{x_0}^{x} f^{(n+1)}(t)(x-t)^n \mathrm{d}t = \frac{f^{(n+1)}(\xi)}{n!} \int_{x_0}^{x} (x-t)^n \mathrm{d}t \quad (\xi \in [x_0, x])$$

$$= \frac{f^{(n+1)}(x_0 + \theta(x-x_0))}{(n+1)!}(x-x_0)^{n+1}, \quad 0 \leqslant \theta \leqslant 1, \tag{16.3.18}$$

§16.3 幂级数

这就是我们已经知道的 **Lagrange 型余项**; 如果将 $f^{(n+1)}(t)(x-t)^n$ 看作一个函数, 应用积分第一中值定理, 则有

$$r_n(x) = \frac{f^{(n+1)}(x_0+\theta(x-x_0))}{n!}(1-\theta)^n(x-x_0)^{n+1}, \qquad 0 \leqslant \theta \leqslant 1, \tag{16.3.19}$$

上式称为 **Cauchy 型余项**.

§16.3.4 初等函数的幂级数展开

1. n 次多项式 $P_n(x) = a_0 + a_1 x + \cdots + a_n x^n$ 的幂级数展开式

$$P_n(x) = P_n(0) + P_n'(0)x + \frac{P_n''(0)}{2}x^2 + \cdots + \frac{P_n^{(n)}(0)}{n!}x^n. \tag{16.3.20}$$

事实上, 由于 $k \leqslant n$ 时, $f^{(k)}(0) = k!a_k$, 而 $k > n$ 时, $f^{(k)}(0) = 0$, 因此 $r_k(x) = 0$, 即上述结论成立.

2. 指数函数 e^x 的 Maclaurin 展开式

$$\mathrm{e}^x = \sum_{n=0}^{\infty} \frac{x^n}{n!} = 1 + x + \frac{x^2}{2!} + \frac{x^3}{3!} + \cdots + \frac{x^n}{n!} + \cdots, \quad x \in (-\infty, +\infty). \tag{16.3.21}$$

证明 在第 5 章我们已经得到 e^x 在 $x=0$ 的 Maclaurin 公式

$$\mathrm{e}^x = 1 + x + \frac{x^2}{2!} + \frac{x^3}{3!} + \cdots + \frac{x^n}{n!} + r_n(x), \quad x \in (-\infty, +\infty),$$

其中, $r_n(x)$ 表示成 Lagrange 型余项为

$$r_n(x) = \frac{f^{(n+1)}(\theta x)}{(n+1)!}x^{n+1} = \frac{\mathrm{e}^{\theta x}}{(n+1)!}x^{n+1}, \quad 0 < \theta < 1.$$

由于

$$|r_n(x)| \leqslant \frac{\mathrm{e}^{|x|}}{(n+1)!}|x|^{n+1} \to 0 \quad (n \to \infty)$$

对一切 $x \in (-\infty, +\infty)$ 成立, 所以 e^x 的 Taylor 展开式成立. $\square$

3. 正弦函数 $\sin x$ 的 Maclaurin 展开式

$$\sin x = \sum_{n=0}^{\infty} \frac{(-1)^n}{(2n+1)!}x^{2n+1} = x - \frac{x^3}{3!} + \frac{x^5}{5!} - \cdots + (-1)^n \frac{x^{2n+1}}{(2n+1)!} + \cdots, x \in (-\infty, +\infty). \tag{16.3.22}$$

证明 在第 5 章我们已经得到 $\sin x$ 在 $x=0$ 的 Maclaurin 公式

$$\sin x = x - \frac{x^3}{3!} + \frac{x^5}{5!} - \cdots + (-1)^n \frac{x^{2n+1}}{(2n+1)!} + r_{2n+2}(x), \quad x \in (-\infty, +\infty),$$

其中, $r_{2n+2}(x)$ 表示成 Lagrange 型余项为

$$r_{2n+2}(x) = \frac{f^{(2n+3)}(\theta x)}{(2n+3)!}x^{2n+3} = \frac{x^{2n+3}}{(2n+3)!}\sin\left(\theta x + \frac{2n+3}{2}\pi\right), \quad 0 < \theta < 1.$$

由于

$$|r_{2n+2}(x)| \leqslant \frac{|x|^{2n+3}}{(2n+3)!} \to 0 \quad (n \to \infty)$$

对一切 $x \in (-\infty, +\infty)$ 成立, 所以 $\sin x$ 的 Maclaurin 展开式成立. □

同理可以得到以下的 Maclaurin 级数.

4. 余弦函数

$$\cos x = \sum_{n=0}^{\infty} \frac{(-1)^n}{(2n)!}x^{2n}, \quad x \in (-\infty, +\infty). \tag{16.3.23}$$

5. 反正切函数

$$\arctan x = \sum_{n=1}^{\infty} \frac{(-1)^{n-1}}{2n-1}x^{2n-1}, \quad x \in [-1, 1]. \tag{16.3.24}$$

6. 对数函数

$$\ln(1+x) = \sum_{n=1}^{\infty} \frac{(-1)^{n-1}}{n}x^n, \quad x \in (-1, 1]. \tag{16.3.25}$$

7. 二项式函数

$$(1+x)^\alpha = 1 + \sum_{n=1}^{\infty} \frac{\alpha(\alpha-1)\cdots(\alpha-n+1)}{n!}x^n, \ x \in (-1, 1), \tag{16.3.26}$$

其中, α 是任意非 0 实数.

显然, 当 α 是自然数时, 即为二项式展开, 只有有限项. 下面假定 α 不是自然数. 记

$$\binom{\alpha}{n} = \frac{\alpha(\alpha-1)\cdots(\alpha-n+1)}{n!}, \quad (n = 1, 2, \cdots)$$

以及 $\binom{\alpha}{0} = 1$, 则 $(1+x)^\alpha$ 的 Maclaurin 级数为 $\sum_{n=0}^{\infty} \binom{\alpha}{n}x^n$. 应用 D'Alembert 判别法, 由

$$\lim_{n \to \infty}\left|\binom{\alpha}{n+1} \bigg/ \binom{\alpha}{n}\right| = \lim_{n \to \infty}\left|\frac{\alpha-n}{n+1}\right| = 1,$$

得 $(1+x)^\alpha$ 的 Maclaurin 级数的收敛半径为 $R = 1$.

现在考虑 $f(x) = (1+x)^\alpha$ 在 $x = 0$ 的 Taylor 公式

$$(1+x)^\alpha = \sum_{k=0}^{n} \binom{\alpha}{k}x^k + r_n(x),$$

§16.3 幂　级　数

这里 $r_n(x)$ 宜取 Cauchy 型余项

$$r_n(x) = \frac{f^{(n+1)}(\theta x)}{n!}(1-\theta)^n x^{n+1}$$
$$= (n+1)\binom{\alpha}{n+1}x^{n+1}\left(\frac{1-\theta}{1+\theta x}\right)^n(1+\theta x)^{\alpha-1}, \quad 0 \leqslant \theta \leqslant 1.$$

由于幂级数 $\sum\limits_{n=0}^{\infty}(n+1)\binom{\alpha}{n+1}x^{n+1}$ 的收敛半径为 1, 故当 $x \in (-1,1)$ 时, 它的一般项趋于 0, 即

$$\lim_{n \to \infty}(n+1)\binom{\alpha}{n+1}x^{n+1} = 0, \quad x \in (-1,1).$$

又因为 $0 \leqslant \theta \leqslant 1$, 且 $-1 < x < 1$, 所以我们有

$$0 \leqslant \left(\frac{1-\theta}{1+\theta x}\right)^n \leqslant 1, \text{ 和 } 0 < (1+\theta x)^{\alpha-1} \leqslant \max\left\{(1+|x|)^{\alpha-1}, (1-|x|)^{\alpha-1}\right\},$$

由此得到

$$\lim_{n \to \infty} r_n(x) = 0, \quad \forall x \in (-1,1).$$

于是

$$(1+x)^\alpha = \sum_{n=0}^{\infty}\binom{\alpha}{n}x^n, \quad x \in (-1,1).$$

而 Taylor 级数在端点的收敛情况需要视 α 的取值而定.

(1) $\alpha \leqslant -1$.

将 $x = \pm 1$ 代入幂级数, 这时通项 u_n 的绝对值为

$$|u_n| = \left|\binom{\alpha}{n}\right| = \left|\frac{\alpha(\alpha-1)\cdots(\alpha-n+1)}{n!}\right| \geqslant \frac{1 \cdot 2 \cdots \cdot n}{n!} = 1,$$

即此时级数发散, 因此 $\alpha \leqslant -1$ 时幂级数的收敛范围是 $(-1,1)$.

(2) $-1 < \alpha < 0$.

当 $x = 1$ 时, 由于 $\alpha < 0$, 所以此级数 $\sum\limits_{n=0}^{\infty} u_n$ 为交错级数, 且由于 $-1 < \alpha$, 所以

$$\frac{|u_{n+1}|}{|u_n|} = \left|\frac{n-\alpha}{n+1}\right| < 1,$$

并且

$$|u_n| = (-1)^n u_n = \left(1 - \frac{1+\alpha}{1}\right)\left(1 - \frac{1+\alpha}{2}\right)\cdots\left(1 - \frac{1+\alpha}{n-1}\right)\left(1 - \frac{1+\alpha}{n}\right)$$
$$= \prod_{k=1}^{n}\left(1 - \frac{1+\alpha}{k}\right) \to 0 \quad (n \to \infty),$$

由 Leibniz 判别法知级数 $\sum\limits_{n=0}^{\infty} u_n$ 收敛.

当 $x = -1$, 此时级数 $\sum\limits_{n=0}^{\infty} u_n$ 为正项级数, 且

$$u_n = |u_n| = \left|\binom{\alpha}{n}\right| = |\alpha| \cdot \frac{1-\alpha}{1} \cdot \frac{2-\alpha}{2} \cdot \cdots \cdot \frac{n-1-\alpha}{n-1} \cdot \frac{1}{n} > \frac{|\alpha|}{n}.$$

由于 $\sum\limits_{n=1}^{\infty} \frac{|\alpha|}{n}$ 发散, 可知级数 $\sum\limits_{n=0}^{\infty} u_n$ 发散. 因此, 当 $-1 < \alpha < 0$ 时幂级数的收敛范围是 $(-1, 1]$.

(3) $\alpha > 0$.

无论 $x = 1$, 还是 -1, 此时级数都是绝对收敛的. 事实上, 应用 Raabe 判别法:

$$\lim_{n \to \infty} n\left(\frac{|u_n|}{|u_{n+1}|} - 1\right) = \lim_{n \to \infty} n\left(\frac{n+1}{n-\alpha} - 1\right) = \lim_{n \to \infty} \frac{n(1+\alpha)}{n-\alpha} = 1 + \alpha > 1,$$

可知级数 $\sum\limits_{n=0}^{\infty} u_n$ 绝对收敛, 即幂级数的收敛范围是 $[-1, 1]$.

综上所述可得

(1) 当 $\alpha \leqslant -1$ 时, 收敛域为 $(-1, 1)$;

(2) 当 $-1 < \alpha < 0$ 时, 收敛域为 $(-1, 1]$;

(3) 当 $\alpha > 0$, 且不是自然数时, 收敛域为 $[-1, 1]$.

8. 反正弦函数

$$\arcsin x = x + \sum_{n=1}^{\infty} \frac{(2n-1)!!}{(2n)!!} \frac{x^{2n+1}}{2n+1}, \quad x \in [-1, 1]. \tag{16.3.27}$$

证明 由 $(1+x)^\alpha$ 的幂级数展开式可知, 当 $x \in (-1, 1)$ 时,

$$\frac{1}{\sqrt{1-x^2}} = (1-x^2)^{-\frac{1}{2}} = \sum_{n=0}^{\infty} \binom{-\frac{1}{2}}{n}(-x^2)^n$$

$$= 1 + \frac{1}{2}x^2 + \frac{3}{8}x^4 + \cdots + \frac{(2n-1)!!}{(2n)!!}x^{2n} + \cdots,$$

对等式两边从 0 到 x 积分, 注意幂级数的逐项可积性与

$$\int_0^x \frac{\mathrm{d}t}{\sqrt{1-t^2}} = \arcsin x,$$

即得到当 $x \in (-1, 1)$ 时,

$$\arcsin x = x + \sum_{n=1}^{\infty} \frac{(2n-1)!!}{(2n)!!} \frac{x^{2n+1}}{2n+1}.$$

至于幂级数在区间端点 $x = \pm 1$ 的收敛性, 已在上一章中用 Raabe 判别法得到证明. □

特别地, 在式 (16.3.27) 中取 $x = 1$, 我们得到关于 π 的又一个级数表示:

$$\pi = 2 + \sum_{n=0}^{\infty} \frac{(2n-1)!!}{(2n)!!} \frac{2}{2n+1}.$$

通过直接验证余项为无穷小来展开幂级数的办法称为直接展开法. 若利用上面的已知展式, 并通过代数或解析运算以及幂级数的分析性质, 也可得到其他一些函数的幂级数展开式, 称为间接展开法. 例如, 在求反正弦函数的 Maclaurin 级数时我们应用了间接展开法. 下面再看几个间接展开的例子.

例 16.3.13 求下列函数在 $x=0$ 点的Taylor 展开式:
(1) $f(x) = \dfrac{1}{3+5x-2x^2}$;　(2) $f(x) = \dfrac{1}{(1+x)^2}$;　(3) $f(x) = \ln\dfrac{1+x}{1-x}$.

解　(1) 因为
$$f(x) = \frac{1}{3+5x-2x^2} = \frac{1}{(3-x)(1+2x)} = \frac{1}{7}\left(\frac{1}{3-x} + \frac{2}{1+2x}\right),$$

由 $\dfrac{1}{1-x} = \sum_{n=0}^{\infty} x^n$, $|x|<1$ 得

$$f(x) = \frac{1}{7}\left(\frac{1}{3}\sum_{n=0}^{\infty}\left(\frac{x}{3}\right)^n + 2\sum_{n=0}^{\infty}(-2x)^n\right) = \frac{1}{7}\sum_{n=0}^{\infty}\left[\frac{1}{3^{n+1}} - (-2)^{n+1}\right]x^n.$$

由于 $\dfrac{1}{3-x}$ 的幂级数展开的收敛范围是 $(-3,3)$, $\dfrac{2}{1+2x}$ 的幂级数展开的收敛范围是 $\left(-\dfrac{1}{2}, \dfrac{1}{2}\right)$, 因此 $f(x)$ 的幂级数展开在 $\left(-\dfrac{1}{2}, \dfrac{1}{2}\right)$ 成立.

(2) 对
$$\frac{1}{1+x} = \sum_{n=0}^{\infty}(-1)^n x^n, \quad |x|<1,$$

应用幂级数的逐项可导性, 对上式两边求导即可得
$$\frac{1}{(1+x)^2} = \sum_{n=1}^{\infty}(-1)^{n-1} n x^{n-1}, \quad |x|<1.$$

(3)
$$f(x) = \ln(1+x) - \ln(1-x) = \sum_{n=1}^{\infty}(-1)^{n-1}\frac{x^n}{n} + \sum_{n=1}^{\infty}\frac{x^n}{n}$$
$$= \sum_{n=1}^{\infty}((-1)^{n-1}+1)\frac{x^n}{n}, \quad |x|<1.$$

例 16.3.14 求下列函数在 $x=1$ 点的Taylor 展开式.
(1) $f(x) = \dfrac{1}{1+2x}$;　　　　　　(2) $f(x) = \dfrac{1}{x^2}$.

解　(1) 当 $|x-1| < \dfrac{3}{2}$ 时,
$$f(x) = \frac{1}{3+2(x-1)} = \frac{1}{3} \cdot \frac{1}{1+\dfrac{2}{3}(x-1)} = \frac{1}{3}\sum_{n=0}^{\infty}(-1)^n\left(\frac{2}{3}\right)^n (x-1)^n.$$

(2) 当 $|x-1|<1$ 时,
$$\frac{1}{x}=\frac{1}{1+(x-1)}=\sum_{n=0}^{\infty}(-1)^n(x-1)^n,$$
对上式两边求导可得
$$\frac{1}{x^2}=\sum_{n=0}^{\infty}(-1)^n(n+1)(x-1)^n, \quad x\in(0,2).$$

像前面那几个基本初等函数那样得到 Taylor 展开式的函数是少数, 所以多数情况下我们只要求写出 Taylor 级数的有限几项. 这时通常也有直接与间接两种方法, 且这与之前学过的求 Taylor 公式是类似的.

例 16.3.15 (1) 求 $y=\dfrac{\ln(1-x)}{1-x}$ Maclaurin 展开式;

(2) 求 $y=\tan x$ Maclaurin 展开式 (到 x^5).

解 (1) 按照幂级数的 Cauchy 乘积可得
$$\frac{\ln(1-x)}{1-x}=-\left(x+\frac{x^2}{2}+\frac{x^3}{3}+\cdots+\frac{x^n}{n}+\cdots\right)(1+x+x^2+\cdots+x^n+\cdots)$$
$$=-\sum_{n=1}^{\infty}\left(1+\frac{1}{2}+\cdots+\frac{1}{n}\right)x^n, \quad x\in(-1,1).$$

(2) 由于 $\tan x$ 是奇函数, 应用待定系数法, 可以令
$$\tan x=\frac{\sin x}{\cos x}=c_1 x+c_3 x^3+c_5 x^5+\cdots,$$
于是
$$(c_1 x+c_3 x^3+c_5 x^5+\cdots)\left(1-\frac{x^2}{2!}+\frac{x^4}{4!}-\cdots\right)=x-\frac{x^3}{3!}+\frac{x^5}{5!}-\cdots,$$
比较等式两端 x, x^3 与 x^5 的系数, 就可得到
$$c_1=1, \ c_3=\frac{1}{3}, \ c_5=\frac{2}{15},$$
因此
$$\tan x=x+\frac{1}{3}x^3+\frac{2}{15}x^5+\cdots.$$

本节最后我们举例说明幂级数在近似计算中的应用.

例 16.3.16 计算 $I=\displaystyle\int_0^1 e^{-x^2}dx$ (精确到 0.0001).

解 由于 e^{-x^2} 的原函数不是初等函数, 因而无法用 Newton-Leibniz 公式直接计算定积分 $\int_0^1 e^{-x^2}dx$ 的值, 但是应用函数的幂级数展开, 可以计算出它的近似值, 并可精确到任意事先要求的程度.

函数 e^{-x^2} 的幂级数展开为
$$e^{-x^2}=1-x^2+\frac{x^4}{2!}-\frac{x^6}{3!}+\frac{x^8}{4!}-\cdots, \quad x\in(-\infty,+\infty).$$

上式两边从 0 到 1 积分, 得

$$I = \int_0^1 e^{-x^2} dx$$
$$= 1 - \frac{1}{3} + \frac{1}{10} - \frac{1}{42} + \frac{1}{216} - \frac{1}{1320} + \frac{1}{9360} - \frac{1}{75600} + \cdots,$$

这是一个 Leibniz 级数, 其误差不超过被舍去部分的第一项的绝对值, 由于

$$\frac{1}{75600} < 1.5 \times 10^{-5},$$

因此前面 7 项之和具有四位有效数字, 即

$$I = \int_0^1 e^{-x^2} dx \approx 0.7486.$$

例 16.3.17 利用 $\ln\frac{1+x}{1-x}$ 在 $x=0$ 的展开式来计算 $\ln 2$ 近似值 (精确到 0.0001).

解 由例 16.3.13(3) 知

$$\ln\frac{1+x}{1-x} = 2\sum_{n=1}^{\infty} \frac{x^{2n-1}}{2n-1}, \quad |x| < 1.$$

令 $x = \frac{1}{3}$, 得

$$\ln 2 = 2\sum_{n=1}^{\infty} \frac{1}{(2n-1)3^{2n-1}}.$$

$$|r_n| = 2\sum_{k=n+1}^{\infty} \frac{1}{(2k-1)3^{2k-1}} \leqslant \frac{2}{2n+1}\sum_{k=n+1}^{\infty} \frac{1}{3^{2k-1}} = \frac{1}{4(2n+1)3^{2n-1}}.$$

当 $n=4$ 时, 有

$$\frac{1}{4(2n+1)3^{2n-1}} < 0.0001,$$

所以

$$\ln 2 \approx 2\left(\frac{1}{3} + \frac{1}{3\cdot 3^3} + \frac{1}{5\cdot 3^5} + \frac{1}{7\cdot 3^7}\right) \approx 0.6931.$$

习 题 16.3

A1. 求下列幂级数的收敛半径和收敛域:

(1) $\sum_{n=1}^{\infty} \frac{(x-1)^{2n}}{4^n}$;

(2) $\sum_{n=2}^{\infty} (-1)^n \frac{1}{2^n n} x^{2n-3}$;

(3) $\sum_{n=1}^{\infty} \frac{(n!)^2}{(2n)!} x^n$;

(4) $\sum_{n=1}^{\infty} \left(1+\frac{1}{n}\right)^{-n^2} x^n$;

(5) $\sum_{n=1}^{\infty} \left(1+\frac{1}{n}\right)^{n^2} x^n$;

(6) $\sum_{n=1}^{\infty} \left(\frac{a^n}{n} + \frac{b^n}{n^2}\right) x^n \quad (a>0, b>0)$;

(7) $\sum_{n=1}^{\infty} \dfrac{x^{n^2}}{2^n}$;

(8) $\sum_{n=1}^{\infty} \dfrac{1}{3^{\sqrt{n}}} x^n$;

(9) $\sum_{n=1}^{\infty} \dfrac{(x-2)^{2n-1}}{2^n-1}$;

(10) $\sum_{n=1}^{\infty} (\sin n) x^n$;

(11) $\sum_{n=1}^{\infty} r^{n^2} x^n \quad (0 < r < 1)$;

(12) $\sum_{n=1}^{\infty} \dfrac{1}{3^n + (-2)^n} \dfrac{x^n}{n}$.

A2. 求下列函数项级数的收敛域:

(1) $\sum_{n=1}^{\infty} \sin \dfrac{1}{2n} (x^2 + x + 1)^n$;

(2) $\sum_{n=1}^{\infty} \dfrac{(-1)^n}{2n-1} \left(\dfrac{x}{2x+1} \right)^n$;

(3) $\sum_{n=1}^{\infty} \left(\dfrac{1}{x} \right)^n \sin \dfrac{1}{2^n}$;

(4) $\sum_{n=1}^{\infty} \dfrac{2^n \sin^n x}{n^2}$.

A3. 应用逐项求导或求积分方法求下列幂级数的和函数 (应同时指出它们的定义域):

(1) $\sum_{n=1}^{\infty} \dfrac{1}{n 2^n} x^{n-1}$;

(2) $\sum_{n=1}^{\infty} \dfrac{x^{2n+1}}{2n+1}$;

(3) $\sum_{n=2}^{\infty} \dfrac{x^n}{n(n-1)}$;

(4) $\sum_{n=2}^{\infty} \dfrac{x^n}{n^2 - 1}$;

(5) $\sum_{n=1}^{\infty} \dfrac{2n-1}{2^n} x^{2n-2}$;

(6) $\sum_{n=1}^{\infty} n(n+1) x^n$;

(7) $\sum_{n=0}^{\infty} (-1)^n \dfrac{n+1}{(2n+1)!} x^{2n+1}$;

(8) $\sum_{n=1}^{\infty} \dfrac{n^2+1}{2^n n!} (x-1)^n$.

A4. 利用幂级数的性质求下列数项级数的和:

(1) $\sum_{n=1}^{\infty} (2n-1) q^{n-1} \ (|q| < 1)$;

(2) $\sum_{n=1}^{\infty} \dfrac{(-1)^n}{2n-1} \left(\dfrac{3}{4} \right)^n$;

(3) $\sum_{n=1}^{\infty} \dfrac{(-1)^n n}{(2n+1)!}$;

(4) $\sum_{n=0}^{\infty} \dfrac{(-1)^n (n^2 - n + 1)}{2^n}$.

A5. 证明: 设 $f(x) = \sum_{n=0}^{\infty} a_n x^n$ 在 $|x| < R$ 内收敛, 若 $\sum_{n=0}^{\infty} \dfrac{a_n}{n+1} R^{n+1}$ 也收敛, 则

$$\int_0^R f(x) \mathrm{d}x = \sum_{n=0}^{\infty} \dfrac{a_n}{n+1} R^{n+1}$$

(注意: 这里不管 $\sum_{n=0}^{\infty} a_n x^n$ 在 $x = R$ 是否收敛). 应用这个结果证明:

$$\int_0^1 \dfrac{1}{x+1} \mathrm{d}x = \ln 2 = \sum_{n=1}^{\infty} (-1)^{n-1} \dfrac{1}{n}.$$

A6. 证明:

(1) $y = \sum_{n=0}^{\infty} \dfrac{x^{4n}}{(4n)!}$ 满足方程 $y^{(4n)} = y$;

(2) $y = \sum_{n=0}^{\infty} \dfrac{x^n}{(n!)^2}$ 满足方程 $xy'' + y' - y = 0$.

A7. 设 $\{a_n\}$ 为非常数的等差数列. 试求:

(1) 幂级数 $\sum_{n=0}^{\infty} a_n x^n$ 的收敛半径; (2) 数项级数 $\sum_{n=0}^{\infty} \dfrac{a_n}{2^n}$ 的和数.

A8. 求下列函数在 $x = 0$ 处的幂级数展开式:

(1) $\dfrac{x}{9 + x^2}$;

(2) $x \arctan x - \ln \sqrt{1 - x^2}$;

(3) $\dfrac{1}{4} \ln \dfrac{1+x}{1-x} + \dfrac{1}{2} \arctan x - x$;

(4) $\ln(1 + x + x^2 + x^3 + x^4)$;

§16.3 幂 级 数

(5) $\dfrac{1}{(1-2x)^2}$;

(6) $\dfrac{x}{1-x-2x^2}$;

(7) $\dfrac{x^{10}}{1-x}$;

(8) $\dfrac{x}{\sqrt{1-2x}}$;

(9) $\dfrac{x}{(1-x)(1-x^2)}$;

(10) $\displaystyle\int_0^x \dfrac{\sin t}{t}\mathrm{d}t$;

(11) $\arctan\dfrac{2x}{1-x^2}$;

(12) $\ln(x+\sqrt{1+x^2})$;

(13) $\dfrac{\mathrm{e}^x}{1-x}$;

(14) $\ln^2(1+x)$.

A9. 求下列函数在指定点处的泰勒展开式:

(1) $f(x)=\ln x$, 在 $x=1$ 处;

(2) $f(x)=\dfrac{1}{x^2+3x+2}$, 在 $x=1$ 处;

(3) $f(x)=\dfrac{\mathrm{d}}{\mathrm{d}x}\left(\dfrac{\mathrm{e}^x-\mathrm{e}}{x-1}\right)$, 在 $x=1$ 处;

(4) $f(x)=\sin x$, 在 $x=\dfrac{\pi}{4}$ 处;

(5) $f(x)=2x-4x^2+7x^3$, 在 $x=1$ 处;

(6) $f(x)=\dfrac{1}{x^2}$, 在 $x=-1$ 处.

A10. 设 $f(x)$ 在 $x=0$ 的某邻域 $(-\delta,\delta)$ $(\delta>0)$ 内任意次可导, 且导函数列 $\{f^{(n)}(x)\}$ 在 $(-\delta,\delta)$ 内一致有界, 证明 $f(x)$ 在 $(-\delta,\delta)$ 内可以展成 Maclaurin 级数.

B11. 把级数 $\displaystyle\sum_{n=1}^{\infty}\dfrac{(-1)^{n-1}}{(2n-1)!2^{2n-2}}x^{2n-1}$ 的和函数展成 $x-1$ 的幂级数.

B12. 试将 $f(x)=\begin{cases}\dfrac{1+x^2}{x}\arctan x, & x\neq 0 \\ 1, & x=0\end{cases}$ 展开成 Maclaurin 级数, 并求级数 $\displaystyle\sum_{n=1}^{\infty}\dfrac{(-1)^n}{1-4n^2}$ 的和及导数 $f^{(n)}(0)$.

B13. 将下列函数按要求展成相应的幂级数:

(1) 把 $f(x)=\dfrac{1}{a-x}\,(a\neq 0)$ 分别展成 $x, x-b, \dfrac{1}{x}$ 的幂级数;

(2) 把 $f(x)=\ln x$ 展开成 $\dfrac{x-1}{x+1}$ 的幂级数;

(3) 把 $f(x)=\dfrac{1}{1+x+x^2}$ 展开成 Maclaurin 级数;

(4) 把 $f(x)=\ln\dfrac{\sin x}{x}$ 展开成 Maclaurin 级数 (到 x^4).

B14. 应用 $(\arctan x)^2$ 的 Maclaurin 级数求级数 $\displaystyle\sum_{n=0}^{\infty}\dfrac{(-1)^n}{n+1}\left(1+\dfrac{1}{3}+\cdots+\dfrac{1}{2n+1}\right)$ 的和.

第 17 章　Fourier 级数

现实世界有许多周期现象, 需要用周期函数来刻画. 例如, 日月轮回、潮起潮落、钟摆、交流电等. 最简单的周期函数就是通常的简谐波

$$x(t) = A\sin(\omega t + \varphi).$$

容易证明, 两个频率相同的简谐波叠加的结果还是简谐波, 但不同频率的简谐波 $x_n(t) = A\sin(n\omega t + \varphi), n = 1, 2, \cdots$ 的叠加就不再是简谐波, 但仍然是周期波, 只是比较复杂. 反过来, 我们要问: 一般的周期波是否能分解为简谐波的叠加? 即把周期函数 $x(t)$ 表示为

$$x(t) = \sum_{n=0}^{\infty} A_n \sin(n\omega t + \varphi_n),$$

或记为

$$x(t) = \frac{a_0}{2} + \sum_{n=1}^{\infty} (a_n \cos nt + b_n \sin nt).$$

若能做到这点, 就可以通过对各个简谐波的分析, 来探讨周期函数的性质. 法国数学家 Fourier 就发现了这一点, 他用正弦函数和余弦函数构成的函数项级数, 即三角级数, 来表示任何周期函数, 因此后世就称这样的三角级数为 Fourier 级数.

之前, 我们也已经研究过一类特殊的函数项级数 ——Taylor 级数, 即通项为幂函数的函数项级数. 因为有非常好的分析性质, 所以 Taylor 级数成为了微分学 (乃至整个函数论) 的重要工具之一. 但是, Taylor 级数在应用中也有一定的局限性. 首先, 尽管在实际问题中只使用 Taylor 级数的部分和, 即 $f(x)$ 的 n 次 Taylor 多项式

$$P_n(x) = f(x_0) + f'(x_0)(x - x_0) + \frac{f''(x_0)}{2!}(x - x_0)^2 + \cdots + \frac{f^{(n)}(x_0)}{n!}(x - x_0)^n$$

来近似地代替函数, 这时候它也要求 $f(x)$ 有至少 n 阶的导数, 这是比较苛刻的条件; 同时, 一般来说, Taylor 多项式 $P_n(x)$ 仅在点 x_0 附近与 $f(x)$ 吻合得较为理想, 也就是说, 它只有局部性质. 为此有必要寻找函数的新的级数展开方法.

而 Fourier 级数就比较好地避免了 Taylor 级数的不足, 因而成为许多数学分支, 如数学物理、偏微分方程、小波分析等都离不开的基本工具. 更为重要的是, Fourier 级数也是当今信息时代众多的工程技术, 如无线电、通信、数字处理等的不可或缺的数学工具, 其重要性与日俱增.

18 世纪中叶以来, Euler、D'Alembert、Lagrange 等在研究天文学和物理学中的问题时, 相继得到了某些函数的三角级数表达式, 并逐渐认识到不仅只是周期函数, 非周期函数也可以表示成三角级数的形式. 到了 19 世纪, 法国数学家 Fourier(傅里叶) 在研究热传导问题时, 创立了 Fourier 级数理论. 1807 年, Fourier 向法国科学院提交了一篇关于热

传导问题的论文, 提出了任意周期函数都可以用三角级数表示的想法, 找到了在有限区间上用三角级数表示一般函数的方法, 即把 $f(x)$ 展开成所谓的 Fourier 级数, 也即发现这种叠加是可以实现的, 并且用三角级数比用幂级数有更多的优点. 1822 年, Fourier 发表了他的经典著作《热的解析理论》, 主要研究了吸热或放热物体内部的温度随时间和空间的变化规律, 同时也系统地研究了函数的三角级数表示问题. 不过 Fourier 从没有对"任意"函数可以展成 Fourier 级数这一断言给出过完全的证明, 甚至也没有指明一个函数可以展成 Fourier 级数的条件. 事实上, 这些理论工作主要是由后来的 Dirichlet 和 Riemann 等人完成的. 此后, Fourier 级数理论很快在现代数学中占有核心地位.

§17.1 函数的 Fourier 级数展开

§17.1.1 平方可积函数空间与正交函数系

记区间 $[a,b]$ 上可积且平方可积的函数的全体为 $\mathbf{R}[a,b]$. 这里的可积包括收敛的反常积分. 按照通常的函数加法与数乘, $\mathbf{R}[a,b]$ 构成一个线性空间.

进一步, 对任两个函数 $f,g \in \mathbf{R}[a,b]$, 乘积的积分

$$\int_a^b f(x)g(x)\mathrm{d}x$$

称为这两个函数的内积, 记为 $\langle f,g \rangle$, 而

$$\|f\| = \sqrt{\langle f,f \rangle} = \sqrt{\int_a^b f^2(x)\mathrm{d}x}$$

称为函数 f 的平方范数, 最后, 称

$$\|f-g\| = \sqrt{\int_a^b (f(x)-g(x))^2 \mathrm{d}x}$$

为函数 f 和 g 的距离. 后面我们将用这个距离来度量函数之间靠近的程度.

Fourier 级数展开的基础是三角函数系的正交性. 先引入一般的正交函数系的概念.

定义 17.1.1 (1) $[a,b]$ 上的两个可积函数 $f(x), g(x)$, 如果它们的内积为 0, 即

$$\langle f,g \rangle = \int_a^b f(x)g(x)\mathrm{d}x = 0,$$

则称它们在 $[a,b]$ 上是**正交**的;

(2) 称一列可积函数 $\{f_n(x)\}$ 是 $[a,b]$ 上的一个**正交函数系**, 如果

$$\|f_n\|^2 = \int_a^b f_n^2(x)\mathrm{d}x \neq 0, \quad \langle f_m, f_n \rangle = \int_a^b f_m(x)f_n(x)\mathrm{d}x = 0 \ (m \neq n), \tag{17.1.1}$$

如果进一步满足

$$\langle f_m, f_n \rangle = \int_a^b f_m(x)f_n(x)\mathrm{d}x = \delta_{m,n} = \begin{cases} 1, & m=n, \\ 0, & m \neq n. \end{cases} \tag{17.1.2}$$

则称函数列 $\{f_n(x)\}$ 是 $[a,b]$ 上的一个**标准正交函数系**, 或**规范正交函数系**.

例 17.1.1 三角函数系

$$\{1, \cos x, \sin x, \cdots, \cos nx, \sin nx, \cdots\} \tag{17.1.3}$$

是 $[-\pi, \pi]$ 上的正交函数系.

事实上,

$$\int_{-\pi}^{\pi} \sin mx \cos nx \mathrm{d}x = 0 \quad (n, m \in \mathbb{N});$$

$$\frac{1}{\pi}\int_{-\pi}^{\pi}\cos mx\cos nx\mathrm{d}x = \frac{1}{\pi}\int_{-\pi}^{\pi}\sin mx\sin nx\mathrm{d}x = \delta_{m,n} \quad (n,m\in\mathbb{N}^+);$$

$$\frac{1}{2\pi}\int_{-\pi}^{\pi} 1\cdot\cos mx\mathrm{d}x = \delta_{m,0} \quad (m = 0, 1, 2, \cdots).$$

所以三角函数系 (17.1.3) 是 $[-\pi, \pi]$ 上的正交函数系, 从而三角函数系

$$\left\{\frac{1}{\sqrt{2\pi}}, \frac{1}{\sqrt{\pi}}\cos x, \frac{1}{\sqrt{\pi}}\sin x, \cdots, \frac{1}{\sqrt{\pi}}\cos nx, \frac{1}{\sqrt{\pi}}\sin nx, \cdots\right\} \tag{17.1.4}$$

是标准正交函数系.

利用变量替换易知, 对任何 $T > 0$, 三角函数系

$$\left\{1, \cos\frac{\pi}{T}x, \sin\frac{\pi}{T}x, \cdots, \cos\frac{\pi}{T}nx, \sin\frac{\pi}{T}nx, \cdots\right\}$$

是 $[-T, T]$ 上的正交函数系, 三角函数系

$$\left\{\frac{1}{\sqrt{2T}}, \frac{1}{\sqrt{T}}\cos\frac{\pi}{T}nx, \frac{1}{\sqrt{T}}\sin\frac{\pi}{T}nx, n = 1, 2, \cdots\right\}$$

是相应的标准正交函数系.

例 17.1.2 当 $a \neq b$ 时,

$$\begin{aligned}\int_0^T \sin ax \sin bx \mathrm{d}x &= \frac{1}{2}\left(\frac{\sin(a-b)T}{a-b} - \frac{\sin(a+b)T}{a+b}\right) \\ &= \cos aT \cos bT \cdot \frac{b\tan aT - a\tan bT}{a^2 - b^2},\end{aligned}$$

所以, 当 a, b 满足 $\frac{\tan aT}{a} = \frac{\tan bT}{b}$ 时, 上式的积分为零, 由此可知, 若 $a_1 < a_2 < \cdots < a_n < \cdots$ 是方程 $\tan aT = ac$ 的根构成的序列, 这里的 c 为任意常数, 则三角函数系 $\{\sin(a_n x), n \in \mathbb{N}\}$ 是 $[0, T]$ 上的正交函数系. 特别地, 当 $c = 0$ 时, 就得到三角函数系 $\left\{\sin\frac{\pi}{T}nx, n \in \mathbb{N}\right\}$.

由代数知识我们知道, 具有内积 $\langle,\rangle$ 的向量空间中的线性无关的向量组 $\psi_1, \psi_2, \psi_3, \cdots$ 可以通过 Gram-Schmidt 正交化得到正交向量组 $\varphi_1, \varphi_2, \varphi_3, \cdots$.

例 17.1.3 Legendre 多项式

$$P_n(x) = \frac{1}{n!2^n}\frac{\mathrm{d}^n(x^2-1)^n}{\mathrm{d}x^n}, n \in \mathbb{N}^+$$

是 $[-1, 1]$ 上的正交函数系.

解 事实上, 由于所有次数 $k < n$ 的多项式 P_k, 都是 $1, x, x^2, \cdots, x^{n-1}$ 的线性组合, 因此, 只要证明 $P_n(x)$ 与 $1, x, x^2, \cdots, x^{n-1}$ 正交. 由于 $\dfrac{\mathrm{d}^{n-l}}{\mathrm{d}x^{n-l}}(x^2-1)^n$ $(0 < l \leqslant n)$ 中必含有因子 (x^2-1), 所以

$$\left.\frac{\mathrm{d}^{n-l}}{\mathrm{d}x^{n-l}}(x^2-1)^n\right|_{-1}^{1} = 0,$$

因此由分部积分法可得

$$\int_{-1}^{1} x^k P_n(x) \mathrm{d}x = \frac{1}{n!2^n} \int_{-1}^{1} x^k \frac{\mathrm{d}}{\mathrm{d}x}\left(\frac{\mathrm{d}^{n-1}}{\mathrm{d}x^{n-1}}(x^2-1)^n\right) \mathrm{d}x = -\frac{1}{n!2^n} \int_{-1}^{1} \frac{\mathrm{d}}{\mathrm{d}x} x^k \cdot \frac{\mathrm{d}^{n-1}}{\mathrm{d}x^{n-1}}(x^2-1)^n \mathrm{d}x,$$

反复 ($k+1$ 次) 应用分部积分法可得

$$\int_{-1}^{1} x^k P_n(x) \mathrm{d}x = \frac{1}{n!2^n} \int_{-1}^{1} \frac{\mathrm{d}^{k+1} x^k}{\mathrm{d}x^{k+1}} \cdot \frac{\mathrm{d}^{n-k-1}(x^2-1)^n}{\mathrm{d}x^{n-k-1}} \mathrm{d}x = 0.$$

进一步, 分部积分 n 次可得

$$\int_{-1}^{1} P_n^2(x) \mathrm{d}x = \frac{(2n)!}{(2^n n!)^2} \int_{-1}^{1} (x^2-1)^n \mathrm{d}x = \frac{(2n)!}{(2^n n!)^2} B\left(\frac{1}{2}, n+1\right) = \frac{2}{2n+1}.$$

§17.1.2 周期为 2π 的函数的 Fourier 展开

以下总是假设 $f(x)$ 在 $[-\pi, \pi]$ 上 Riemann 可积或在瑕积分意义下绝对可积 (为方便起见, 简称为"可积或绝对可积"), 然后按 $f(x)$ 在 $[-\pi, \pi)$ 上的值周期延拓到 $(-\infty, +\infty)$, 换句话说, $f(x)$ 是定义在整个实数轴上的以 2π 为周期的周期函数.

假定函数 $f(x)$ 能够展开为如下形式的级数

$$f(x) = \frac{a_0}{2} + \sum_{n=1}^{\infty}(a_n \cos nx + b_n \sin nx), \tag{17.1.5}$$

将等式两边同乘 $\cos mx$ $(m = 0, 1, 2, \cdots)$, 且假定级数可以在 $[-\pi, \pi]$ 上逐项积分, 于是

$$\int_{-\pi}^{\pi} f(x) \cos mx \mathrm{d}x = \int_{-\pi}^{\pi}\left[\frac{a_0}{2} + \sum_{n=1}^{\infty}(a_n \cos nx + b_n \sin nx)\right] \cdot \cos mx \, \mathrm{d}x$$

$$= \frac{a_0}{2}\int_{-\pi}^{\pi} \cos mx \mathrm{d}x + \sum_{n=1}^{\infty} a_n \int_{-\pi}^{\pi} \cos nx \cos mx \mathrm{d}x + \sum_{n=1}^{\infty} b_n \int_{-\pi}^{\pi} \sin nx \cos mx \mathrm{d}x$$

$$= a_0 \pi \delta_{m,0} + \sum_{n=1}^{\infty} a_n \pi \delta_{m,n} = a_m \pi,$$

于是就得到 (将下标 m 改写为 n)

$$a_n = \frac{1}{\pi} \int_{-\pi}^{\pi} f(x) \cos nx \mathrm{d}x \quad (n = 0, 1, 2, \cdots). \tag{17.1.6}$$

将式 (17.1.5) 两边同乘 $\sin mx$, 则同理可得

$$b_n = \frac{1}{\pi} \int_{-\pi}^{\pi} f(x) \sin nx \mathrm{d}x \quad (n = 1, 2, \cdots). \tag{17.1.7}$$

于是, 我们将函数 $f(x)$ 形式的表示为级数

$$f(x) \sim \frac{a_0}{2} + \sum_{n=1}^{\infty}(a_n \cos nx + b_n \sin nx), \qquad (17.1.8)$$

该三角级数称为 $f(x)$ 的 **Fourier 级数**(Fourier series), 相应地, a_n, b_n 称为 $f(x)$ 的 **Fourier 系数**(Fourier coefficient), 而

$$S_n = \frac{a_0}{2} + \sum_{k=1}^{n}(a_k \cos kx + b_k \sin kx) \qquad (17.1.9)$$

称为 $f(x)$ 的 Fourier 级数的部分和.

级数 (17.1.8) 中之所以用符号 $\sim$ 而不是 $=$, 是因为我们还不知道右端的级数是否收敛, 以及收敛时是否收敛于 $f(x)$. 事实上, $f(x)$ 和它的 Fourier 级数之间的关系并不像我们想象的简单. 先看下面的例子.

例 17.1.4 将 $f(x) = \begin{cases} -1, & x \in [-\pi, 0), \\ 1, & x \in [0, \pi) \end{cases}$ 展开为 Fourier 级数.

这里应理解为, 只给出了 $f(x)$ 在 $[-\pi, \pi)$ 的定义, 其他则按 2π 周期延拓, 其图形在电工学上称为方波. 见图 17.1.1.

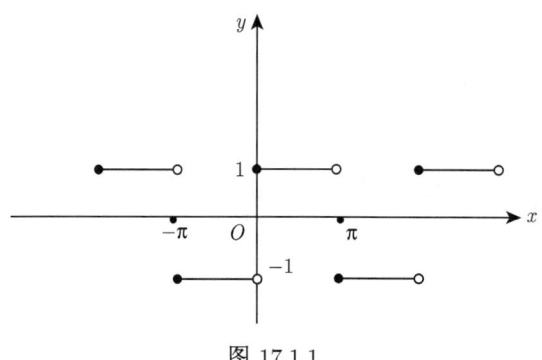

图 17.1.1

解 先计算 $f(x)$ 的 Fourier 系数.

$$a_0 = \frac{1}{\pi}\int_{-\pi}^{\pi} f(x)\mathrm{d}x = 0,$$

对 $n = 1, 2, \cdots$, 由于 $f(x)$ 是奇函数, $f(x)\cos nx$ 也是奇函数, $f(x)\sin nx$ 是偶函数, 所以,

$$a_n = \frac{1}{\pi}\int_{-\pi}^{\pi} f(x)\cos nx \mathrm{d}x = 0;$$

$$b_n = \frac{1}{\pi}\int_{-\pi}^{\pi} f(x)\sin nx \mathrm{d}x = \frac{2}{\pi}\int_{0}^{\pi}\sin nx\mathrm{d}x = 2\frac{1-(-1)^n}{n\pi}.$$

于是得到 $f(x)$ 的 Fourier 级数

$$f(x) \sim \frac{2}{\pi}\sum_{n=1}^{\infty}\frac{1-(-1)^n}{n}\sin nx$$
$$= \frac{4}{\pi}\left(\sin x + \frac{\sin 3x}{3} + \frac{\sin 5x}{5} + \cdots + \frac{\sin(2k+1)x}{2k+1} + \cdots\right).$$

§17.1 函数的 Fourier 级数展开

显然当 $x = 0, \pm\pi$ 时, 右端级数的和为 0, 但 $f(0) = 1, f(\pm\pi) = -1$. 图 17.1.2 分别给出了 $f(x)$ 的 Fourier 级数部分和 $S_n(n = 3, 7, 11, 20)$ 的图形, 它显示了与 $f(x)$ 逼近的情况.

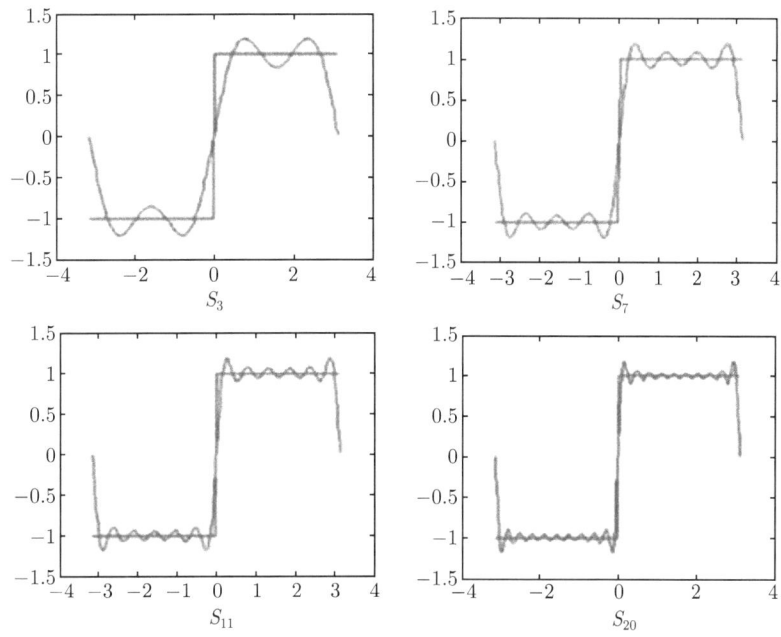

图 17.1.2

例 17.1.5 将 $f(x) = \dfrac{x}{2}$, $g(x) = x^2$, $x \in [-\pi, \pi)$ 分别展开为Fourier级数.

解 对于 $f(x)$,

$$a_n = \frac{1}{\pi} \int_{-\pi}^{\pi} \frac{x}{2} \cos nx \mathrm{d}x = 0, \quad n = 0, 1, 2, \cdots,$$

$$b_n = \frac{2}{\pi} \int_0^{\pi} \frac{x}{2} \sin nx \mathrm{d}x = (-1)^{n-1} \frac{1}{n}, \quad n = 1, 2, \cdots.$$

所以

$$f(x) \sim \sum_{n=1}^{\infty} \frac{(-1)^{n-1} \sin nx}{n}.$$

对于 $g(x)$, $b_n = 0 \quad (n = 1, 2, \cdots)$,

$$a_0 = \frac{2}{\pi} \int_0^{\pi} x^2 \mathrm{d}x = \frac{2}{3} \pi^2,$$

$$a_n = \frac{2}{\pi} \int_0^{\pi} x^2 \cos nx \mathrm{d}x = \frac{2}{n\pi} \int_0^{\pi} x^2 \mathrm{d} \sin nx$$

$$= \frac{2}{n\pi} x^2 \sin nx \Big|_0^{\pi} - \frac{4}{n\pi} \int_0^{\pi} x \sin nx \mathrm{d}x = \frac{4}{n^2\pi} \int_0^{\pi} x \mathrm{d} \cos nx$$

$$= \frac{4}{n^2\pi} x \cos nx \Big|_0^{\pi} - \frac{4}{n^2\pi} \int_0^{\pi} \cos nx \mathrm{d}x = (-1)^n \frac{4}{n^2}, \quad n = 1, 2, \cdots.$$

所以
$$g(x) \sim \frac{\pi^2}{3} + 4\sum_{n=1}^{\infty}(-1)^n \frac{\cos nx}{n^2}.$$

§17.1.3 正弦级数和余弦级数

如上例所见, 若 $f(x)$ 是奇函数, 则
$$a_n = 0, \quad b_n = \frac{2}{\pi}\int_0^{\pi} f(x)\sin nx \mathrm{d}x, \quad n=1,2,\cdots, \tag{17.1.10}$$

这时, 相应的 Fourier 级数为
$$f(x) \sim \sum_{n=1}^{\infty} b_n \sin nx.$$

形如 $\sum_{n=1}^{\infty} b_n \sin nx$ 的三角级数称为**正弦级数**(sine series).

同样, 对偶函数 $f(x)$, 有
$$b_n = 0, \quad a_n = \frac{2}{\pi}\int_0^{\pi} f(x)\cos nx \mathrm{d}x, \quad n=0,1,2,\cdots, \tag{17.1.11}$$

相应的 Fourier 级数为
$$f(x) \sim \frac{a_0}{2} + \sum_{n=1}^{\infty} a_n \cos nx.$$

形如 $\frac{a_0}{2} + \sum_{n=1}^{\infty} a_n \cos nx$ 的三角级数称为**余弦级数**(cosine series).

例 17.1.6 将 $f(x) = x\ (x \in [0, \pi])$ 分别展开为余弦级数和正弦级数.

解 先考虑余弦级数的情况. 对 $f(x) = x\ (x \in [0, \pi])$ 进行偶式延拓:
$$\tilde{f}(x) = |x| = \begin{cases} x, & x \in [0, \pi], \\ -x, & x \in (-\pi, 0), \end{cases}$$

见图 17.1.3(1), 则有
$$a_0 = \frac{1}{\pi}\int_{-\pi}^{\pi}\tilde{f}(x)\mathrm{d}x = \frac{2}{\pi}\int_0^{\pi}f(x)\mathrm{d}x = \frac{2}{\pi}\int_0^{\pi}x\mathrm{d}x = \left.\frac{x^2}{\pi}\right|_0^{\pi} = \pi,$$

对 $n = 1, 2, \cdots$, 有
$$\begin{aligned}
a_n &= \frac{1}{\pi}\int_{-\pi}^{\pi}\tilde{f}(x)\cos nx \mathrm{d}x = \frac{2}{\pi}\int_0^{\pi} x\cos nx\mathrm{d}x \\
&= \frac{2}{\pi}\left(\left.\frac{x\sin nx}{n}\right|_0^{\pi} - \frac{1}{n}\int_0^{\pi}\sin nx\mathrm{d}x\right) \\
&= \frac{2}{\pi}\left(\left.\frac{\cos nx}{n^2}\right|_0^{\pi}\right) = 2\cdot\frac{(-1)^n - 1}{n^2\pi} = \begin{cases} 0, & n=2k, \\ -\frac{4}{n^2\pi}, & n=2k+1, \end{cases} \\
b_n &= \frac{1}{\pi}\int_{-\pi}^{\pi}\tilde{f}(x)\sin nx\mathrm{d}x = 0.
\end{aligned}$$

§17.1 函数的 Fourier 级数展开

于是得到 $f(x)$ 的余弦级数

$$f(x) \sim \frac{\pi}{2} + \frac{2}{\pi} \sum_{n=1}^{\infty} \frac{(-1)^n - 1}{n^2} \cos nx$$
$$= \frac{\pi}{2} - \frac{4}{\pi} \left(\cos x + \frac{\cos 3x}{3^2} + \frac{\cos 5x}{5^2} + \cdots + \frac{\cos(2k+1)x}{(2k+1)^2} + \cdots \right).$$

再看正弦级数的情况. 对 $f(x) = x\,(x \in [0, \pi])$ 进行奇式延拓:

$$\tilde{f}(x) = x, \quad x \in (-\pi, \pi],$$

见图 17.1.3(2), 则有

$$a_n = \frac{1}{\pi} \int_{-\pi}^{\pi} \tilde{f}(x) \cos nx \mathrm{d}x = 0, \quad n = 0, 1, 2, \cdots.$$

对 $n = 1, 2, \cdots$, 有

$$b_n = \frac{1}{\pi} \int_{-\pi}^{\pi} \tilde{f}(x) \sin nx \mathrm{d}x = \frac{2}{\pi} \int_{0}^{\pi} x \sin nx \mathrm{d}x$$
$$= \frac{2}{\pi} \left(-\frac{x \cos nx}{n} \Big|_{0}^{\pi} + \frac{1}{n} \int_{0}^{\pi} \cos nx \mathrm{d}x \right) = \frac{2 \cdot (-1)^{n+1}}{n},$$

于是得到 $f(x)$ 的正弦级数

$$f(x) \sim 2 \sum_{n=1}^{\infty} \frac{(-1)^{n+1}}{n} \sin nx = 2 \left(\sin x - \frac{\sin 2x}{2} + \frac{\sin 3x}{3} - \cdots + \frac{(-1)^{n+1} \sin nx}{n} + \cdots \right).$$

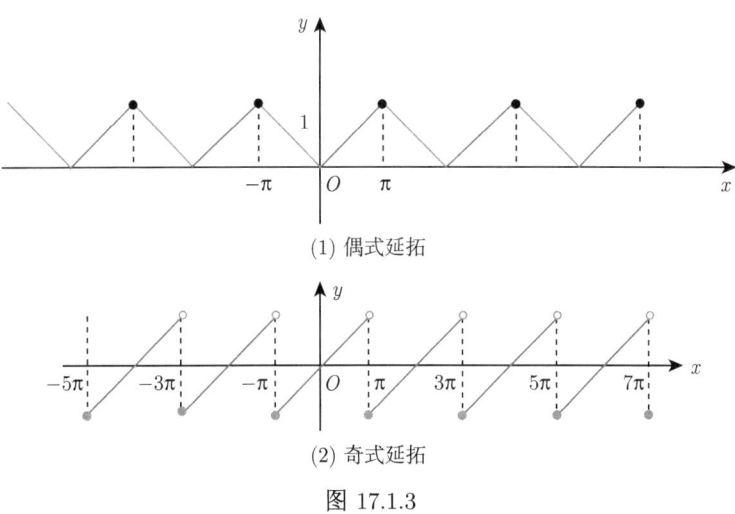

(1) 偶式延拓

(2) 奇式延拓

图 17.1.3

例 17.1.7 将 $f(x) = x(\pi - x), x \in [0, \pi]$ 分别展开为余弦级数和正弦级数.

解 先考虑余弦级数的情况. 对 $f(x)$ 进行偶式延拓可得

$$\tilde{f}(x) = \begin{cases} x(\pi - x), & x \in [0, \pi], \\ -x(\pi + x), & x \in (-\pi, 0), \end{cases}$$

则有
$$a_0 = \frac{1}{\pi}\int_{-\pi}^{\pi}\tilde{f}(x)\mathrm{d}x = \frac{2}{\pi}\int_0^{\pi}x(\pi-x)\mathrm{d}x = \frac{2}{\pi}\left(\frac{\pi}{2}x^2 - \frac{x^3}{3}\right)\Big|_0^{\pi} = \frac{\pi^2}{3},$$

对 $n=1,2,\cdots$,有
$$\begin{aligned}a_n &= \frac{1}{\pi}\int_{-\pi}^{\pi}\tilde{f}(x)\cos nx\mathrm{d}x = \frac{2}{\pi}\int_0^{\pi}x(\pi-x)\cos nx\mathrm{d}x\\ &= \frac{2}{n\pi}x(\pi-x)\sin nx\Big|_0^{\pi} - \frac{2}{n\pi}\int_0^{\pi}(\pi-2x)\sin nx\mathrm{d}x\\ &= \frac{2}{n^2\pi}(\pi-2x)\cos nx\Big|_0^{\pi} + \frac{4}{n^2\pi}\int_0^{\pi}\cos nx\mathrm{d}x\\ &= \frac{2}{n^2}[(-1)^{n+1}-1] = \begin{cases}0, & n=2k-1,\\ -\frac{4}{n^2}, & n=2k,\end{cases}\end{aligned}$$
$$b_n = \frac{1}{\pi}\int_{-\pi}^{\pi}\tilde{f}(x)\sin nx\mathrm{d}x = 0.$$

于是得到 $f(x)$ 的余弦级数
$$f(x) \sim \frac{\pi^2}{6} - \sum_{n=1}^{\infty}\frac{4\cos 2nx}{(2n)^2} = \frac{\pi^2}{6} - \sum_{n=1}^{\infty}\frac{\cos 2nx}{n^2}.$$

再看正弦级数的情况. 对 $f(x)$ 进行奇式延拓:
$$\tilde{f}(x) = \begin{cases}x(\pi-x), & x\in[0,\pi],\\ x(\pi+x), & x\in(-\pi,0),\end{cases}$$

则有
$$a_n = \frac{1}{\pi}\int_{-\pi}^{\pi}\tilde{f}(x)\cos nx\mathrm{d}x = 0, \quad n=0,1,2,\cdots.$$

对 $n=1,2,\cdots$,有
$$\begin{aligned}b_n &= \frac{1}{\pi}\int_{-\pi}^{\pi}\tilde{f}(x)\sin nx\mathrm{d}x = \frac{2}{\pi}\int_0^{\pi}x(\pi-x)\sin nx\mathrm{d}x\\ &= -\frac{2}{n\pi}x(\pi-x)\cos nx\Big|_0^{\pi} + \frac{2}{n\pi}\int_0^{\pi}(\pi-2x)\cos nx\mathrm{d}x\\ &= \frac{2}{n^2\pi}(\pi-2x)\sin nx\Big|_0^{\pi} + \frac{4}{n^2\pi}\int_0^{\pi}\sin nx\mathrm{d}x\\ &= -\frac{4}{n^3\pi}\cos nx\Big|_0^{\pi} = -\frac{4}{n^3\pi}[(-1)^n - 1] = \begin{cases}0, & n=2k,\\ \frac{8}{n^3\pi}, & n=2k-1,\end{cases}\end{aligned}$$

于是得到 $f(x)$ 的正弦级数
$$f(x) \sim \frac{8}{\pi}\sum_{n=1}^{\infty}\frac{\sin(2n-1)x}{(2n-1)^3}.$$

注意, 从上面的解题过程可以发现, 在求 $f(x)$ Fourier 级数时, 我们没有用到延拓函数 $\tilde{f}(x)$ 的表达式, 所以今后计算 $f(x)$ Fourier 级数时可免去求 $\tilde{f}(x)$ 的表达式的过程.

§17.1.4 任意周期的函数的 Fourier 展开

设 $f(x)$ 的周期为 $2T$, 在区间 $[-T,T]$ 上, 令

$$x = \frac{T}{\pi}t, \ \varphi(t) = f\left(\frac{T}{\pi}t\right) = f(x),$$

则 $\varphi(t)$ 是以 2π 为周期的函数. 对 $\varphi(t)$ 利用前面的结论, 有

$$\varphi(t) \sim \frac{a_0}{2} + \sum_{n=1}^{\infty}(a_n \cos nt + b_n \sin nt),$$

代回变量得

$$f(x) \sim \frac{a_0}{2} + \sum_{n=1}^{\infty}\left(a_n \cos \frac{n\pi}{T}x + b_n \sin \frac{n\pi}{T}x\right),$$

相应的 Fourier 系数的表达式为

$$a_n = \frac{1}{\pi}\int_{-\pi}^{\pi}\varphi(t)\cos nt \mathrm{d}t = \frac{1}{T}\int_{-T}^{T}f(x)\cos\frac{n\pi}{T}x \mathrm{d}x, \quad n = 0, 1, 2, \cdots; \quad (17.1.12)$$

$$b_n = \frac{1}{\pi}\int_{-\pi}^{\pi}\varphi(t)\sin nt \mathrm{d}t = \frac{1}{T}\int_{-T}^{T}f(x)\sin\frac{n\pi}{T}x \mathrm{d}x, \quad n = 1, 2, \cdots. \quad (17.1.13)$$

例 17.1.8 将 $f(x) = \begin{cases} C, & x \in (-T, 0), \\ 0, & x \in [0, T] \end{cases}$ 展开为Fourier 级数.

解

$$a_0 = \frac{1}{T}\int_{-T}^{T}f(x)\mathrm{d}x = C,$$

$$a_n = \frac{1}{T}\int_{-T}^{T}f(x)\cos\frac{\pi nx}{T}\mathrm{d}x = 0 \quad (n = 1, 2, 3, \cdots),$$

$$b_n = \frac{1}{T}\int_{-T}^{T}f(x)\sin\frac{\pi nx}{T}\mathrm{d}x = \frac{C}{n\pi}[-1 + (-1)^n], \quad n = 1, 2, 3, \cdots,$$

于是 $f(x)$ 的 Fourier 级数为

$$f(x) \sim \frac{C}{2} - \frac{2C}{\pi}\sum_{n=1}^{\infty}\frac{1}{2n-1}\sin\frac{(2n-1)\pi}{T}x.$$

习 题 17.1

A1. 试求三角多项式

$$T_n(x) = \frac{A_0}{2} + \sum_{k=1}^{n}(A_k \cos kx + B_k \sin kx)$$

的傅里叶级数展开式.

A2. 在指定区间内把下列函数展开成傅里叶级数:

(1) $f(x) = \text{sgn}x$, $-\pi < x < \pi$;

(2) $f(x) = x^2$, (i) $-\pi < x < \pi$, (ii) $0 < x < 2\pi$;

(3) $f(x) = \begin{cases} ax, & -\pi < x \leqslant 0, \\ bx, & 0 < x < \pi \end{cases}$ $(a \neq b, a \neq 0, b \neq 0)$;

(4) $f(x) = 4\sin x - 3\cos x$, $-\pi < x < \pi$;

(5) $f(x) = \cosh x, -\pi < x < \pi$;

(6) $f(x) = \sinh x, -\pi < x < \pi$;

(7) $f(x) = |\cos x|, 0 < x < \pi$;

(8) $f(x) = x - [x], 0 < x < 1$.

A3. 将下列函数展开为正弦级数:

(1) $f(x) = e^{-x}$, $x \in [0, \pi]$;   (2) $f(x) = \begin{cases} \cos \dfrac{\pi x}{2}, & x \in [0, 1], \\ 0, & x \in [1, 2]. \end{cases}$

A4. 将下列函数展开为余弦级数:

(1) $f(x) = e^{2x}$, $x \in [0, \pi]$;   (2) $f(x) = \begin{cases} \sin 2x, & x \in \left[0, \dfrac{\pi}{4}\right), \\ 1, & x \in \left[\dfrac{\pi}{4}, \dfrac{\pi}{2}\right]. \end{cases}$

A5. 设 $f(x+10) = f(x), \forall x \in \mathbb{R}$, 且 $f(x) = 10-x, x \in (5, 15)$, 试求 $f(x)$ 的 Fourier 级数.

B6. 设 $f(x)$ 为 $[-\pi, \pi]$ 上光滑函数, 且 $f(-\pi) = f(\pi)$. 再设 a_n, b_n 为 $f(x)$ 的傅里叶系数, 而 a'_n, b'_n 为 $f(x)$ 的导函数 $f'(x)$ 的傅里叶系数. 证明:

$$a'_0 = 0, \ a'_n = nb_n, \ b'_n = -na_n \quad (n = 1, 2, \cdots).$$

B7. 设 $f(x)$ 在 $[-\pi, \pi]$ 上可积且绝对可积, 证明:

(1) 若 $\forall x \in [-\pi, \pi]$, 成立 $f(x) = f(x+\pi)$, 则 $a_{2n-1} = b_{2n-1} = 0$;

(2) 若 $\forall x \in [-\pi, \pi]$, 成立 $f(x) = -f(x+\pi)$, 则 $a_{2n} = b_{2n} = 0$.

B8. 设 $f(x)$ 在 $[-\pi, \pi]$ 上的 Fourier 系数为 a_n 和 b_n, 求下列函数的 Fourier 系数 $\tilde{a}_n$ 和 $\tilde{b}_n$:

(1) $g(x) = f(-x)$;   (2) $g(x) = f(x+C)$ (C 为常数);

(3) $g(x) = \dfrac{1}{\pi} \int_{-\pi}^{\pi} f(t) f(x-t) dt$ (假定积分次序可交换).

C9. 若周期函数 $f(x)$ 满足下列条件之一, 问其 Fourier 系数有何特性:

(1) $f(x+\pi) = f(x)$; (2) $f(x+\pi) = -f(x)$.

C10. 如何把定义在 $\left[0, \dfrac{\pi}{2}\right]$ 上的可积函数 f 适当地延拓成以 2π 为周期的周期函数, 使其 Fourier 级数具有如下形式:

(1) $\sum\limits_{n=1}^{\infty} a_{2n-1} \cos(2n-1)x$;   (2) $\sum\limits_{n=1}^{\infty} b_{2n-1} \sin(2n-1)x$.

§17.2 Fourier 级数的收敛判别法

在函数的 Taylor 级数展开中, 我们也讨论过收敛问题. 我们只有一个笼统的结果: $f(x)$ 是否等于其对应的 Taylor 级数, 即 $f(x)$ 的 Taylor 多项式是否收敛于 $f(x)$, 等价于余项 $r_n(x)$ 是否趋于 0. 然后我们只是针对一些常见的函数进行了具体的讨论. 下面我们

要一般地研究 $f(x)$ 的 Fourier 级数的部分和 $S_m(x)$ 是否收敛于 $f(x)$ 的问题. 尽管讨论的过程较为复杂, 但所得到的判别法则还是比较简单的.

鉴于 Fourier 系数都是用积分来表示的, 所以我们下面先把 $S_m(x)$ 用积分表示出来, 这就是 Dirichlet 积分.

§17.2.1　Dirichlet 积分

设 $f(x)$ 是以 2π 为周期的可积函数, 记它的 Fourier 级数的部分和为 $S_m(x)$, 即

$$S_m(x) = \frac{a_0}{2} + \sum_{n=1}^{m}(a_n \cos nx + b_n \sin nx).$$

将 Fourier 系数

$$a_n = \frac{1}{\pi}\int_{-\pi}^{\pi} f(t)\cos nt\,dt \quad (n=0,1,2,\cdots),$$

$$b_n = \frac{1}{\pi}\int_{-\pi}^{\pi} f(t)\sin nt\,dt \quad (n=1,2,\cdots),$$

代入 $S_m(x)$, 得

$$\begin{aligned}S_m(x) =& \frac{1}{2\pi}\int_{-\pi}^{\pi} f(t)dt + \frac{1}{\pi}\sum_{n=1}^{m}\left[\left(\int_{-\pi}^{\pi}f(t)\cos nt\,dt\right)\cos nx\right.\\ &\left.+\left(\int_{-\pi}^{\pi}f(t)\sin nt\,dt\right)\sin nx\right]\\ =& \frac{1}{\pi}\int_{-\pi}^{\pi}f(t)\left[\frac{1}{2}+\sum_{n=1}^{m}(\cos nt\cos nx+\sin nt\sin nx)\right]dt\\ =& \frac{1}{\pi}\int_{-\pi}^{\pi}f(t)\left[\frac{1}{2}+\sum_{n=1}^{m}\cos n(t-x)\right]dt.\end{aligned}$$

应用积化和差公式 (类似于式 (15.3.9)) 可得, 当 $\theta \neq 0$ 时, 有

$$\frac{1}{2}+\sum_{n=1}^{m}\cos n\theta = \frac{\sin\dfrac{2m+1}{2}\theta}{2\sin\dfrac{\theta}{2}}.$$

当 $\theta=0$ 时, 若将右端理解为当 $\theta\to 0$ 时的极限值, 则等式依然成立. 因此, 上式对任意 $\theta\in[-\pi,\pi]$, 从而对任意实数 θ 都是正确的. 于是

$$\begin{aligned}S_m(x) =& \frac{1}{\pi}\int_{-\pi}^{\pi}f(t)\frac{\sin\dfrac{2m+1}{2}(t-x)}{2\sin\dfrac{t-x}{2}}dt \quad (\text{作代换}\,t-x=u)\\ =& \frac{1}{\pi}\int_{-\pi-x}^{\pi-x}f(x+u)\frac{\sin\dfrac{2m+1}{2}u}{2\sin\dfrac{u}{2}}du \quad (\text{应用周期性})\end{aligned}$$

$$= \frac{1}{\pi}\int_{-\pi}^{\pi} f(x+u)\frac{\sin\frac{2m+1}{2}u}{2\sin\frac{u}{2}}\mathrm{d}u$$

$$= \frac{1}{\pi}\int_{-\pi}^{0} f(x+u)\frac{\sin\frac{2m+1}{2}u}{2\sin\frac{u}{2}}\mathrm{d}u + \frac{1}{\pi}\int_{0}^{\pi} f(x+u)\frac{\sin\frac{2m+1}{2}u}{2\sin\frac{u}{2}}\mathrm{d}u.$$

因此有

$$S_m(x) = \frac{1}{\pi}\int_0^{\pi} [f(x+u) + f(x-u)]\frac{\sin\frac{2m+1}{2}u}{2\sin\frac{u}{2}}\mathrm{d}u. \tag{17.2.1}$$

积分 (17.2.1) 称为 **Dirichlet 积分**, 函数 $\dfrac{\sin\frac{2m+1}{2}u}{2\sin\frac{u}{2}}$ 称为 **Dirichlet 积分核**(Dirichlet kernel). 注意到

$$\frac{2}{\pi}\int_0^{\pi}\frac{\sin\frac{2m+1}{2}u}{2\sin\frac{u}{2}}\mathrm{d}u = \frac{2}{\pi}\int_0^{\pi}\left(\frac{1}{2} + \sum_{n=1}^{m}\cos nu\right)\mathrm{d}u = 1,$$

因此, 对任意函数 $\sigma(x)$, 有

$$S_m(x) - \sigma(x) = \frac{1}{\pi}\int_0^{\pi}[f(x+u) + f(x-u) - 2\sigma(x)]\frac{\sin\frac{2m+1}{2}u}{2\sin\frac{u}{2}}\mathrm{d}u.$$

于是, 若记

$$\varphi_\sigma(u,x) = f(x+u) + f(x-u) - 2\sigma(x),$$

则 $f(x)$ 的 Fourier 级数是否收敛于某个 $\sigma(x)$ 就等价于极限

$$\lim_{m\to\infty}\int_0^{\pi}\varphi_\sigma(u,x)\frac{\sin\frac{2m+1}{2}u}{2\sin\frac{u}{2}}\mathrm{d}u$$

是否存在且等于 0. 由于当 $m \to +\infty$ 时, Dirichlet 积分核没有极限, 所以不能用积分号下求极限的办法, 而下面的 Riemann 引理是研究这个积分的一个工具.

§17.2.2　Riemann 引理及其推论

Riemann 引理是 Fourier 分析 (Fourier 级数、Fourier 积分、Fourier 变换及其相关理论) 中的一条基本的引理, 从它可以导出许多重要的结果.

定理 17.2.1(Riemann 引理)　设函数 $\psi(x)$ 在 $[a,b]$ 上可积或绝对可积, 则成立

$$\lim_{p\to+\infty}\int_a^b \psi(x)\sin px\,\mathrm{d}x = \lim_{p\to+\infty}\int_a^b \psi(x)\cos px\,\mathrm{d}x = 0. \tag{17.2.2}$$

§17.2 Fourier 级数的收敛判别法

证明 只证明式 (17.2.2) 中第一个极限成立, 另一个类似可证.

(1) 先考虑函数 $\psi(x)$ 有界的情况, 这时函数 $\psi(x)$Riemann 可积. 于是由可积的充要条件, 对于任意给定的 $\varepsilon > 0$, 存在 $[a,b]$ 的一种划分 $a = x_0 < x_1 < x_2 < \cdots < x_n = b$, 满足

$$\sum_{i=1}^{n} \omega_i \Delta x_i < \frac{\varepsilon}{2},$$

这里 $\Delta x_i = x_i - x_{i-1}$, ω_i 是 $\psi(x)$ 在 $[x_{i-1}, x_i]$ 中的振幅.

记 m_i 是 $\psi(x)$ 在 $[x_{i-1}, x_i]$ 中的下确界, 并取 $P = \dfrac{4}{\varepsilon}\left(\sum\limits_{i=1}^{n}|m_i| + 1\right) > 0$, 则当 $p > P$ 时,

$$\frac{2}{p}\left(\sum_{i=1}^{n}|m_i|\right) < \frac{\varepsilon}{2}.$$

于是, 对于任意给定的 $\varepsilon > 0$, 存在 $P > 0$, 当 $p > P$ 时, 有

$$\begin{aligned}
\left|\int_a^b \psi(x)\sin px\,\mathrm{d}x\right| &= \left|\sum_{i=1}^{n}\int_{x_{i-1}}^{x_i}\psi(x)\sin px\,\mathrm{d}x\right| \\
&= \left|\sum_{i=1}^{n}\int_{x_{i-1}}^{x_i}(\psi(x) - m_i)\sin px\,\mathrm{d}x + \sum_{i=1}^{n}m_i\int_{x_{i-1}}^{x_i}\sin px\,\mathrm{d}x\right| \\
&\leqslant \sum_{i=1}^{n}\int_{x_{i-1}}^{x_i}|\psi(x) - m_i|\cdot|\sin px|\,\mathrm{d}x + \sum_{i=1}^{n}|m_i|\left|\int_{x_{i-1}}^{x_i}\sin px\,\mathrm{d}x\right| \\
&\leqslant \sum_{i=1}^{n}\int_{x_{i-1}}^{x_i}|\psi(x) - m_i|\,\mathrm{d}x + \frac{2}{p}\left(\sum_{i=1}^{n}|m_i|\right) \\
&= \sum_{i=1}^{n}\omega_i\Delta x_i + \frac{2}{p}\left(\sum_{i=1}^{n}|m_i|\right) < \varepsilon.
\end{aligned}$$

(2) 再考虑 $\psi(x)$ 无界的情况, 这时 $\psi(x)$ 绝对可积. 不妨假设 b 是 $\psi(x)$ 的唯一奇点. 由无界函数反常积分绝对收敛的定义, 对于任意给定的 $\varepsilon > 0$, 存在 $\delta > 0$, 当 $\eta < \delta$ 时,

$$\int_{b-\eta}^{b}|\psi(x)|\,\mathrm{d}x < \frac{\varepsilon}{2},$$

固定 η, 则 $\psi(x)$ 在 $[a, b-\eta]$ 上 Riemann 可积, 应用上面的结论知存在正数 P, 当 $p > P$ 时, 有

$$\left|\int_a^{b-\eta}\psi(x)\sin px\,\mathrm{d}x\right| < \frac{\varepsilon}{2}.$$

因此,

$$\left|\int_a^b \psi(x)\sin px \mathrm{d}x\right|$$

$$\leqslant \left|\int_a^{b-\eta} \psi(x)\sin px \mathrm{d}x\right| + \int_{b-\eta}^b |\psi(x)\sin px|\mathrm{d}x$$

$$\leqslant \left|\int_a^{b-\eta} \psi(x)\sin px \mathrm{d}x\right| + \int_{b-\eta}^b |\psi(x)|\mathrm{d}x < \varepsilon.$$

所以无论对哪一种情况, 都有式 (17.2.2) 的第一式成立. □

考虑到函数 f 的 Fourier 系数 a_n, b_n 是由 f 在整个区间 $[-\pi,\pi]$ 上的值所确定的, 因此 f 的 Fourier 级数在一点 x 处的敛散性似乎自然地应当与 f 在整个区间 $[-\pi,\pi]$ 上的形态有关, 但下面的局部性原理表明情况并非如此.

推论 17.2.1 (局部性原理) 可积或绝对可积函数 f 的Fourier级数在 x 处是否收敛只与 f 在 x 的任意小邻域 $(x-\delta, x+\delta)$ 内的性质有关, 这里 δ 是一个任意给定的正数.

证明 由于对任意给定的 $\delta > 0$, $\dfrac{1}{2\sin\dfrac{u}{2}}$ 在 $[\delta,\pi]$ 上连续有界, 所以 $\dfrac{f(x+u)+f(x-u)}{2\sin\dfrac{u}{2}}$ 关于 u 在 $[\delta,\pi]$ 可积或绝对可积. 由 Riemann 引理,

$$\lim_{m\to +\infty}\int_\delta^\pi [f(x+u)+f(x-u)]\frac{\sin\dfrac{2m+1}{2}u}{2\sin\dfrac{u}{2}}\mathrm{d}u = 0.$$

因此, 若将 $S_m(x)$ 的表达式中积分区间分成 $[0,\delta]$ 和 $[\delta,\pi]$ 两部分, 则当 $m\to +\infty$ 时, $S_m(x)$ 的敛散性显然只与积分

$$\frac{1}{\pi}\int_0^\delta [f(x+u)+f(x-u)]\frac{\sin\dfrac{2m+1}{2}u}{2\sin\dfrac{u}{2}}\mathrm{d}u$$

有关, 而这个积分只与函数 f 在区间 $(x-\delta, x+\delta)$ 的形态有关. □

推论 17.2.2 对 $[0,\delta]$ 上的可积或绝对可积函数 $\psi(u)$, 成立

$$\lim_{m\to\infty}\int_0^\delta \psi(u)\frac{\sin\dfrac{2m+1}{2}u}{2\sin\dfrac{u}{2}}\mathrm{d}u = \lim_{m\to\infty}\int_0^\delta \psi(u)\frac{\sin\dfrac{2m+1}{2}u}{u}\mathrm{d}u.$$

证明 由于

$$\lim_{u\to 0}\left(\frac{1}{2\sin\dfrac{u}{2}} - \frac{1}{u}\right) = \lim_{u\to 0}\frac{u - 2\sin\dfrac{u}{2}}{2u\sin\dfrac{u}{2}} = 0,$$

若令

$$g(u) = \begin{cases} \dfrac{1}{2\sin\dfrac{u}{2}} - \dfrac{1}{u}, & 0 < u \leqslant \delta, \\ 0, & u = 0, \end{cases}$$

§17.2 Fourier 级数的收敛判别法

则 $g(u)$ 是 $[0,\delta]$ 上的连续函数, 而 $\psi(u)$ 可积或绝对可积, 所以 $g(u)\psi(u)$ 可积或绝对可积, 由 Riemann 引理知:

$$\lim_{m\to\infty}\int_0^\delta \psi(u)\left(\frac{1}{2\sin\frac{u}{2}}-\frac{1}{u}\right)\sin(m+\frac{1}{2})u du = \lim_{m\to\infty}\int_0^\delta \psi(u)g(u)\sin\left(m+\frac{1}{2}\right)u du = 0.$$

□

推论 17.2.2 告诉我们, 如果对点 x, 能找到适当的函数 $\sigma(x)$, 使得对充分小的 $\delta>0$, 有

$$\lim_{m\to\infty}\int_0^\delta \frac{\varphi_\sigma(u,x)}{u}\cdot\sin\frac{2m+1}{2}u du = 0,$$

则 $f(x)$ 的 Fourier 级数在 x 点就必收敛于这个 $\sigma(x)$. 而由 Riemann 引理, 当 $\frac{\varphi_\sigma(u,x)}{u}$ 在 $[0,\delta]$ 上可积或绝对可积时, 上式成立. 这一观察对下面的讨论带来启示.

§17.2.3 Fourier 级数的收敛判别法

在给出收敛定理之前, 我们先证明一个引理.

定理 17.2.2(Dirichlet 引理) 设函数 $\psi(u)$ 在 $[0,\delta]$ 上单调, 则成立

$$\lim_{p\to+\infty}\int_0^\delta \frac{\psi(u)-\psi(0+)}{u}\sin pu\, du = 0.$$

证明 不妨设 $\psi(x)$ 单调增加. 于是对任意给定的 $\varepsilon>0$, 存在 $\eta\in(0,\delta)$, 当 $u\in(0,\eta)$ 时,

$$0\leqslant \psi(u)-\psi(0+)<\varepsilon.$$

将积分分为两部分

$$\int_0^\delta \frac{\psi(u)-\psi(0+)}{u}\sin pu\, du$$
$$=\int_0^\eta \frac{\psi(u)-\psi(0+)}{u}\sin pu\, du + \int_\eta^\delta \frac{\psi(u)-\psi(0+)}{u}\sin pu\, du.$$

对等式右边的第一项, 由积分第二中值定理, 存在 $\xi\in[0,\eta]$,

$$\left|\int_0^\eta \frac{\psi(u)-\psi(0+)}{u}\sin pu\, du\right| = [\psi(\eta)-\psi(0+)]\cdot\left|\int_\xi^\eta \frac{\sin pu}{u}du\right|$$
$$<\left|\int_\xi^\eta \frac{\sin pu}{u}du\right|\cdot\varepsilon = \left|\int_{p\xi}^{p\eta}\frac{\sin u}{u}du\right|\cdot\varepsilon,$$

利用第 14 章例 14.2.10 中的 Dirichlet 积分, 即 $\int_0^{+\infty}\frac{\sin x}{x}dx=\frac{\pi}{2}$, 存在与 p 无关的常数 K, 使

$$\left|\int_\xi^\eta \frac{\sin pu}{u}du\right| = \left|\int_{p\xi}^{p\eta}\frac{\sin u}{u}du\right| < K,$$

于是
$$\left|\int_0^\eta \frac{\psi(u)-\psi(0+)}{u}\sin pu\,du\right| < K\varepsilon.$$

对等式右边的第二项, 由于 $\frac{\psi(u)-\psi(0+)}{u}$ 在 $[\eta,\delta]$ 上显然是可积的, 由 Riemann 引理, 存在常数 $P>0$, 当 $p>P$ 时, 有
$$\left|\int_\xi^\eta [\psi(\eta)-\psi(0+)]\frac{\sin pu}{u}du\right| < \varepsilon.$$

综合上述两项估计, 即知结论成立. □

注 17.2.1 (1) Dirichlet 引理也经常表达为等价形式
$$\lim_{p\to+\infty}\int_0^\delta \psi(u)\frac{\sin pu}{u}du = \frac{\pi}{2}\psi(0+).$$

如果 $\psi(x)\equiv C\neq 0$, 有
$$\lim_{p\to+\infty}\int_0^\delta \frac{\sin pu}{u}du = \frac{\pi}{2},\quad \forall \delta>0.$$

(2) 如果 $\psi(x)$ 是分段单调函数或若干个分段单调函数之和, 易知Dirichlet 引理依然成立. 特别地, Dirichlet 引理对有界变差函数 (即两个单调增加函数之差) 也成立.

下面是一种较弱的**Hölder** 条件.

定义 17.2.1 设 x 为函数 $f(x)$ 的连续点或第一类间断点, 若对于充分小的正数 δ, 存在常数 $L>0$ 和 $\alpha\in(0,1]$, 使得
$$|f(x\pm u)-f(x\pm)| < Lu^\alpha \quad (0<u<\delta), \tag{17.2.3}$$

则称 $f(x)$ 在 x 点满足指数为 α 的**Hölder** 条件(当 $\alpha=1$ 时称为**Lipschitz** 条件).

定理 17.2.3(收敛定理) 设函数 $f(x)$ 在 $[-\pi,\pi]$ 上可积或绝对可积, 且满足下列条件之一, 则 $f(x)$ 的Fourier 级数在每个点 $x\in[-\pi,\pi]$ 处收敛于 $\frac{f(x+)+f(x-)}{2}$.

(1) (**Dirichlet-Jordan 判别法**) $f(x)$ 在 x 的某个区间 $(x-\delta,x+\delta)$ 上是分段单调函数, 或若干个单调函数之和.

(2) (**Dini-Lipschitz 判别法**) $f(x)$ 在 x 点满足指数为 $\alpha\in(0,1]$ 的Hölder条件.

这里, 所谓 $f(x)$ 在区间 (a,b) 上分段单调, 是指 (a,b) 上存在有限个点 $a=x_0<x_1<x_2<\cdots<x_N=b$, 使得 $f(x)$ 在每个区间 $(x_{i-1},x_i)(i=1,2,\cdots,N)$ 上都单调的.

证明 当满足条件 (1) 时, 由 Dirichlet 引理,
$$\lim_{p\to+\infty}\int_0^\delta \frac{f(x+u)-f(x+)}{u}\sin pu\,du = 0,$$
$$\lim_{p\to+\infty}\int_0^\delta \frac{f(x-u)-f(x-)}{u}\sin pu\,du = 0,$$

两式相加, 即有
$$\lim_{p\to+\infty}\int_0^\delta \left[f(x+u)+f(x-u)-2\frac{f(x+)+f(x-)}{2}\right]\frac{\sin pu}{u}du = 0.$$

§17.2 Fourier 级数的收敛判别法

当满足条件 (2) 时, 在 $(0,\delta)$ 上, 有

$$\frac{|f(x \pm u) - f(x\pm)|}{u} < \frac{L}{u^{1-\alpha}} \ (0 < \alpha \leqslant 1),$$

所以

$$\frac{\phi_\sigma(u,x)}{u} = \frac{f(x+u) - f(x+)}{u} + \frac{f(x-u) - f(x-)}{u}$$

在 $[0,\delta]$ 可积或绝对可积, 其中 $\sigma(x) = \frac{1}{2}(f(x+) + f(x-))$. 由 Riemann 引理

$$\lim_{p \to +\infty} \int_0^\delta \left[f(x+u) + f(x-u) - 2\frac{f(x+) + f(x-)}{2} \right] \frac{\sin pu}{u} \mathrm{d}u = 0.$$

因此无论哪种情况, $f(x)$ 的 Fourier 级数在点 x 处均收敛于 $\frac{f(x+) + f(x-)}{2}$. □

"可导"强于"满足Lipschitz 条件", 但易于验证, 因此 Dini-Lipschitz 判别法的如下推论常被用到.

推论 17.2.3 设函数 f 在 $[-\pi,\pi]$ 上可积或绝对可积, 在 x 处的两个单侧导数 $f'_+(x)$ 和 $f'_-(x)$ 都存在, 或更进一步, 只要两个拟单侧导数

$$\lim_{h \to 0} \frac{f(x \pm h) - f(x\pm)}{h}$$

存在, 则 $f(x)$ 的Fourier 级数在 x 点收敛于 $\frac{f(x+) + f(x-)}{2}$.

注 17.2.2 当收敛条件满足时, $f(x)$ 的Fourier 级数在连续点收敛于 $f(x)$, 而在第一类间断点, 则收敛于在该点的左右极限的平均值.

注 17.2.3 研究Fourier 级数的 (逐点) 收敛性是一件十分困难的事情, 至今还没有获得收敛的充要条件. 同时, 前面得到的判别法也都附加了不很自然的条件, 即使对于连续周期函数, 我们也不能断定它的Fourier 级数的收敛性. 相关的研究仍然在继续之中. 在下一节中我们要讨论另外一种意义, 即所谓平方平均意义下的收敛问题, 我们将有比较漂亮的结果.

例 17.2.1 由前面的例 17.1.6, 当把 $f(x) = x$, $x \in [0,\pi]$ 作偶式延拓时,

$$x \sim \frac{\pi}{2} - \frac{4}{\pi} \left(\cos x + \frac{\cos 3x}{3^2} + \frac{\cos 5x}{5^2} + \cdots + \frac{\cos(2k+1)x}{(2k+1)^2} + \cdots \right), x \in [0,\pi],$$

由收敛定理, 可将 $\sim$ 改为等号

$$x = \frac{\pi}{2} - \frac{4}{\pi} \left(\cos x + \frac{\cos 3x}{3^2} + \frac{\cos 5x}{5^2} + \cdots + \frac{\cos(2k+1)x}{(2k+1)^2} + \cdots \right), x \in [0,\pi],$$

特别地, 令 $x = 0$ 或 $x = \pi$ 得

$$1 + \frac{1}{3^2} + \cdots + \frac{1}{(2k+1)^2} + \cdots = \frac{\pi^2}{8}. \tag{17.2.4}$$

由此可得

$$1+\frac{1}{2^2}+\frac{1}{3^2}+\cdots+\frac{1}{n^2}+\cdots$$
$$=1+\frac{1}{3^2}+\frac{1}{5^2}+\cdots+\frac{1}{(2n+1)^2}+\cdots+\frac{1}{2^2}+\frac{1}{4^2}+\cdots+\frac{1}{(2n)^2}+\cdots$$
$$=\frac{\pi^2}{8}+\frac{1}{4}(1+\frac{1}{2^2}+\frac{1}{3^2}+\cdots+\frac{1}{n^2}+\cdots),$$

于是得

$$1+\frac{1}{2^2}+\frac{1}{3^2}+\cdots+\frac{1}{n^2}+\cdots=\frac{\pi^2}{6}. \tag{17.2.5}$$

而当把 $x \in [0,\pi]$ 作奇式延拓时, 可得

$$f(x) \sim 2\sum_{n=1}^{\infty}\frac{(-1)^{n-1}\sin nx}{n}=\begin{cases} x, & x \in (-\pi,\pi), \\ 0, & x=0,\pm\pi, \end{cases}$$

特别地, 令 $x=\frac{\pi}{2}$, 得

$$1-\frac{1}{3}+\frac{1}{5}-\frac{1}{7}+\cdots+(-1)^k\frac{1}{2k+1}+\cdots=\frac{\pi}{4}. \tag{17.2.6}$$

例 17.2.2 由前面的例 17.1.7, 当把 $f(x)=x(\pi-x), x \in [0,\pi]$ 作偶式延拓时, 得

$$f(x) \sim \frac{\pi^2}{6}-\sum_{n=1}^{\infty}\frac{4\cos 2nx}{(2n)^2}=\frac{\pi^2}{6}-\sum_{n=1}^{\infty}\frac{\cos 2nx}{n^2},\ x \in [0,\pi].$$

由收敛定理, 可将 $\sim$ 改为等号

$$f(x)=\frac{\pi^2}{6}-\sum_{n=1}^{\infty}\frac{4\cos 2nx}{(2n)^2}=\frac{\pi^2}{6}-\sum_{n=1}^{\infty}\frac{\cos 2nx}{n^2},\ x \in [0,\pi].$$

在上式中分别令 $x=0$ 和 $x=\frac{\pi}{2}$ 得

$$1+\frac{1}{2^2}+\frac{1}{3^2}+\cdots+\frac{1}{n^2}+\cdots=\frac{\pi^2}{6}.$$

$$1-\frac{1}{2^2}+\frac{1}{3^2}-\frac{1}{4^2}+\cdots+(-1)^{n-1}\frac{1}{n^2}+\cdots=\frac{\pi^2}{12}.$$

同样, 当把 $x(\pi-x), x \in [0,\pi]$ 作奇式延拓时, 得

$$x(\pi-x)=\frac{8}{\pi}\sum_{n=1}^{\infty}\frac{\sin(2n-1)x}{(2n-1)^3},\ x \in [0,\pi].$$

在上式中令 $x=\frac{\pi}{2}$ 得

$$1-\frac{1}{3^3}+\frac{1}{5^3}-\frac{1}{7^3}+\cdots+(-1)^{n-1}\frac{1}{(2n-1)^3}+\cdots=\frac{\pi^3}{32}.$$

习 题 17.2

A1. 求函数
$$f(x) = \begin{cases} x, & 0 \leqslant x \leqslant 1, \\ 1, & 1 < x < 2, \\ 3-x, & 2 \leqslant x \leqslant 3 \end{cases}$$
的傅里叶级数并讨论其收敛性.

A2. 把函数 $f(x) = \begin{cases} -\dfrac{\pi}{4}, & -\pi < x < 0, \\ \dfrac{\pi}{4}, & 0 \leqslant x < \pi \end{cases}$ 展开成傅里叶级数, 并由它推出

(1) $\dfrac{\pi}{4} = 1 - \dfrac{1}{3} + \dfrac{1}{5} - \dfrac{1}{7} + \cdots$;

(2) $\dfrac{\pi}{3} = 1 + \dfrac{1}{5} - \dfrac{1}{7} - \dfrac{1}{11} + \dfrac{1}{13} + \dfrac{1}{17} + \cdots$;

(3) $\dfrac{\sqrt{3}}{6}\pi = 1 - \dfrac{1}{5} + \dfrac{1}{7} - \dfrac{1}{11} + \dfrac{1}{13} - \dfrac{1}{17} + \cdots$.

A3. 把下列函数

(1) $f(x) = \dfrac{\pi - x}{2}, 0 < x < 2\pi$;

(2) $f(x) = ax^2 + bx + c$, (i) $-\pi < x < \pi$, (ii) $0 < x < 2\pi$, 展开成傅里叶级数, 并由它推出 $1 + \dfrac{1}{2^2} + \dfrac{1}{3^2} + \cdots + \dfrac{1}{n^2} + \cdots = \dfrac{\pi^2}{6}$.

B4. 设 $f(x)$ 在 $[0, +\infty)$ 上连续且单调, $\lim\limits_{x \to +\infty} f(x) = 0$, 证明:
$$\lim_{p \to +\infty} \int_0^{+\infty} f(x) \sin px \, dx = 0.$$

B5. 设函数 $f(x)$ 在 $[-\delta, \delta]$ 上单调, 证明:
$$\lim_{p \to +\infty} \int_{-\delta}^{\delta} \{f(u) - [f(0+) - f(0-)]\} \frac{\sin pu}{u} du = 0.$$

B6. 证明: 若三角级数
$$\frac{a_0}{2} + \sum_{n=1}^{\infty} (a_n \cos nx + b_n \sin nx)$$
中的系数 a_n, b_n 满足关系
$$\sup_n \{|n^3 a_n|, |n^3 b_n|\} \leqslant M,$$
其中, M 为常数, 则上述三角级数收敛, 且其和函数具有连续的导函数.

B7. 利用 $\sum\limits_{n=1}^{\infty} \dfrac{1}{n^2} = \dfrac{\pi^2}{6}$, 证明: $\sum\limits_{n=1}^{\infty} \dfrac{(-1)^{n-1}}{n^2} = \dfrac{\pi^2}{12}$.

B8. 证明下列关系式:

(1) $\sum\limits_{n=1}^{\infty} \dfrac{\cos nx}{n^2} = \dfrac{x^2}{4} - \dfrac{\pi x}{2} + \dfrac{\pi^2}{6}$ $(x \in [0, \pi])$;

(2) $\pi e^{ax} = (e^{2a\pi} - 1)\left[\dfrac{1}{2a} + \sum\limits_{n=1}^{\infty} \dfrac{a \cos nx - n \sin nx}{n^2 + a^2}\right]$ $(x \in (0, 2\pi), \ a \neq 0)$.

§17.3　Fourier 级数的性质

Fourier 级数有很多重要性质. 本节主要讨论 Fourier 级数的分析性质, 即逐项积分与逐项微分性质、逼近性质, 即另一种意义下的收敛性. 我们发现这与 Taylor 级数有很大的不同.

为简单起见, 假定 $f(x)$ 的周期为 2π.

§17.3.1　Fourier 级数的分析性质

首先, 利用 Riemann 引理可以直接得出

定理 17.3.1　设函数 $f(x)$ 在 $[-\pi,\pi]$ 上可积或绝对可积, 则 $f(x)$ 的 Fourier 系数趋于 0, 即

$$\lim_{n\to\infty} a_n = 0, \quad \lim_{n\to\infty} b_n = 0. \tag{17.3.1}$$

下面讨论函数 $f(x)$ 的 Fourier 级数的逐项微分和逐项积分问题.

定理 17.3.2 (Fourier 级数的逐项积分定理)　设函数 $f(x)$ 在 $[-\pi,\pi]$ 上可积或绝对可积,

$$f(x) \sim \frac{a_0}{2} + \sum_{n=1}^{\infty}(a_n\cos nx + b_n\sin nx),$$

则 $f(x)$ 的 Fourier 级数可以逐项积分, 即对任何 $c, x \in [-\pi,\pi]$, 有

$$\int_c^x f(t)\mathrm{d}t = \int_c^x \frac{a_0}{2}\mathrm{d}t + \sum_{n=1}^{\infty}\int_c^x (a_n\cos nt + b_n\sin nt)\mathrm{d}t. \tag{17.3.2}$$

证明　这里仅对在 $[-\pi,\pi]$ 上只有有限个第一类不连续点的情况加以证明. 考虑函数

$$F(x) = \int_c^x \left[f(t) - \frac{a_0}{2}\right]\mathrm{d}t,$$

$F(x)$ 是周期为 2π 的连续函数, 由定理 17.3.1 可知, 在 $f(x)$ 的连续点, 成立

$$F'(x) = f(x) - \frac{a_0}{2},$$

而在 $f(x)$ 的第一类不连续点, $F(x)$ 的两个单侧导数

$$F'_{\pm}(x) = f(x\pm) - \frac{a_0}{2}$$

都存在. 由 Dini-Lipschitz 判别法的推论, $F(x)$ 可展开为收敛的 Fourier 级数

$$F(x) = \frac{A_0}{2} + \sum_{n=1}^{\infty}(A_n\cos nx + B_n\sin nx).$$

利用分部积分法, 即有

$$
\begin{aligned}
A_n &= \frac{1}{\pi}\int_{-\pi}^{\pi} F(x)\cos nx \mathrm{d}x \\
&= \frac{1}{\pi}\left[\frac{\sin nx}{n}F(x)\right]\Big|_{-\pi}^{\pi} - \frac{1}{n\pi}\int_{-\pi}^{\pi} F'(x)\sin nx \mathrm{d}x \\
&= -\frac{1}{n\pi}\int_{-\pi}^{\pi}\left[f(x) - \frac{a_0}{2}\right]\sin nx \mathrm{d}x = -\frac{b_n}{n}.
\end{aligned}
$$

类似可得

$$B_n = \frac{a_n}{n}.$$

于是

$$F(x) = \frac{A_0}{2} + \sum_{n=1}^{\infty}\left(-\frac{b_n}{n}\cos nx + \frac{a_n}{n}\sin nx\right),$$

令 $x = c$, 有

$$0 = \frac{A_0}{2} + \sum_{n=1}^{\infty}\left(-\frac{b_n}{n}\cos nc + \frac{a_n}{n}\sin nc\right),$$

两式相减并整理, 即得到

$$
\begin{aligned}
F(x) &= \int_c^x \left[f(t) - \frac{a_0}{2}\right]\mathrm{d}t \\
&= \sum_{n=1}^{\infty}\left(a_n\frac{\sin nx - \sin nc}{n} + b_n\frac{-\cos nx + \cos nc}{n}\right) \\
&= \sum_{n=1}^{\infty}\int_c^x (a_n\cos nt + b_n\sin nt)\mathrm{d}t. \qquad \square
\end{aligned}
$$

注意, 该定理说明, 不管 $f(x)$ 的 Fourier 级数是否收敛于 $f(x)$, 甚至根本不收敛, 但它逐项积分得到的级数一定收敛于 $f(x)$ 的积分.

推论 17.3.1 三角级数 $\frac{a_0}{2} + \sum_{n=1}^{\infty}(a_n\cos nx + b_n\sin nx)$ 是某个在 $[-\pi,\pi]$ 上可积且绝对可积函数的Fourier 级数的必要条件是 $\sum_{n=1}^{\infty}\frac{b_n}{n}$ 收敛.

证明 由定理 17.3.2 证明过程知

$$F(x) = \frac{A_0}{2} + \sum_{n=1}^{\infty}(-\frac{b_n}{n}\cos nx + \frac{a_n}{n}\sin nx),$$

令 $x = 0$ 即知结论成立. $\qquad \square$

此推论表明, 并非每个三角级数必是某个函数的 Fourier 级数. 请读者自行举例.

定理 17.3.3(Fourier 级数的逐项微分定理) 设函数 $f(x)$ 在 $[-\pi,\pi]$ 上连续, $f(-\pi) = f(\pi)$, 除有限个点外 $f(x)$ 可微, 且 $f'(x)$ 可积或绝对可积, 则 $f'(x)$ 的Fourier 级数可由 $f(x)$ 的Fourier 级数逐项微分得到, 即若

$$f(x) \sim \frac{a_0}{2} + \sum_{n=1}^{\infty}(a_n\cos nx + b_n\sin nx),$$

则
$$f'(x) \sim \sum_{n=1}^{\infty}(-na_n \sin nx + nb_n \cos nx).$$

证明 由定理条件, $f'(x)$ 可展开为 Fourier 级数. 记 $f'(x)$ 的 Fourier 系数为 a'_n 和 b'_n, 则

$$a'_0 = \frac{1}{\pi}\int_{-\pi}^{\pi} f'(x)\mathrm{d}x = \frac{1}{\pi}[f(\pi) - f(-\pi)] = 0,$$

$$a'_n = \frac{1}{\pi}\int_{-\pi}^{\pi} f'(x)\cos nx \mathrm{d}x$$

$$= \frac{f(x)\cos nx}{\pi}\bigg|_{-\pi}^{\pi} + \frac{n}{\pi}\int_{-\pi}^{\pi} f(x)\sin nx \mathrm{d}x = nb_n, \quad (n = 1, 2, \cdots),$$

$$b'_n = \frac{1}{\pi}\int_{-\pi}^{\pi} f'(x)\sin nx \mathrm{d}x = -na_n, \qquad (n = 1, 2, \cdots)$$

于是
$$f'(x) \sim \sum_{n=1}^{\infty}(-na_n \sin nx + nb_n \cos nx). \qquad \square$$

§17.3.2 Fourier 级数的平方逼近性质

在上一节中讨论的收敛定理刻画的是函数 $f(x)$ 的 Fourier 级数在任意一点处的收敛情况, 或者说 $f(x)$ 的 n 阶三角多项式逐点逼近于 $f(x)$ 的情况. 我们已经看到, 那里的讨论比较麻烦. 下面我们介绍在平方可积函数空间中平方范数意义下的逼近的概念, 这是现代数学中更常用的概念. 我们会发现在此意义下逼近定理显得简单、自然.

定理 17.3.4(Fourier 级数的平方逼近性质) 设 $f(x)$ 在 $[-\pi,\pi]$ 上可积或其平方作为瑕积分可积, 则 $f(x)$ 的Fourier 级数的部分和函数 $S_m(x)$ 是 $f(x)$ 的最佳平方逼近, 即对任意 m 阶三角多项式

$$S'_m(x) = \frac{a'_0}{2} + \sum_{n=1}^{m}(a'_n \cos nx + b'_n \sin nx),$$

有
$$\|f - S_m\| \leqslant \|f - S'_m\|, \tag{17.3.3}$$

即
$$\int_{-\pi}^{\pi} |f(x) - S_m(x)|^2 \mathrm{d}x \leqslant \int_{-\pi}^{\pi} |f(x) - S'_m(x)|^2 \mathrm{d}x, \tag{17.3.4}$$

并且逼近余项为
$$\|f - S_m\|^2 = \int_{-\pi}^{\pi} f^2(x)\mathrm{d}x - \left[\frac{a_0^2}{2} + \sum_{n=1}^{m}(a_n^2 + b_n^2)\right]\pi. \tag{17.3.5}$$

证明 根据内积与范数的定义,
$$\|f - S'_m\|^2 = \langle f, f \rangle - 2\langle f, S'_m \rangle + \langle S'_m, S'_m \rangle.$$

根据三角函数系的正交性所以可算得

$$\langle f, S'_m \rangle = \int_{-\pi}^{\pi} f(x) S'_m(x) \mathrm{d}x$$
$$= \frac{a'_0}{2} \int_{-\pi}^{\pi} f(x) \mathrm{d}x + \sum_{n=1}^{m} \left(a'_n \int_{-\pi}^{\pi} f(x) \cos nx \mathrm{d}x + b'_n \int_{-\pi}^{\pi} f(x) \sin nx \mathrm{d}x \right)$$
$$= \left[\frac{a_0 a'_0}{2} + \sum_{n=1}^{m} (a_n a'_n + b_n b'_n) \right] \pi,$$

$$\langle S'_m, S'_m \rangle = \int_{-\pi}^{\pi} (S'_m)^2(x) \mathrm{d}x = \int_{-\pi}^{\pi} \left[\frac{a'_0}{2} + \sum_{n=1}^{m} (a'_n \cos nx + b'_n \sin nx) \right]^2 \mathrm{d}x$$
$$= \left[\frac{a'^2_0}{2} + \sum_{n=1}^{m} (a'^2_n + b'^2_n) \right] \pi.$$

所以

$$\|f - S'_m\|^2$$
$$= \int_{-\pi}^{\pi} f^2(x) \mathrm{d}x - 2\left[\frac{a_0 a'_0}{2} + \sum_{n=1}^{m}(a_n a'_n + b_n b'_n) \right] \pi + \left[\frac{a'^2_0}{2} + \sum_{n=1}^{m}(a'^2_n + b'^2_n) \right] \pi$$
$$\geqslant \int_{-\pi}^{\pi} f^2(x) \mathrm{d}x - \left[\frac{a_0^2 + a'^2_0}{2} + \sum_{n=1}^{m}(a_n^2 + a'^2_n + b_n^2 + b'^2_n) \right] + \left[\frac{a'^2_0}{2} + \sum_{n=1}^{m}(a'^2_n + b'^2_n) \right] \pi$$
$$= \int_{-\pi}^{\pi} f^2(x) \mathrm{d}x - \left[\frac{a_0^2}{2} + \sum_{n=1}^{m}(a_n^2 + b_n^2) \right] \pi$$
$$= \|f - S_m\|^2. \qquad \Box$$

推论 17.3.2(Bessel 不等式) 设 $f(x)$ 在 $[-\pi, \pi]$ 上可积或平方可积, 则其Fourier 系数满足

$$\frac{a_0^2}{2} + \sum_{n=1}^{\infty}(a_n^2 + b_n^2) \leqslant \frac{1}{\pi} \int_{-\pi}^{\pi} f^2(x) \mathrm{d}x. \tag{17.3.6}$$

证明 根据式 (17.3.5), 对任何 $m \in \mathbb{N}^+$, 有

$$\int_{-\pi}^{\pi} f^2(x) \mathrm{d}x - \left[\frac{a_0^2}{2} + \sum_{n=1}^{m}(a_n^2 + b_n^2) \right] \pi = \|f - S_m\|^2 \geqslant 0,$$

在上式中令 $m \to +\infty$ 可得 Bessel 不等式. $\qquad \Box$

还可以证明, 参见《数学分析教程》(常庚哲和史济怀, 2008) 中的定理 12.13, 上面的不等式实际上是等式, 称为 **Parseval 等式**.

定理 17.3.5(Parseval 等式) 设 $f(x)$ 在 $[-\pi, \pi]$ 上可积或平方可积, 则成立等式

$$\frac{a_0^2}{2} + \sum_{n=1}^{\infty}(a_n^2 + b_n^2) = \frac{1}{\pi} \int_{-\pi}^{\pi} f^2(x) \mathrm{d}x. \tag{17.3.7}$$

Parseval 等式是 Fourier 级数中一个重要的结果, 它有很重要的应用.

例 17.3.1 在例 17.1.7 中, 对 $f(x) = x(\pi - x)$ ($x \in [0, \pi]$) 进行奇式延拓:

$$\tilde{f}(x) = \begin{cases} x(\pi - x), & x \in [0, \pi), \\ x(\pi + x), & x \in [-\pi, 0). \end{cases}$$

$\tilde{f}(x)$ 的Fourier级数为

$$\tilde{f}(x) = \frac{8}{\pi} \sum_{n=1}^{\infty} \frac{\sin(2n-1)x}{(2n-1)^3}, \ x \in (-\pi, \pi).$$

由Parseval 等式得

$$\frac{64}{\pi^2} \sum_{n=1}^{\infty} \frac{1}{(2n-1)^6} = \frac{1}{\pi} \int_{-\pi}^{\pi} [\tilde{f}(x)]^2 dx$$
$$= \frac{1}{\pi} \left(\int_{-\pi}^{0} x^2(\pi+x)^2 dx + \int_{0}^{\pi} x^2(\pi-x)^2 dx \right)$$
$$= \frac{2}{\pi} \int_{0}^{\pi} x^2(\pi-x)^2 dx = \frac{\pi^4}{15},$$

于是得

$$\sum_{n=1}^{\infty} \frac{1}{(2n-1)^6} = \frac{\pi^6}{15 \cdot 64} = \frac{\pi^6}{960}.$$

若令 $S = \sum\limits_{n=1}^{\infty} \frac{1}{n^6}$, 则由

$$S = \sum_{n=1}^{\infty} \frac{1}{(2n-1)^6} + \sum_{n=1}^{\infty} \frac{1}{(2n)^6} = \sum_{n=1}^{\infty} \frac{1}{(2n-1)^6} + \frac{1}{2^6} S$$

得

$$S = \sum_{n=1}^{\infty} \frac{1}{n^6} = \frac{\pi^6}{15 \cdot 63} = \frac{\pi^6}{945}.$$

推论 17.3.3 $[-\pi, \pi]$ 上的一个连续函数若与三角函数系正交, 即与三角函数系中每个函数都正交, 则它必恒等于 0.

证明 设 $f(x)$ 连续, 且与三角函数系正交, 则 $f(x)$ 的 Fourier 系数全为零, 由 Parseval 等式得

$$\int_{-\pi}^{\pi} f^2(x) dx = 0,$$

即 $f(x) \equiv 0$. □

由此又易得下面的唯一性定理.

推论 17.3.4 若 $[-\pi, \pi]$ 上的两个连续函数的Fourier 级数相同, 则这两个函数恒等.

若 $f(x), g(x)$ 在 $[-\pi, \pi]$ 上可积或平方可积, 其 Fourier 系数分别为 a_n, b_n 和 a'_n, b'_n, 则 $a_n + a'_n, b_n + b'_n$ 为 $f(x) + g(x)$ 的 Fourier 系数, 对 $f(x) + g(x)$ 应用 Parseval 等式可得:

定理 17.3.6　设函数 $f(x), g(x)$ 在 $[-\pi, \pi]$ 上可积或平方可积, 其Fourier 系数分别为 a_n, b_n 和 a_n', b_n', 则成立等式

$$\frac{a_0 a_0'}{2} + \sum_{n=1}^{\infty}(a_n a_n' + b_n b_n') = \frac{1}{\pi}\int_{-\pi}^{\pi} f(x)g(x)\mathrm{d}x.$$

因为

$$\lim_{m\to\infty}\|f-S_m\|^2 = \frac{1}{\pi}\int_{-\pi}^{\pi} f^2(x)\mathrm{d}x - \left[\frac{a_0^2}{2} + \sum_{n=1}^{\infty}(a_n^2 + b_n^2)\right] = 0,$$

于是再次应用 Parseval 等式可得到下面这个非常重要的平方收敛性质.

推论 17.3.5 (Fourier 级数的平方收敛性质)　设 $f(x)$ 在 $[-\pi, \pi]$ 上可积或平方可积, 则 $f(x)$ 的Fourier 级数的部分和函数序列平方收敛于 $f(x)$.

作为本节的结尾, 我们顺带说一下, 对于一致收敛, 也有一个同样重要的结论.

定理 17.3.7 (Weierstrass 第二逼近定理)　对周期为 2π 的任意一个连续函数 $f(x)$, 都存在 n 阶三角多项式序列

$$\left\{\varphi_n(x) = \frac{A_0}{2} + \sum_{k=1}^{n}(A_k\cos kx + B_k\sin kx)\right\},$$

使得 $\{\varphi_n(x)\}$ 一致收敛于 $f(x)$.

证明参见《数学分析教程》(常庚哲和史济怀, 2008) 中的定理 12.11.

习　题　17.3

A1. (1) 设 $f(x)$ 二阶连续可导, 且以 2π 为周期, 证明 $f(x)$ 的 Fourier 级数在 $(-\infty, +\infty)$ 上绝对一致收敛于 $f(x)$;

(2) 设函数 $f(x)$ 在 $[-\pi, \pi]$ 上连续, $f(-\pi) = f(\pi)$, 除有限个点外 $f(x)$ 可微, 且 $f'(x)$ 可积或绝对可积. 证明 $f(x)$ 的 Fourier 级数在 $(-\infty, +\infty)$ 上绝对一致收敛于 $f(x)$.

A2. 证明三角级数 $\sum_{n=2}^{\infty}\frac{\sin nx}{\ln n}$ 在 $(-\infty, +\infty)$ 上收敛, 但不可能是某个函数的 Fourier 级数.

B3. 设 f 为以 2π 为周期, 且具有二阶连续可微的函数,

$$b_n = \frac{1}{\pi}\int_{-\pi}^{\pi} f(x)\sin nx \mathrm{d}x, \quad b_n'' = \frac{1}{\pi}\int_{-\pi}^{\pi} f''(x)\sin nx \mathrm{d}x.$$

若级数 $\sum b_n''$ 绝对收敛, 则

$$\sum_{n=1}^{\infty}\sqrt{|b_n|} \leqslant \frac{1}{2}\left(2 + \sum_{n=1}^{\infty}|b_n''|\right).$$

A4. 设函数 $f(x)$ 在 $[0, 2\pi]$ 上可积, 应用定理17.3.6(也可不用, 参见下一题) 证明

$$\frac{1}{2\pi}\int_0^{2\pi} f(x)(\pi - x)\mathrm{d}x = \sum_{n=1}^{\infty}\frac{b_n}{n},$$

其中, b_n 是 $f(x)$ 对应的 Fourier 系数.

B5. 设 $f(x)$ 在 $[-\pi,\pi]$ 上可积, 且其 Fourier 级数一致收敛于 $f(x)$, 证明此时的 Parseval 等式成立, 即

$$\frac{a_0^2}{2} + \sum_{n=1}^{\infty}(a_n^2 + b_n^2) = \frac{1}{\pi}\int_{-\pi}^{\pi} f^2(x)\mathrm{d}x.$$

C6. 设周期为 2π 的可积函数 $\varphi(x)$ 与 $\psi(x)$ 满足以下关系式:
(1) $\varphi(-x) = \psi(x)$;   (2) $\varphi(-x) = -\psi(x)$.
试问 φ 的傅里叶系数 a_n, b_n 与 ψ 的傅里叶系数 α_n, β_n 有什么关系?

C7. 设定义在 $[-\pi,\pi]$ 上的连续函数列 $\{\varphi_n\}$ 满足关系

$$\int_a^b \varphi_n(x)\varphi_m(x)\mathrm{d}x = \begin{cases} 0, & n = m, \\ 1, & n \neq m, \end{cases}$$

对于在 $[a,b]$ 上的可积函数 f, 定义

$$a_n = \int_a^b f(x)\varphi_n(x)\mathrm{d}x, n = 1, 2, \cdots.$$

证明: $\sum\limits_{n=1}^{\infty} a_n^2$ 收敛, 且具有不等式

$$\sum_{n=1}^{\infty} a_n^2 \leqslant \int_a^b [f(x)]^2 \mathrm{d}x.$$

C8. 设 $f: [a,b] \to \mathbb{R}$ 可微, $f'(x)$ 在 $[a,b]$ 上平方可积, 利用 Parseval 等式证明:
(1) 若 $[a,b] = [0,\pi]$, $f(0) = f(\pi) = 0$, 或 $\int_0^\pi f(x)\mathrm{d}x = 0$, 则成立 Steklov 不等式

$$\int_0^\pi f^2(x)\mathrm{d}x \leqslant \int_0^\pi (f'(x))^2 \mathrm{d}x,$$

且等号成立当且仅当 $f(x) = a\sin x$, 或 $a\cos x$ (a 为常数);
(2) 若 $[a,b] = [-\pi,\pi]$, $f(-\pi) = f(\pi)$, $\int_{-\pi}^\pi f(x)\mathrm{d}x = 0$, 则成立 Wirtinger 不等式

$$\int_{-\pi}^\pi f^2(x)\mathrm{d}x \leqslant \int_{-\pi}^\pi (f'(x))^2 \mathrm{d}x,$$

且等号成立当且仅当 $f(x) = a\cos x + b\sin x (a, b$ 为常数);
(3) 利用 Wirtinger 不等式证明等周问题: 若 L 是平面上简单闭曲线 C 的长度, A 是曲线 C 所围图形的面积, 则成立等周不等式 (isoperimetric inequality)

$$A \leqslant \frac{L^2}{4\pi},$$

且等号成立时, C 必须是圆周.

§17.4 Fourier 变换

§17.4.1 Fourier 积分

我们知道, Fourier 级数有非常优越的性质, 满足一定条件的周期函数或定义在有限区间上的函数, 可以展开为 Fourier 级数, 那么对于定义在 $(-\infty, +\infty)$ 上的非周期函数, 能否展开为 Fourier 级数呢?

§17.4 Fourier 变换

设 $f(x)$ 是 $(-\infty, +\infty)$ 上可积的非周期函数, 对每个固定的有限区间 $[-T, T]$, 将 $f(x)$ 限制在这个有限区间上, 然后进行 Fourier 级数展开. 然而, 对每个不同的 T, 都对应不同的展开, 这势必带来不确定性. 为了克服这一困难, 要换个思路, 即把 Fourier 级数改为 Fourier 积分.

令 $f_T(x) = f(x), x \in (-T, T)$, 再将它以 $2T$ 为周期延拓到 $(-\infty, +\infty)$, 仍记为 $f_T(x)$. 设
$$f_T(x) \sim \frac{a_0}{2} + \sum_{n=1}^{\infty}(a_n \cos n\omega x + b_n \sin n\omega x),$$
其中, $\omega = \dfrac{\pi}{T}$. 当 T 趋于无穷大时, $\omega \to 0$, 作为级数, 上式右端不易处理. 我们把 Fourier 系数代入, 上式右端将呈现积分的形式:

$$\frac{1}{2T}\int_{-T}^{T} f(t)\mathrm{d}t + \frac{1}{T}\sum_{n=1}^{\infty}\int_{-T}^{T} f(t)(\cos n\omega t \cos n\omega x + \sin n\omega t \sin n\omega x)\mathrm{d}t$$
$$= \frac{1}{2T}\int_{-T}^{T} f(t)\mathrm{d}t + \frac{1}{T}\sum_{n=1}^{\infty}\int_{-T}^{T} f(t)\cos n\omega(x-t)\mathrm{d}t.$$

再假定 $\int_{-\infty}^{\infty} f(t)\mathrm{d}t$ 绝对收敛, 则上式中第一项 $\dfrac{1}{2T}\int_{-T}^{T} f(t)\mathrm{d}t$ 当 $T \to \infty$ 时趋于 0. 下面主要研究第二项.

令
$$\varphi_T(\omega) = \int_{-T}^{T} f(t)\cos\omega(x-t)\mathrm{d}t,$$
$$\omega_n = n\omega, \triangle\omega_n = \omega_n - \omega_{n-1},$$
则第二项表示为
$$\frac{1}{\pi}\sum_{n=1}^{\infty}\varphi_T(\omega_n)\triangle\omega_n,$$
类似于 Riemann 和, 当 $T \to +\infty$ 时, 极限为 $\dfrac{1}{\pi}\int_{0}^{+\infty}\varphi_T(\omega)\mathrm{d}\omega$, 于是对每个 x, 当 T 充分大时, $|x| < T$, 因此有

$$f(x) \sim \frac{1}{\pi}\int_{0}^{+\infty}\mathrm{d}\omega\int_{-\infty}^{\infty} f(t)\cos\omega(x-t)\mathrm{d}t. \tag{17.4.1}$$

上式右端称为 $f(x)$ 的 Fourier 积分. 总结一下前面的做法, 我们不加严格证明地给出下面的结果 (严格证明超出数学分析的范围).

定理 17.4.1 设函数 f 在 $(-\infty, +\infty)$ 上绝对可积, 且在 $(-\infty, +\infty)$ 中的任何闭区间上分段可导, 则 f 的Fourier 积分满足: 对于任意 $x \in (-\infty, +\infty)$ 成立
$$\frac{1}{\pi}\int_{0}^{+\infty}\mathrm{d}\omega\int_{-\infty}^{+\infty} f(t)\cos\omega(x-t)\mathrm{d}t = \frac{f(x+)+f(x-)}{2}.$$

所谓在闭区间上分段可导是如下定义的.

定义 17.4.1 设函数 f 在 $[a,b]$ 上除有限个点
$$a = x_0 < x_1 < x_2 < \cdots < x_N = b$$
外均可导, 而在 $x_i(i = 0,1,2,\cdots,N)$ 处 f 的左右极限 $f(x_i-)$ 和 $f(x_i+)$ 都存在 (在 $x_0 = a$ 只要求右极限存在, 在 $x_N = b$ 只要求左极限存在), 并且极限
$$\lim_{h \to 0-} \frac{f(x_i + h) - f(x_i-)}{h}$$
和
$$\lim_{h \to 0+} \frac{f(x_i + h) - f(x_i+)}{h}$$
都存在 (在 $x_0 = a$ 只要求上述第二个极限存在, 在 $x_N = b$ 只要求上述第一个极限存在), 那么称 f 在 $[a,b]$ 上**分段可导** (piecewise differentiable).

为了下面的方便, 下面将 $f(x)$ 的 Fourier 级数和 Fourier 积分写成复数形式.

将 Euler 公式
$$\cos\theta = \frac{e^{i\theta} + e^{-i\theta}}{2}, \ \sin\theta = \frac{e^{i\theta} - e^{-i\theta}}{2i} = -\frac{i}{2}(e^{i\theta} - e^{-i\theta})$$

代入 Fourier 级数得
$$f(x) \sim \frac{a_0}{2} + \sum_{n=1}^{\infty} (a_n \cos\omega_n x + b_n \sin\omega_n x)$$
$$= \frac{a_0}{2} + \sum_{n=1}^{\infty} \left(\frac{a_n - ib_n}{2} e^{i\,\omega_n x} + \frac{a_n + ib_n}{2} e^{-i\,\omega_n x} \right).$$

记
$$c_0 = a_0,$$
$$c_n = a_n - ib_n = \frac{1}{T} \int_{-T}^{T} f_T(t) e^{-i\,\omega_n t} \, dt = \bar{c}_{-n} \quad (n = 1, 2, \cdots),$$

则得到
$$f(x) \sim \frac{c_0}{2} + \frac{1}{2} \sum_{n=1}^{+\infty} (c_n e^{i\,\omega_n x} + c_{-n} e^{-i\,\omega_n x}) = \frac{1}{2} \sum_{n=-\infty}^{+\infty} c_n e^{i\,\omega_n x},$$

这称为 **Fourier 级数的复数形式**. 将 c_n 的表达式代入, 即有
$$f_T(x) \sim \frac{1}{2T} \sum_{n=-\infty}^{+\infty} \left[\int_{-T}^{T} f_T(t) e^{-i\,\omega_n t} \, dt \right] e^{i\,\omega_n x}.$$

并令 $T \to \infty$, 则类似前面的推导可得
$$f(x) \sim \frac{1}{2\pi} \int_{-\infty}^{+\infty} \left[\int_{-\infty}^{+\infty} f(t) e^{-i\,\omega t} \, dt \right] e^{i\,\omega x} d\omega. \tag{17.4.2}$$

上式右端称为 $f(x)$ 的 Fourier 积分的复数形式. 今后不特别指出时我们多指复数形式. 对于这个复数形式, 类似地, 有

§17.4 Fourier 变换

定理 17.4.2 设函数 f 在 $(-\infty, +\infty)$ 上绝对可积, 且在 $(-\infty, +\infty)$ 中的任何闭区间上分段可导, 则 f 的Fourier 积分满足: 对于任意 $x \in (-\infty, +\infty)$ 成立

$$\frac{1}{2\pi} \int_{-\infty}^{+\infty} d\omega \int_{-\infty}^{+\infty} f(t) e^{i\,\omega\,(x-t)} dt = \frac{f(x+) + f(x-)}{2}.$$

§17.4.2 Fourier 变换及其逆变换

受公式 (17.4.2) 启发, 我们定义函数

$$\hat{f}(\omega) = \int_{-\infty}^{+\infty} f(t) e^{-i\,\omega\,t} dt, \ \omega \in (-\infty, +\infty)$$

称为 f 的 **Fourier 变换** (Fourier transform) (或**像函数**), 记为 $\mathcal{F}[f]$, 即

$$\mathcal{F}[f](\omega) = \hat{f}(\omega) = \int_{-\infty}^{+\infty} f(t) e^{-i\,\omega\,t} dt, \tag{17.4.3}$$

而函数 (积分主值意义下的积分)

$$\frac{1}{2\pi} \int_{-\infty}^{+\infty} \hat{f}(\omega) e^{i\,\omega\,x} d\omega, \ x \in (-\infty, +\infty) \tag{17.4.4}$$

称为 $\hat{f}$ 的 **Fourier 逆变换**(inverse Fourier transform)(或**像原函数**), 记为 $\mathcal{F}^{-1}[\hat{f}]$, 即

$$\mathcal{F}^{-1}[\hat{f}](x) = \frac{1}{2\pi} \int_{-\infty}^{+\infty} \hat{f}(\omega) e^{i\,\omega\,x} d\omega.$$

注意, 若 x 是 f 的连续点, 定理 17.4.2 已蕴含了

$$\mathcal{F}^{-1}(\mathcal{F}[f])(x) = \frac{1}{2\pi} \int_{-\infty}^{+\infty} d\omega \int_{-\infty}^{+\infty} f(t) e^{i\,\omega\,(x-t)} dt = f(x).$$

例 17.4.1 求孤立矩形波

$$f(x) = \begin{cases} h, & |x| \leqslant \delta, \\ 0, & |x| > \delta \end{cases}$$

的Fourier 变换 $\hat{f}(\omega)$ 和 $\hat{f}(\omega)$ 的Fourier 逆变换.

解 当 $\omega \neq 0$ 时, $\hat{f}(\omega) = \int_{-\infty}^{+\infty} f(x) e^{-i\omega x} dx = \frac{2h}{\omega} \sin(\omega\delta)$.

当 $\omega = 0$ 时, $\hat{f}(0) = \int_{-\infty}^{+\infty} f(x) dx = 2h\delta$.

利用 $\int_0^{+\infty} \frac{\sin ax}{x} dx = \mathrm{sgn}(a) \frac{\pi}{2}$ 可得

$$\mathcal{F}^{-1}[\hat{f}] = \frac{1}{2\pi} \int_{-\infty}^{+\infty} \hat{f}(\omega) e^{i\omega x} d\omega = \frac{h}{\pi} \int_{-\infty}^{+\infty} \frac{\sin(\omega\delta)}{\omega} e^{i\omega x} d\omega$$

$$= \frac{2h}{\pi} \int_{-\infty}^{+\infty} \frac{\sin(\omega\delta)}{\omega} \cos(\omega x) d\omega = \begin{cases} h, & |x| < \delta, \\ \dfrac{h}{2}, & x = \pm\delta, \\ 0, & |x| > \delta. \end{cases}$$

例 17.4.2 求 $f(x) = \begin{cases} \dfrac{\sin ax}{x}, & x \neq 0 \\ a, & x = 0 \end{cases}$ 的Fourier 变换 $\hat{f}(\omega)$.

解
$$\hat{f}(\omega) = \int_{-\infty}^{+\infty} \frac{\sin ax}{x} e^{-i\omega x} dx = 2\int_0^{+\infty} \frac{\sin ax \cos \omega x}{x} dx$$
$$= \int_0^{+\infty} \left(\frac{\sin(a+\omega)x}{x} - \frac{\sin(a-\omega)x}{x} \right) dx$$
$$= (\operatorname{sgn}(a+\omega) + \operatorname{sgn}(a-\omega)) \int_0^{+\infty} \frac{\sin u}{u} du$$
$$= \begin{cases} \pi \operatorname{sgn}(a), & |\omega| \leqslant |a|, \\ 0, & |\omega| > |a|. \end{cases}$$

设 $f(x)$ 在 $(-\infty, +\infty)$ 上连续, 且满足定理 17.4.1 或定理 17.4.2 的条件, 则
$$g_s(\omega) \doteq \int_{-\infty}^{+\infty} f(t) \sin \omega(x-t) dt$$
是奇函数, 而
$$g_c(\omega) \doteq \int_{-\infty}^{+\infty} f(t) \cos \omega(x-t) dt$$
是偶函数.

当 $f(x)$ 本身是偶函数时, 上述定理表明
$$f(x) = \frac{2}{\pi} \int_0^{+\infty} \left[\int_0^{+\infty} f(t) \cos \omega t \, dt \right] \cos \omega x \, d\omega,$$
它可以看成是由 **Fourier 余弦变换**(Fourier cosine transform)
$$\mathcal{F}_c[f] = \hat{f}_c(\omega) = \int_0^{+\infty} f(x) \cos \omega x \, dx$$
及其逆变换
$$\mathcal{F}_c^{-1}[\hat{f}_c] = \frac{2}{\pi} \int_0^{+\infty} \hat{f}_c(\omega) \cos \omega x \, d\omega$$
复合而成的.

当 $f(x)$ 本身是奇函数时, 可以类似地得到
$$f(x) = \frac{2}{\pi} \int_0^{+\infty} \left[\int_0^{+\infty} f(t) \sin \omega t \, dt \right] \sin \omega x \, d\omega,$$
它可以看成是由 **Fourier 正弦变换**(Fourier sine transform)
$$\mathcal{F}_s[f] = \hat{f}_s(\omega) = \int_0^{+\infty} f(x) \sin \omega x \, dx$$

及其逆变换

$$\mathcal{F}_s^{-1}[\hat{f}_s] = \frac{2}{\pi}\int_0^{+\infty} \hat{f}_s(\omega)\sin\omega x\,\mathrm{d}\omega$$

复合而成的.

如果把式 (17.4.1) 写成

$$f(x) = \int_0^{+\infty} [a(\omega)\cos\omega x + b(\omega)\sin\omega x]\mathrm{d}\omega, \tag{17.4.5}$$

其中

$$a(\omega) = \frac{1}{\pi}\int_{-\infty}^{+\infty} f(t)\cos\omega t\mathrm{d}t,\ b(\omega) = \frac{1}{\pi}\int_{-\infty}^{+\infty} f(t)\sin\omega t\mathrm{d}t.$$

则式 (17.4.5) 与 Fourier 级数非常相似, 而 $a(\omega), b(\omega)$ 就相当于 Fourier 系数 a_n, b_n.

例 17.4.3 求 $f(x) = \mathrm{e}^{-ax}(a>0, x>0)$ 的Fourier余弦变换和正弦变换.

解 由 Fourier 余弦变换公式和正弦变换公式得

$$F_c[f] = \int_0^{+\infty} \mathrm{e}^{-ax}\cos\omega x\mathrm{d}x = \frac{a}{a^2+\omega^2},$$

$$F_s[f] = \int_0^{+\infty} \mathrm{e}^{-ax}\sin\omega x\mathrm{d}x = \frac{\omega}{a^2+\omega^2}.$$

§17.4.3 Fourier 变换的性质

Fourier 变换是一种重要的积分变换, 在数学物理中有特殊的应用. 我们知道, 对数将乘除运算变为加减运算, 大大降低了计算量, 那么 Fourier 变换则能把求微分方程的解这类分析运算转化为相对简单的代数运算, 因此意义非凡. 下面先来介绍 Fourier 变换的基本性质, 然后再建立卷积的概念, 最后举例说明它们在数学物理中的应用.

1. Fourier 变换的性质

定理 17.4.3 (1) **线性性质** Fourier 变换与其逆变换都具有线性性质, 即
(i) 若 f, g 的Fourier 变换存在, 则

$$\mathcal{F}[\alpha f + \beta g] = \alpha\mathcal{F}[f] + \beta\mathcal{F}[g].$$

(ii) 若 $\hat{f} = F[f], \hat{g} = F[g]$ 的Fourier 逆变换存在, 则

$$\mathcal{F}^{-1}[\alpha\hat{f} + \beta\hat{g}] = \alpha\mathcal{F}^{-1}[\hat{f}] + \beta\mathcal{F}^{-1}[\hat{g}].$$

其中, α, β 是常数.

(2) **位移性质**

(i) 若函数 f 的Fourier 变换存在, 则

$$\mathcal{F}[f(x \pm x_0)](\omega) = \mathcal{F}[f](\omega)\mathrm{e}^{\pm i\omega x_0}.$$

(ii) 若 $\hat{f} = \mathcal{F}[f]$ 的Fourier 逆变换存在, 则
$$\mathcal{F}^{-1}[\hat{f}(\omega \pm \omega_0)](x) = \mathcal{F}^{-1}[\hat{f}](x)\mathrm{e}^{\mp i\,\omega_0 x}.$$

(3) **尺度性质** 当 $a \neq 0$ 时,
$$\mathcal{F}[f(ax)] = \frac{1}{|a|}\mathcal{F}[f]\left(\frac{\omega}{a}\right).$$
$$\mathcal{F}\left[\frac{1}{a}f\left(\frac{x}{a}\right)\right] = \mathcal{F}[f](a\omega).$$

(4) **连续性和有界性**

设函数 $f(x)$ 在 $(-\infty, +\infty)$ 上连续, 且绝对可积, 则其Fourier 变换 $\hat{f}(\omega)$ 在 $(-\infty, +\infty)$ 上有界、连续, 且 $\lim\limits_{\omega \to \infty} \hat{f}(\omega) = 0$.

(5) **微分性质**

(i) 设函数 $f(x)$ 在 $(-\infty, +\infty)$ 上连续可导, 且 $f(x)$ 与 $f'(x)$ 在 $(-\infty, +\infty)$ 上绝对可积. 则 $\lim\limits_{x \to \infty} f(x) = 0$, 且有
$$\mathcal{F}[f'](\omega) = i\omega \cdot \mathcal{F}[f](\omega);$$

(ii) 若 $f(x)$ 和 $xf(x)$ 在 $(-\infty, +\infty)$ 上绝对可积, 则
$$\mathcal{F}[-ix \cdot f] = (\mathcal{F}[f])'.$$

(6) **积分性质**

设函数 $f(x)$ 和 $\int_{-\infty}^{x} f(t)\mathrm{d}t$ 在 $(-\infty, +\infty)$ 上绝对可积, 则
$$\mathcal{F}\left[\int_{-\infty}^{x} f(t)\mathrm{d}t\right] = \frac{1}{i\omega}\mathcal{F}[f].$$

证明 下面仅证明 (5), (6), 其余请读者自己补齐.

(5) (i) 由分部积分公式得
$$\begin{aligned}\mathcal{F}[f'](\omega) &= \int_{-\infty}^{+\infty} f'(x)\mathrm{e}^{-i\,\omega x}\mathrm{d}x \\ &= f(x)\mathrm{e}^{-i\,\omega x}\Big|_{-\infty}^{+\infty} + i\omega \int_{-\infty}^{+\infty} f(x)\mathrm{e}^{-i\,\omega x}\mathrm{d}x \\ &= i\omega \cdot \mathcal{F}[f](\omega).\end{aligned}$$

(ii) 利用反常积分求导定理得
$$\begin{aligned}\mathcal{F}[-ix \cdot f](\omega) &= \int_{-\infty}^{+\infty} (-ixf(x))\mathrm{e}^{-i\omega x}\mathrm{d}x \\ &= \int_{-\infty}^{+\infty} \frac{\mathrm{d}}{\mathrm{d}\omega}(f(x)\mathrm{e}^{-i\omega x})\mathrm{d}x \\ &= \frac{\mathrm{d}}{\mathrm{d}\omega} \int_{-\infty}^{+\infty} f(x)\mathrm{e}^{-i\omega x}\mathrm{d}x \\ &= \frac{\mathrm{d}}{\mathrm{d}\omega}[\mathcal{F}(f)](\omega).\end{aligned}$$

§17.4 Fourier 变换

(6) 因为
$$\frac{d}{dx}\int_{-\infty}^{x} f(t)dt = f(x),$$

且由 $\int_{-\infty}^{x} f(t)dt$ 和 $f(x)$ 在 $(-\infty,+\infty)$ 上的绝对可积性,易知 $\lim_{x\to\infty}\int_{-\infty}^{x} f(t)dt = 0$,所以由 Fourier 变换的微分性质,得到

$$\mathcal{F}[f](\omega) = \mathcal{F}\left[\frac{d}{dx}\int_{-\infty}^{x} f(t)dt\right](\omega) = i\omega \mathcal{F}\left[\int_{-\infty}^{x} f(t)dt\right](\omega),$$

即
$$\mathcal{F}\left[\int_{-\infty}^{x} f(t)dt\right](\omega) = \frac{1}{i\omega}\mathcal{F}[f](\omega).$$

□

2. 卷积

下面引入函数的卷积运算的概念,它刻画了一类重要的物理系统,即平移不变的线性系统. 而 Fourier 变换另一个非常有用的性质就是将函数的卷积运算转化为乘法运算.

定义 17.4.2 设函数 f 和 g 在 $(-\infty,+\infty)$ 上有定义,且积分

$$(f*g)(x) = \int_{-\infty}^{+\infty} f(t)g(x-t)\,dt$$

存在,则称函数 $f*g$ 为 f 和 g 的**卷积**(convolution).

显然,卷积具有对称性,即 $f*g = g*f$. 此外还有以下两条非常重要的性质,它们在其他课程,如偏微分方程、控制理论、计算方法、图像重建等,有特殊的应用.

定理 17.4.4(卷积的 Fourier 变换) 设函数 f 和 g 在 $(-\infty,+\infty)$ 上绝对可积,则有

$$F[f*g] = F[f] \cdot F[g].$$

定理 17.4.5(Parseval 等式) 设函数 f 在 $(-\infty,+\infty)$ 上绝对可积,且平方可积,则

$$\int_{-\infty}^{+\infty} [f(x)]^2 dx = \frac{1}{2\pi}\int_{-\infty}^{+\infty} |\hat{f}(\omega)|^2 d\omega.$$

上述定理的证明可以形式地给出,但严格的证明已经超出了我们已经学过的积分概念的范围,本书暂不具备条件.

同时也指出,由于 Fourier 变换取决于函数在 $(-\infty,+\infty)$ 上的整体性质,因此不能很好地反映出局部范围的特征. 20 世纪 80 年代兴起的小波变换在继承了 Fourier 变换的优点的同时,在一定程度上克服了 Fourier 变换缺乏局部性的弱点. 有兴趣的读者可以参阅相关专著或教材.

下面举例说明 Fourier 变换的一个应用.

例 17.4.4 求解二阶线性非齐次常微分方程

$$u''(x) - 6u(x) + 9f(x) = 0,$$

解 由 Fourier 变换的微分性质,

$$-\omega^2 F[u] - 6F[u] + 9F[f] = 0,$$

即

$$F[u] = \frac{6}{6+\omega^2} F[f],$$

因此,

$$u = F^{-1}\left[\frac{6}{6+\omega^2} F[f]\right].$$

直接验证可知: 函数 $g(x) = e^{-3|x|}$ 的 Fourier 变换是 $\dfrac{6}{6+\omega^2}$, 因此由卷积的 Fourier 变换知

$$u(x) = F^{-1}[F[g]F[f]](x) = f*g(x) = \int_{-\infty}^{+\infty} f(t)g(x-t)\mathrm{d}t = \int_{-\infty}^{+\infty} f(t)e^{-3|x-t|}\mathrm{d}t.$$

习 题 17.4

A1. (1) 证明偶函数 $f(x)$ 的 Fourier 积分是

$$f(x) = \frac{2}{\pi}\int_0^{+\infty}\left[\int_0^{+\infty} f(t)\cos\omega t\mathrm{d}t\right]\cos\omega x\mathrm{d}\omega;$$

(2) 证明奇函数 $f(x)$ 的 Fourier 积分是

$$f(x) = \frac{2}{\pi}\int_0^{+\infty}\left[\int_0^{+\infty} f(t)\sin\omega t\mathrm{d}t\right]\sin\omega x\mathrm{d}\omega.$$

A2. 求下列函数的 Fourier 积分表示:

(1) $f(x) = e^{-a|x|}(a > 0)$; (2) $f(x) = \begin{cases} \mathrm{sgn}x, & |x| \leqslant 1, \\ 0, & |x| > < 0. \end{cases}$

A3. 求下列定义在 $(-\infty, +\infty)$ 上的函数的 Fourier 变换.

(1) $f(x) = e^{-ax^2}$ $(a > 0)$; (2) $f(x) = xe^{-ax^2}$ $(a > 0)$;

(3) $f(x) = e^{-|x|}\cos x$; (4) $f(x) = e^{-a|x|}\sin x$ $(a > 0)$;

(5) $f(x) = \begin{cases} e^{-2|x|}, & x \geqslant 0, \\ 0, & x < 0; \end{cases}$ (6) $f(x) = \begin{cases} 1-x^2, & x < 1, \\ 0, & x \geqslant 1. \end{cases}$

A4. 设 $f(x) = e^{-\beta x}$, $x \in (0, +\infty)$, $\beta > 0$. 求该函数的正弦变换与余弦变换, 并求下列两个无穷积分

$$\int_0^{+\infty} \frac{\cos\omega}{\beta^2+\omega^2}\mathrm{d}\omega, \quad \int_0^{+\infty} \frac{\omega\sin\omega}{\beta^2+\omega^2}\mathrm{d}\omega.$$

A5. 设

$$f(x) = \begin{cases} e^{-x}, & x \geqslant 0, \\ 0, & x < 0, \end{cases} \quad g(x) = \begin{cases} \sin x, & x \in \left[0, \dfrac{\pi}{2}\right], \\ 0, & \text{其他}. \end{cases}$$

求 $f*g(x)$.

A6. 求解积分方程

$$\int_0^{+\infty} f(t)\sin xt\mathrm{d}t = e^{-x}, x > 0.$$

参 考 文 献

阿米尔·艾克塞尔. 2008. 神秘的阿列夫. 左平译. 上海: 上海科学技术文献出版社.

波利亚, 舍贵. 1981. 数学分析中的问题和定理 (第一卷). 上海: 上海科学技术出版社.

常庚哲, 史济怀. 2003. 数学分析教程. 北京: 高等教育出版社.

陈纪修, 於崇华, 金路. 2004. 数学分析. 2 版. 北京: 高等教育出版社.

盖·伊·德林费尔特. 1960. 普通数学分析教程补篇. 北京: 人民教育出版社.

华东师范大学数学系. 2001. 数学分析. 3 版. 北京: 高等教育出版社.

克莱鲍尔. 1981. 数学分析. 上海: 上海科学技术出版社.

克莱因. 2008. 高观点下的初等数学. 上海: 复旦大学出版社.

李忠, 方丽萍. 2008. 数学分析教程. 北京: 高等教育出版社.

罗庆来, 宋伯生, 吉联芳. 1991. 数学分析教程. 南京: 东南大学出版社.

齐民友. 2008. 数学与文化. 大连: 大连理工大学出版社.

裘兆泰, 王承国, 章仰文. 2004. 数学分析学习指导. 北京: 科学出版社.

斯皮瓦克. 1980. 微积分. 严敦正, 张毓贤译. 北京: 人民教育出版社.

陶哲轩. 2008. 陶哲轩实分析. 王昆杨译. 北京: 人民邮电出版社.

吴良森, 毛羽辉, 韩士安, 等. 2004. 数学分析学习指导书. 北京: 高等教育出版社.

谢惠民, 恽自求, 易法槐, 等. 2003. 数学分析习题课讲义. 北京: 高等教育出版社.

张筑生. 1991. 数学分析新讲. 北京: 北京大学出版社.

赵显曾. 2006. 数学分析拾遗. 南京: 东南大学出版社.

周民强, 方企勤. 2014. 数学分析. 北京: 科学出版社.

卓里奇. 2006. 数学分析 (第二卷). 4 版. 蒋铎, 等译. 北京: 高等教育出版社.

Г. М. 菲赫金哥尔茨. 1978. 微积分学教程. 叶彦谦, 路见可, 余家荣译. 北京: 人民教育出版社.

Courant R, John F. 1999. Introduction to Calculus and Analysis I. New York: Springer.

Fitzpatick P M. 2003. Advanced Calculus. 北京: 机械工业出版社.

Richardson D. 1969. Some undecidable problems involving elementary functions of a real variable. The Journal of Symbolic Logic, 33(4): 514-520.

Ritt J F. 1948. Integration in Finite Terms: Liouville's Theory of Elementary Methods. New York: Columbia University Press.

Rudin W. 1976. Principles of Mathematical Analysis. 3rd ed. New York: Mcgraw-Hill, Inc.

附录　数学分析III试卷

A 期中试卷（一）

一、填空题 $(3' \times 6 = 18')$

1. 设曲线 L 为 $\begin{cases} x^2+y^2+z^2=2z, \\ z=1 \end{cases}$，则曲线积分 $\oint_L ((x+y)^2+z^2)\mathrm{d}s =$ _____.

2. 设 S 为锥面 $z=\sqrt{x^2+y^2}$ 被平面 $z=1$ 所截的有限部分，则 $\iint_S (x^2+y^2-z^2-z)\mathrm{d}S =$ _____.

3. 设 $\boldsymbol{A}=(y^2+z^2, z^2+x^2, x^2+y^2)$，则 $\mathrm{rot}\boldsymbol{A}=$ _____.

4. 若反常积分 $\int_0^1 \dfrac{\sin x \mathrm{d}x}{(1-x^2)^p}$ 收敛，则 p 的取值范围是_____.

5. 若反常重积分 $\iiint_{\mathbb{R}^3} \dfrac{\mathrm{d}x\mathrm{d}y\mathrm{d}z}{(1+\sqrt{x^2+y^2+z^2})^p}$ 收敛，则 p 的取值范围是_____.

6. 级数 $\sum_{n=2}^\infty \dfrac{1}{n^2-1}$ 的和为_____.

二、选择题 $(3' \times 4 = 12')$

7. 曲面积分 $\iint_S y^2 \mathrm{d}y\mathrm{d}z$ 在数值上等于 （　　）

   (A) 面密度为 y^2 的曲面的质量　　(B) 以流速 $(y^2,0,0)$ 穿过曲面 S 的流量

   (C) 以流速 $(0,y^2,0)$ 穿过曲面 S 的流量　(D) 以流速 $(0,0,y^2)$ 穿过曲面 S 的流量

8. 下列级数中发散的是 （　　）

   (A) $\sum_{n=1}^\infty \sin\left(n\pi+\dfrac{1}{n}\right)$　　(B) $\sum_{n=1}^\infty \sin\left(2n\pi+\dfrac{1}{n}\right)$

   (C) $\sum_{n=1}^\infty \sin\left(2n\pi+\dfrac{1}{n^2}\right)$　　(D) $\sum_{n=1}^\infty \cos\left(n\pi+\dfrac{1}{n}\right)$

9. 反常积分收敛的是 （　　）

   (A) $\int_0^{1/2} \dfrac{\mathrm{d}x}{x\ln x}$　(B) $\int_0^1 \dfrac{\sin x}{x^{3/2}}\mathrm{d}x$　(C) $\int_2^{+\infty} \dfrac{1}{x\ln x}\mathrm{d}x$　(D) $\int_1^{+\infty} \dfrac{\sin^2 x}{\sqrt{x}}\mathrm{d}x$

10. 设级数 $\sum_{n=1}^\infty u_n$ 收敛，则下列级数中必收敛的是 （　　）

    (A) $\sum_{n=1}^\infty u_n^2$　(B) $\sum_{n=1}^\infty u_n^3$　(C) $\sum_{n=1}^\infty (u_{2n-1}-u_{2n})$　(D) $\sum_{n=1}^\infty (u_n+u_{n+1})$

三、解答题（共 $70'$）

11. (10 分) 计算曲线积分 $\oint_L \dfrac{x\mathrm{d}x+y\mathrm{d}y}{x^2+y^2}$，其中 L 为曲线

(1) 圆周 $x^2+y^2=4$, 逆时针;

(2) 正方形 $|x|\leqslant 2$, $|y|\leqslant 2$, 逆时针.

12. (10 分) 验证 $(3x^2y+8xy^2)\mathrm{d}x+(x^3+8x^2y+12y\mathrm{e}^y)\mathrm{d}y$ 为某个函数的全微分, 并求它的原函数.

13. (8 分) 计算曲线积分 $I=\oint_C (z-y)\mathrm{d}x+(x-z)\mathrm{d}y+(x-y)\mathrm{d}z$, 其中 C 是曲线 $\begin{cases} x^2+y^2=1, \\ x-y+z=2, \end{cases}$ 从 z 轴正向往 z 轴负向看, C 的方向是顺时针的.

14. (8 分) 证明反常积分 $\int_0^{+\infty} \dfrac{\cos x\mathrm{d}x}{\ln(1+\sqrt{x})}$ 条件收敛.

15. (8 分) 设 α,β 为常数, 且 $\alpha\neq 0$, 讨论反常积分 $\int_0^{+\infty} \dfrac{\arctan\alpha x}{x^\beta}\mathrm{d}x$ 的敛散性.

16. (10 分) 判别下列级数的敛散性:

(1) $\sum\limits_{n=1}^{\infty}\left(1-\cos\dfrac{\pi}{n}\right)$; (2) $\sum\limits_{n=1}^{\infty}\dfrac{(-1)^n}{2+n^\lambda}$, 其中 λ 为正常数.

17. (8 分) 设 $a>0$ 为常数, 判断级数 $\sum\limits_{n=1}^{\infty}\dfrac{a^n n!}{n^n}$ 的敛散性.

18. (8 分) 判别级数

$$1-\dfrac{1}{2^p}+\dfrac{1}{3}-\dfrac{1}{4^p}+\dfrac{1}{5}-\dfrac{1}{6^p}+\cdots$$

的绝对收敛、条件收敛与发散性.

B 期中试卷 (二)

一、填空题 $(3'\times 6=18')$

1. 设 L 为椭圆 $\dfrac{x^2}{4}+\dfrac{y^2}{9}=1$, 其周长为 a, 则 $\oint_C (1+3x+2y+9x^2+4y^2)\mathrm{d}s=$ _____.

2. 设 L 为 $x+y+z=1$ 与三坐标面的交线, 它的走向使所围平面区域上侧在曲线的左侧, 则 $\oint_L (y^2+z^2)\mathrm{d}x+(x^2+z^2)\mathrm{d}y+(x^2+y^2)\mathrm{d}z=$ _____.

3. 设 $\boldsymbol{A}=(axz+x^2)\boldsymbol{i}+(by+xy^2)\boldsymbol{j}+(z-z^2+cxz-2xyz)\boldsymbol{k}$, 要使 $\boldsymbol{A}$ 成为一无源场 (即 $\mathrm{div}\boldsymbol{A}\equiv 0$,) 则 a,b,c 分别为 _____.

4. 若级数 $\sum\limits_{n=1}^{\infty}[(1-p)^n+n^{-p}]$ 发散, 则正数 p 的取值范围是 _____.

5. 级数 $\sum\limits_{n=1}^{\infty}\dfrac{\sin n}{n^p}$ 当 $p\in$ _____ 时条件收敛.

6. 设 $f(x)$ 在 $x=0$ 的某邻域内有二阶连续导数, 且 $\lim\limits_{x\to 0}\dfrac{f(x)}{x}=0$, 则要使级数 $\sum\limits_{n=1}^{\infty} n^s f\left(\dfrac{1}{n}\right)$ 绝对收敛, s 的取值范围是 _____.

二、选择题 $(3' \times 4 = 12')$

7. 设 Σ 为上半球面 $z = \sqrt{4 - x^2 - y^2}$，则 $\iint\limits_{\Sigma} \dfrac{(1 + 2x)\mathrm{d}S}{\sqrt{x^2 + y^2 + z^2}} =$ （   ）

(A) 4π　　　(B) $\dfrac{16}{5}\pi$　　　(C) $\dfrac{16}{3}\pi$　　　(D) $\dfrac{8}{3}\pi$

8. 下列级数中收敛的是（   ）

(A) $\sum\limits_{n=1}^{\infty} \dfrac{6^n - 2^n}{6^n}$　　　(B) $\sum\limits_{n=1}^{\infty} \dfrac{2^n + (-6)^n}{6^n}$

(C) $\sum\limits_{n=1}^{\infty} \dfrac{2^n + 3^n}{6^n}$　　　(D) $\sum\limits_{n=1}^{\infty} \dfrac{2^n \cdot 3^n}{6^n}$

9. 设 α 为常数，则级数 $\sum\limits_{n=1}^{\infty} (-1)^n \dfrac{\alpha + n}{n^2}$（   ）

(A) 绝对收敛　　(B) 条件收敛　　(C) 发散　　(D) 敛散性与 α 有关

10. 下列无穷乘积 $\prod\limits_{n=1}^{\infty} p_n$ 收敛的是（   ）

(A) $p_n = 1 - \dfrac{1}{n+1}$　　(B) $p_n = 1 - \dfrac{2}{n^2}$　　(C) $p_n = 1 + \dfrac{(-1)^{n+1}}{\sqrt{n}}$　　(D) $p_n = \dfrac{1}{n^2}$

三、解答题 (共 70')

11. (7 分) 设 S 为锥面 $z = \dfrac{x^2 + y^2}{2}$ 被平面 $z = 1$ 所截的有限部分，求 $\iint\limits_{S} z\mathrm{d}S$.

12. (10 分) 设函数 $f(x)$ 一阶连续可导，$f(0) = 1$，曲线积分 $\int\limits_{C} [\sin 2x - yf(x)\tan x]\mathrm{d}x + f(x)\mathrm{d}y$ 与路径无关.

(1) 求 $f(x)$;

(2) 计算 $\int_{(0,0)}^{(\frac{\pi}{4}, \frac{\pi}{4})} [\sin 2x - yf(x)\tan x]\mathrm{d}x + f(x)\mathrm{d}y$.

13. (8 分) 计算曲面积分

$$I = \iint\limits_{S} (2x + z)\mathrm{d}y\mathrm{d}z + z\mathrm{d}x\mathrm{d}y,$$

其中，S 为有向曲面 $z = x^2 + y^2 (0 \leqslant z \leqslant 1)$，其法向量与 z 轴正向的夹角为锐角.

14. (8 分) 设函数 $u(x, y)$ 在由封闭的光滑曲线 L 所围的区域 D 上具有二阶连续偏导数，证明

$$\iint\limits_{D} \left(\dfrac{\partial^2 u}{\partial x^2} + \dfrac{\partial^2 u}{\partial y^2} \right) \mathrm{d}\sigma = \oint\limits_{L} \dfrac{\partial u}{\partial n}\mathrm{d}s,$$

其中，$\dfrac{\partial u}{\partial n}$ 是沿 L 外法线方向 $\boldsymbol{n}$ 的方向导数，L 取正向.

15. (16 分) 判别下列级数是否收敛:

(1) $\sum\limits_{n=1}^{\infty} \left(\mathrm{e}^{\frac{1}{n^2}} - \cos \dfrac{1}{n} \right)$;

(2) $\sum\limits_{n=1}^{\infty} \int_0^{\frac{\pi}{n}} \dfrac{\sin x}{1+x} dx$.

16.(21 分) 判别级数的绝对收敛、条件收敛与发散性：

(1) $\sum\limits_{n=1}^{\infty} (-1)^{n-1} \left(1+\dfrac{1}{n}\right)^n \sin \dfrac{1}{\sqrt{n}}$;

(2) $\sum\limits_{n=1}^{\infty} (-1)^{n-1} \dfrac{(2n)!}{4^n (n!)^2}$;

(3) $1 - \dfrac{1}{2^p} + \dfrac{1}{3} - \dfrac{1}{4^p} + \dfrac{1}{5} - \dfrac{1}{6^p} + \cdots (p>0)$.

C 期末试卷（一）

一、填空题 $(3' \times 6 = 18')$

1. $\int_0^{+\infty} x^s e^{-x} dx$ 的收敛域是 _____.

2. Riemann 函数 $\zeta(s) = \sum\limits_{n=1}^{\infty} \dfrac{1}{n^s}$ 的连续的范围是 _____.

3. 设幂级数 $\sum\limits_{n=0}^{\infty} a_n \left(\dfrac{x+1}{2}\right)^n$ 在 $x=2$ 处条件收敛，则其收敛半径是 _____.

4. 函数 $f(x) = \dfrac{1}{1+x}$ 在 $x=1$ 点处的 Taylor 级数是 _____.

5. $\lim\limits_{t \to 0} \int_t^{1+t^2} \dfrac{dx}{1+x+t^2} =$ _____.

6. $\int_0^{\frac{\pi}{2}} \sin^4 x \cos^6 x dx =$ _____.

二、选择题 $(3' \times 4 = 12')$

7. 级数 $\sum\limits_{n=1}^{\infty} a_n$ 收敛的充分条件是 (　　)

(A) $\lim\limits_{n \to \infty} a_n = 0$

(B) $\forall p \in \mathbb{N}, \lim\limits_{n \to \infty} (a_n + a_{n+1} + \cdots + a_{n+p}) = 0$

(C) $\forall \varepsilon > 0, \forall p \in \mathbb{N}, \exists N$, 使 $\forall n > N$, 有 $|a_n + a_{n+1} + \cdots + a_{n+p}| < \varepsilon$

(D) $\forall \varepsilon > 0, \exists N$, 使 $\forall n > N, \forall p \in \mathbb{N}$, 有 $|a_n + a_{n+1} + \cdots + a_{n+p}| < \varepsilon$

8. 设 $\sum\limits_{n=1}^{\infty} u_n(x)$ 在 (a,b) 上一致收敛，则下列结论中未必成立的是 (　　)

(A) 在 (a,b) 上函数列 $\{u_n(x)\}$ 一致收敛于 0

(B) 若每个 $u_n(x)$ 在 (a,b) 上连续，则和函数 $S(x) = \sum\limits_{n=1}^{\infty} u_n(x)$ 在 (a,b) 上连续

(C) 若每个 $u_n(x)$ 在 a 点右连续，则 $\sum\limits_{n=1}^{\infty} u_n(a)$ 收敛

(D) $\forall x \in (a,b), \sum\limits_{n=1}^{\infty} |u_n(x)|$ 收敛

9. 幂级数 $\sum\limits_{n=1}^{\infty} a_n (x-2)^n$ 在 $x=-1$ 处收敛，则该级数在 $x=4$ 处 (　　)

(A) 发散   (B) 条件收敛   (C) 绝对收敛   (D) 敛散性不能确定

10. 下列含参变量中非一致收敛的是 ( )

(A) $\int_0^{+\infty} \dfrac{\cos(xy)}{1+x^2} dx, y \in (0,+\infty)$ (B) $\int_0^{+\infty} \sin x e^{-yx^2} dx, y \in [a,+\infty) \ (a>0)$

(C) $\int_0^{+\infty} \dfrac{\sin xy}{x} dx, \ y \in (0,+\infty)$ (D) $\int_0^{+\infty} e^{-xy} \dfrac{\sin x}{x} dx, \ y \in [0,+\infty)$

三、解答题 (共 70′)

11. (8 分) 求收敛域 $\sum\limits_{n=2}^{\infty} \dfrac{x^{2n-1}}{n^p \ln n}$，其中 p 为实数.

12. (8 分) 设级数 $\sum\limits_{n=1}^{\infty} a_n$ 满足 (1) $\sum\limits_{n=1}^{\infty} (a_{2n-1} + a_{2n})$ 收敛，(2) $a_n \to 0, n \to \infty$. 证明：级数 $\sum\limits_{n=1}^{\infty} a_n$ 收敛.

13. (8 分) 讨论无穷乘积 $\prod\limits_{n=1}^{\infty} \left(1 + \dfrac{(-1)^{n+1}}{n^\alpha}\right)$ 的敛散性 (包括条件收敛与绝对收敛).

14. (8 分) 证明函数列 $S_n(x) = n^p x e^{-nx^2}$ 当 $p < \dfrac{1}{2}$ 时在 $[0,+\infty)$ 上一致收敛.

15. (10 分) 证明：$f(x) = \sum\limits_{n=0}^{\infty} \dfrac{e^{-nx}}{1+n^2}$ 在 $[0,+\infty)$ 上连续，在 $(0,+\infty)$ 上可微. 再讨论其二次可微性.

16. (10 分) 级数求和 $\sum\limits_{n=2}^{\infty} \dfrac{1}{(n^2-1)2^n}$.

17. (10 分) 设 $f(x) = \begin{cases} \dfrac{1+x^2}{x} \arctan x, & x \neq 0, \\ 1, & x = 0, \end{cases}$ 试将 $f(x)$ 展开成 x 的幂级数，并求级数 $\sum\limits_{n=1}^{\infty} \dfrac{(-1)^n}{1-4n^2}$ 的和.

18. (8 分) 利用 $\int_0^{+\infty} \dfrac{dx}{x^2+a^2} = \dfrac{\pi}{2a}$，求 $I_n = \int_0^{+\infty} \dfrac{dx}{(x^2+a^2)^{n+1}}, n \in \mathbb{N}^+$.

D 期末试卷 (二)

一、填空题 $(3' \times 6 = 18')$

1. 设曲线 L 为 $\begin{cases} x^2+y^2+z^2 = 3z, \\ z = 1, \end{cases}$ 则积分 $\oint_L (x^2+y^2+z^2) ds = $ _____.

2. 设 Σ 为锥面 $z = \sqrt{x^2+y^2}, x^2+y^2 \leqslant a^2 (a>0)$，则 $\iint\limits_{\Sigma} z dS = $ _____.

3. $\int_e^{+\infty} \dfrac{dx}{x \ln^3 x} = $ _____.

4. 函数项级数 $\sum\limits_{n=1}^{\infty} \dfrac{n-1}{n+1} \left(\dfrac{x}{2x+1}\right)^n$ 的收敛区域是_____.

5. 设 $f(x)$ 是周期为 2 的周期函数，它在区间 $(-1,1]$ 上的定义为

$f(x)=\begin{cases} x^3, & -1 < x \leqslant 0 \\ 2, & 0 < x \leqslant 1 \end{cases}$, 则 $f(x)$ 的 Fourier 级数在 $x=1$ 处收敛于 _____.

6. $\lim\limits_{a \to 1} \int_a^{\sqrt{1+2a}} \dfrac{\mathrm{d}x}{x^2+a^2} = $ _____.

二、选择题 $(3' \times 4 = 12')$

7. 设曲线积分 $\int_L [f(x) - \mathrm{e}^x]\sin y \mathrm{d}x - f(x)\cos y \mathrm{d}y$ 与路径无关, 其中 $f(x)$ 具有一阶连续导数. 且 $f(0) = 0$, 则 $f(x)$ 等于 ( )

(A) $\dfrac{\mathrm{e}^{-x} - \mathrm{e}^x}{2}$ (B) $\dfrac{\mathrm{e}^x - \mathrm{e}^{-x}}{2}$ (C) $\dfrac{\mathrm{e}^x + \mathrm{e}^{-x}}{2} - 1$ (D) $1 - \dfrac{\mathrm{e}^x + \mathrm{e}^{-x}}{2}$

8. 设 a 为常数, 则级数 $\sum\limits_{n=1}^{\infty}(-1)^{n-1}\left(1 - \cos\dfrac{a}{n}\right)$ ( )

(A) 发散 (B) 条件收敛 (C) 绝对收敛 (D) 敛散性与 a 的取值有关

9. 下列级数在指定区间上非一致收敛的是 ( )

(A) $\sum\limits_{n=1}^{\infty} \dfrac{(-1)^{n-1}}{3^n + x}$, $x \in [-2, +\infty)$ (B) $\sum\limits_{n=1}^{\infty} \dfrac{\sin nx}{(n^4 + x^4)^{1/3}}$, $x \in (-\infty, +\infty)$

(C) $\sum\limits_{n=1}^{\infty} x^2 \mathrm{e}^{-nx}$, $x \in [0, +\infty)$ (D) $\sum\limits_{n=1}^{\infty} \mathrm{e}^{-nx}$, $x \in [0, +\infty)$

10. 下列反常积分中非一致收敛的是 ( )

(A) $\int_0^{+\infty} \mathrm{e}^{-xy} \dfrac{\sin y}{y} \mathrm{d}y, x \in [0, 1]$ (B) $\int_0^{+\infty} \dfrac{\cos(xy)}{1 + y^2} \mathrm{d}y, x \in (-\infty, +\infty)$

(C) $\int_0^{+\infty} x\mathrm{e}^{-xy} \mathrm{d}y, x \in [0, 1]$ (D) $\int_0^{+\infty} y \sin y^4 \cos(xy) \mathrm{d}y, x \in [0, 1]$

三、计算下列各题 $(7' \times 6 = 42')$

11. 设 Σ 为平面 $x + y + z = 1, x = 0, y = 0$ 和 $z = 0$ 所围立体的表面的外侧, 求
$\iint\limits_{\Sigma} (x+1)\mathrm{d}y\mathrm{d}z + (y+1)\mathrm{d}z\mathrm{d}x + (z+1)\mathrm{d}x\mathrm{d}y$.

12. 计算曲线积分 $\int_L (y + 3x)^2 \mathrm{d}x + (3x^2 - y^2 \sin\sqrt{y})\mathrm{d}y$, 其中 L 为曲线 $y = x^2$ 上由 $A(-1, 1)$ 到 $B(1, 1)$ 的一段弧.

13. 求幂级数 $\sum\limits_{n=1}^{\infty} \dfrac{(x-1)^{2n-1}}{(2n-1)2^n}$ 的收敛区域及其和函数.

14. 将函数 $f(x) = \dfrac{1}{x^2 + x - 2}$ 在 $x = -1$ 处展开成幂级数, 并指出其收敛域.

15. 将函数 $f(x) = \begin{cases} 1, & 0 \leqslant x < \dfrac{\pi}{2}, \\ 0, & \dfrac{\pi}{2} \leqslant x < \pi \end{cases}$ 展开为正弦级数, 并写出它的和函数.

16. 利用 Euler 积分计算 $I = \int_0^{\frac{\pi}{2}} \sin^4 x \cos^6 x \mathrm{d}x$.

四、解答题 ($7' \times 4 = 28'$)

17. 设 $a > 0$ 为常数,判断级数 $\sum\limits_{n=1}^{\infty} \dfrac{a^n n!}{n^n}$ 的敛散性.

18. 设函数项级数 $\sum\limits_{n=1}^{\infty} u_n(x)$ 在区间 I 上一致收敛,函数 $v(x)$ 是 I 上有界函数,证明级数 $\sum\limits_{n=1}^{\infty} u_n(x)v(x)$ 也在区间 I 上一致收敛.

19. 证明积分 $\displaystyle\int_1^{+\infty} \dfrac{x^2}{1+x^p} \sin x \mathrm{d}x$ 当 $p > 3$ 时绝对收敛,$2 < p \leqslant 3$ 时条件收敛.

20. 设 $f(x) = \displaystyle\int_0^{+\infty} \dfrac{\mathrm{e}^{-tx}}{1+t^2} \mathrm{d}t, x \geqslant 0$.

    (1) 证明 $f(x)$ 在 $[0, +\infty)$ 上连续;

    (2) 证明 $f(x)$ 在 $(0, +\infty)$ 内二阶可导;

    (3) 求 $\lim\limits_{x \to 0} f(x)$, $\lim\limits_{x \to +\infty} f(x)$ 以及 $y'' + y (x > 0)$.

索　引

B

保守场 (conservative fields), 52
比较判别法, 84
部分和, 129

C

场 (field), 46
重排, 更序, 147

D

单连通区域 (simply connected region), 24, 40
等值面, 47
等周不等式, 234
第二类椭圆积分, 101
第二类完全椭圆积分, 94
第二型曲面积分 (the second type surface integral), 18
第二型曲线积分 (the second type curve integral), 11
第一型曲面积分 (the first type surface integral), 6
第一型曲线积分 (the first type curve integral), 2

E

二维单连通区域 (two-dimensional simply connected region), 33
二重无穷积分, 81
二重瑕积分, 89

F

发散, 57, 81, 89, 129
反常二重积分, 89
反常积分, 56
反常重积分, 56, 80
分部积分法, 62

分部求和公式, 143
分段可导, 236
复连通区域 (complex connected region), 24

G

广义积分, 56

H

含参变量的常义积分, 93
含参变量积分, 93
函数项级数, 164
和函数, 164
环量 (circulation), 51
换元法, 62

J

积分第二中值定理, 71
积分判别法, 135
交错级数, 141
卷积, 241
绝对可积, 70
绝对可积性, 85
绝对收敛, 70, 146

K

可积, 81, 89

L

流线 (vector line), 47

M

幂级数, 188
幂级数展开, 197

N

内闭一致收敛, 171

Q

奇点, 89
奇线, 90

S

散度 (divergence), 49
势函数 (potential function), 52
收敛, 81, 89, 129
收敛半径, 189
收敛点, 164
收敛区间, 189
收敛域, 101, 189
数量场 (scalar field), 46
数项级数, 128

T

梯度场 (gradient field), 47
条件可积, 70
条件收敛, 70, 146
通量 (flux), 49
通项, 128

W

无穷乘积, 156
无穷级数, 128

X

向量场 (vector field), 46
旋度 (rotation, curl), 51

Y

一致收敛, 102, 103, 167
有势场 (potential field), 52
余弦级数, 214
余项, 131
余元公式, 125

Z

正交函数系, 209
正弦级数, 214

其他

Abel 变换, 143
Abel 第二定理, 191
Abel 第一定理, 191
Abel 判别法, 144, 178
Abel 引理, 143
Bertrand 判别法, 139
Bessel 不等式, 231
Beta 函数, 117
Cauchy 判别法, 133
Cauchy 收敛原理, 69, 129
Cauchy 型余项, 199
Cauchy 主值, 65
Cauchy-Hadamard 定理, 189
D'Alembert 判别法, 134, 190
Dini 定理, 186
Dirichlet 积分, 113, 219, 220
Dirichlet 积分核, 220
Dirichlet 判别法, 144, 178
Euler 积分, 117
Fourier 变换, 237
Fourier 级数, 212
Fourier 级数的复数形式, 236
Fourier 逆变换, 237
Fourier 系数, 212
Fourier 余弦变换, 238
Fourier 正弦变换, 238
Gamma 函数, 119
Gauss 公式, 34
Gauss 判别法, 139
Green 公式, 25
Hölder 条件, 224
Jordan 曲线, 24
Lagrange 型余项, 199
Legendre 公式, 124
Leibniz 级数, 141
Lipschitz 条件, 224
Newton-Leibniz 公式, 61

索　引

Poisson 积分, 89
Raabe 判别法, 138
Steklov 不等式, 234
Stirling 公式, 125
Stokes 公式, 36
Taylor 级数, 196

Taylor 系数, 196
Viète 公式, 158
Wallice 公式, 157
Weierstrass 判别法, 177
Wirtinger 不等式, 234